Excel und VBA

Franz Josef Mehr • María Teresa Mehr

Excel und VBA

Einführung mit praktischen Anwendungen in den Naturwissenschaften

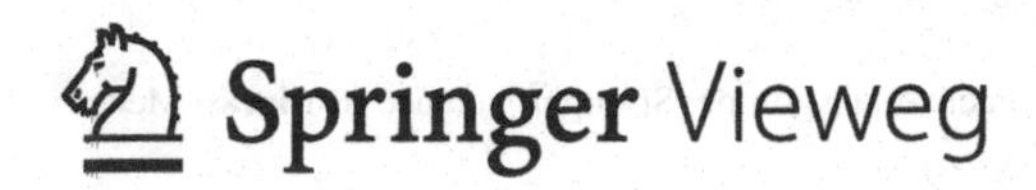

Franz Josef Mehr
Schweigen-Rechtenbach
Deutschland

María Teresa Mehr
Schweigen-Rechtenbach
Deutschland

ISBN 978-3-658-08885-9
ISBN 978-3-658-08886-6 (eBook)
DOI 10.1007/978-3-658-08886-6

Die Deutsche Nationalbibliothek verzeichnet diese Publikation in der Deutschen Nationalbibliografie; detaillierte bibliografische Daten sind im Internet über http://dnb.d-nb.de abrufbar.

Springer Vieweg

Gedruckt auf säurefreiem und chlorfrei gebleichtem Papier

Springer Fachmedien Wiesbaden GmbH ist Teil der Fachverlagsgruppe Springer Science+Business Media (www.springer.com)

Für Sofia und Laura

Vorwort

Wir haben dieses Buch geschrieben, um allen jenen zu helfen, die mit *Excel* und *VBA* arbeiten möchten oder müssen. Der Personenkreis umfasst neben Studierenden und Schülern, insbesondere Praktiker der Physik, Chemie, Ingenieurwissenschaften, Informatik usw. *Excel* ist ein derart vielseitiges Werkzeug, vor allem im Zusammenwirken mit der Programmiersprache *VBA* (Visual Basic for Applications), dass es praktisch unmöglich ist, seinen Einsatzbereich mit wenigen Worten zu beschreiben. *Excel* ist ein "Tabellenkalkulationsprogramm" – aber was bedeutet dies?

Wir sind von der Überzeugung geleitet worden, dass eine bloße Aufzählung der Einsatzmöglichkeiten und eine allgemeine Beschreibung der nötigen Handgriffe für ein wirkliches Eindringen in *Excel* und *VBA* nicht ausreichen. Wir haben uns konkrete Anwendungsbeispiele ausgesucht. In den meisten Fällen haben wir die Aufgaben "rezeptartig" formuliert (d. h. in einen sogenannten *Algorithmus* umgewandelt), um sie dann in die *VBA-Sprache* zu übersetzen, damit *Excel* sie bearbeiten kann. Dabei war uns Einfachheit und Übersichtlichkeit der Programme so wichtig, dass wir oft auf elegantere Lösungen verzichtet und selten Fehlerabfang-Codes eingefügt haben.

Bei der breiten Zielgruppe des Buches war es notwendig, echte Probleme aus sehr vielen Bereichen detailliert darzustellen und zu lösen. Ein Blick in das Inhaltsverzeichnis wird genügen, um sich ein Bild vom Umfang der bearbeiteten Themenbereiche zu machen.

Wichtig schien uns, die Fähigkeiten von *Excel* und *VBA* verständlich und anhand von genauen Anweisungen und überzeugenden Darstellungen der Ergebnisse zu erklären. Vor allem in den ersten Kapiteln erklären und wiederholen wir mehrfach die nötigen Handgriffe. Das erste Kapitel führt Sie auf einen "Spaziergang durch Excel". Hierbei lernen Sie schon das Zeichnen von Graphen, was in fast allen folgenden Beispielen benötigt wird.

Das zur erfolgreichen Durcharbeitung der Beispiele nötige Hintergrundwissen wird sorgfältig entwickelt. Die jeweils nötigen *Excel*- bzw. *VBA*-Kenntnisse, aber auch der Umgang mit Daten in Tabellenform, werden gewissermaßen "auf dem Weg" vermittelt. Die Beispiele wurden so ausgewählt und gestaltet, dass der Leser bzw. die Leserin schrittweise zu sicheren Excel-Kenntnissen geführt werden.

Wir hatten außerdem die Absicht zu zeigen, dass *Excel* zusammen mit *VBA* bei Problemen angewendet werden kann, die man gar nicht mit *Excel* in Zusammenhang bringen würde, z. B. Berechnungen in der Astronomie, der Quantenmechanik oder der Biologie.

Wir zeigen Ihnen, wie man die Bahn einer Rakete berechnen und grafisch darstellen kann, die vom Mond in Richtung Erde abgeschossen wird. In der Quantenmechanik berechnen wir u. a. die Wellenfunktionen eines Wasserstoffatoms und fertigen aussagekräftige Diagramme an. Wir beschäftigen uns mit Wachstum und Untergang von Populationen aus Lebewesen und aus radioaktiven Atomen (logistisches Wachstum, radioaktiver Zerfall, Räuber-Beute Modell).

Stark ist *Excel* in Bereichen der statistischen Datenanalyse. Dieses Thema ist von so großer praktischer Bedeutung, dass wir ihm zwei Kapitel widmen mussten. Ebenfalls zeigen wir den Einsatz des *Solvers*, eines Werkzeuges für Optimierungsaufgaben, das die Entscheidungsfindung bei Problemen mit vielen Alternativen unterstützt. Wir behandeln typische Probleme aus der Wirtschaft, z. B. das Minimieren von Kosten bei der Herstellung von Mixturen oder das Maximieren des Gewinnes bei Investitionsentscheidungen.

Zur Demonstration der grafischen Fähigkeiten von Excel haben wir eine große Anzahl von 2D und 3D-Grafiken eingefügt. Schon das erste Beispiel ist ein Zeichenprogramm, mit dem sich ein Pfeil von fast beliebiger Größe zeichnen und drehen lässt. *Excel* selbst liefert eine riesige Auswahl von Pfeilen der verschiedensten Formen, aber wir wollten gleich zu Beginn zeigen, wie man selbst ein einfaches Objekt mit Hilfe von *Excel* zeichnen kann. Wir zeigen auch wie man noch weit kompliziertere Bilder erzeugt, wie zum Beispiel *Lissajous*-Figuren und die Teilchenbahnen in einem Zyklotron.

Bei der Besprechung der *UserForms* modellieren wir verschiedene "Taschenrechner", z. B. für Flächenberechnungen oder Arithmetik von komplexen Zahlen. Diese lassen sich für ganz persönliche Anforderungen gestalten, z. B. für Schaltungsberechnungen in der Elektronik. Mit der Erwähnung des Taschenrechners werden auch wir an unsere "Ursprünge" erinnert, als wir mit einem kleinen programmierbaren Taschenrechner (HP-25) mit nur 49 Programmschritten 1978 die Schrödingergleichung, mit der gleichen Methode lösen konnten, die wir auch hier anwenden. Die Freude war so groß, dass wir dies in einer Veröffentlichung den Fachkollegen mitteilen zu müssen glaubten.

Alle im Buch gezeigten Arbeitsmappen und *VBA*-Programme werden online zur Verfügung gestellt.

An dieser Stelle möchten wir uns ganz herzlich bei Frau Dr. Sabine Kathke vom Springer Vieweg-Verlag für ihr Interesse und die vielen Tipps und Ratschläge bei der Herstellung des Manuskripts bedanken.

Viel Vergnügen beim Lesen!

Schweigen-Rechtenbach, im März 2015

Dr. Franz Josef Mehr
Dr. María Teresa Mehr

Inhaltsverzeichnis

1 Einführung

Zusammenfassung

Zu Beginn des Buches werden erste Schritte in Excel ausgeführt. Dies erfolgt beispielhaft mit der Erstellung verschiedener Grafiken und erster Berechnungen in Tabellenblättern. Die Einführung dient v. a. unerfahrenen Excel-Nutzern.

1.1 Ein Spaziergang durch Excel

Wir beginnen mit der Erzeugung einer Grafik (siehe Abb. 1.1).

Dieses Beispiel verlangt keinerlei Vorkenntnisse über die Erstellung von Grafiken in Excel, denn alle notwendigen Schritte werden ausführlich erklärt.

Eine Arbeitsmappe ist in Excel 2003 eine Ansammlung von maximal 256 Arbeitsblättern. Jedes Blatt – oder Tabelle – hat 256 Spalten und 65.536 Zeilen. In Excel 2007 haben wir 1.048.576 Zeilen und 16.384 Spalten. (*Strg + Pos1* holt den Cursor zurück in Zelle A1. Mit *Strg + Ende* springt der Cursor zur letzten belegten Zelle der Tabelle.). Bei der Version, **Excel 2013**, mit der wir hier arbeiten, beträgt die Zeilenzahl ebenfalls 1.048.576.

Immer, wenn Sie Excel öffnen, werden Sie eine neue Arbeitsmappe sehen. Jede Zelle eines Arbeitsblatts ist ein Objekt – ebenso wie auch die Arbeitsmappe und ihre Blätter Objekte sind. Manchmal nennen wir die Tabelle, die gerade bearbeitet wird, die *aktive Tabelle* bzw. das *aktive Arbeitsblatt.*

Das *Menüband* einer Mappe enthält eine Reihe von *Registerkarten* (*DATEI, START, EINFÜGEN*, ...). Oben rechts findet man eine kleine Schaltfläche mit Pfeil, die es erlaubt, das komplizierte Menüband zu vereinfachen oder ganz auszublenden. Wenn Sie die Karte *EINFÜGEN* anklicken, finden Sie das wichtige Menü der *Diagramme* – und darin u. a. den für uns interessanten Typ *Punkt(XY)*, den wir mit einem Linksklick öffnen werden.

Als Beispiel eines Graphen wollen wir einen Pfeil zeichnen.

F. J. Mehr, M. T. Mehr, *Excel und VBA*, DOI 10.1007/978-3-658-08886-6_1

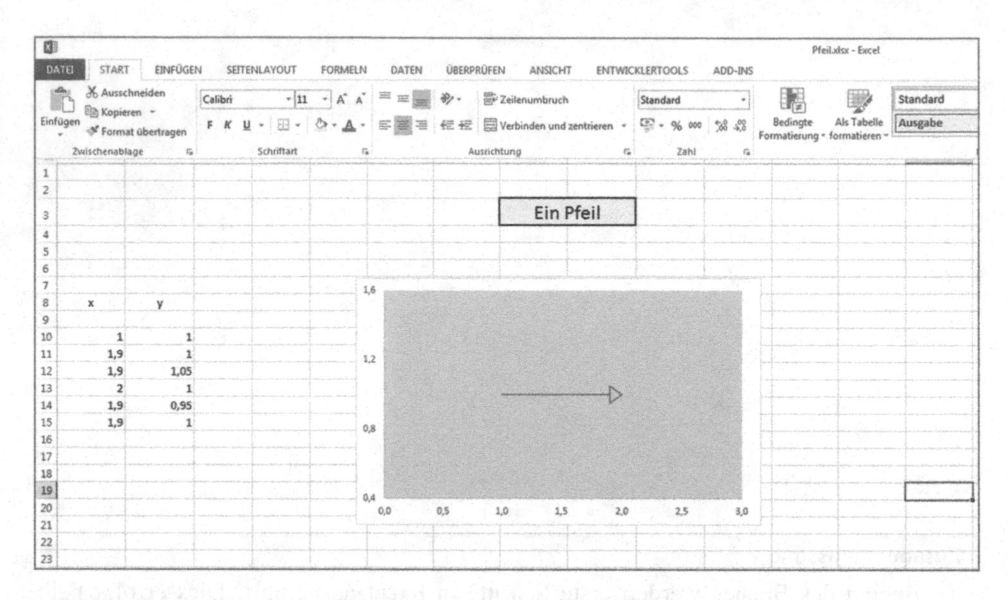

Abb. 1.1 Horizontaler Pfeil [Arbeitsmappe: Pfeil.xlsx; Blatt: Pfeil1]

Wir benötigen dazu nur 6 Punkte, deren Koordinaten wir in die Zellen A10 bis B15 eintragen (vgl. Abb. 1.1).

Alles, was man in eine Zelle schreibt, erscheint auch in der *Bearbeitungsleiste* der Formeln rechts von f_x. Um den Inhalt einer Zelle zu korrigieren, kann man diese *Bearbeitungsleiste* benutzen. Ganz links gibt es ein Namenfeld, in dem die Adresse der aktiven Zelle angezeigt wird, z. B. H3, wenn der Cursor sich gerade in der 3. Zeile der Spalte H befindet.

Die einzelnen Schritte, um unseren Pfeil zu zeichnen, sind nun

1. Trage die Koordinaten in die Zellen von A10 bis B15 ein.
2. Wähle die Zellen A10:B15 aus.
3. Wähle Menüband *EINFÜGEN* und klicke in *Diagramme* das Diagrammbildchen für Punkt(XY)än.
4. Wähle das 5. Diagramm „Punkte mit geraden Linien“. Oben rechts vom Diagramm erscheinen drei kleine Schaltflächen, mit denen wir die Feinarbeit erledigen können.
5. Wähle die Zellen A10:B15 aus.
6. Wähle im Menüband *EINFÜGEN* und klicke in *Diagramme* das Diagrammbildchen für *Punkt(XY)* an.
7. Wähle das 5. Diagramm *Punkte mit geraden Linien.* Oben rechts vom Diagramm erscheinen drei kleine Schaltflächen, mit denen wir die Feinarbeit erledigen können.

Die Überschrift "Ein Pfeil" belegt zwei Zellen. Um ihr zwei Zellen zuordnen zu können, gehen wir in eine Zelle, z. B. H3, und erhalten mit einem Rechtsklick eine Liste mit möglichen Zelloperationen, u. a. *Zellen formatieren.* Dort geht man auf *Ausrichtung* und dann *Zellen verbinden*. Einen Rahmen für die verbundenen Zellen kann man dann mit *Start>Schriftart>Rahmenlinien* finden. *Verbinden und zentrieren* findet man auch vorgegeben in dem Menü *Ausrichtung*.

Rechtsklick auf eine Achse des Diagramms und *Achse formatieren* wählen. Rechts erscheint ein großes Fenster für *Achsenoptionen.*

Um die Größe des Pfeils zu ändern, ist es nötig, die Achsenskalen zu ändern. Das erreichen wir mit der Schaltfläche *Diagrammelemente* (rechts vom Diagramm): *Achsen>weitere Optionen* oder mit Rechtsklick auf eine Achse und *Achse formatieren* wählen. Unter *Achsenoptionen* wählen wir:

Minimum:	0
Maximum:	3
Hauptinervall:	0,5
Hilfsintervall:	0,1

Die Parameter für die y-Achse waren: 0,4; 1,6; 0,4; 0,001; 0,4.

Dem aktuellen Arbeitsblatt geben wir den Namen "Pfeil1". Dazu die Zunge am unteren Rand rechtsklicken und *umbenennen*. Nun sollten Sie Ihr Werk **speichern**: *DATEI>Speichern unter ...*

Im nächsten Schritt versuchen wir, den Pfeil zu drehen. Dazu brauchen wir ein zweites Arbeitsblatt mit der Bezeichnung "Pfeil2" (+ *Neues Blatt* linksklicken und *umbenennen*). Dorthin kopieren wir den Inhalt des Bereichs A10:B15 aus "Pfeil1".

1.2 Drehung eines Pfeils

Das folgende Blatt (Abb. 1.2) zeigt den Pfeil des vorigen Beispiels um den Punkt D = (1,1) um $\varphi = 45°$ – im Gegenuhrzeigersinn – gedreht. Außerdem wurde Pfeil1 mit dem Faktor b = 4 vergrößert.

Die Formeln, die eine derartige Drehung beschreiben, findet man in Lehrbüchern der linearen Algebra oder auch in [1].

Der Punkt P hat die Koordinaten (x, y). Nach der Drehung haben wir P' mit den Koordinaten (x',y'), die sich mithilfe der folgenden Formeln berechnen lassen:

$$x' = b((x - d_1)\cos\varphi - (y - d_1)sin\varphi)) + d_1$$
$$y' = b((x - d_2)sin\varphi + (y - d_2)\cos\varphi)) + d_2$$

Werden Sie bitte nicht unruhig! Erinnern Sie sich daran, dass wir (noch) keine Mathematik betreiben wollen. Wir wollen – zunächst – nur lernen, wie man eine Formel in eine Excel-Tabelle einträgt. Um die erste Gleichung in Zelle C10 einzutragen, schreiben wir in C10

```
=4*((A10-1)*COS(PI()/4)-(B10-1)*SIN(PI()/4))+1
```

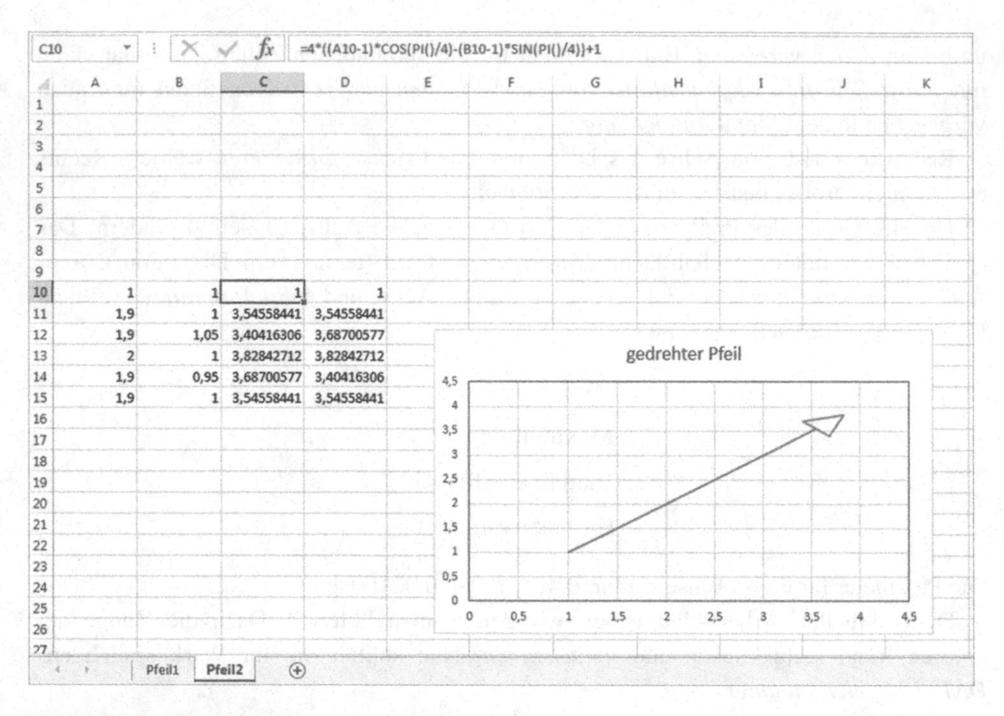

Abb. 1.2 Gedrehter Pfeil [Ein Arbeitsmappe: Pfeil.xlsx; Blatt: Pfeil2]

In der Bearbeitungsleiste können Sie verfolgen, was Sie in die Zelle schreiben und können es bei Bedarf korrigieren.

▶ Manchmal erscheinen in den Zellecken farbige Dreiecke, die Fehler anzeigen – z. B. bedeutet ein grünes Dreieck in der linken oberen Ecke einen Formelfehler. Informieren Sie sich evtl. in der Excel-Hilfe (**?**-Zeichen oben rechts) unter "Formelfehler" über weitere Einzelheiten.

Die zweite Formel tragen wir in D10 ein:

```
=4*((A10-1)*SIN(PI()/4)+(B10-1)*COS(PI()/4))+1
```

Nun **kopieren** wir den Inhalt von C10 nach C11, C12, C13, C14, C15. Dazu zeigen wir mit dem Cursor auf das kleine Quadrat in der rechten unteren Ecke, das sich in + verwandelt, und ziehen es samt Zellinhalt nach unten bis C15.

Ebenso verfahren wir mit der Formel in D10: Wir fassen die Zelle D10 mit dem Cursor an dem kleinen Quadrat an und ziehen sie nach unten bis D15.

Wenn man eine Formel von einer Zelle in eine andere kopiert, ändern sich alle Zellbezüge automatisch. So hat z. B. die Formel in D10 nach dem Kopiervorgang in D15 das folgende Aussehen:

```
=4*((A15-1)*SIN(PI()/4)+(B15-1)*COS(PI()/4))+1
```

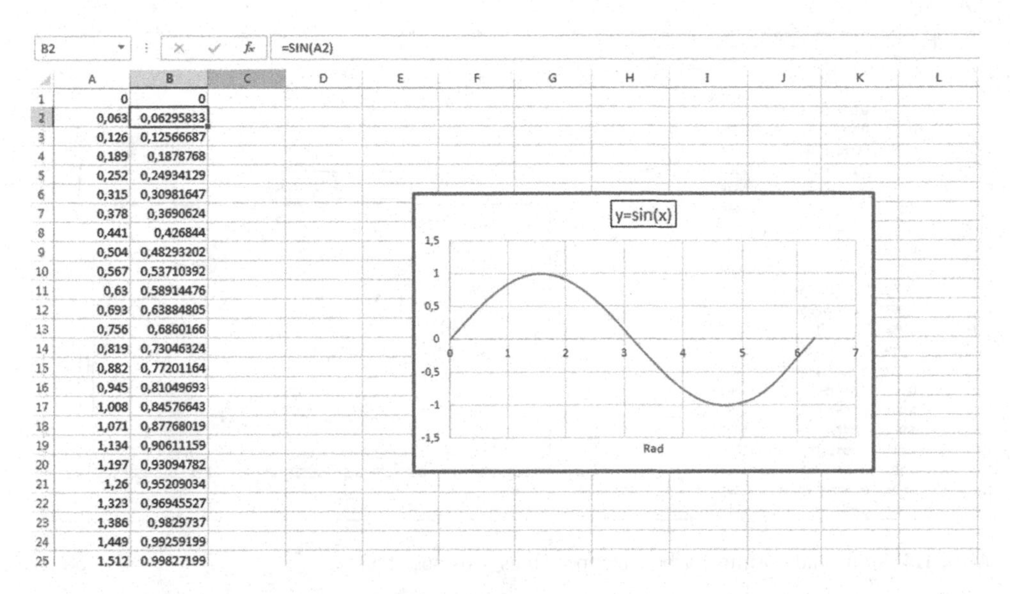

Abb. 1.3 Sinuskurve [Arbeitsmappe: Sinus.xlsx]

Wir markieren den Bereich C10:D15 und verfahren wie bei Pfeil1:
EINFÜGEN>Diagramme>Punkt(x,y)>Punkte mit geraden Linien
Der gedrehte Pfeil erscheint, und wir gehen, wie weiter oben schon beschrieben, an die Feinarbeit: eine Achse rechts anklicken>*Achse formatieren.*

$$\text{x-Achse: Min.} = 0, \text{Max.} = 6\ldots; \text{y-Achse: Min.} = 0, \text{Max.} = 5\ldots$$

Hinweis: Wir haben nur die beiden Funktionen Sinus und Kosinus verwendet, aber Excel verfügt über mehr als 700 vordefinierte Funktionen, die in Kategorien eingeteilt sind. Sie können diese Funktionen einsehen, wenn Sie mit einem Linksklick auf f_x klicken.

Wir verlassen unsere Pfeile nun und schauen uns einige andere Grafiken an.

1.3 Funktionsgraphen

Um den Graph in Abb. 1.3 zu zeichnen, führen wir die nachfolgenden Schritte aus:

1. Gebe 0 in A1 ein und `=A1+0,063` in A2; kopiere A2 bis A101. (Das Inkrement 0,063 könnten wir in E5 speichern. Dann müsste die Formel in A2 so aussehen: `=A1+$E$5`).
2. Trage `=SIN(A1)` bei B1 ein, kopiere anschließend bis B101.
3. Wähle A1:B101 (mit *Shift*).

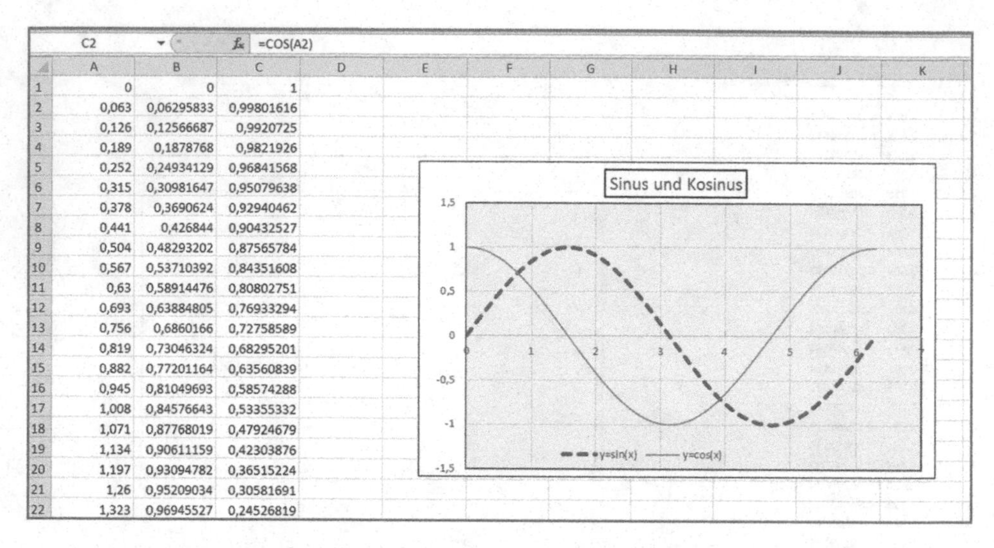

C2 =COS(A2)

	A	B	C
1	0	0	1
2	0,063	0,06295833	0,99801616
3	0,126	0,12566687	0,9920725
4	0,189	0,1878768	0,9821926
5	0,252	0,24934129	0,96841568
6	0,315	0,30981647	0,95079638
7	0,378	0,3690624	0,92940462
8	0,441	0,426844	0,90432527
9	0,504	0,48293202	0,87565784
10	0,567	0,53710392	0,84351608
11	0,63	0,58914476	0,80802751
12	0,693	0,63884805	0,76933294
13	0,756	0,6860166	0,72758589
14	0,819	0,73046324	0,68295201
15	0,882	0,77201164	0,63560839
16	0,945	0,81049693	0,58574288
17	1,008	0,84576643	0,53355332
18	1,071	0,87768019	0,47924679
19	1,134	0,90611159	0,42303876
20	1,197	0,93094782	0,36515224
21	1,26	0,95209034	0,30581691
22	1,323	0,96945527	0,24526819

Abb. 1.4 Sinus und Kosinus [Arbeitsmappe: Sinus_Cosinus.xlsx]

4. *EINFÜGEN>Diagramme>Punkt(x, y)>Punkte mit interpolierten Linien* (3.Diagramm).
5. Feinarbeit mit der Schaltfläche *Diagrammelemente* (rechts vom Diagramm).

Um Sinus und Kosinus im selben Diagramm zu zeigen (siehe Abb. 1.4), tragen wir die Werte von y =`COS(x)` in die C-Spalte ein. (In C1 =`COS(A1)` und bis C101 kopieren.)

Es ist einfach, ein Diagramm zu ändern. Man klickt mit der rechten Maustaste auf die Zeichenfläche oder auf die Graphen und wählt aus der Liste der Optionen die gewünschte Option aus. So lassen sich mit *Zeichnungsfläche formatieren* beliebige Hintergrundfarben und Rahmen festlegen. Auch lassen sich zusätzliche Beschriftungen mit fast beliebigen Rahmen und Pfeilen einfügen. Man sucht dazu in *EINFÜGEN>Illustrationen>Formen* eine passende "Form" aus (siehe Abb. 1.5).

In Kap. 4 werden wir ausführlich auf die Gestaltung von Graphen zurückkommen.

1.4 Verformung und Bewegung eines Dreiecks

Die Figur in Abb. 1.6 zeigt die Dreiecke ABC, A'B'C' und A"B"C". A'B'C' liegt oberhalb von ABC. A'B'C' wurde im Gegenuhrzeigersinn um 90°um den Punkt B' = B" gedreht. A'B'C' ist das Ergebnis einer Verschiebung mit (– 20;50) und einer Vergrößerung um a = 2 und b = 1,50 in Bezug auf den Punkt A = (28;– 24). Wenn man mit dem Cursor auf einen Punkt des Graphen zeigt, werden die Koordinaten des Punktes angezeigt, z. B. C" = (62;– 23).

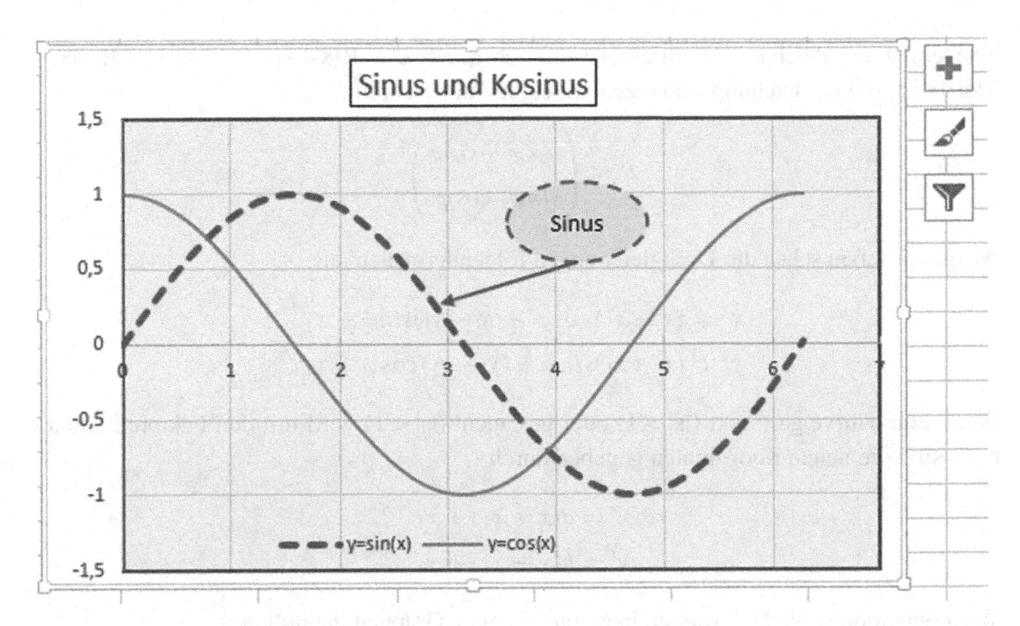

Abb. 1.5 Sinus und Cosinus mit Beschriftung

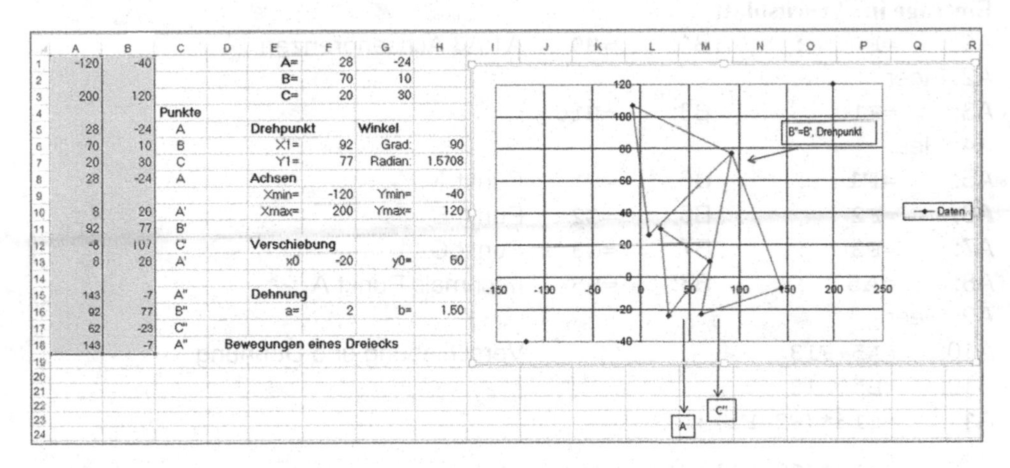

	A	B	C	D	E	F	G	H
1	-120	-40			A=	28	-24	
2					B=	70	10	
3	200	120			C=	20	30	
4			Punkte					
5	28	-24	A		Drehpunkt		Winkel	
6	70	10	B		X1=	92	Grad:	90
7	20	30	C		Y1=	77	Radian:	1,5708
8	28	-24	A		Achsen			
9					Xmin=	-120	Ymin=	-40
10	8	20	A'		Xmax=	200	Ymax=	120
11	92	77	B'					
12	-8	107	C'		Verschiebung			
13	8	20	A'		x0	-20	y0=	60
14								
15	143	-7	A"		Dehnung			
16	92	77	B"		a=	2	b=	1,50
17	62	-23	C"					
18	143	-7	A"	Bewegungen eines Dreiecks				

Abb. 1.6 Dreieck in verschiedenen Lagen [Arbeitsmappe: Dreieck.xlsx]

Erklärungen

Wenn $y = f(x)$ die Gleichung einer Kurve ist, so stellt $y' = f(x - x_0) + y_0$ nicht die Ableitung dar, sondern dieselbe Kurve, aber verschoben um x_0 Einheiten parallel zur x-Achse und um y_0 Einheiten parallel zur y-Achse. Es handelt sich um eine Verschiebung oder Translation.

Wir sahen bei dem Pfeilbeispiel bereits die Gleichungen für die Drehung um einen Winkel φ in Bezug auf einen Punkt $X_1 = (x_1;y_1)$. Man kann auch diese Bewegung durch eine einfache Gleichung beschreiben, nämlich durch $\mathbf{x'} = \mathbf{R}(\mathbf{x}-\mathbf{x_1}) + \mathbf{x_1}$, worin **R** eine Matrix ist, die die Drehung im Gegenuhrzeigersinn beschreibt.

$$R = \begin{pmatrix} \cos\varphi & -sin\varphi \\ sin\varphi & \cos\varphi \end{pmatrix}$$

Ausgeschrieben sehen die Drehgleichungen folgendermaßen aus:

$$x' = (x - x_1)\cos\varphi - (y - y_1)sin\varphi + x_1$$
$$y' = (x - x_1)sin\varphi + (y - y_1)\cos\varphi + y_1$$

Wenn eine Kurve gestreckt ($|a| > 1$) oder gestaucht ($|a| < 1$) wird mit den Faktoren a und b, so sind die neuen Koordinaten gegeben durch

$$x' = a(x - x_1) + x_1$$
$$y' = b(y - y_1) + y_1$$

Wir können diese Veränderungen in einem einzigen Graphen darstellen.

Einträge im Arbeitsblatt

A1: `=F9` ; B1: `=H9` A1:A3 Achsengrenzen
A2: leer
A3: `=F10` ; B3: `=H10`
A4: leer
A5: `=F1` ; B5: `=G1` Punkt A
A6: `=F2` ; B6: `=G2` Punkt B
A7: `=F3` ; B7: `=G3` Punkt C
A8: `=A5` ; B8: `=B5` nochmals Punkt A
A9: leer
A10: `=A5+F13` Verschiebung und Dehnung
B10: `=B5+H13`
A11: `=F16*(F2-F1)+A10`

B11: `=H16*(G2-G1)+B10`
A12:: `=F16*(F3-f1)+A10`

B12: `=H16*(G3-G1)+B10`
A13: `=A10` ; B13: `=B10`

A14: leer
A15: `=(A10-F$6)*COS(H$7)-(B10-F$7)*SIN(H$7)+F$6` Drehung
B15: `=(A10-F$6)*SIN(H$7)+(B10-F$7)*COS(H$7)+F$7`

Die beiden letzten Formeln müssen bis Zeile 18 kopiert werden.

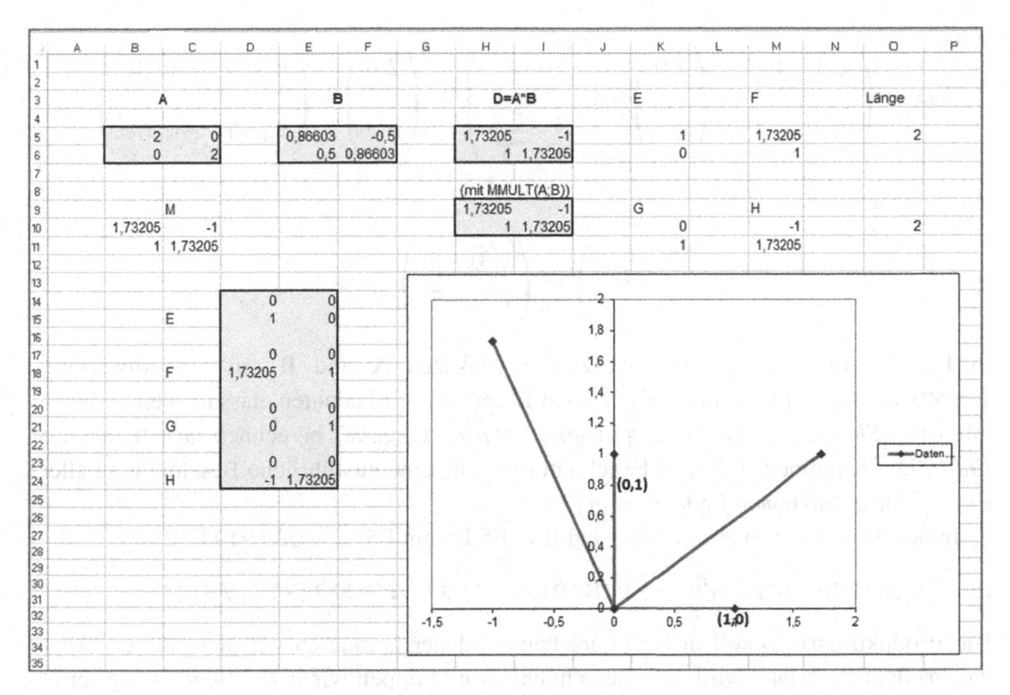

Abb. 1.7 Einheitsvektoren: Drehung und Dehnung [Arbeitsmappe: Einheitsvektoren.xlsx]

Rechenbeispiel
Der Punkt A" ist das Bild des Punktes A' nach der Drehung um 1,5708 Rad (= 90°) um den Punkt B" im Gegenuhrzeigersinn. Von Hand gerechnet ergibt sich

$$\text{A15:} = (8 - 92)\cos(1{,}5708..) - (26 - 77)\sin(1{,}5708..) + 92 = 143$$

Um die Grafik zu erstellen, Zellen A1:B18 markieren und *EINFÜGEN>Diagramme>Punkt (x, y)>Punkte mit geraden Linien und Datenpunkten.*

Die Figur in Abb. 1.7 ist informativ, denn wir sehen, wie die beiden Einheitsvektoren (1,0) und (0,1) um 30° (`=PI()/6` rad) im Gegenuhrzeigersinn gedreht und gleichzeitig mit dem Faktor 2 gedehnt wurden. Alle Rechnungen sehen wir in der Tabelle.

Erklärungen
Die Transformation mit der Matrix

$$D = \begin{pmatrix} \sqrt{3} & -1 \\ 1 & \sqrt{3} \end{pmatrix}$$

ist eine Drehung um 30° zusammen mit einer Dehnung um den Faktor 2. Das kann man leicht sehen, denn man kann D als Produkt schreiben, D = A * B, da

$$D = \begin{pmatrix} \sqrt{3} & -1 \\ 1 & \sqrt{3} \end{pmatrix} = \begin{pmatrix} 2 & 0 \\ 0 & 2 \end{pmatrix} * \begin{pmatrix} \frac{\sqrt{3}}{2} & -\frac{1}{2} \\ \frac{1}{2} & \frac{\sqrt{3}}{2} \end{pmatrix} = \begin{pmatrix} 2 & 0 \\ 0 & 2 \end{pmatrix} * \begin{pmatrix} \cos 30° & -\sin 30° \\ \sin 30° & \cos 30° \end{pmatrix}$$

Das bedeutet:

$$\begin{pmatrix} x' \\ y' \end{pmatrix} = \begin{pmatrix} \sqrt{3}x - y \\ x + \sqrt{3}y \end{pmatrix}$$

In Excel kann man das Produkt zweier Matrizen **A** und **B** mit der Anweisung {`=MMULT(A;B)`} berechnen. Die beiden Klammern { } bedeuten, dass man eine Matrix mit *Ctrl+Shift+Enter* (d. h. *Strg+Umschalttaste+Eingabe*) berechnet, anstatt nur mit *Enter*. Die Klammern { } setzt Excel automatisch. Eine ausführliche Beschreibung aller Excel-Matrixfunktionen findet man in [2].

In der Abb. 1.7 steht A in B5:C6 und B in E5:F6 mit E5: = `COS(PI()/6),`

E6: = `SIN(PI()/6), F5: =-SIN(PI()/6), F6: =COS(PI()/6).`

Die Produktmatrix D soll in H5:I6 erscheinen, daher markieren wir diese Zellen bevor das Produkt berechnet wird. Zur Berechnung von D tippen wir in die Bearbeitungsleiste die folgende Arrayformel `=MMULT(B5:C6;E5:F6)..` Zum Abschluss drücken wir auf die Tasten *Strg + Umschalttaste + Eingabe*. Das Produkt A*B erscheint in den markierten Zellen H5:I6. Man kann die Rechnung auch in der Form `=MMULT(A;B)` ausführen. Vorher müssen wir dann A und B definieren. Excel hat dafür einen *Namens-Manager*, den man unter *Formeln>Definierte Namen* findet. Man kann auch den Bereich B5:C6 markieren und durch Klicken mit der rechten Maustaste *Namen definieren...* wählen. Die Abb. 1.8 zeigt die Definition von A. Entsprechend geht man bei B vor.

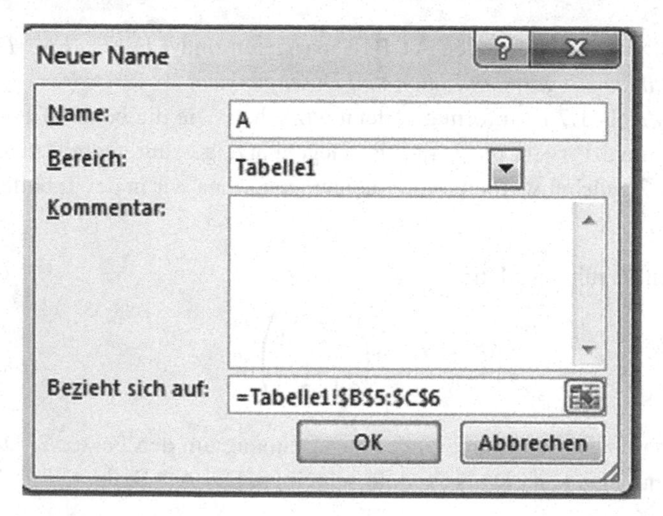

Abb. 1.8 Namens-Manager

N5 fx =SVERWEIS(M5;B$19:D$24;3)

Mathematik Klasse _ 10

1. Halbjahr

2013 A= 0,6667 B= 0,3333

	Name	Vorname	KA.1	KA.2	KA.3	Test1	Test2	Test3	Test4	Ø KA	Ø Tests	Noten	Zeugnis
1	Albrecht	Susanne	3	4	4	3	2	2		3,7	2,3	3	befriedigend
2	Klein	Peter	1	2	1	2	2	1	1	1,3	1,5	1	sehr gut
3	Rückert	Agnes	4	5	4	3	5	6	5	4,3	4,8	4	ausreichend
4	Zimmer	Rudolf	3	4	1	3	2	1		2,7	2,0	2	gut
5										1,4	2,1	2	gut
6										2,3	1,8	2	gut
7										4,6	3,8	4	ausreichend
8										4,4	4,3	4	ausreichend
9										3,4	3,1	3	befriedigend
10										5,2	3,6	5	mangelhaft
11										2,3	1,8	2	gut
12										1,4	1,2	1	sehr gut

Noten	Häufigkeit	
1	2	sehr gut
2	4	gut
3	2	befriedigend
4	3	ausreichend
5	1	mangelhaft
6	0	ungenügend

Mittel 2,8

Abb. 1.9 Notenübersicht [Arbeitsmappe: Klassenverwaltung.xlsx; Blatt: Noten]

1.5 "Verwaltung" einer Klasse

Im folgenden Beispiel lernen wir, wie ein Lehrer Überblick über die Leistungen seiner Schüler behält. Der Aufbau der Tabelle in Abb. 1.9 erklärt sich sicher selbst. Die Frage ist nur, wie macht man das?

Die Tabelle zeigt die Noten von 4 aus 12 Schülern. A ist das "Gewicht"der Klassenarbeiten, B das der Tests. In der Bearbeitungsleiste steht die Excel-Formel zur Berechnung des Mittelwertes (auf 1 Stelle gerundet) der Noten in M5 bis M16.

Die Zeugnisnote in M5 wird berechnet mit `=RUNDEN(D$3*K5+H$3*L5;0)`. Wir kopieren diese Formel in die anderen Zellen bis M16.

Das arithmetische Mittel in K5 berechnen wir mit `=MITTELWERT(C5:E5)` und das Mittel der Tests in L5 mit `=MITTELWERT(F5:J5)`.

In S5 haben wir das auf eine Stelle gerundete Mittel aller Noten:

`=RUNDEN(MITTELWERT(M5:M16);1)`

Nun schreiben wir die möglichen Noten in Textform in die Zellen D19 bis D24. Die zugehörigen Zahlen stehen in B19:B24.

In die Zelle N5 tragen wir die Suchformel `=SVERWEIS(M5;B$19:D$24;3)` ein und kopieren sie bis N16. Diese Formel sucht (senkrecht) den Wert in M5 (also 3) in

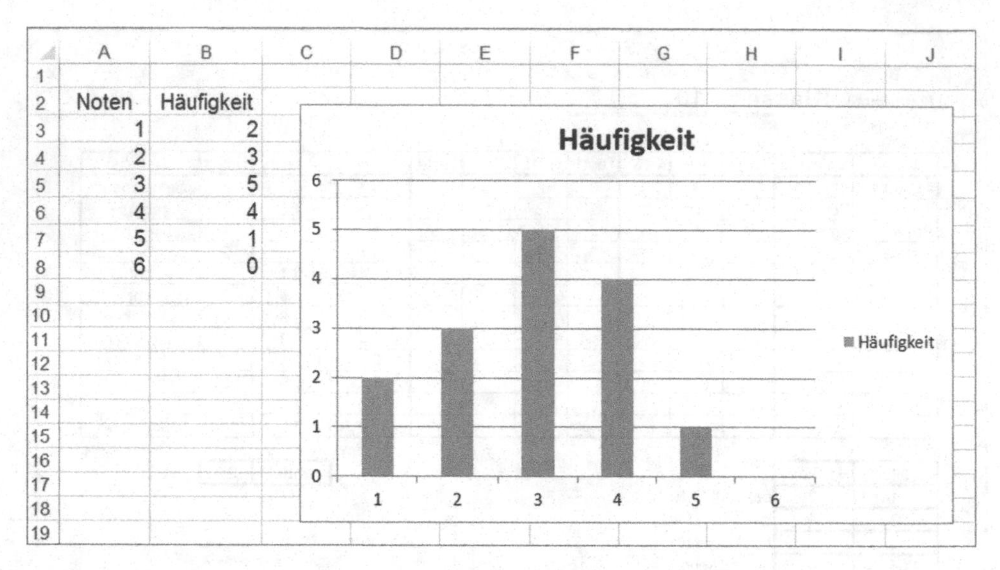

Abb. 1.10 Balkendiagramm [Arbeitsmappe: Klassenverwaltung.xlsx; Blatt: Häufigkeit]

der ersten Spalte der Tabelle (Matrix) B$19:D$24 und holt den dazugehörigen Eintrag in derselben Zeile in der 3. Spalte der Matrix B$19:D$24. Dieser Eintrag ist in unserem Fall ein Text, nämlich "befriedigend".

▶ Das "S" in `SVERWEIS` bedeutet senkrecht. Es gibt auch eine Funktion für waagerechtes Suchen, sie heißt `WVERWEIS`. Sie finden die Definitionen dieser – und anderer – Formeln unter *Formeln>Funktionsbibliothek>Nachschlagen und Verweisen.*

Schließlich benutzen wir die Funktion `=HÄUFIGKEIT(M5:M16;B19:B24)` in allen Zellen von C19:C24, um die Häufigkeit zu bestimmen, mit der die Noten in B19:B24 in der Spalte (Matrix) M5:M16 auftreten. Die Funktion `=HÄUFIGKEIT(M5:M16;B19:B24)` wird angewendet wie alle Matrizenfunktionen:

Zunächst wird der Zielbereich C19:C24 markiert, und dann drückt man gleichzeitig die Tasten *Strg* + *Shift* (Pfeil nach oben oder Umschalttaste) + *Enter* (Eingabetaste). Excel schreibt die geschweiften Klammern selbst.

Jetzt fehlt nur noch eine **grafische Auswertung** der Notentabelle (siehe Abb. 1.10). Wir kopieren zunächst die Tabelle O4 bis P10 mit *Strg* + *C* in ein neues Arbeitsblatt, das wir "Häufigkeit" nennen.

Dort klicken wir mit der rechten Maustaste in eine beliebige Zelle und wählen *Einfügeoptionen>Werte.*

Mit *EINFÜGEN>Empfohlene Diagramme* erhalten Sie bereits ein brauchbares Balkendiagramm (*Säulendiagramm*). Sagen Sie *OK*, und klicken Sie anschließend mit der rechten Maustaste ins Diagramm, um eventuell noch Feinarbeit zu erledigen.

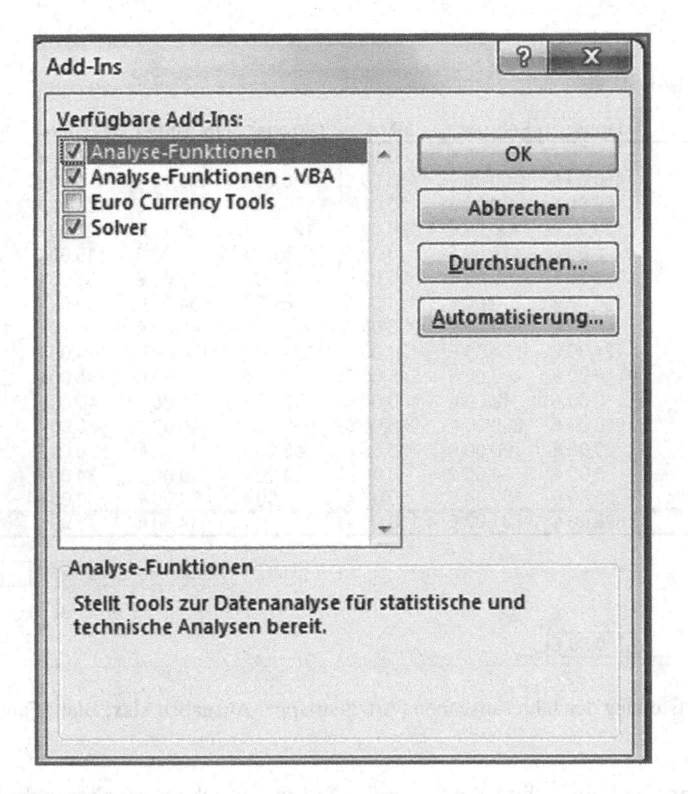

Abb. 1.11 Add-Ins-Menü

Abb. 1.12 Analysewerkzeuge

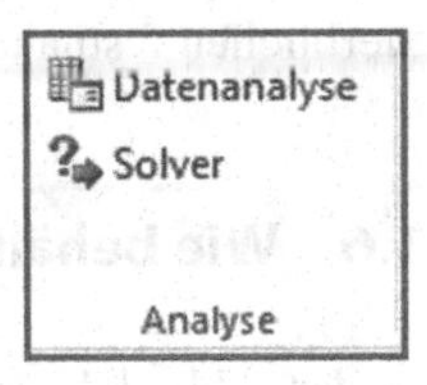

Man könnte auch *DATEN>Datenanalyse>Histogramm* benutzen, wenn man das Add-In *Analyse-Funktionen* vorher geladen hat. Man findet es unter *DATEI>Optionen>Add-Ins*. Klicken Sie in diesem Fenster auf *Gehe zu...*, um das Add-Ins-Menü der Abb. 1.11 zu erhalten:

Wir haben – auch für spätere Anwendungen – drei Add-Ins ausgewählt und geladen. Unter *DATEN* findet man ganz rechts die *Analysewerkzeuge* (siehe Abb. 1.12).

An dieser Stelle werden wir die statistische Analyse nicht weiter betrachten. Im Kap. 13 gehen wir genauer darauf ein.

Wenn Sie einmal schöne Tabellen erstellen wollen, so gehen Sie nach *START* und dann zu *Formatvorlagen >Als Tabelle formatieren.*

	A	B	C	D	K	L	M	N
1	**Ausgaben**		Jahr:	2013				
2								
3	**Art**	**Januar**	**Februar**	**März**	**Oktober**	**November**	**Dezember**	**Summen**
4	Quoten	0,00 €	86,00 €	0,00 €	0,00 €	86,00 €	0,00 €	344,00 €
5	Bank	450,00 €	450,00 €	450,00 €	450,00 €	450,00 €	450,00 €	5.400,00 €
6	Sparen	150,00 €	150,00 €	150,00 €	150,00 €	150,00 €	150,00 €	1.800,00 €
7	Telefon	120,00 €	120,00 €	120,00 €	120,00 €	120,00 €	120,00 €	1.452,00 €
8	Steuern	0,00 €	115,00 €	0,00 €	115,00 €	0,00 €	115,00 €	690,00 €
9	Wasser	0,00 €	0,00 €	85,00 €	0,00 €	0,00 €	85,00 €	340,00 €
10	Licht	234,00 €	0,00 €	234,00 €	0,00 €	234,00 €	0,00 €	1.404,00 €
11	Miete	980,00 €	980,00 €	980,00 €	980,00 €	980,00 €	980,00 €	11.760,00 €
12	Abzahlung	124,00 €	124,00 €	124,00 €	124,00 €	124,00 €	124,00 €	1.488,00 €
13	Geb.St.	0,00 €	0,00 €	245,00 €	0,00 €	0,00 €	245,00 €	980,00 €
14	TV	0,00 €	42,00 €	0,00 €	42,00 €	0,00 €	42,00 €	252,00 €
15	Robert	910,00 €	890,00 €	920,00 €	890,00 €	640,00 €	960,00 €	10.740,00 €
16	Julia	790,00 €	790,00 €	760,00 €	785,00 €	810,00 €	820,00 €	9.345,00 €
17	Versicherung	0,00 €	34,00 €	0,00 €	34,00 €	0,00 €	34,00 €	204,00 €
18	Verschiedenes	50,00 €	50,00 €	50,00 €	50,00 €	50,00 €	50,00 €	600,00 €
19	**Summe**	3.808,00 €	3.831,00 €	4.118,00 €	3.740,00 €	3.644,00 €	4.175,00 €	46.799,00 €
20								
21						Ausgaben monatlich:		**3.900 €**
22								
23								
24	Robert/Julia	**1.700,00 €**						

Abb. 1.13 Aufstellung der Jahresausgaben [Arbeitsmappe: Ausgaben.xlsx; Blatt: Familie]

Auch, wenn Sie kein Lehrer sind, werden Sie monatliche Ausgaben haben. Im nächsten Beispiel entwickeln wir eine Tabelle, in der wir die Belastungen eines normalen Sterblichen festhalten werden.

1.6 Wie behält man den Überblick in der Ausgabenflut einer Familie?

In der Abb. 1.13 sehen wir die fiktiven Ausgaben einer imaginären Familie mit zwei Kindern, die außer Hause studieren (der Übersicht wegen wurden die Spalten E bis J ausgeblendet. Zum Einblenden die Spalten D bis K markieren, rechtsklicken und *Einblenden* wählen).

Die Ausgaben der Kinder werden in separaten Arbeitsblättern festgehalten. Die drei Blätter sind miteinander verbunden.

Jeder Eintrag in den Sekundärtabellen (Robert/Julia) wird automatisch in die Haupttabelle (Familie) übernommen.

Wenn wir in B3 "Januar" schreiben und bis M3 kopieren, trägt Excel automatisch die Monatsnamen ein.

In der Familientabelle müssen wir in B16 die Formel `=Julia!B$9` eintragen und bis M16 kopieren. Die Ausgaben von **Julia** für Januar stehen in der Zelle B9 des *Julia* – Arbeitsblatts. Beim Kopieren werden die Zellbezüge automatisch geändert. In C16 steht

Abb. 1.14 Ausgaben der Tochter [Arbeitsmappe: Ausgaben.xlsx; Blatt: Julia]

	A	B
1		
2	**Ausgaben für Julia**	
3		
4		Januar
5	Miete	350
6	Essen	260
7	Bücher	140
8	Verschiedene	40
9	**Summe:**	790

z. B. `=Julia!C$9`, in F16 stehen die Ausgaben für Mai, also `=Julia!F$9` usw. (siehe Abb. 1.14).

Die gleiche Prozedur ist für **Robert** durchzuführen: Wir tragen in B15 die Formel `=Robert!B$9` ein und kopieren sie bis M15. (Die Summe der Januar-Ausgaben von **Robert** steht in seinem Arbeitsblatt in B9.)

Wenn jeder regelmäßig seine Einträge macht, erscheint am Jahresende in N21 mit `=N19/12` die (traurige) Wahrheit. Die Formel `=SUMME(B4:M4)` in N4 muss vorher natürlich bis N19 kopiert werden. Das setzt voraus, dass in B19 steht `=SUMME(B4:B18)` usw. (kopieren bis N19, wo dann steht `=SUMME(N4:N18)`). Das ganze Projekt setzt also eine ungewöhnliche Disziplin voraus ...

2 Arbeiten mit Makros und VBA-Prozeduren

Zusammenfassung

Erste VBA-Schritte und die entsprechenden Kenntnisse werden anhand von einigen Beispielen, wie *Pascal'sches* Dreieck und Kreisberechnung, erklärt. Praktische Hinweise zum Erstellen von Makros und dem Debuggen von Codes werden gegeben.

2.1 Kopieren (relativ und absolut)

Wir zeigen zuerst erneut, wie wichtig es ist, in Excel Zellen richtig zu **kopieren**. Wir erinnern uns: Wenn man Zellen kopiert, hängt das Ergebnis sehr davon ab, ob wir Texte bzw. Zahlen kopieren oder ob es sich um Formeln bzw. Funktionen handelt. Im ersten Fall reproduzieren wir genau die Zellinhalte. Im zweiten Fall müssen wir vorsichtig sein, denn Excel verändert die Adressen der Zellen, in denen Formeln benutzt werden, d. h. die Zellbezüge werden beim Kopieren verändert, wenn man sie nicht schützt.

Beispiel

Wir nehmen an, in der Zelle A3 steht die Formel `=A1+A2` und wir kopieren sie nach B3. Wir werden feststellen, dass in B3 eine Formel mit veränderten Bezügen stehen wird, nämlich `=B1+B2`. Das liegt daran, dass die Ausgangsformel nur **relative** Bezüge enthält, d. h. solche, die kein $-Zeichen enthalten und sich beim Kopieren dem Ort der neuen Zelle anpassen.

Das Dollarzeichen unterscheidet einen relativen Bezug von einem absoluten. Damit sich der Bezug beim Kopieren nicht ändert, müssen wir $ vor die Zellbezüge setzen. D. h. die Formel in A3 muss lauten: `=$A1+$A2`. Wenn wir das nach A4 kopieren, ergibt sich dort `=$A2+$A3`, also ebenfalls eine Änderung der Bezüge! Grund: Der Schutz mit nur einem $-Zeichen vor den Buchstaben ist nur beim Horizontalkopieren wirksam. Um die Formel wirklich zu schützen, ist es notwendig, jeden Buchstaben zwischen zwei $-Zeichen

F. J. Mehr, M. T. Mehr, *Excel und VBA*, DOI 10.1007/978-3-658-08886-6_2

	A	B	C	D	E	F	G
1	1						
2	1	1					
3	1	2	1				
4	1	3	3	1			
5	1	4	6	4	1		
6	1	5	10	10	5	1	
7	1	6	15	20	15	6	1
8							
9							
10							
11							
12		Pascal'sches Dreieck					

Abb. 2.1 *Pascal'sches* Dreieck – Form 1 [Arbeitsmappe Pascal.xlsm; Blatt: Pascal 1]

zu stellen! Also muss in A3 stehen `=$A$1+$A$2`. Jetzt haben wir **absolute** Bezüge, und jedwedes Kopieren lässt die Bezüge unverändert.

Das *Pascal'sche* Dreieck gibt uns eine gute Gelegenheit, das Kopieren von Formeln zu üben. Die Absicht ist, dieses berühmte Dreieck von ganzen Zahlen später fast automatisch in einem Excel-Blatt aufzubauen. Wir betrachten zwei Dreiecksformen.

Für die erste Dreiecksform (vgl. Abb. 2.1) belegen wir die Zellen A1:A7 und B2 mit einer 1. In B3 schreiben wir die Formel `=A2+B2`, die wir bis B7 kopieren. Danach werden die Zellen B2:B7 nach rechts bis G2:G7 kopiert. Die entstehenden Nullen löschen wir anschließend "von Hand" mit *Entf*. Später werden wir sehen, wie man die Nullen mit einem einfachen Befehl verbirgt.

▶ Um eine Formel von Hand zu kopieren, zeigen wir mit dem Cursor auf das Ausfüllkästchen in der rechten unteren Ecke der Zelle, in der sich die Formel befindet. Der Cursor verwandelt sich in ein + – Zeichen. Mit gedrückter linker Maustaste zieht man das Kästchen bis zur Zielzelle.

Das *Pascal'sche* Dreieck wird von den binomischen Zahlen gebildet:

$$\binom{0}{0} = 1$$

$$\binom{1}{0} = 1; \binom{1}{1} = 1$$

$$\binom{2}{0} = 1; \binom{2}{1} = 2; \binom{2}{2} = 1$$

$$\binom{3}{0} = 1; \binom{3}{1} = 3; \binom{3}{2} = 3; \binom{3}{3} = 1$$

....

	A	B	C	D	E	F	G	H	I	J	K	L	M	N	O	P	Q	R	S
1											1								
2										1		1							
3					0	0	0	0	1	0	2	0	1	0	0	0	0		
4					0	0	0	1	0	3	0	3	0	1	0	0	0		
5					0	0	1	0	4	0	6	0	4	0	1	0	0		
6					0	1	0	5	0	10	0	10	0	5	0	1	0		
7					1	0	6	0	15	0	20	0	15	0	6	0	1		
8																			

Abb. 2.2 *Pascal'sches* Dreieck – Form 2 [Arbeitsmappe Pascal.xlsm; Blatt: Pascal 2]

Die Summen der Zahlen in diagonal liegenden Zellen, z. B. der hellgrau-bzw. dunkelgrau gefärbten, sind die *Fibonacci*-Zahlen: $1+4+3=8$; $1+5+6+1=13\ldots$ (Wir werden dieses Thema im Abschn. 3.2.2 ausführlich behandeln).

Die Summe der binomischen Zahlen in einer Zeile ist eine Potenz von 2:

$$2^0,\ 2^1,\ 2^2,\ 2^3 \ldots$$

In der Abb. 2.2 sehen wir eine andere Form des Dreiecks, die in China schon 1300 v. Chr. auftauchte. Hier wird eine 1 in K1, J2 und L2 eingetragen. In K3 steht die Summe `=J2+L2`. Kopiere diesen Ausdruck mit dem Ausfüllkästchen nach links (bis E3) und nach rechts (bis Q3). Anschließend kopieren wir den Inhalt von E3:Q3 mit dem Ausfüllkästchen in alle Zellen bis E7:Q7.

Schließlich können wir alle Nullen verbergen. Wähle dazu alle Zellen von E1 bis Q7 (bei gedrückter *Shift*-Taste und Linksklick in Q7) und suche in *START* das Menü *Zellen*. Hier *Format* > *Zellen formatieren* > *Zahlen* > *Benutzerdefiniert*. Unter Typ tragen wir ein: **0;;;** – alle Nullen verschwinden, wenn Sie *OK* drücken (Siehe Abb. 2.3).

Das Ergebnis nach Drücken auf *OK* sehen Sie in Abb. 2.4. Die benutzerdefinierten Zellenformate in Excel gehorchen folgender Syntax:

<Format für positive Zahlen>; <Format für negative Zahlen>; <Format für Null>; <Format für Text>

Beispiele

0;;; → zeige nur eine Ziffer für positive Zahlen, verberge negative Zahlen, Nullen und Texte.

;–0;; → zeige nur eine Ziffer für negative Zahlen, verberge positive Zahlen, Nullen und Texte.

0; –0;; → zeige nur eine Ziffer für positive und negative Zahlen, verberge Nullen und Texte.

;;; → verberge alle Daten.

War doch alles einsichtig, nicht wahr?

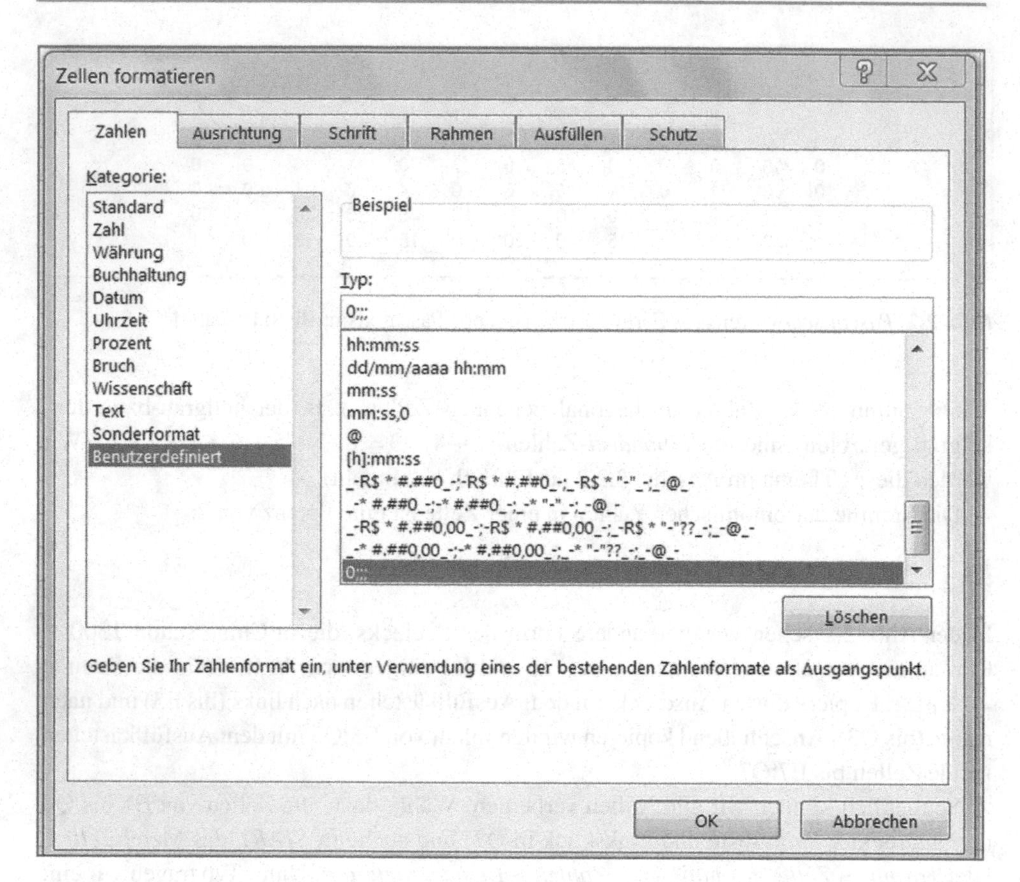

Abb. 2.3 Benutzerdefinierte Zahlenformate

	A	B	C	D	E	F	G	H	I	J	K	L	M	N	O	P	Q	R	S
1											1								
2										1		1							
3									1		2		1						
4								1		3		3		1					
5							1		4		6		4		1				
6						1		5		10		10		5		1			
7					1		6		15		20		15		6		1		
8																			
9																			

Abb. 2.4 *Pascal'sches* Dreieck "Nullen bereinigt" [Arbeitsmappe Pascal.xlsm; Blatt: Pascal 2]

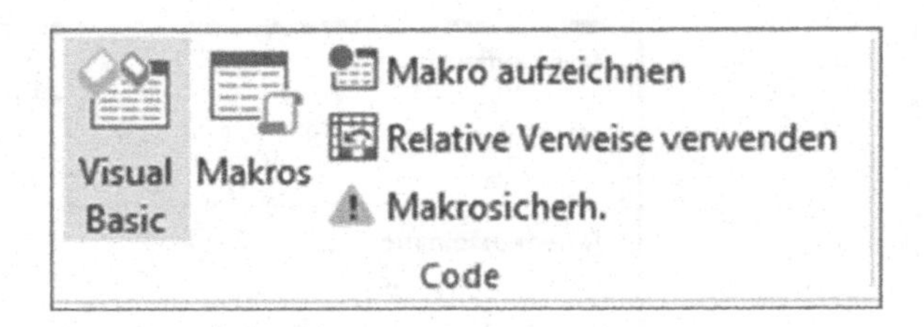

Abb. 2.5 *Code*-Gruppe

2.2 Makrorekorder

Jetzt werden wir den Kopiervorgang für die Formel `=J2+L2` mithilfe eines **Makros** automatisieren.

▶ Ein **Makro** ist ein automatisierter Prozess, der das wiederholte manuelle Ausführen bestimmter Kommandos unnötig macht.

Für die Aufzeichnung eines Makros brauchen wir die Registerkarte *ENTWICKLER-TOOLS*.

▶ Wenn die Registerkarte *ENTWICKLERTOOLS* nicht angezeigt wird, gehen Sie folgendermaßen vor:

- Klicken Sie auf die Registerkarte *DATEI*.
- Klicken Sie auf *Optionen* und dann auf *Menüband anpassen*.
- Aktivieren Sie in der Kategorie *Menüband anpassen* in der Liste *Hauptregisterkarten* das Kontrollkästchen *Entwicklertools*, und klicken Sie dann auf *OK*.

Folgen Sie jetzt den folgenden Anweisungen, um das Makro zu erzeugen:

1. Schreibe 1 in K1, J2 und L2, in K3 `=J2+L2`.
2. Klicke in *ENTWICKLERTOOLS > Code > Makro aufzeichnen* an (vgl. Abb. 2.5). In dem Dialogfenster *Makro aufzeichnen* (siehe Abb. 2.6), geben Sie dem Makro einen Namen, z. B. "Pascal". Für die Tastenkombination können Sie z. B. "p" wählen. Diese Tastenkombination setzt eine gleichnamige in Excel standardmäßig vorhandene Tastenkombination außer Kraft, solange das Makro geöffnet ist.
3. Nachdem *OK* angeklickt wurde, beginnt die Aufzeichnung des Makros (die Schaltfläche *Makro aufzeichnen* verwandelt sich in ein blaues Quadrat). Alle Schritte, die wir jetzt tun, werden registriert: wir kopieren K3 mit dem Ausfüllkästchen nach links (bis E3) und nach rechts (bis Q3). Anschließend kopieren wir den Inhalt von E3:Q3 mit dem Ausfüllkästchen in alle Zellen bis E7:Q7.
4. Klicke in die blaue Schaltfläche, um die Aufzeichnung des Makros zu beenden.

Abb. 2.6 Dialogfenster *Makro aufzeichnen*

Um das Makro auszuprobieren, löschen wir alle Zellen und starten das Makro mit *Strg-p*. Das *Pascal'sche* Dreieck von Abb. 2.4 wird schlagartig ausgefüllt.

Makros müssen in **Excel 2013** im Dateiformat *Excel-Arbeitsmappe mit Makros (*xlsm)* gespeichert werden. Deswegen speichern wir die Arbeitsmappe als "Pascal.xlsm".

Um Fehler zu vermeiden, muss man genau wissen, welche Schritte man während der Aufzeichnung ausführen will. Bei einem Fehler ist es besser, von vorne zu beginnen, als zu versuchen, den Fehler zu korrigieren.

Wenn Sie den erzeugten Code sehen wollen, gehen Sie in den *ENTWICKLERTOOLS* zum Code-*Menü* und wählen *Makros anzeigen*. Es erscheint das Dialogfenster *Makro* aus Abb. 2.7.

Hier kann man ein Makro *löschen* oder auch *bearbeiten*. *Bearbeiten* liefert den erzeugten Code (siehe Abb. 2.8).

Der Makrorekorder erzeugt eine **Subroutine**, daher sehen wir am Anfang die Bezeichnung `Sub`. Jede Subroutine muss mit `End Sub` abgeschlossen werden. Was wir sehen, ist ein Programm mit dem Namen "Pascal" in der Sprache **VBA** (Visual Basic for Applications). VBA ist eine Programmiersprache, die in dem Office-Paket enthalten ist – und die in Zukunft für uns von großer Bedeutung sein wird.

▶ Der **VBA-Editor** von **Excel 2013** ist praktisch identisch mit dem der früheren Versionen. Er kann durch *ENTWICKLERTOOLS > Visual Basic* oder mit *ALT-F11* geöffnet werden. Makros können auch in der Registerkarte *ANSICHT* aufgezeichnet und angezeigt werden.

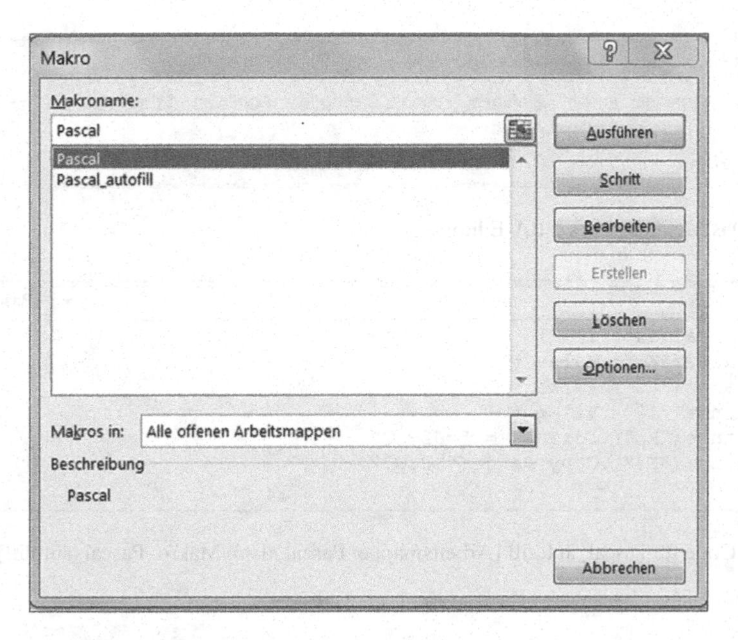

Abb. 2.7 Dialogfenster *Makro*

```
(Allgemein)                                    Pascal
Sub Pascal()
'
' Pascal Makro
' Erzeugt ein Pascal'sches Dreieck
'
' Tastenkombination: Strg+p
'
    Range("K3").Select
    Selection.AutoFill Destination:=Range("K3:Q3"), Type:=xlFillDefault
    Range("K3:Q3").Select
    Selection.AutoFill Destination:=Range("E3:Q3"), Type:=xlFillDefault
    Range("E3:Q3").Select
    Selection.AutoFill Destination:=Range("E3:Q7"), Type:=xlFillDefault
    Range("E3:Q7").Select
    Range("K1").Select
End Sub
```

Abb. 2.8 Code für *Pascal'sches* Dreieck [Arbeitsmappe: Pascal.xlsm; Makro: Pascal]

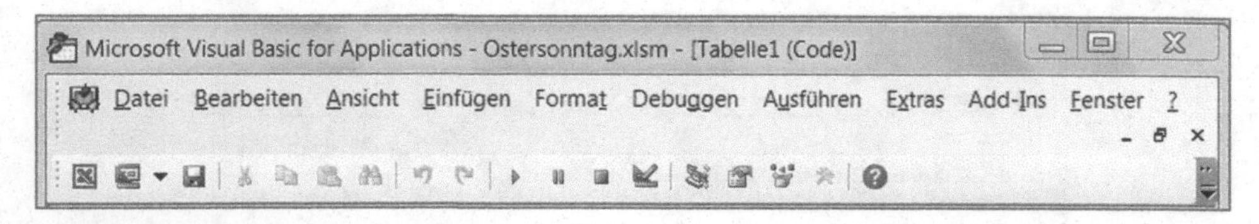

Abb. 2.9 Das Menüband des VBA-Editors

```
(Allgemein)                                    Pascal_autofill
Sub Pascal_autofill()
    Range("K1").Value = 1
    Range("J2").Value = 1
    Range("L2").Value = 1
    Range("K3").Formula = "=J2+L2"
    Range("K3").Copy Range("E3:Q7")
End Sub
```

Abb. 2.10 Code für Pascal_autofill [Arbeitsmappe: Pascal.xlsm; Makro: Pascal_autofill]

2.3 Weitere Beispiele für VBA

Wir wollen uns noch einige VBA-Beispiele anschauen.

Beispiel 1
Im ersten Beispiel erzeugen wir wieder ein *Pascal'sches*-Dreieck, aber dieses Mal ohne zuerst die Startwerte in die Tabelle zu schreiben. Um den Code zu schreiben, benutzen wir den VBA-Editor (*ALT-F11*), dessen Menüband in Abb. 2.9 zu sehen ist.

Nachdem der VBA-Editor aufgerufen wurde (*ALT-F11*), wird *Einfügen > Modul* gewählt. Schreibe den Code in das Codefenster (vgl. Abb. 2.10). Auch mit *ALT-F11* kommt man wieder in die Excel-Tabelle.

Nun löschen wir alle Zellen des Arbeitsblatts "Pascal 2" und führen den Code aus: *ALT-F8 > pascal_autofill > Ausführen*. Das Programm erzeugt nun das ganze Dreieck.

Wenn man ein Makro zum ersten Mal lädt, erscheint aus Sicherheitsgründen der Hinweis, dass die Makros deaktiviert wurden, auch Ihr eigenes! Wenn man kein Risiko sieht, kann man auf die Schaltfläche *Inhalt aktivieren* klicken.

Beispiel 2
Zu den *ENTWICKLERTOOLS* gehören auch *Steuerelemente* (z. B. Schaltknöpfe), von denen es zwei Sorten gibt: *ActiveX-Steuerelemente*[1] (leistungsfähige VBA-Objekte) und

[1] **Anmerkung:** Am 9.12.2014 hat Microsoft Security-Updates für Office installiert. Diese Updates führten dazu, dass keine *ActiveX-Steuerelemente* mehr funktionierten bzw. keine neue eingefügt werden können. *Formular-Steuerelemente* sind davon nicht betroffen. Inzwischen hat Microsoft den *KB-Beitrag 3025036* veröffentlicht, der durch ein herunterladbares *FixIt*, das Problem löst. Wir haben diese Prozedur am 28.01.2015 mit Erfolg durchgeführt.

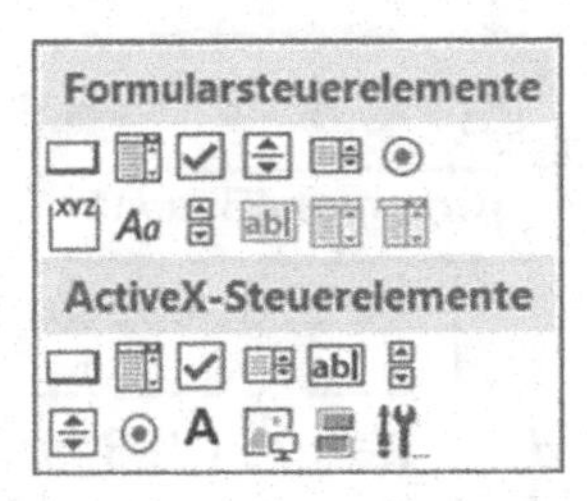

Abb. 2.11 Steuerelemente

Formularsteuerelemente (einfache Funktionalitäten, die an Makros geknüpft werden). Man findet diese Elemente in *ENTWICKLERTOOLS > Einfügen > Steuerelemente einfügen*.

Wir wollen zunächst ein *ActiveX-Steuerelement* verwenden, und zwar einen *CommandButton*. Dafür wählen wir in *Steuerelemente > Einfügen* die *Befehlsschaltfläche*, erstes Element in der Liste in Abb. 2.11.

Der Cursor verwandelt sich in ein + -Zeichen, mit dem wir den Button auf das Arbeitsblatt zeichnen. Dann klicken wir auf *Code anzeigen*. Der Visual Basic-Editor wird geöffnet (es ist vielleicht einfacher mit der rechten Maustaste auf den gezeichneten Button zu klicken und *Code anzeigen* auswählen).

Wir tragen nur eine Codezeile ein: `Range("K3").Copy Range("E3:Q7")` (vgl. Abb. 2.12).

Anschließend, noch im Visual Basic-Editor, in der Registerkarte *Datei* auf *Schließen und zurück zu Microsoft Excel* klicken. Zurück in Excel, deaktivieren wir durch Anklicken den *Entwurfsmodus*.

Wieder tragen wir in K1, J2 und L2 eine 1 ein und in K3 die Formel `=J2+L2`.

Den Buttontext "CommandButton1" kann man – wieder im *Entwurfsmodus* – ändern (Rechtsklick auf den Button und *Eigenschaften* aufrufen). Unter *Caption* kann man dann einen anderen Button-Text schreiben (auch der Font kann geändert werden). Hier haben wir "Pascal'sches Dreieck" als *Caption* gewählt.

Nach Anklicken des Buttons "Pascal'sches Dreieck" erhalten wir das schon gut bekannte Dreieck.

Beispiel 3

Wenn wir alle Zellen > 0 gelb anfärben wollen, so erreichen wir das mit dem VBA-Code aus Abb. 2.13.

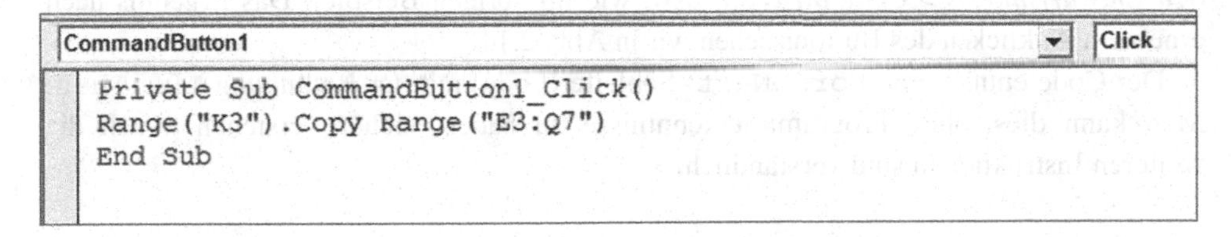

Abb. 2.12 Code für "CommandButton1"

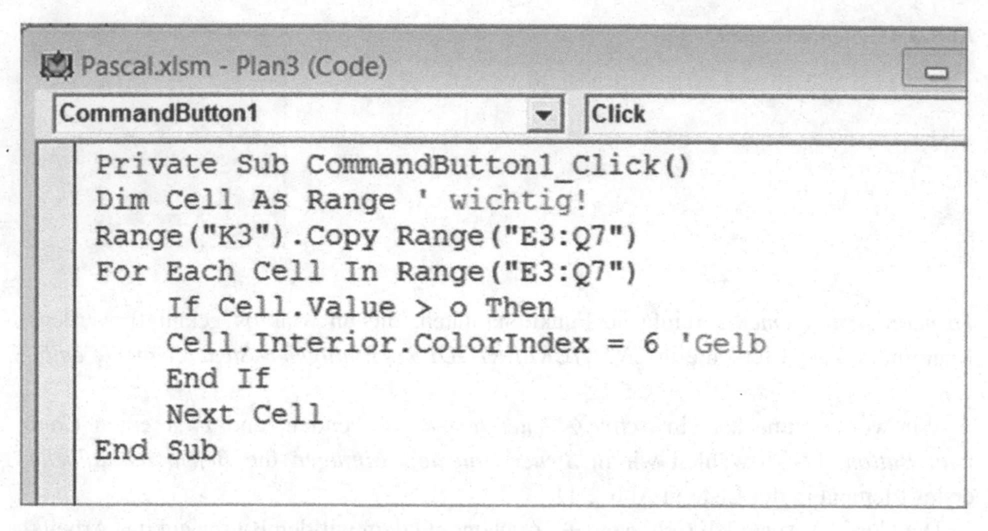


```
Private Sub CommandButton1_Click()
Dim Cell As Range ' wichtig!
Range("K3").Copy Range("E3:Q7")
For Each Cell In Range("E3:Q7")
    If Cell.Value > o Then
    Cell.Interior.ColorIndex = 6 'Gelb
    End If
    Next Cell
End Sub
```

Abb. 2.13 Erweiterter *CommandButton*-Code [Arbeitsmappe: Pascal.xlsm; Makro: CommandButton1]

D	E	F	G	H	I	J	K	L	M	N	O	P	Q	R
							1							
						1		1						
	0	0	0	0	1	0	2	0	1	0	0	0	0	
	0	0	0	1	0	3	0	3	0	1	0	0	0	
	0	0	1	0	4	0	6	0	4	0	1	0	0	
	0	1	0	5	0	10	0	10	0	5	0	1	0	
	1	0	6	0	15	0	20	0	15	0	6	0	1	

Pascal'sches Dreieck

Abb. 2.14 *Pascal'sches* Dreieck mit eigefärbten Zellen [Arbeitsmappe: Pascal.xlsm; Blatt: Pascal 2]

Um den Code im Button "Pascal'sches Dreieck" zu ändern, gehen wir wieder in den *Entwurfsmodus* > *Code anzeigen* usw. wie im vorigen Beispiel. Das Ergebnis nach erneutem Anklicken des Buttons sehen wir in Abb. 2.14.

Der Code enthält eine `For...Next`-Schleife (Loop) mit der Bedingung `If...Then`. Man kann dies, ohne Programmierkenntnisse zu haben, sicher verstehen. Auch die weiteren Instruktionen sind verständlich.

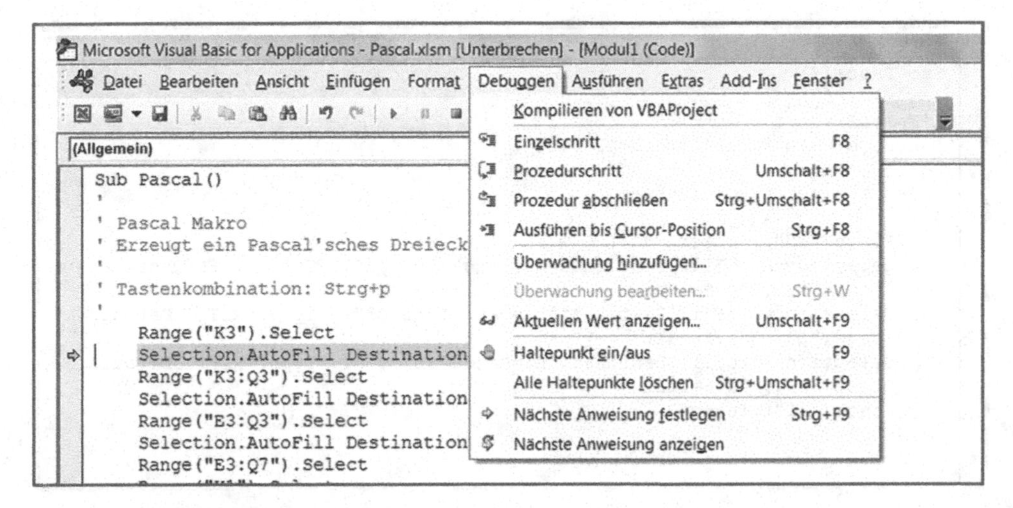

Abb. 2.15 Registerkarte *Debuggen*

2.4 "Debuggen" eines Codes

Im VBA-Editor (*Alt + F11*) finden Sie unter der Registerkarte "Debuggen" alles, was nötig ist, um eine VBA-Prozedur zu testen (von "bugs" = Wanzen zu reinigen), vgl. Abb. 2.15.

Man kann die Richtigkeit eines Programms auch durch schrittweises Abarbeiten prüfen (*Debuggen > Einzelschritt* oder *F8*). Bei jedem Schritt wird die nächste Zeile, die ausgeführt werden soll, gelb markiert. Zwischenergebnisse werden angezeigt (vgl. Abb. 2.16).

2.5 Arbeiten mit Dialogfeldern, bedingten Anweisungen und Verzweigungen

An dieser Stelle werden wir den Gebrauch der VBA-Dialogfelder `MsgBox` (Meldungsfeld) und `InputBox` (Eingabedialogfeld) an einigen Beispielen zeigen. Wir werden dabei ebenfalls verschiedene Varianten von Bedingungsanweisungen benutzen.

Beispiel 1
Außer den Dialogfeldern benutzen wir in diesem ersten Beispiel (siehe Code in Abb. 2.17) eine Bedingungsanweisung, nämlich `If...Then...Else` (falls...dann...sonst). Die Bezeichnung `Application.ActiveCell` bezieht sich auf die gerade aktive Zelle des Arbeitsblatts[2].

[2] Das Objekt `Application` meint Excel selbst und hat über 200 Eigenschaften und Methoden.

```
(Allgemein)                                    Pascal

Sub Pascal()
'
' Pascal Makro
' Erzeugt ein Pascal'sches Dreieck
'
' Tastenkombination: Strg+p
'
    Range("K3").Select
    Selection.AutoFill Destination:=Range("K3:Q3"), Type:=xlFillDefault
    Range("K3:Q3").Select
    Selection.AutoFill Destination:=Range("E3:Q3"), Type:=xlFillDefault
    Range("E3:Q3").Select
    Selection.AutoFill Destination:=Range("E3:Q7"), Type:=xlFillDefault
    Range("E3:Q7").Select
    Range("K1").Select
End Sub
```

Abb. 2.16 "Debbugen" im Einzelschritt

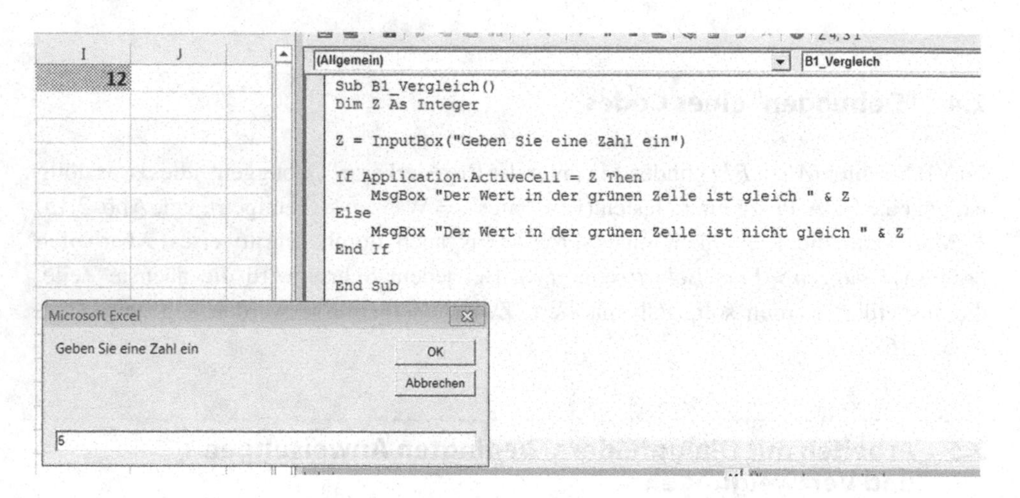

Abb. 2.17 InputBox [Arbeitsmappe: Dialogfelder & Verzweigungen.xlsm; Makro: B1_Vergleich]

Wenn wir in eine beliebige Zelle eine Zahl eingeben und auf der VBA-Editorseite *F5* drücken, erhalten wir zuerst die Eingabeeinforderung von Abb. 2.17.

Nach *OK*, erscheint das Meldungsfeld (vgl. Abb. 2.18).

Beispiel 2

Das folgende Beispiel zeigt eine "Ja/Nein"-`MsgBox` (siehe Abb. 2.19) bei der Berechnung des Flächeninhalts eines Kreises vom Radius r: $A = \pi r^2$ (der entsprechende Code befindet sich in Abb. 2.20).

`vbNo`, `vbYes`, `vbYesNo` und `vbQuestion` sind Konstanten, bzw. Argumenteinstellungen der Funktion `MsgBox`. `vbYes` nimmt den Wert 6 an, wenn der Schalter "Ja"

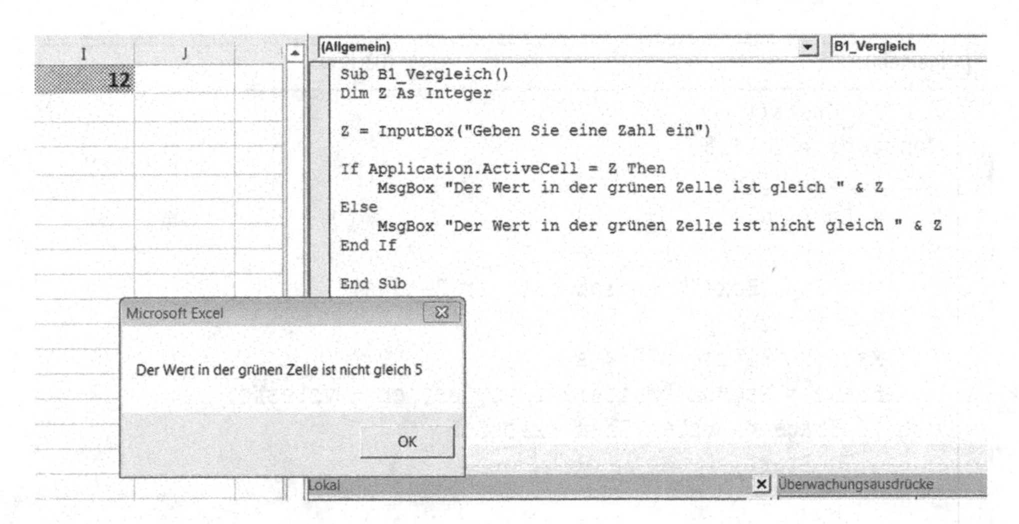

Abb. 2.18 MsgBox [Arbeitsmappe: Dialogfelder & Verzweigungen.xlsm; Makro: B1_Vergleich]

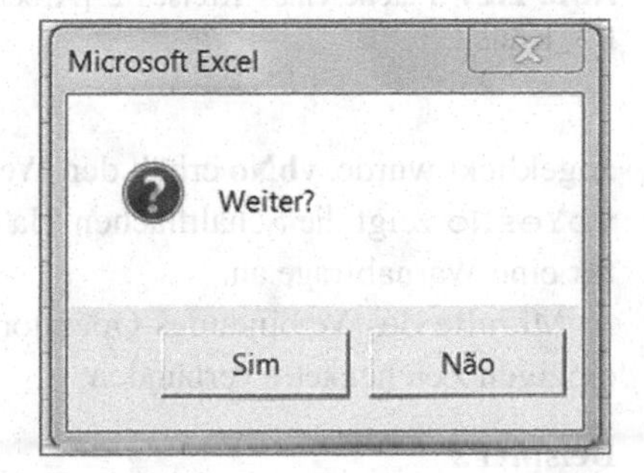

Abb. 2.19 Ja/Nein-MsgBox [Arbeitsmappe: Dialogfelder & Verzweigungen.xlsm; Makro: B2_Kreis]

(Allgemein) B2_Kreis

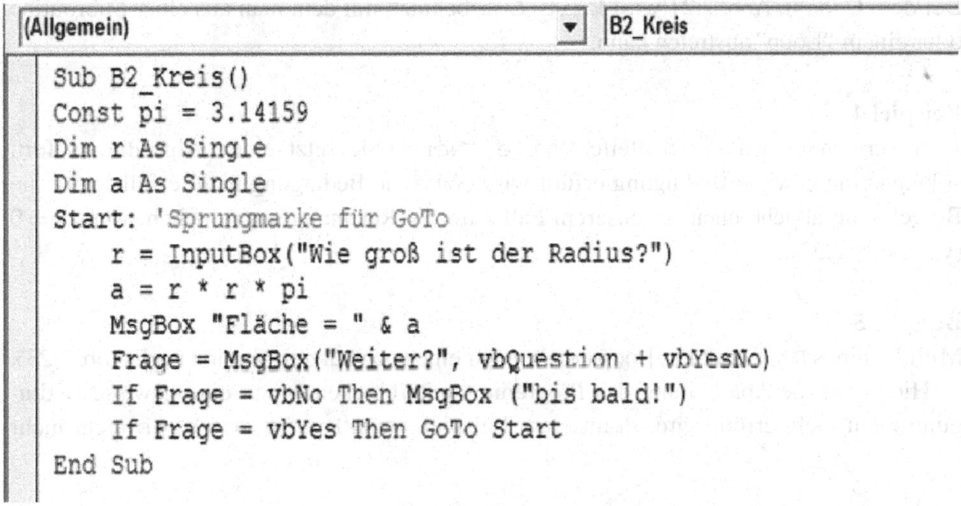

```
Sub B2_Kreis()
Const pi = 3.14159
Dim r As Single
Dim a As Single
Start: 'Sprungmarke für GoTo
    r = InputBox("Wie groß ist der Radius?")
    a = r * r * pi
    MsgBox "Fläche = " & a
    Frage = MsgBox("Weiter?", vbQuestion + vbYesNo)
    If Frage = vbNo Then MsgBox ("bis bald!")
    If Frage = vbYes Then GoTo Start
End Sub
```

Abb. 2.20 Fläche eines Kreises 1 [Arbeitsmappe: Dialogfelder & Verzweigungen.xlsm; Makro: B2_Kreis]

```
(Allgemein)                                  B3_Kreis

Sub B3_Kreis()
Const pi = 3.14159
Dim r As Single
Dim a As Single
Start: 'Sprungmarke für GoTo
    r = InputBox("Wie groß ist der Radius?")
    a = r * r * pi
    MsgBox "Fläche = " & a
    Frage = MsgBox("Weiter?", vbQuestion + vbYesNo)
    If Frage <> vbYes Then Exit Sub
    GoTo Start
End Sub
```

Abb. 2.21 Fläche eines Kreises 2 [Arbeitsmappe: Dialogfelder & Verzweigungen.xlsm; Makro: B3_Kreis]

angeklickt wurde, **vbNo** erhält den Wert 7, wenn der "Nein" – Schalter angeklickt wurde. `vbYesNo` zeigt die Schaltflächen "Ja" und "Nein" und `vbQuestion` zeigt das Symbol für eine Warnabfrage an.

Mithilfe des Verbindungs-Operators `&` haben wir einen Text mit einer Zahl zu einer einzigen Zeichenkette verbunden.

Beispiel 3

Bei dem Code in Abb. 2.21 wird `Exit Sub` benutzt, mit dem man aus einer Subroutine oder einem "Loop" austreten kann.

Beispiel 4

Jetzt verwenden wir die Schleife `While...Wend`. Sie setzt einen Algorithmus fort, solange eine gewisse Bedingung erfüllt wird. Wird die Bedingung nicht erfüllt, wird die Berechnung abgebrochen. In unserem Fall wird die Rechnung abgebrochen, wenn $r = 0$ (vgl. Abb. 2.22).

Beispiel 5

Mithilfe eines `Do...Until`- Loop erhalten wir eine noch kürzere Version (vgl. Abb. 2.23).

Hier wird die Abarbeitung des Programms unterbrochen, wenn eine gewisse Bedingung nicht mehr erfüllt wird, in unserem Beispiel, wenn `Frage = vbYes` nicht mehr

```
(Allgemein)                                   B4_Kreis

Sub B4_Kreis()
Const pi = 3.14159
Dim r As Single
Dim a As Single
Start: 'Sprungmarke für GoTo
    r = InputBox("Wie groß ist der Radius?")
    While r <> 0
    a = r * r * pi
    MsgBox "Fläche = " & a
    Frage = MsgBox("Weiter?", vbQuestion + vbYesNo)
    If Frage <> vbYes Then Exit Sub
    GoTo Start
    Wend
End Sub
```

Abb. 2.22 Fläche eines Kreises 3 [Arbeitsmappe: Dialogfelder & Verzweigungen.xlsm; Makro: B4_Kreis]

```
(Allgemein)                                   B5_Kreis

Sub B5_Kreis()
Const pi = 3.14159
Dim r As Single
Dim a As Single
 Frage = vbYes

   Do Until Frage = vbNo
     r = InputBox("Wie groß ist der Radius?")
     a = r * r * pi
     MsgBox "Fläche = " & a
     Frage = MsgBox("Weiter?", vbQuestion + vbYesNo)
   Loop
     MsgBox ("Tschüss!")

End Sub
```

Abb. 2.23 Fläche eines Kreises 4 [Arbeitsmappe: Dialogfelder & Verzweigungen.xlsm; Makro: B5_Kreis]

positiv beantwortet wird. Normalerweise tritt der Schluss ein, wenn eine gewisse Variable einen bestimmten Wert annimmt. Wenn der Loop unterbrochen wird, kommt als letzte Anweisung die **MsgBox** mit "Tschüss!".

```
(Allgemein)
Sub B6_Rabatt()
Dim anzahl As Integer
Dim rabatt As String

anzahl = InputBox("Anzahl der gekauften Artikel?  ")
Select Case anzahl
    Case 0 To 24:   rabatt = "10%"
    Case 25 To 49: rabatt = "15%"
    Case 50 To 74: rabatt = "20%"
    Case Is >= 75: rabatt = "25%"
End Select
    MsgBox ("Rabatt: " & rabatt)

End Sub
Sub B7_Rabatt()
Dim anzahl As Integer

anzahl = InputBox("Anzahl der gekauften Artikel?  ")
If anzahl <= 24 Then
    MsgBox ("Ihr Rabatt ist 10%")
ElseIf anzahl <= 49 Then
    MsgBox ("Ihr Rabatt ist 15%")
ElseIf anzahl <= 74 Then
    MsgBox ("Ihr Rabatt ist 20%")
Else
    MsgBox ("Ihr Rabatt ist 25%")

End If
End Sub
```

Abb. 2.24 Rabatt [Arbeitsmappe: Dialogfelder & Verzweigungen.xlsm; Makros: B6_Rabatt und B7_Rabatt]

Beispiel 6
Hier berechnen wir die Rabatte beim Kauf verschiedener Mengen eines bestimmten Produktes (siehe Abb. 2.24). In "Rabatt1" berechnen wir den Rabatt mit `Select Case`. Der Code ist effizient, und man braucht nur eine **MsgBox**-Anweisung.

In "Rabatt2" benutzen wir die `If...ElseIf ...Then` – Struktur. Es funktioniert, aber der Code ist ineffizient. Wir benutzen **MsgBox** viermal!

2.6 DIM-Anweisung

In den letzten Beispielen haben wir die Anweisung `Dim` in der Form

`DIM` Variablenname `As` Datentyp

kennengelernt.

Man kann mit einer `DIM`-Anweisung auch mehrere Variablen deklarieren, z. B. in der Form `Dim anzahl As Integer, rabatt As String, r As Single.`

Tab. 2.1 Einige Datentypen in VBA

Datentyp	Speicherbedarf	Wertebereich
Boolean	2 Bytes	True oder False
Integer	2 Bytes	Von – 32.768 bis 32.767
Long	8 Bytes	Von – 2.147.483.648 bis 2.147.483.647
Single	4 Bytes	– 3,4E + 38 bis – 1,4 – 45 für negative Werte 1,4E – 45 bis 3,4E + 38 für positive Werte
Double	8 Bytes	– 1,8E + 308 bis – 4,9E – 324 für negative Werte 4,9E – 324 bis 1,8E + 308 für positive Werte
Date	8 Bytes	Von 1.1.100 bis 31.12.9999
String	Feste Länge: Länge der Zeichenfolge	Bis ca. 65.400 Zeichen
	Variable Länge: Länge der Zeichenfolge plus 10 Bytes	Bis 2109 Zeichen
Variant (bei Zahlen)	16 Bytes	Wie bei Double

Wie alle anderen Programmiersprachen, unterscheidet VBA die Datentypen von Variablen je nach Speicherbedarf, Wertebereich und Einsatzzweck. Tabelle 2.1 zeigt einige der Datentypen, die VBA zur Verfügung stellt.

VBA verlangt nicht unbedingt den Datentyp einer Variablen zu **deklarieren**. Wenn er nicht deklariert wird, benutzt VBA "defaultmäßig" den Typ **Variant.** Hätte man die Variable `dicke` als Integer deklariert, so würde sie 2 Byte belegen. Eine Variable vom Typ Variant belegt aber 16 Byte! D. h. wenn man diese Variable nicht als Integer deklariert, vergibt man 14 Byte an Speicherplatz. In einem großen Programm von Hunderten von Zeilen kann dieser Verlust an Speicherplatz bedeutend sein und die Laufzeit des Programms beträchtlich vergrößern. Aus diesem Grunde ist es keine schlechte Idee, alle Variablen zu deklarieren!

VBA erlaubt gewisse Anhängsel (Suffixe) als Typ-Bezeichner. So bedeutet **a#**, dass die Variable **a** vom Typ Double ist. Eine Integer-Variable kann mit **%** gekennzeichnet werden und **$** steht für eine String-Variable usw. Diese Suffixe sollten aber vermieden werden, weil der Code schwer lesbar wird.

3 Erstellung eigener Funktionen und Formulare

Zusammenfassung

In diesem Kapitel wird gezeigt, wie man eigene Funktionen erstellt. Dies wird unter Benutzung von Iterationen und Rekursionen gezeigt. Als Beispiele dienen Fakultätsberechnung und *Fibonacci*-Folgen. Außerdem wird dargestellt, wie man anhand von sogenannten UserForms verschiedene "Taschenrechner" modellieren kann.

3.1 Benutzerdefinierte Funktionen

Bei den Makros bzw. VBA-Beispielen, die schon im Kap. 2 vorgestellt wurden, handelte es sich laut VBA-Terminologie um sogenannte **Prozeduren**. Beide Begriffe **Makro** und **Prozedur** sind gleichbedeutend. Wie wir bereits sahen, automatisieren Makros Aufgaben wie Auswählen, Bewegen und Kopieren von Zellen, Ändern des Fonts, Verbergen oder Löschen von Zellinhalten usw.

VBA erlaubt drei Typen von **Prozeduren** (*Alt+F11 Einfügen > Prozedur*)

- `Sub`- Prozeduren
- `Function`- Prozeduren
- `Property`-Prozeduren

Wir benutzen nur die ersten beiden Prozedurtypen.

Die `Sub`-Prozeduren (Subroutinen) werden oft von dem Makrorekorder aufgezeichnet oder direkt im VBA-Code geschrieben und können von einem vereinbarten Kürzel (shortcut-key) oder Tastenkombination aktiviert werden. Dies haben wir schon in Abschn. 3.1 besprochen.

`Function`-Prozeduren (wir nennen sie Funktionen) können nicht vom Rekorder aufgezeichnet werden, man muss sie in ein besonderes Blatt (*Modul*) eintragen. Im

F. J. Mehr, M. T. Mehr, *Excel und VBA*, DOI 10.1007/978-3-658-08886-6_3

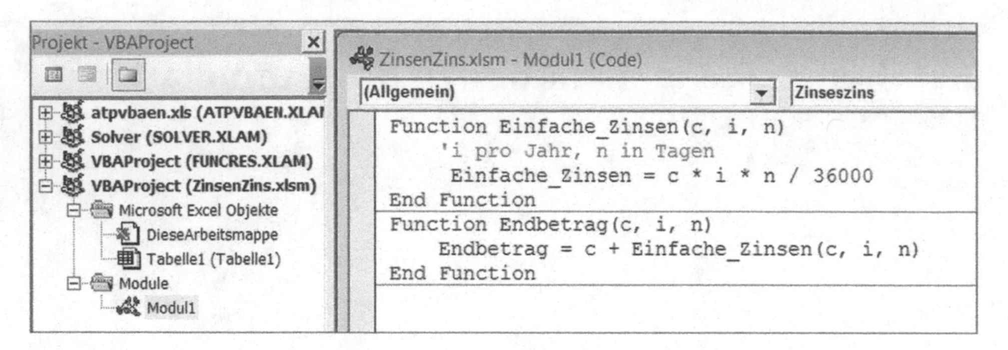

Abb. 3.1 Funktionen für die Berechnung einfacher Zinsen [Arbeitsmappe: Zinsen.xlsm]

Gegensatz zu einer `Sub`-Prozedur gibt eine Funktion einen Wert aus. Die Funktionen beginnen mit dem Schlüsselwort `Function` und enden mit `End Function`. Diese `Function`-Prozeduren vergrößern die Bibliothek der internen Excel-Funktionen. Eine vom Benutzer erzeugte Funktion wird in derselben Form benutzt wie die mehr als 700 Excel-Funktionen. Ein Funktionsaufruf hat das Format *Funktionsname (Parameterliste)*, worin *Funktionsname* ein beliebiger, mit einem Buchstaben beginnender, Bezeichner ist. *Parameterliste* ist eine wohlgeordnete Anzahl von Variablen, deren Werte der Benutzer zur Verfügung stellen muss. Eine sehr detaillierte Beschreibung der benutzerdefinierten Funktionen hat das Hochschulrechenzentrum der Justus-Liebig-Universität Gießen veröffentlicht [3].

Mit *Strg+S* kann man den Code, an dem man arbeitet, zwischenspeichern. Vorher muss die Arbeitsmappe als *Excel-Arbeitsmappe mit Makros* gespeichert worden sein (vgl. Abschn. 2.2).

Um eine Funktion zu schreiben, benötigen wir ein *Modul*, in das der Code eingetragen werden kann.

Dazu reicht es, *Alt+F11 > Einfügen > Modul* auszuführen (oder umständlicher: *ENTWICKLERTOOLS > Visual Basic > Einfügen > Modul*). Dann erscheint das Codefenster (VBA-Editor), in das man den Code der Funktion (oder der Funktionen) eintragen kann.

► Bei der Gestaltung des Codes macht man gelegentlich Syntaxfehler, auf die der Editor dann hinweist. Während der Entwicklungsphase kann das störend sein. Mithilfe von *Alt+F11 > Extras > Optionen* kann man die Syntaxüberprüfung – vorübergehend – abschalten.

Wir tragen zwei Funktionen ein, mit denen wir Zinsen und Endkapital einer Spareinlage bei einfacher Verzinsung berechnen können. Der Editor fügt automatisch die horizontale Trennlinie ein. Die Funktion *Endbetrag* ruft die Funktion *Einfache_Zinsen* auf und addiert das Anfangskapital c. Dabei sind i = Zinssatz pro Jahr und n = Tage (vgl. Abb. 3.1).

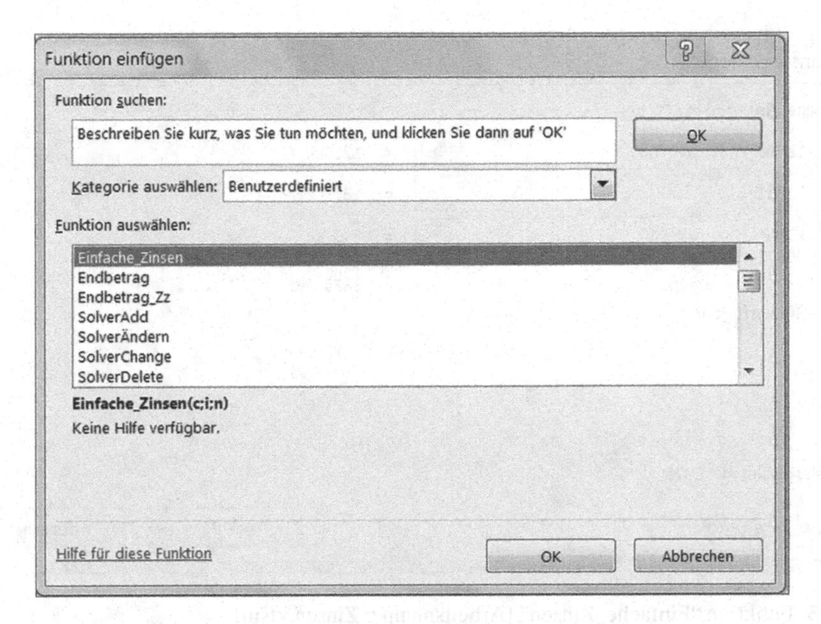

Abb. 3.2 Das Dialogfenster *Funktion einfügen* [Arbeitsmappe: Zinsen.xlsm]

Mit *Alt+F11* gehen wir zurück ins Arbeitsblatt und setzen den Cursor in irgendeine Zelle. In *FORMELN > Funktionen einfügen > Kategorie auswählen* wählen wir *Benutzerdefiniert*. Alternativ: Doppelklick auf f_x.

Unsere beiden Funktionen befinden sich in der Funktionsliste (siehe Abb. 3.2).

Beispiel 1
Berechne die Zinsen für ein Darlehen von 12.500 € für 18 Monate bei 1,5 % pro Monat (!).

Lösung
Da unsere Funktion den Zinssatz pro Jahr und die Zeit in Tagen verlangt, haben wir mit i = 1,5*12 und n = 18*30 zu rechnen. (Im Geschäftsleben hat ein Jahr 360 Tage.) Wenn wir unsere Funktion "Einfache_Zinsen" aufrufen (vgl. Abb. 3.3), ergeben sich 3.375 € Zinsen!

Im Codefenster (*Alt+F11*) können wir weitere Funktionen oder Subroutinen einfügen. Wie Sie in der Abb. 3.4 sehen können, haben wir noch den Fall der Zinseszinsen hinzugefügt. Alle vier Funktionen liefern unformatierte Dezimalzahlen. Deswegen haben wir eine Subroutine "Format" dazugeschrieben, die über *Strg+f* aufrufbar ist und die das Zahlenformat #.##0,00 € (1000er-Trennzeichen (.), zwei Stellen hinter dem Komma und € -Zeichen am Ende) liefert.

Wenn Sie sich nun über *Alt+F8*, die Makros anzeigen lassen, sehen Sie nur das Makro "Format" (vgl. Abb. 3.5). Dort können Sie bei *Optionen...* die entsprechende Tastenkombination für die Ausführung definieren.

Funktionsargumente

Einfache_Zinsen

C	12500	= 12500
I	1,5*12	= 18
N	18*30	= 540

= 3375

Keine Hilfe verfügbar.

C

Formelergebnis = 3375

Hilfe für diese Funktion

OK Abbrechen

Abb. 3.3 Funktion "Einfache_Zinsen" [Arbeitsmappe: Zinsen.xlsm]

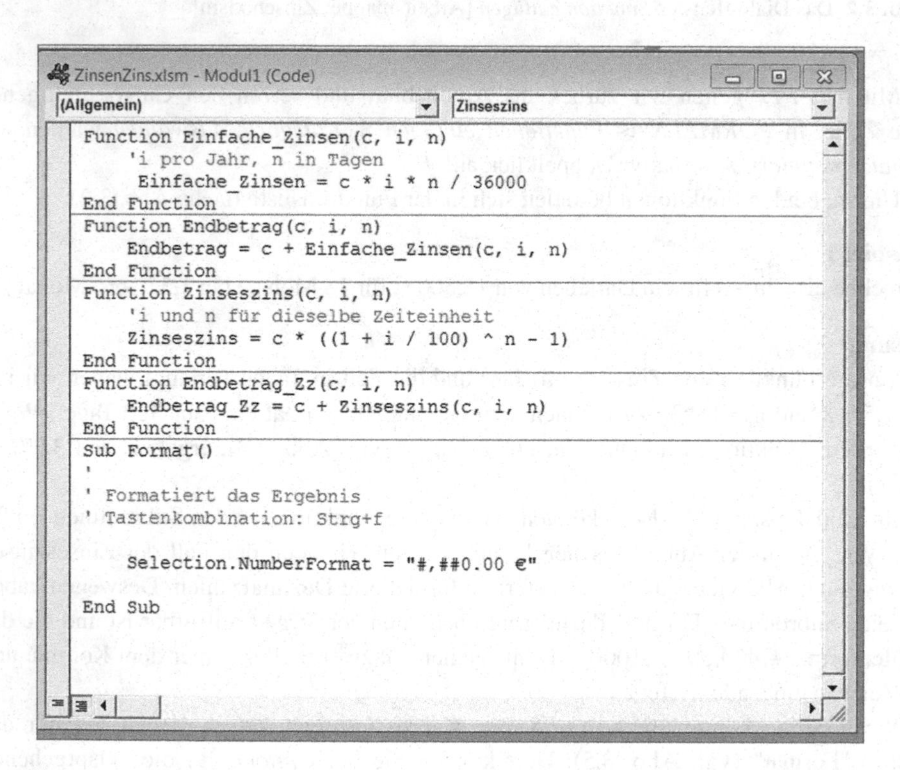

Abb. 3.4 VBA-Code erweitert um zwei neue Funktionen und eine Subroutine [Arbeitsmappe: Zinsen.xlsm]

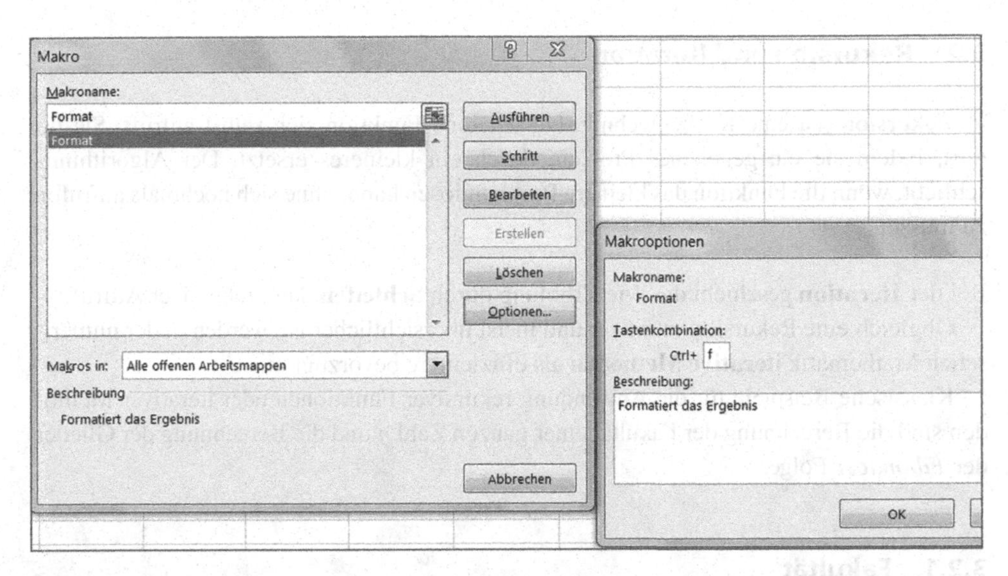

Abb. 3.5 *Makro-* und *Makrooptionen*-Fenster [Arbeitsmappe: Zinsen.xlsm]

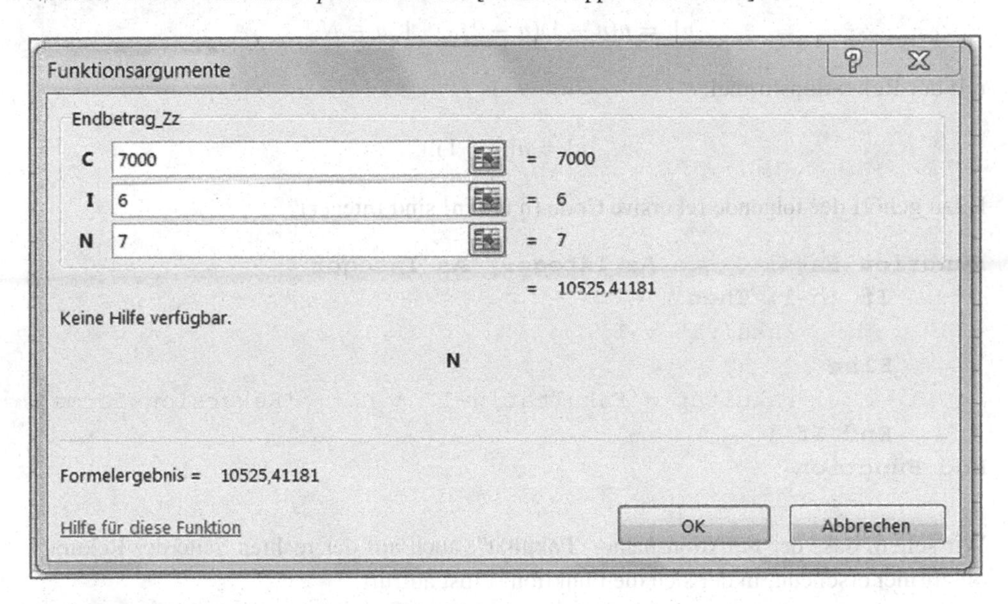

Abb. 3.6 Berechnung des Endkapitals bei Zinseszinsen [Arbeitsmappe: Zinsen.xlsm]

Beispiel 2

Auf welchen Betrag werden 7.000 € bei 6 % jährlicher Verzinsung in 7 Jahren anwachsen, wenn Zinseszinsen berechnet werden?

Lösung

Das Endkapital beträgt demnach 10.525,41 €. Die Funktion "Endbetrag_Zz" liefert zunächst den Wert 10.525,41181 (vgl. Abb. 3.6). Diese Zahl können wir über *Strg+f* formatieren.

3.2 Rekursion und Iteration

▶ **Rekursion** ist eine Rechentechnik, bei der eine Funktion sich selbst aufruft. Sie tut dies, indem sie ein gegebenes Problem durch ein kleineres ersetzt. Der Algorithmus schließt, wenn die Funktion das kleinere Problem lösen kann, ohne sich nochmals aufrufen zu müssen.

Bei der **Iteration** geschieht die Wiederholung durch **Schleifen**, kein rekursiver Aufruf.

Obgleich eine Rekursion intuitiver und meist übersichtlicher ist, werden in der numerischen Mathematik **iterative Methoden** als effizientere bevorzugt.

Klassische Beispiele für die Anwendung rekursiver Funktionen oder iterativer Methoden sind die Berechnung der Fakultät einer ganzen Zahl n und die Berechnung der Glieder der *Fibonacci*-Folge.

3.2.1 Fakultät

$$n!: = n(n-1)(n-2)\cdots 1, n \in N$$

mit der Rekursionsformel:

$$n! = n(n-1)!$$

Dazu gehört der folgende rekursive Code (n und n! sind Integer)

```
Function Fakultät (n As Integer) As Integer
      If (n=1) Then
            Fakultät = 1
      Else
            Fakultät = Fakultät(n-1) * n     'Rekursionsformel
      End If
End Function
```

Wir sehen, dass der Funktionsname, "Fakultät", auch auf der rechten Seite der Rekursionsformel erscheint, in der sich die Funktion selbst aufruft.

So etwas kann bei einem nichtrekursiven Algorithmus nicht sein, wie wir in den folgenden iterativen Versionen sehen können. Dabei wird der Selbstaufruf durch Schleifen ersetzt.

Im ersten Programm benutzen wir die Struktur `While...Wend`, im zweiten Programm verwenden wir die schon bekannte `For...To`- Struktur.

```
Function Fakultät_While (n As Integer) As Double
Dim cont As Integer, fakt As Double  ' cont = Zählvariable
fakt = 1
While cont < n                  'Iterationsschleife
      fakt = fakt * (cont + 1)
      cont = cont +1
Wend
     Fakultät_While = fakt     ' Rückgabewert
End Function
```

Wir sehen, dass die Variablen "cont" und "fakt" als Integer deklariert sind. Weiter unten werden wir "fakt" als Double deklarieren.

```
Function Fakultät_For (n As Integer) As Double
Dim cont As Integer, fakt As Double ' cont = Zählvariable
fakt = 1
 For cont = 1 To n Step 1     'Iterationsschleife
      fakt = fakt * cont
 Next
     Fakultät_For = fakt              ' Rückgabewert
End Function
```

Für die letzte Version wollen wir ein VBA-Programm schreiben. Wie oben beschrieben, beginnen wir mit *Alt+F11 > Einfügen > Modul*. Hier geben wir den Code ein (siehe Abb. 3.7).

Wieder wählen wir *Alt+F11* (oder *Alt+Q)*, um aus dem VBA-Editor zu Excel zurück zu gelangen und anschließend *Formeln > Funktion einfügen > Benutzerdefiniert*. Unsere Funktion steht gleich am Anfang der Liste. Wenn wir auf das zweite *OK* klicken und $N = 6$ eingeben, erhalten wir $6! = 720$ (vgl. Abb. 3.8).

Hier benutzen wir zum ersten Mal den Datentyp `Double`, den wir schon in Abschn. 2.6 eingeführt hatten. Wie wir leicht überprüfen können, ist schon $8! = 40.320$, und überschreitet somit den Gültigkeitsbereich der Integer-Variablen.

Natürlich gibt es in **Excel 2013** eine eingebaute Fakultäts-Funktion. Wir klicken auf f_x und finden die Funktion `FAKULTÄT` – sogar mit einem Hilfe-Text (Vgl. Abb. 3.9.).

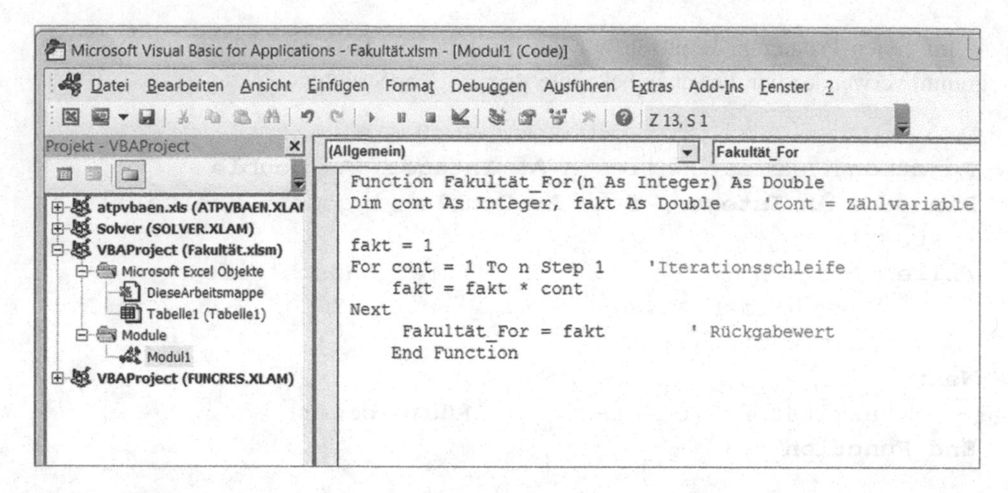

Abb. 3.7 Code für die Funktion "Fakuktät_For" in der VBA-Umgebung [Arbeitsmappe: Fakultät.xlsm]

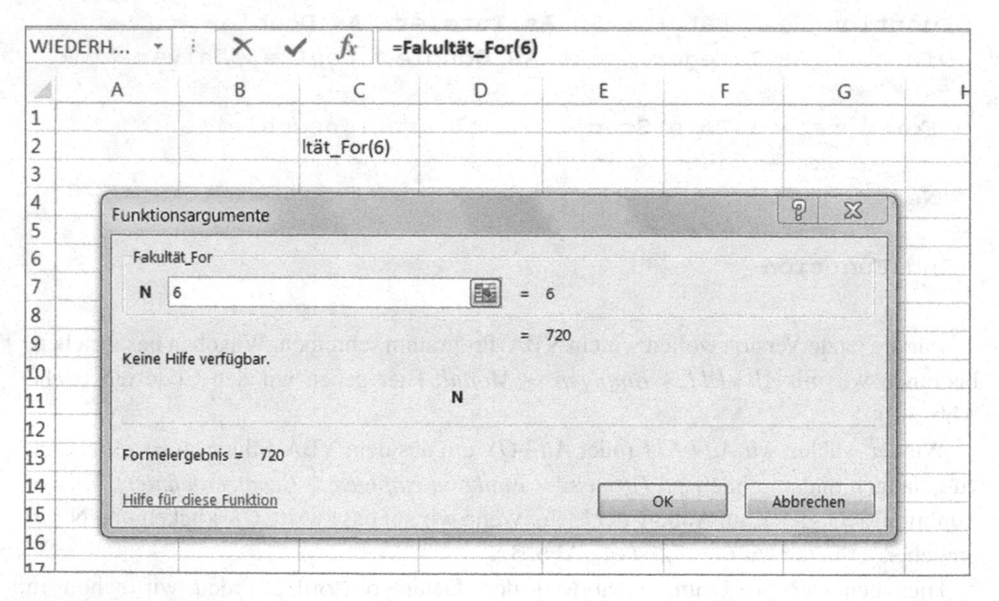

Abb. 3.8 Ergebnisse der benutzerdefinierten Funktion "Fakuktät_For" [Arbeitsmappe: Fakultät.xlsm]

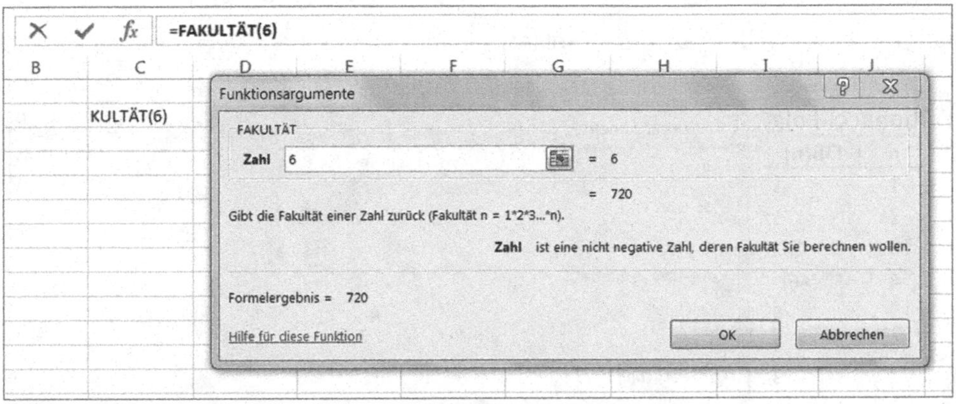

=FAKULTÄT(6)

Funktionsargumente

FAKULTÄT

Zahl 6 = 6

= 720

Gibt die Fakultät einer Zahl zurück (Fakultät n = 1*2*3...*n).

Zahl ist eine nicht negative Zahl, deren Fakultät Sie berechnen wollen.

Formelergebnis = 720

Hilfe für diese Funktion

OK Abbrechen

Abb. 3.9 Excel-Funktion FAKULTÄT [Arbeitsmappe: Fakultät.xlsm]

3.2.2 *Fibonacci*-Folge

Der italienische Mathematiker Fibonacci (eigentlich Leonardo von Pisa, 1170–1250) beschreibt in seinem Buch "Liber Abaci" die nach ihm benannte Folge.

▶ Die ***Fibonacci*-Folge** wird mithilfe der folgenden beiden Formeln definiert:
$FIB(1) = FIB(2) = 1$
$FIB(n) = FIB(n - 1) + FIB(n - 2)$, für $n > 2$

Die ersten 15 *Fibonacci*-Zahlen sind

1,1,2,3,5,8,13,21,34,55,89,144,233,377

Dies ist wieder ein typisches Beispiel für eine Rekursion. Leicht können wir ein Arbeitsblatt anlegen, das uns die *Fibonacci*-Zahlen mittels einer benutzerdefinierten Funktion, Fib(n), ausgibt (siehe Abb. 3.10 und 3.11).

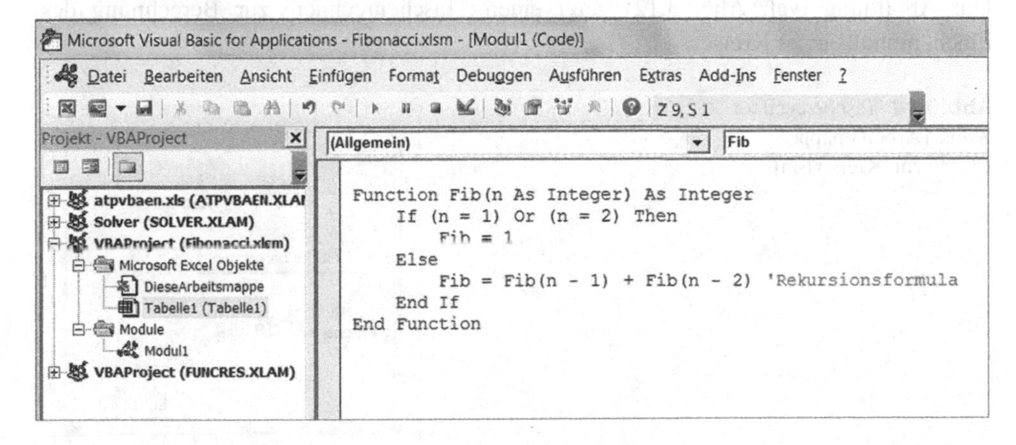

Abb. 3.10 Code für Fibonacci-Funktion [Arbeitsmappe: Fibonacci.xlsx]

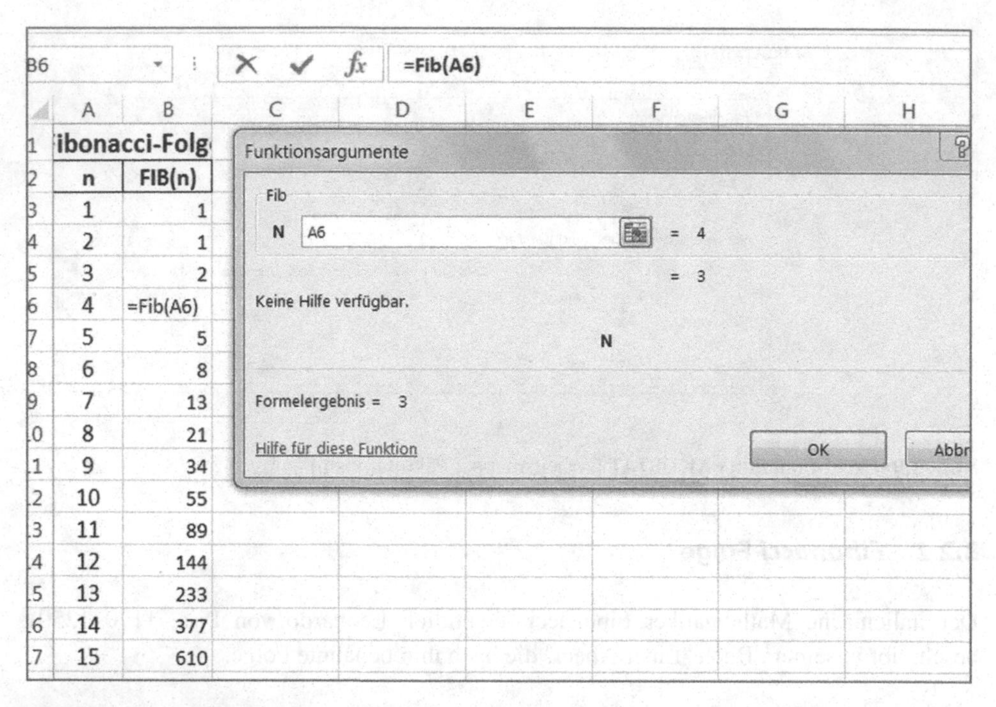

Abb. 3.11 *Fibonacci*-Zahlen [Arbeitsmappe: Fibonacci.xlsx]

3.3 Modellierung von "Taschenrechnern"

3.3.1 UserForms (Benutzerformulare)

Beispiel 1

Die Abbildung (vgl. Abb. 3.12) zeigt einen "Taschenrechner" zur Berechnung des Flächeninhalts eines Kreises.

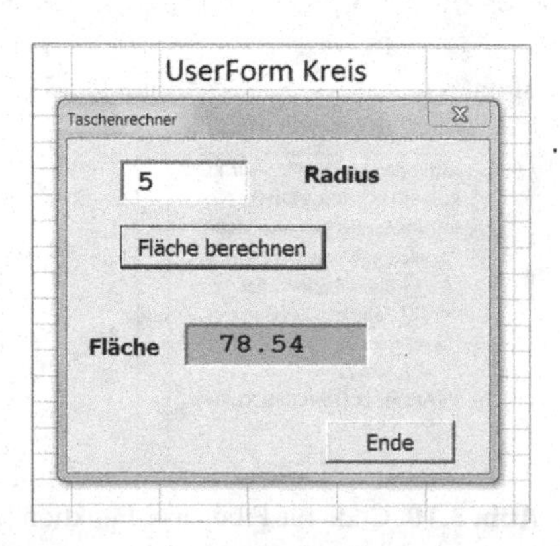

Abb. 3.12 Taschenrechner Kreis [Arbeitsmappe: UserForm_Kreis.xlsm]

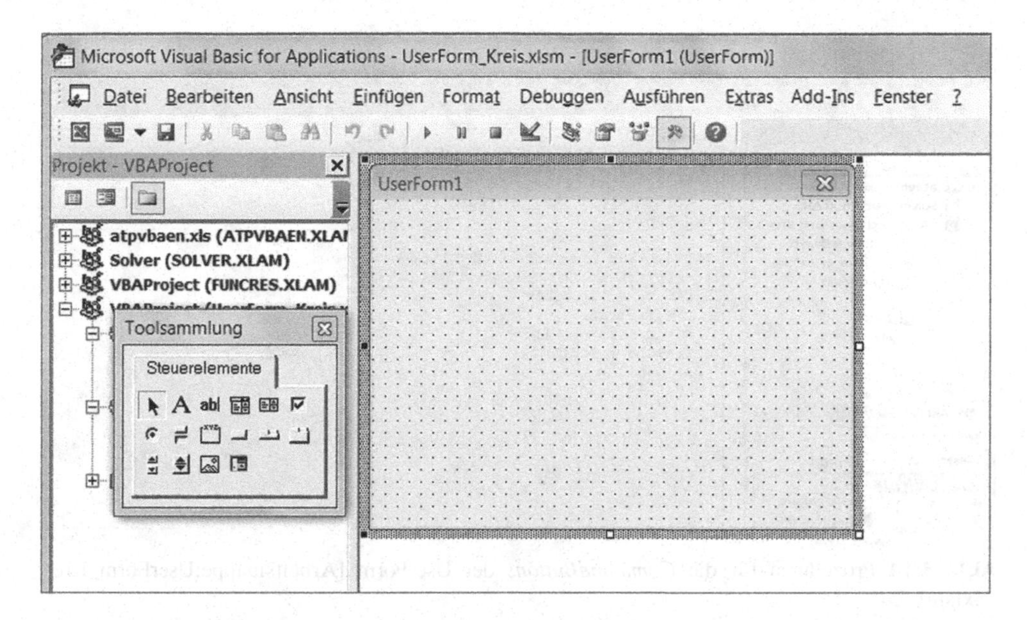

Abb. 3.13 UserForm

Der Rechner ist im Exceljargon ein Formular, das aus einer gerasterten Tafel (oder Fenster; vgl. Magnethafttafel) besteht, auf die man aus einer Toolsammlung die Formularobjekte (z. B. Steuerelemente) ziehen kann. Wir finden diese Werkzeugsammlung im VBA-Editor (mit *Alt+F11*) über *Einfügen > UserForm* (siehe Abb. 3.13).

Wir benötigen zwei Beschriftungsfelder (Labels ***A***, sie erscheinen als Label1 und Label 2 – beide rechts positionieren), zwei Textfelder (***ab*** beide links), in die wir den Radius eintragen und in die Excel den Flächeninhalt schreibt. (Die Zahlen in den Textfeldern werden als Strings, also Text, interpretiert. Sie werden mit Punkt, nicht mit Komma geschrieben.).

Schließlich brauchen wir noch zwei "Befehlsschaltflächen" (*CommandButtons*).

Statt "Label1" schreiben wir "Radius" und "Label2" ersetzen wir durch "Fläche" (zweimal –nacheinander – mit der linken Maustaste ins Feld klicken). Ebenso verfahren wir mit den beiden *CommandButtons*, wir ersetzen sie durch "Fläche berechnen" und "Ende".

Für jede Befehlsschaltfläche müssen wir eine Prozedur schreiben, die dem *CommandButton* sagt, was er zu tun hat, wenn er gedrückt wird (vgl. Abb. 3.14).

Die Bezeichner Kreis (für die *UserForm1*), radius und fläche (für die Textfelder) haben wir jeweils im Eigenschaftsfenster (*F4*) festgelegt.

Mit *F5* starten wir aus dem VBA-Editor das fertige Formular. Das Formular können wir auch mithilfe eines *ActiveX-CommandButtons* vom Arbeitsblatt aus starten (vgl. Abschn. 2.3): *ENTWICKLERTOOLS > Steuerelemente > Entwurfsmodus > Einfügen.*

Die Abb. 3.15 zeigt den Prozedurcode für den neuen Button.

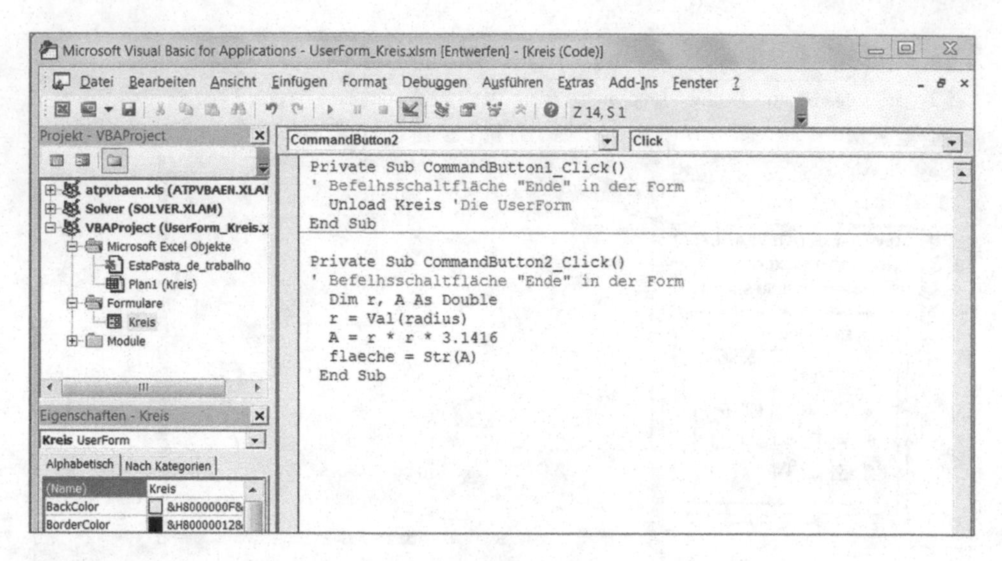

Abb. 3.14 Prozeduren für die *CommandButtons* der UserForm [Arbeitsmappe:UserForm_Kreis.xlsm]

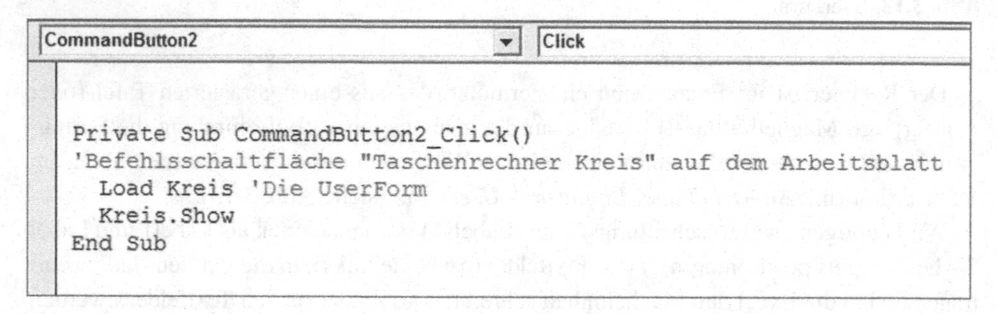

Abb. 3.15 Code für *ActiveX-CommandButton* [Arbeitsmappe: UserForm_Kreis.xlsm]

Beispiel 2
Das Formular (vgl. Abb. 3.16) zeigt eine Dreiecksberechnungsmaschine mit Befehlsschaltfläche auf dem Arbeitsblatt.

Die Dreiecksfläche wird mit der Formel $A = \sqrt{s(s-a)(s-b)(s-c)}$ berechnet, worin $s = (a + b + c)/2$ ist.

Für die *UserForm* (*Alt+F11 > Einfügen > UserForm*), die wir in "Dreieck" umbenennen, benutzen wir, wie im vorigen Beispiel, verschiedene Elemente aus der *Toolsammlung,* unter anderem einen "Rahmen" (*Frame 1*) mit einer Zeichnung. Die Zeichnung selbst wurde mit "Paint" erzeugt und als Bitmap-Grafik gespeichert. Um sie ins Formular zu übertragen, wählt man im Eigenschaftsfenster die Eigenschaft *Picture* und lädt die entsprechende Datei.

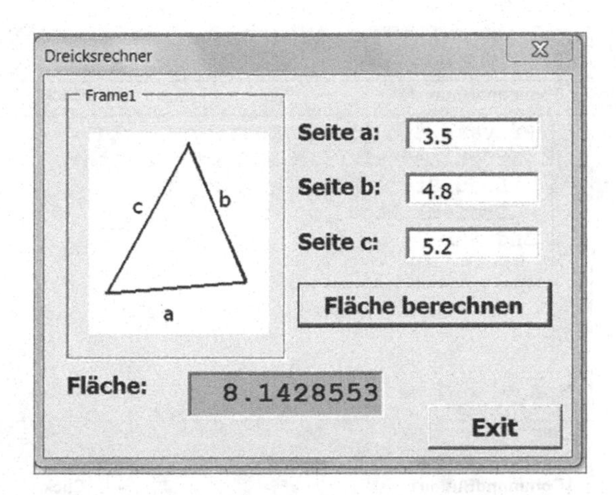

Abb. 3.16 Taschenrechner Dreieck [Arbeitsmappe: UserForm_Dreieck.xlsm]

In den Code für die Befehlsschaltflächen nehmen wir auch die Bedingung dafür auf, dass die drei Seiten wirklich ein Dreieck bilden: "$a < b + c$ und $b < a + c$ und $c < a + b$".

▶ Man kann in die Toolsammlung weitere Steuerelemente aufnehmen. Klicken Sie die Werkzeugleiste *Steuerelemente* an einer freien Stelle mit rechts an. Sie sehen dann die Schaltfläche *Weitere Steuerelemente*, mit der Sie Zugang zu einer großen Zahl weiterer Steuerelemente erhalten. Man kann z. B. den Adobe PDF-Reader in einem Rahmen hinzufügen.

Der ganze Dreieckscode befindet sich in Abb. 3.17.

3.3.2 Hinzufügung eines Formular-Buttons

Wir wollen jetzt sehen, wie wir einen Button mit einem **Makro** verbinden können. Im Abschn. 2.3 holten wir den Schaltknopf aus den *ActiveX-Steuerelementen* und verknüpften ihn mit VBA-Code. Hier zeigen wir eine einfachere Variante.

Wir wollen die Summe, den Mittelwert und die Standardabweichung der fünf Zahlen, die sich z. B. in den Zellen B7:B11 befinden, mithilfe eines Makros berechnen. Der Benutzer wählt eine der drei Funktionen aus und der "Statistik Rechner" soll den entsprechenden Wert anzeigen. Der VBA-Code befindet sich in der Abb. 3.18.

Mittels `ActiveCell.Value` erhält die Variable *F*, die als Zeichenkette deklariert wurde, die ausgewählte Funktion. Über eine `Select Case`- Schleife wird die jeweilige statistische Funktion ausgewertet und das Ergebnis ins Arbeitsblatt geschrieben:

Die VBA-Methode `Application.Sum (Range("B7:B11"))` erlaubt, die statistische Funktion **Sum** aus VBA zu benutzen. Sie tut das Gleiche wie der direkte Eintrag D8: `=SUMME (B7:B11)` – in VBA muss man die englischen Namen der Funktionen benutzen.

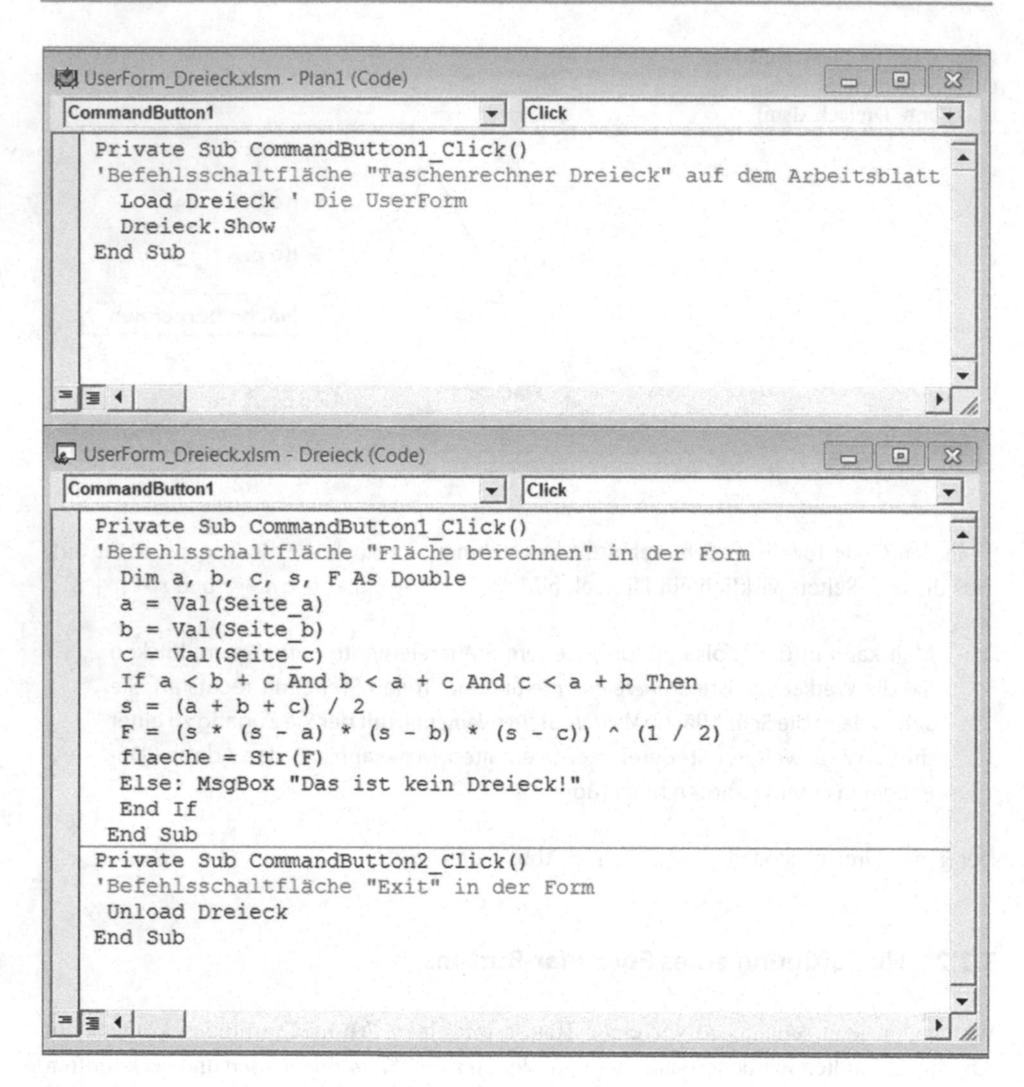

Abb. 3.17 Code für Taschenrechner Dreieck [Arbeitsmappe: UserForm_Dreieck.xlsm]

Die Anweisung `Cells (8,4)=S` überträgt den Wert der Variablen *S* in die Zelle mit der Zeilennummer 8 und der Spaltennummer 4, also auf D8.

Die beiden anderen `Case` Anweisungen werden entsprechend formuliert.

Das Makro soll mittels einer Schaltfläche aufgerufen werden. Hier sind die Schritte:

ENTWICKLERTOOLS > *Steuerelemente* > *Einfügen*, das erste Kästchen aus *Formularsteuerelemente* wählen und den Button aufziehen. Es erscheint dann von selbst das Dialogfenster *Makro zuweisen* > *Makroname:* Wir wählen unser Makro "Statistik_Rechner" aus und drücken *OK*. Der Button erscheint mit dem Namen *Schaltfläche 1*. Diese Beschriftung kann man überschreiben, bzw. mit *Text bearbeiten* (nach doppeltem Rechtsklick auf den Button) durch eine andere ersetzen.

Das fertige Arbeitsblatt können Sie in der Abb. 3.19 sehen.

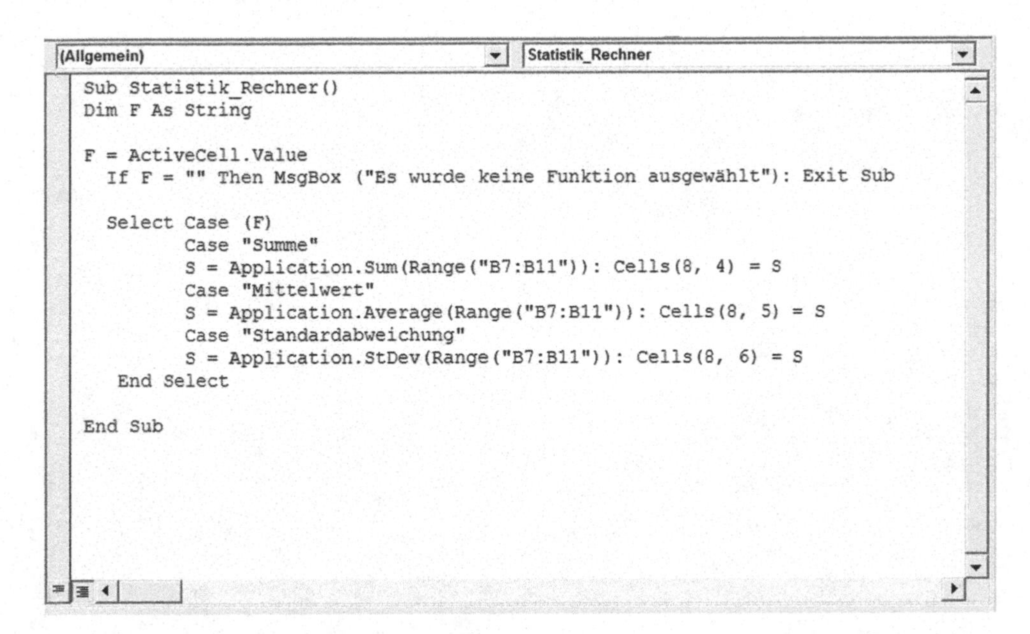

(Allgemein) | Statistik_Rechner

```
Sub Statistik_Rechner()
Dim F As String

F = ActiveCell.Value
  If F = "" Then MsgBox ("Es wurde keine Funktion ausgewählt"): Exit Sub

  Select Case (F)
         Case "Summe"
         S = Application.Sum(Range("B7:B11")): Cells(8, 4) = S
         Case "Mittelwert"
         S = Application.Average(Range("B7:B11")): Cells(8, 5) = S
         Case "Standardabweichung"
         S = Application.StDev(Range("B7:B11")): Cells(8, 6) = S
   End Select

End Sub
```

Abb. 3.18 Makro für den Statistik Rechner [Arbeitsmappe: Statistik_Rechner.xlsm; Makro: Statistik_Rechner]

	A	B	C	D	E	F	G
1							
2		**1**	**Tragen Sie fünf Zahlen in den grün markierten Bereich ein**				
3		**2**	**Markieren Sie eine der statistischen Funktionen**				
4		**3**	**Klicken Sie auf den Button "Statistik Rechner"**				
5							
6							
7		**4**		**Summe**	**Mittelwert**	**Standardabweichung**	
8		**5**		38,00	7,60	3,21	
9		**8**					
10		**9**		Statistik Rechner			
11		**12**					
12							
13							
14							
15							
16							
17							
18							
19							
20							

Abb. 3.19 Statistik Rechner [Arbeitsmappe: Statistik_Rechner.xlsm]

Abb. 3.18 [illegible]

Abb. 3.19 [illegible]

Graphen 4

Zusammenfassung

Die grafischen Fähigkeiten von Excel werden an Beispielen aus Biologie, Physik und Mathematik gezeigt: Biorhythmus, Interferenz von Wellen und Effizienz von Algorithmen. Damit ist das Tabellenkalkulationsprogramm mehr als eine reine Rechensoftware.

4.1 Biorhythmen

Biorhythmen sind die Rhythmen unseres Lebens, das angeblich von drei Zyklen kontrolliert wird: Der *physische* Rhythmus hat eine Periodendauer von 23 Tagen, der *emotionale* hat eine solche von 28 und der *intellektuelle* besitzt 33 Tage. Der Graph, der diese Rhythmen darstellt, könnte Rhythmogramm genannt werden. Die Beobachtung des Biorhythmus ist die wirkungsvollste Art, Unfälle zu kontrollieren und zu verhüten, sagen die Biorhythmologen.

Um die Rhythmogramme – oder "Biographen"– zu sehen, benutzen wir Excel und zeichnen die Funktion

$$y = sin\left(\frac{2\pi}{T}t\right)$$

für T = 23, 28 und 33 Tage. t = Zeit seit Geburt bis zu einem bestimmten Datum. $\omega := 2\pi/T$ ist die Frequenz (eigentlich "Kreisfrequenz") eines Rhythmus.

Normalerweise ist t eine große Zahl, und es ist vernünftig, von dieser Zeit die verflossene Anzahl von Perioden abzuziehen.

Wir zerlegen daher t in nT und einen Rest t′. n ist die Zahl der verflossenen Perioden: n = `INT(t/T)`. Wir erhalten damit

$$sin(\omega t) = sin(\omega(nT + t')) = sin(2\pi nT/T + 2\pi t'/T)$$

F. J. Mehr, M. T. Mehr, *Excel und VBA*, DOI 10.1007/978-3-658-08886-6_4

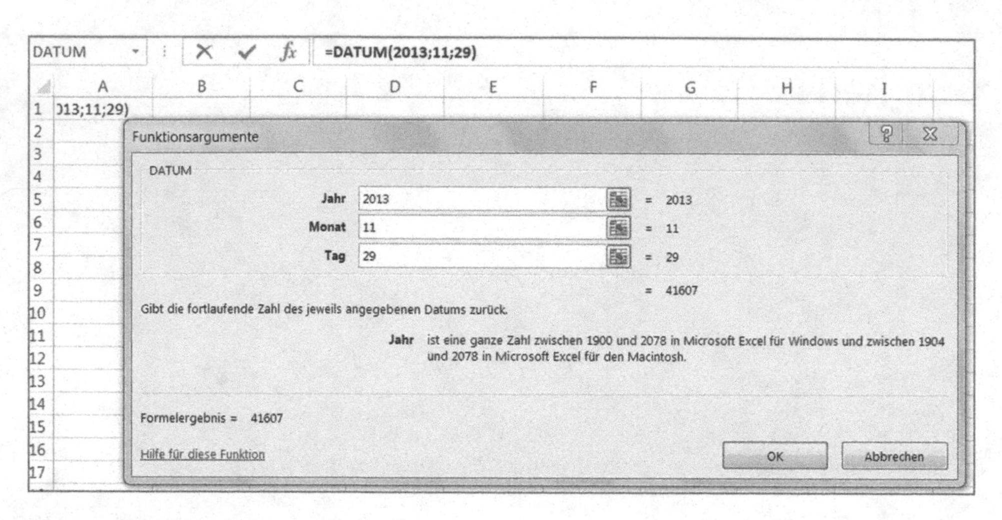

Abb. 4.1 Beispiel DATUM(2013;11;29)

Diesen Ausdruck können wir vereinfachen:

$$y = \sin(\omega t) = \sin\left(\frac{2\pi A}{T}\right)$$

Wobei A: `=REST(t;T)`.

Mit E3: `=DATUM(D1;D2;D3)` bestimmen wir die Zahl der Tage, die seit dem 1.1.1900 bis zu einem bestimmten Datum verflossen sind. Die Syntax der DATUM-Funktion lautet: DATUM (Jahr;Monat;Tag).

Wenn wir z. B. bei E3: `=DATUM(2013;11;29)` eingeben und vorher E3 mit *Zellen formatieren* auf *Zahl* > *Standard* setzen (damit nicht 29.11. 2013 als Ergebnis erscheint), dann ist das Ergebnis 41607 (siehe Abb. 4.1).

D. h. seit dem 1.1.1900 bis zum 29.11.2013 sind 41607 Tage vergangen.

Jetzt wollen wir die drei Biorhythmen des Monats M_B im Jahr J_B für eine Person, die im Jahr J_G, Monat M_G und Tag T_G geboren wurde.

Die letzte Gleichung berechnet die Biorhythmuswerte nur für einen Tag. Wenn wir sie für einen ganzen Monat wollen, schreiben wir y = sin(wt" + B). t" ist die Zeit seit dem 1. Tag des Monats. Die Phasenkonstante B muss für jeden der drei Zyklen gesondert berechnet werden, z. B. Bphysisch = 2πAphysisch/23.

Mit E3: `=DATUM(D1;D2;D3)` bestimmen wir die "Datumszahl" des Tages D3 des Monats D2 im Jahr D1 und in E6: `=DATUM(D5;D6;1)` bestimmen wir die des ersten Tages des Monats D6 im Jahr D5. In D8 haben wir = E6-E3, d. h. die Zeit t.

Also müssen wir die Zellen folgendermaßen belegen (vgl. Abb. 4.2):

D1: = J_G ; D2: = M_G ; D3: = T_G
D5: =J_B ; D6: =M_B
E3: =DATUM(D1;D2;D3) ; E6: =DATUM(D5;D6;1)
(E3,E6, vorher auf *Zahl > Standard* formatieren)
J7: = E6 (Formatierung ist *Zahl>Benutzerdefiniert* Typ: MMM. JJJJ)
D8: =E6-E3 Dies ist die Zeit t (Anzahl der Tage, die vom Geburtsdatum bis zum ersten Tag des Monats M_B des Jahres J_B verflossen ist)
G3: =2*PI()*REST(D8;23)/23 Die Funktion PI() gibt den Wert von π
G4: =2*PI()*REST(D8;28)/28
G5: =2*PI()*REST(D8;33)/33
A11: 1 ; A12: =A11+1 (bis A40 kopieren)
B11: =SIN(2*PI()*A11/23+G$3) (physisch)
C11: =SIN(2*PI()*A11/28+G$4) (emotional)
D11: =SIN(2*PI()*A11/33+G$5) (intellektuell)
Kopiere den Inhalt der Zellen B11:D11 bis B40:D40

Grafik

Markiere den Bereich A10:D41 und wähle *EINFÜGEN/Diagramme/Punkt (XY)/Punkte mit interpolierten Linien.*

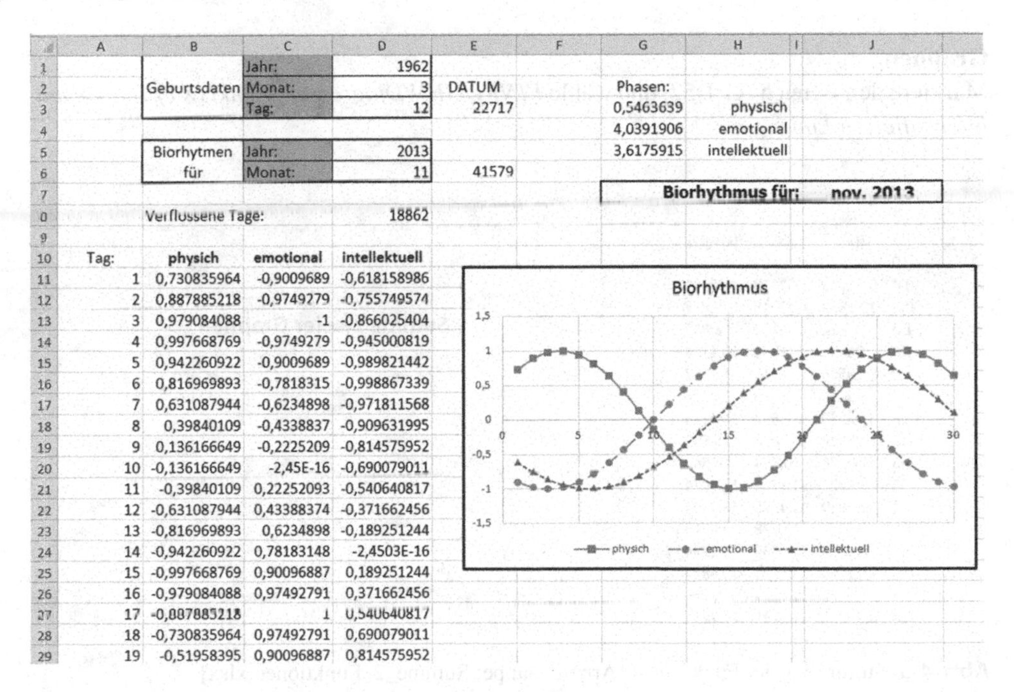

	A	B	C	D	E	G	H
1		Geburtsdaten	Jahr:	1962			
2			Monat:	3	DATUM	Phasen:	
3			Tag:	12	22717	0,5463639	physisch
4						4,0391906	emotional
5		Biorhytmen für	Jahr:	2013		3,6175915	intellektuell
6			Monat:	11	41579		
7						Biorhythmus für:	nov. 2013
8		Verflossene Tage:		18862			
9							
10	Tag:	physich	emotional	intellektuell			
11	1	0,730835964	-0,9009689	-0,618158986			
12	2	0,887885218	-0,9749279	-0,755749574			
13	3	0,979084088	-1	-0,866025404			
14	4	0,997668769	-0,9749279	-0,945000819			
15	5	0,942260922	-0,9009689	-0,989821442			
16	6	0,816969893	-0,7818315	-0,998867339			
17	7	0,631087944	-0,6234898	-0,971811568			
18	8	0,39840109	-0,4338837	-0,909631995			
19	9	0,136166649	-0,2225209	-0,814575952			
20	10	-0,136166649	-2,45E-16	-0,690079011			
21	11	-0,39840109	0,22252093	-0,540640817			
22	12	-0,631087944	0,43388374	-0,371662456			
23	13	-0,816969893	0,6234898	-0,189251244			
24	14	-0,942260922	0,78183148	-2,4503E-16			
25	15	-0,997668769	0,90096887	0,189251244			
26	16	-0,979084088	0,97492791	0,371662456			
27	17	-0,887885218	1	0,540640817			
28	18	-0,730835964	0,97492791	0,690079011			
29	19	-0,51958395	0,90096887	0,814575952			

Abb. 4.2 Biorhythmen [Arbeitsmappe: Biorhythmus.xlsx]

4.2 Überlagerung von Graphen (Interferenz)

4.2.1 Summe zweier Funktionen

Wir zeichnen nun die Graphen der folgenden Funktionen

$$f(x) = -\frac{1}{9}x^2 + 2x$$

$$g(x) = \frac{1}{54}x^3 - \frac{1}{2}x^2 + 4x + 2$$

und den Graphen ihrer Summe im Intervall $0 < x < 20$ (siehe Abb. 4.3).

Tabelle mit den Werten der drei Funktionen f(x), g(x), f(x) + g(x) anlegen. In F2 steht das Inkrement 0,4.

A2: 0 ; A3: `=A2+F$2` (kopieren bis A52)

B2: `=-(A2^2)/9+2*A2`

C2: `=(A2^3)/54-(A2^2)/2+4*A2+2`

D2: `=SUMME(B2:C2)` (kopiere B2:D2 bis D52)

Graphen
Markiere den Bereich A1:D52, und wähle *EINFÜGEN/Diagramme/Punkt (XY)/Punkte mit interpolierten Linien.*

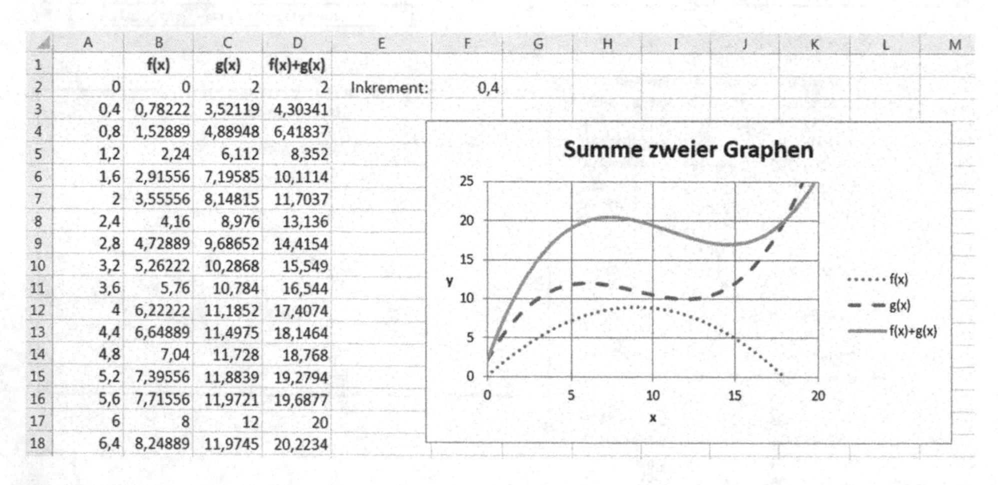

	A	B	C	D	E	F
1		f(x)	g(x)	f(x)+g(x)		
2	0	0	2	2	Inkrement:	0,4
3	0,4	0,78222	3,52119	4,30341		
4	0,8	1,52889	4,88948	6,41837		
5	1,2	2,24	6,112	8,352		
6	1,6	2,91556	7,19585	10,1114		
7	2	3,55556	8,14815	11,7037		
8	2,4	4,16	8,976	13,136		
9	2,8	4,72889	9,68652	14,4154		
10	3,2	5,26222	10,2868	15,549		
11	3,6	5,76	10,784	16,544		
12	4	6,22222	11,1852	17,4074		
13	4,4	6,64889	11,4975	18,1464		
14	4,8	7,04	11,728	18,768		
15	5,2	7,39556	11,8839	19,2794		
16	5,6	7,71556	11,9721	19,6877		
17	6	8	12	20		
18	6,4	8,24889	11,9745	20,2234		

Abb. 4.3 Summe zweier Funktionen [Arbeitsmappe: Summe_2_Funktionen.xlsx]

4.2.2 Interferenz harmonischer Schwingungen

Wir betrachten jetzt die Überlagerung (Interferenz) zweier einfacher harmonischer Schwingungen mit den beiden Funktionen

$$y_1 = A_1 sin(\omega_1 t)$$
$$y_2 = A_2 sin(\omega_2 t)$$

Wir wählen A1 = A2 = 1 und $\omega_1 = 6$ Hz, $\omega_2 = 5$ Hz. Da die Frequenzen fast gleich sind, werden wir das Phänomen der **Schwebungen** beobachten. Hörbar sind derartige Schwebungen, wenn zwei leicht verstimmte Stimmgabeln gleichzeitig angeschlagen werden.

Es ist sehr instruktiv, die Parameter zu verändern!

Spalte A der Tabelle von Abb. 4.4 enthält die Zeiten mit dem Inkrement `4*PI()/200` = 0,0628 in H5. (A1: 0, A2: `=A1+H$5`).

In B1 schreiben wir `=$H$3*SIN($H$1*$A1)`. Dann kopieren wir die Formel mit *Ctrl+C* in die Bearbeitungszeile von f_x. Hier können wir sie für C1 editieren: `=$H$4*SIN($H$2*$A1)`.

Außerdem ist D1: `=SUMME(B1:C1)`. Alle Formeln müssen bis zur Zeile 201 kopiert werden. Die Formeln in Spalte A beginnen in A2.

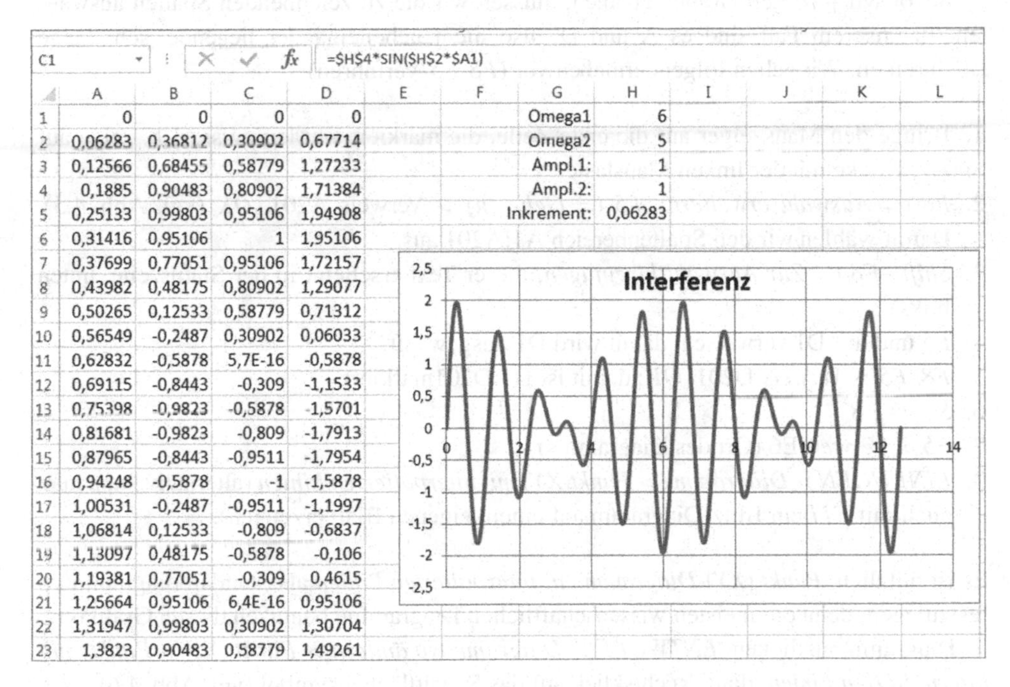

C1 | f_x =$H$4*SIN($H$2*$A1)

	A	B	C	D	E	F	G	H
1	0	0	0	0			Omega1	6
2	0,06283	0,36812	0,30902	0,67714			Omega2	5
3	0,12566	0,68455	0,58779	1,27233			Ampl.1:	1
4	0,1885	0,90483	0,80902	1,71384			Ampl.2:	1
5	0,25133	0,99803	0,95106	1,94908			Inkrement:	0,06283
6	0,31416	0,95106	1	1,95106				
7	0,37699	0,77051	0,95106	1,72157				
8	0,43982	0,48175	0,80902	1,29077				
9	0,50265	0,12533	0,58779	0,71312				
10	0,56549	-0,2487	0,30902	0,06033				
11	0,62832	-0,5878	5,7E-16	-0,5878				
12	0,69115	-0,8443	-0,309	-1,1533				
13	0,75398	-0,9823	-0,5878	-1,5701				
14	0,81681	-0,9823	-0,809	-1,7913				
15	0,87965	-0,8443	-0,9511	-1,7954				
16	0,94248	-0,5878	-1	-1,5878				
17	1,00531	-0,2487	-0,9511	-1,1997				
18	1,06814	0,12533	-0,809	-0,6837				
19	1,13097	0,48175	-0,5878	-0,106				
20	1,19381	0,77051	-0,309	0,4615				
21	1,25664	0,95106	6,4E-16	0,95106				
22	1,31947	0,99803	0,30902	1,30704				
23	1,3823	0,90483	0,58779	1,49261				

Abb. 4.4 Interferenz zweier harmonischer Schwingungen [Arbeitsmappe: Interferenz.xlsx]

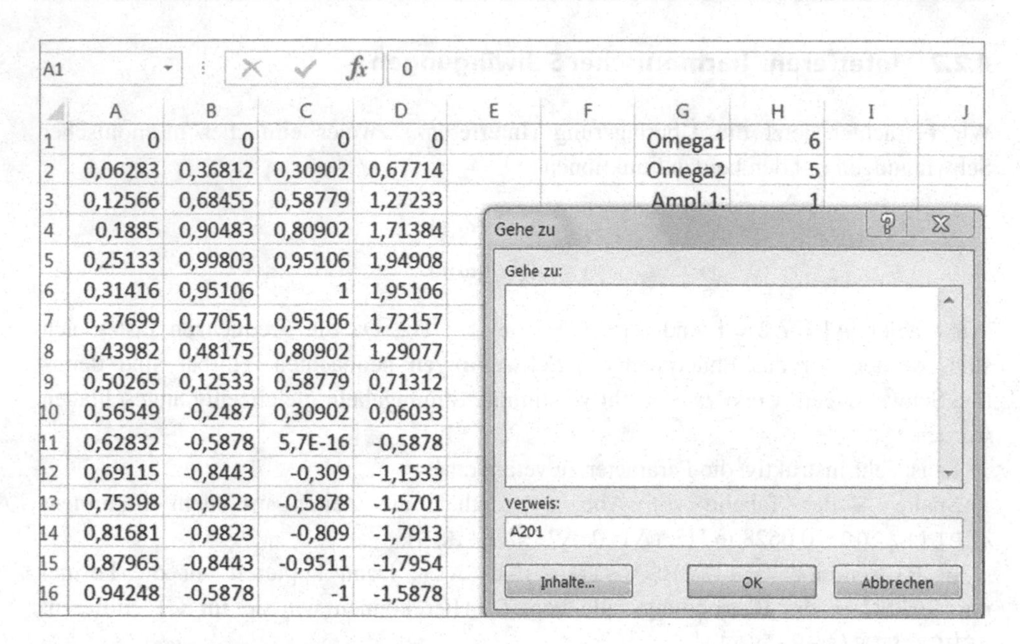

	A	B	C	D	E	F	G	H	I	J
1	0	0	0	0			Omega1	6		
2	0,06283	0,36812	0,30902	0,67714			Omega2	5		
3	0,12566	0,68455	0,58779	1,27233			Ampl.1:	1		
4	0,1885	0,90483	0,80902	1,71384						
5	0,25133	0,99803	0,95106	1,94908						
6	0,31416	0,95106	1	1,95106						
7	0,37699	0,77051	0,95106	1,72157						
8	0,43982	0,48175	0,80902	1,29077						
9	0,50265	0,12533	0,58779	0,71312						
10	0,56549	-0,2487	0,30902	0,06033						
11	0,62832	-0,5878	5,7E-16	-0,5878						
12	0,69115	-0,8443	-0,309	-1,1533						
13	0,75398	-0,9823	-0,5878	-1,5701						
14	0,81681	-0,9823	-0,809	-1,7913						
15	0,87965	-0,8443	-0,9511	-1,7954						
16	0,94248	-0,5878	-1	-1,5878						

Abb. 4.5 Dialogfenster *Gehe zu*

Bevor wir jetzt den Graph zeichnen, müssen wir die zu zeichnenden Spalten auswählen. In unserem Fall sind es A und D, also nicht nebeneinander liegende, sehr lange Datenreihen. Wir gehen folgendermaßen vor (*F8-F5*-Verfahren):

1. Bringe den Mauszeiger auf die erste Zelle, die markiert werden muss, d. h. zeige auf A1. Klicke mit der linken Maustaste.
2. *F8 (= Auswahl erweitern), F5 (= Gehe zu)* > Verweis A201, *OK* (vgl. Abb. 4.5). Damit wählen wir den Spaltenbereich A1:A201 aus.
3. *Shift+F8 (= Zur Auswahl hinzufügen*, dieser Text erscheint in der Statuszeile, unten links)
4. *F5* und auf D1 verweisen, damit wird D1 ausgewählt.
5. *F8, F5 > Verweis* D201, *OK*; damit ist D1:D201markiert.
6. *Shift+F8*
7. *F5 > Verweis* E6 (Ort des Diagramms)
8. *EINFÜGEN > Diagramme > Punkt(XY) mit interpolierten Linien* (alternativ kann man auch mit *F11* ein Blitz-Diagramm auf einem eigenen Blatt erzeugen).

Es ist nützlich, *Punkt (XY)-Diagramm mit interpolierten Linien* als Standarddiagrammtyp festzulegen, denn die meisten wissenschaftlichen Diagramme benutzen diesen Grafiktyp:

Diagramm anklicken. *ENTWURF > Diagrammtyp ändern > Punkt (XY)> Punkte mit interpolierten Linien,* dann Rechtsklick auf das Schaltflächensymbol (vgl. Abb. 4.6).

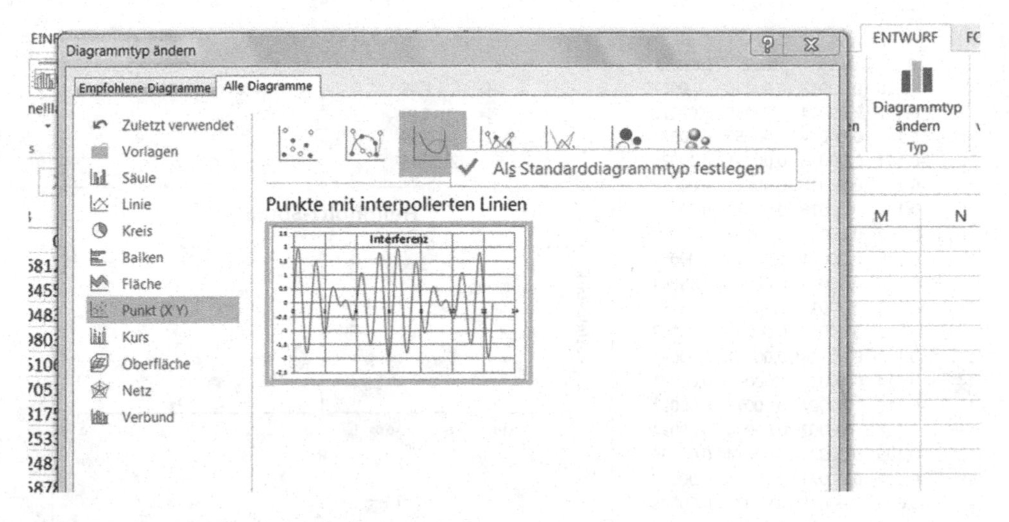

Abb. 4.6 Standarddiagrammtyp festlegen

4.2.3 *Helmholtz*-Spule

Ein Beispiel für die technische Realisierung der Überlagerung zweier Kurven ist die sogenannte *Helmholtz*-Spule (H.J. Helmholtz, 1821–1894). Es handelt sich um zwei parallele Spulen, beide vom selben Radius R, z. B. zwei gleiche Fahrradreifen mit gemeinsamer Achse parallel im Abstand R montiert.

Das Ziel bei diesem Spulenpaar ist die Erzeugung eines fast homogenen Magnetfeldes im Zentrum des Spulenpaars. Das Paar kann so klein sein, dass der Kopf einer Taube gerade dazwischen passt, oder sie kann an Decke und Fußboden eines Zimmers montiert sein, so dass eine ganze Apparatur dazwischen stehen kann. Dabei ist Radius R gleich dem Spulenabstand.

Der Betrag des Magnetfeldes B im Zentrum einer Spule vom Radius R ist nach dem Gesetz von *Biot-Savart* durch die folgende Formel gegeben

$$B = \mu_0 N I \cdot 0.8\sqrt{0.8}/R$$

worin $\mu_0 = 4\pi \cdot 10^{-7}$ Vs/Am und I die Stromstärke sind.

Für die grafische Darstellung (siehe Abb. 4.7) benutzen wir I = 1,45 A, N = 130 und R = 0,15 m. x läuft von −0,15 m bis +0,15 m; Inkrement= 0,003 m.

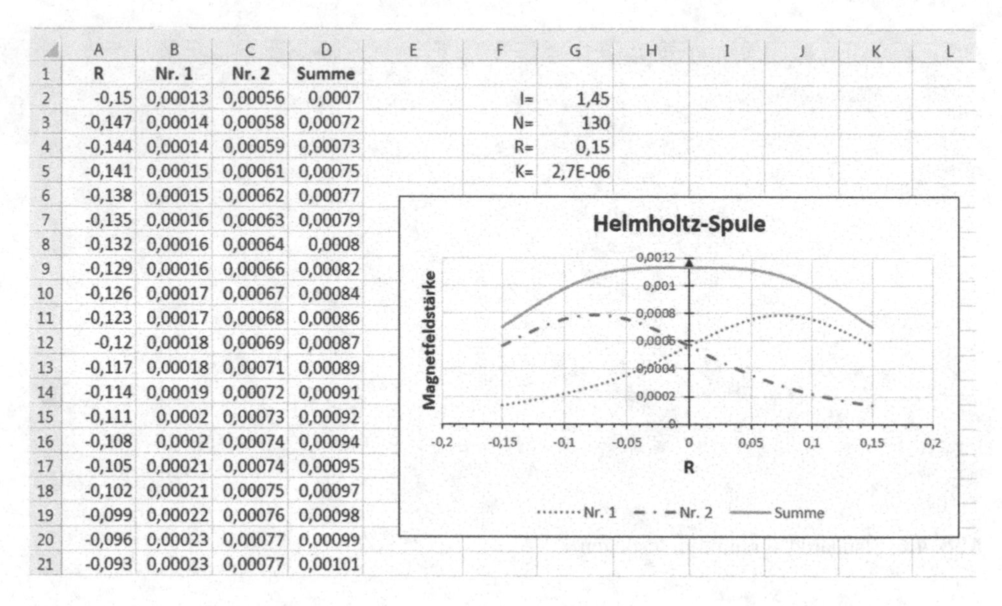

	A	B	C	D	E	F	G	H	I	J	K	L
1	R	Nr. 1	Nr. 2	Summe								
2	-0,15	0,00013	0,00056	0,0007		I=	1,45					
3	-0,147	0,00014	0,00058	0,00072		N=	130					
4	-0,144	0,00014	0,00059	0,00073		R=	0,15					
5	-0,141	0,00015	0,00061	0,00075		K=	2,7E-06					
6	-0,138	0,00015	0,00062	0,00077								
7	-0,135	0,00016	0,00063	0,00079								
8	-0,132	0,00016	0,00064	0,0008								
9	-0,129	0,00016	0,00066	0,00082								
10	-0,126	0,00017	0,00067	0,00084								
11	-0,123	0,00017	0,00068	0,00086								
12	-0,12	0,00018	0,00069	0,00087								
13	-0,117	0,00018	0,00071	0,00089								
14	-0,114	0,00019	0,00072	0,00091								
15	-0,111	0,0002	0,00073	0,00092								
16	-0,108	0,0002	0,00074	0,00094								
17	-0,105	0,00021	0,00074	0,00095								
18	-0,102	0,00021	0,00075	0,00097								
19	-0,099	0,00022	0,00076	0,00098								
20	-0,096	0,00023	0,00077	0,00099								
21	-0,093	0,00023	0,00077	0,00101								

Abb. 4.7 *Helmholtz*-Spule [Arbeitsmappe: Helmholtz.xlsx]

A1: -0,15 ; A2: `=A1+0,003` kopiere bis A101, z. B. so:

Cursor auf A2 setzen, *F5* drücken *>Verweis* auf A101. *Shift*-Taste gedrückt halten und *OK* drücken. *START> Bearbeiten >Füllbereich> Unten.* Kurz: **Mit *F5+Füllbereich* kopieren.**

G1: 1,45 (=I) ; G2: 130 (=N) ; G3: 0,15 (=R)

G4: `=(2*PI()*1E-7*G$1*G$2*G$3^2` (Konstante K)

B1: `=(G$4*(G$3^2+(A1-G$3/2)^2)^-1,5` (Spule Nr.1)

C1: `=(G$1*(0,15^2+(A1+0,15/2)^2)^-1,5` (Spule Nr.2)

D1: `=SUMME(B1:C1)` oder `=B1+C1`

Zeiger auf B1 und mit *F5* + *Füllbereich* bis D101 kopieren (zur Erinnerung: *F5* >*Verweis* D101. *Shift*-Taste gedrückt halten und *OK* drücken. *START* > *Bearbeiten* > *Füllbereich* > *Unten*.)

Die Textkästchen in den Graphen erzeugt man mit *EINFÜGEN* > *Illustrationen* > *Formen*. Die y-Achse wurde mit *Achse formatieren* > *Zahl* > *Wissenschaftlich* formatiert.

Man sieht deutlich, dass es einen (kleinen) Bereich gibt (− 0,05 bis + 0,05), in dem das Magnetfeld praktisch konstant (homogen) ist.

4.3 Beugung von transversalen Wellen an einem Spalt

Zuerst wollen wir uns die Funktion **f: y = sin(x)/x** ansehen, die für x = 0 nicht definiert ist. Wie aber können wir in Excel eine Division durch Null vermeiden?

In der ersten Zeile der Abb. 4.8, in B1, sehen Sie, wie das Problem gelöst wird.

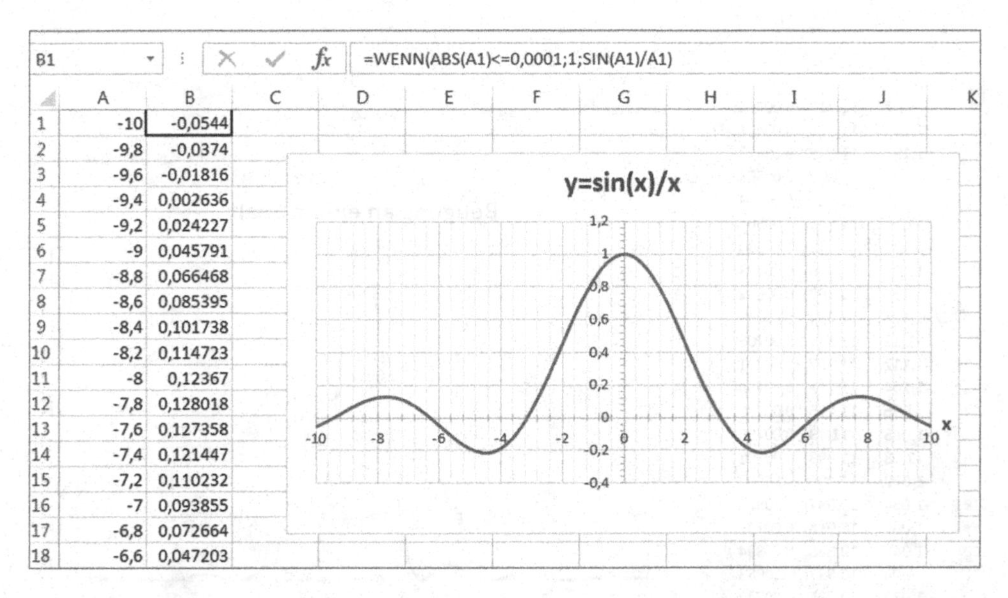

	A	B
1	-10	-0,0544
2	-9,8	-0,0374
3	-9,6	-0,01816
4	-9,4	0,002636
5	-9,2	0,024227
6	-9	0,045791
7	-8,8	0,066468
8	-8,6	0,085395
9	-8,4	0,101738
10	-8,2	0,114723
11	-8	0,12367
12	-7,8	0,128018
13	-7,6	0,127358
14	-7,4	0,121447
15	-7,2	0,110232
16	-7	0,093855
17	-6,8	0,072664
18	-6,6	0,047203

Abb. 4.8 Graph der Funktion f: y = sin(x)/x [Arbeitsmappe: Beugung.xlsx; Blatt: sin(x) durch x]

Wenn wir einen Spalt von der Breite b (sehr eng!) mit einfarbigem Licht beleuchten (z. B. mit einem Laser), beobachten wir hinter dem Spalt eine streifenförmige Variation der Lichtintensität, die durch folgende Formel beschrieben wird:

$$I(\theta) = I_0\left(\frac{\sin(\beta)}{\beta}\right)^2, \text{ mit } \beta = \frac{\pi b}{\lambda}\sin(\theta)$$

λ ist die Wellenlänge des Lichts.

Um den Graphen dieser Funktion zu zeichnen, wählen wir für den Beugungswinkel θ Werte im Bereich − 1,2 bis + 1,2 Radiant (rad). Mit 300 Punkten sollte der Graph gut gelingen. Dafür brauchen wir eine Schrittweite von 2,4/300. Den Wert 4 für b/λ notieren wir in F1. Auf das Inkrement in F2 beziehen wir uns mit $F$2 (= absoluter Bezug auf Zelle F2).

A1: -1,2 ; A2: `=A1+$F$2` mit *F5+Füllbereich* bis A301 kopieren

B1: `=PI()*F$1*SIN(A1)`

C1: `=WENN(ABS(B1)<=0,001;1;(SIN(B1)/B1)^2)` Division durch Null vermeiden

Kopiere B1:C1 bis B301:C301 (Cursor auf B1 und mit *F5+Füllbereich* bis C301 kopieren)

Graph

Wir benutzen die nicht angrenzenden Daten der Spalten A und C:

1. Cursor auf A1 → *F8; F5 > Verweis* A301, *OK* → *Shift+F8*
2. *F5 > Verweis* C1, *OK*; *F8; F5 > Verweis* C301, *OK* → *Shift+F8*

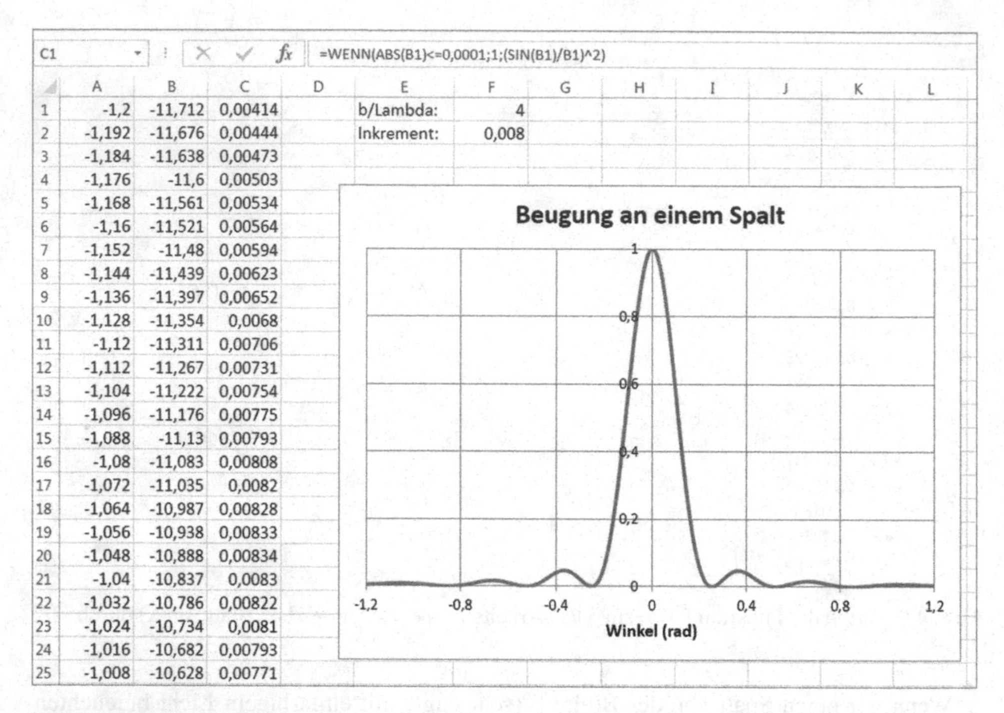

C1 =WENN(ABS(B1)<=0,0001;1;(SIN(B1)/B1)^2)

	A	B	C	D	E	F
1	-1,2	-11,712	0,00414		b/Lambda:	4
2	-1,192	-11,676	0,00444		Inkrement:	0,008
3	-1,184	-11,638	0,00473			
4	-1,176	-11,6	0,00503			
5	-1,168	-11,561	0,00534			
6	-1,16	-11,521	0,00564			
7	-1,152	-11,48	0,00594			
8	-1,144	-11,439	0,00623			
9	-1,136	-11,397	0,00652			
10	-1,128	-11,354	0,0068			
11	-1,12	-11,311	0,00706			
12	-1,112	-11,267	0,00731			
13	-1,104	-11,222	0,00754			
14	-1,096	-11,176	0,00775			
15	-1,088	-11,13	0,00793			
16	-1,08	-11,083	0,00808			
17	-1,072	-11,035	0,0082			
18	-1,064	-10,987	0,00828			
19	-1,056	-10,938	0,00833			
20	-1,048	-10,888	0,00834			
21	-1,04	-10,837	0,0083			
22	-1,032	-10,786	0,00822			
23	-1,024	-10,734	0,0081			
24	-1,016	-10,682	0,00793			
25	-1,008	-10,628	0,00771			

Abb. 4.9 Beugung an einem Spalt [Arbeitsmappe: Beugung.xlsx; Blatt: Beugung N = 1]

3. *F5* > *Verweis* E5, *OK.*
4. *EINFÜGEN* > *Diagramme* > *Punkt(XY) mit interpolierten Linien*

Wenn man den Wert der Konstanten in F1 ändert, sieht man sofort die Wirkung auf den Graphen (siehe Abb. 4.9).

4.4 Beugung an einem Gitter mit N Spalten

Wir werden den vorigen Fall verallgemeinern und N parallele Spalte, je mit der Breite b, mit monochromatischem Licht der Wellenlänge λ bestrahlen. Ein Beugungsgitter ist eine Folie mit vielen parallelen Spalten (Schlitzen). Der Abstand zwischen zwei aufeinanderfolgenden Spalten ist die Gitterkonstante d. Die Intensitätsverteilung des Lichtes hinter dem Gitter ist durch den folgenden Ausdruck gegeben

$$I(\theta) = I_0\left(\frac{\sin\beta}{\beta}\right)^2\left(\frac{\sin(N\alpha)}{N\alpha}\right)^2 = I_0 DE$$

mit den Abkürzungen

$$\beta := \frac{\pi b}{\lambda}\sin\theta, \alpha := \frac{\pi d}{\lambda}\sin\theta, \ D = \left(\frac{\sin\beta}{\beta}\right)^2 \text{ und } E = \left(\frac{\sin(N\alpha)}{N\alpha}\right)^2$$

Für die Darstellung des Graphen wählen wir $I_0 = 1$, $b = 2\lambda$, $d = 10\lambda$ und $N = 8$.

Die Konstanten befinden sich in I2: 2 (= b/λ); I3: 10 (= d/λ) und I4: 8 (= N).

Wir berechnen 600 Punkte mit der Schrittweite 0,5/600 = 0,00083 (L6). Die weitere Belegung der Zellen ist wie folgt:

A2: 0 ; A3: `=A2+L$6` mit *F5+Füllbereich* bis A602 kopieren

B2: `=PI()*$I$2*SIN($A2)` (=β)

C2: `=PI()*$I$3*SIN($A2)` (=α)

D2: `=(SIN(B2)/(B2+0,00001))^2` (ein Schlitz)

(man kann die Division durch Null auch dadurch vermeiden, dass man im Nenner eine kleine Zahl addiert, z. B. 0,0001)

E2: `=(1/I$4)^2*(SIN(I$4*C2)/(SIN(C2)+0,00001))^2` (N Schlitze)

F2: `=D2*E2`

Jetzt müssen wir die Formeln bis Zeile 602 kopieren. Zunächst Cursor auf A2, danach mit *F5 + Füllbereich* bis A602 kopieren. Cursor auf B2, danach mit *F5 + Füllbereich* bis G602 kopieren. Um einen Vergleich mit N = 1 zu machen, notierten wir in F2:F602 die entsprechenden Werte. Der Graph braucht das Produkt der Spalten D und E, das sich in F2:F602 befindet.

Graph

Für die Zeichnung des Graphen benötigen wir die Spalten A, D, E und F (siehe Abb. 4.10).

1. *F5* → A1, *OK; F8 F5* (A602) *OK, Shift+F8*
2. *F5* → D1, *OK; F8 F5* (D602) *OK, Shift+F8*
3. *F5* → E1, *OK; F8 F5* (E602) *OK, Shift+F8*
4. *F5* → F1, *OK; F8 F5* (F602) *OK, Shift+F8*
5. *F5* → I5
6. *EINFÜGEN > Diagramme > Punkt(XY) mit interpolierten Linien*

Bei N Spalten beobachtet man N-2 sekundäre Maxima: 8 – 2 = 6 in unserem Fall.

Die Anzahl der Spalten, N, kann als Variable im Titel automatisch eingetragen werden. Dafür kopieren wir zuerst den Inhalt der Zelle I4 auf N1, um die wir den gewünschten Titel schreiben. Danach das Diagramm anklicken und *ENTWURF > Diagrammelement hinzufügen > Diagrammtitel* wählen. In der Bearbeitungsleiste ein Gleichheitszeichen eingeben und die entsprechenden Zellen markieren (siehe Abb. 4.10).

Wenn wir I4 (= N) ändern, ändert sich das Diagramm, und der Titel wird automatisch angepasst.

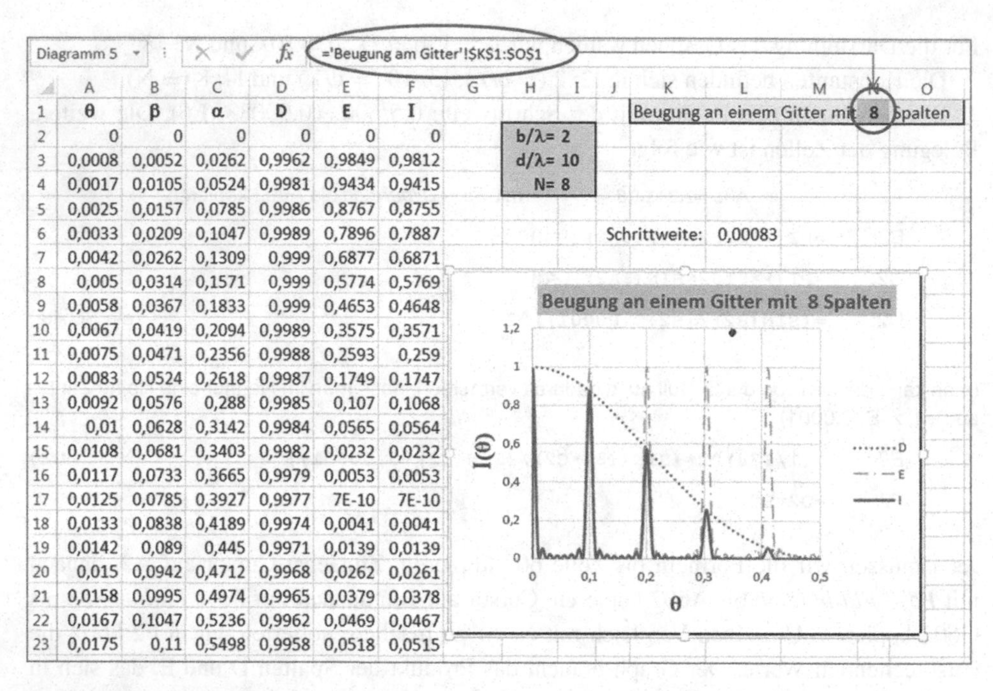

	A	B	C	D	E	F
1	θ	β	α	D	E	I
2	0	0	0	0	0	0
3	0,0008	0,0052	0,0262	0,9962	0,9849	0,9812
4	0,0017	0,0105	0,0524	0,9981	0,9434	0,9415
5	0,0025	0,0157	0,0785	0,9986	0,8767	0,8755
6	0,0033	0,0209	0,1047	0,9989	0,7896	0,7887
7	0,0042	0,0262	0,1309	0,999	0,6877	0,6871
8	0,005	0,0314	0,1571	0,999	0,5774	0,5769
9	0,0058	0,0367	0,1833	0,999	0,4653	0,4648
10	0,0067	0,0419	0,2094	0,9989	0,3575	0,3571
11	0,0075	0,0471	0,2356	0,9988	0,2593	0,259
12	0,0083	0,0524	0,2618	0,9987	0,1749	0,1747
13	0,0092	0,0576	0,288	0,9985	0,107	0,1068
14	0,01	0,0628	0,3142	0,9984	0,0565	0,0564
15	0,0108	0,0681	0,3403	0,9982	0,0232	0,0232
16	0,0117	0,0733	0,3665	0,9979	0,0053	0,0053
17	0,0125	0,0785	0,3927	0,9977	7E-10	7E-10
18	0,0133	0,0838	0,4189	0,9974	0,0041	0,0041
19	0,0142	0,089	0,445	0,9971	0,0139	0,0139
20	0,015	0,0942	0,4712	0,9968	0,0262	0,0261
21	0,0158	0,0995	0,4974	0,9965	0,0379	0,0378
22	0,0167	0,1047	0,5236	0,9962	0,0469	0,0467
23	0,0175	0,11	0,5498	0,9958	0,0518	0,0515

Abb. 4.10 Beugung an einem Gitter [Arbeitsmappe: Beugung.xlsx; Blatt: Beugung am Gitter]

4.5 Logarithmische Skalen

Die Effizienz von Sortier-und Suchalgorithmen wird durch Funktionen der folgenden Gestalt dargestellt:

$$y = 2^n; y = n^3; y = n^2; y = n\log_2 n; y = n; y = \log_2 n \text{ etc.}$$

Die Suchgeschwindigkeit hängt von der Effizienz des Suchalgorithmus ab; n ist die Anzahl der Elemente, unter denen sich das gesuchte Element befinden kann. Um zu verstehen, was Geschwindigkeit und Effizienz bedeuten, braucht man nur an ein Programm wie *Google Search* zu denken.

Auf der x-Achse haben wir die Anzahl n der Elemente, auf der y-Achse befindet sich die relative Suchzeit (Rechenzeit). Wir wissen, dass die Logarithmusfunktion langsamer wächst als andere Funktionen und dass die Exponentialfunktionen schneller wachsen als alle anderen Funktionen (siehe Abb. 4.11).

Wir berechnen die Logarithmen zur Basis 2 (*logarithmus dualis*), $\log_2 := ld$, mit

$$\log_2(n) = \frac{\lg(n)}{\lg(2)}$$

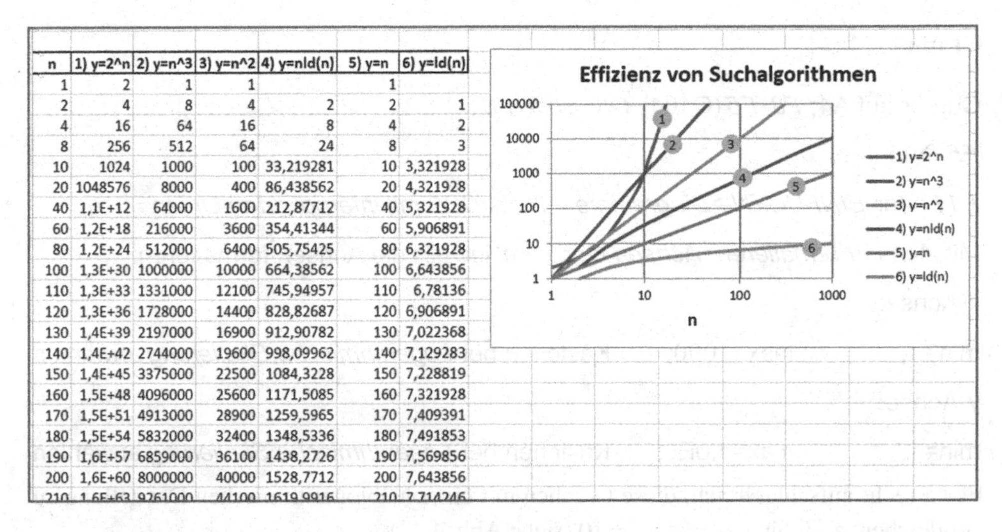

n	1) y=2^n	2) y=n^3	3) y=n^2	4) y=nld(n)	5) y=n	6) y=ld(n)
1	2	1	1		1	
2	4	8	4	2	2	1
4	16	64	16	8	4	2
8	256	512	64	24	8	3
10	1024	1000	100	33,219281	10	3,321928
20	1048576	8000	400	86,438562	20	4,321928
40	1,1E+12	64000	1600	212,87712	40	5,321928
60	1,2E+18	216000	3600	354,41344	60	5,906891
80	1,2E+24	512000	6400	505,75425	80	6,321928
100	1,3E+30	1000000	10000	664,38562	100	6,643856
110	1,3E+33	1331000	12100	745,94957	110	6,78136
120	1,3E+36	1728000	14400	828,82687	120	6,906891
130	1,4E+39	2197000	16900	912,90782	130	7,022368
140	1,4E+42	2744000	19600	998,09962	140	7,129283
150	1,4E+45	3375000	22500	1084,3228	150	7,228819
160	1,5E+48	4096000	25600	1171,5085	160	7,321928
170	1,5E+51	4913000	28900	1259,5965	170	7,409391
180	1,5E+54	5832000	32400	1348,5336	180	7,491853
190	1,6E+57	6859000	36100	1438,2726	190	7,569856
200	1,6E+60	8000000	40000	1528,7712	200	7,643856
210	1,6E+63	9261000	44100	1619,9916	210	7,714246

Abb. 4.11 Effizienz von Suchalgorithmen [Arbeitsmappe: Effizienz.xlsx; Blatt: log-log]

Werte von n

A5: 1 ; A6: 2 ; A7: 4 ; A8: 8

Die Zellen A9 bis A14 erhalten 10, 20, 40, 60, 80 und 100

A15: `=A14+10` und mit *F5+Füllbereich* bis A104 kopieren

Funktionen

B5: `=2^A5` ; C5: `=A5^3` ; D5: `=A5^2`

E5 und G5: leer (ein Wert Null kann in einer logaritmischen Skala nicht benutzt werden)

E6: `=A6*LN(A6)/LN(2)`

F5: `=A5` ; G6: `=E6/A6`

Alle Formeln bis zur Zeile 104 kopieren.

Graph

Cursor auf A4; *F8+F5* (G104) *OK*, *Shift+F8*

F5 → I5

F11 oder *EINFÜGEN >Diagramme > Punkt(XY) mit interpolierten Linien*

Mit *Achse Formatieren>Achsen Optionen* jeweils die Achsen formatieren:

x-Achse:

min=1; max=1000; Kästchen bei *Logarithmische Skalierung* anwählen

y-Achse:

min=1; max=1,0E5; Kästchen bei *Logarithmische Skalierung* anwählen

Es ist recht aufschlussreich, diese Graphen mit einer halblogarithmischen Darstellung zu vergleichen, z. B. für $1 < = n < = 10$ (siehe Abb. 4.12).

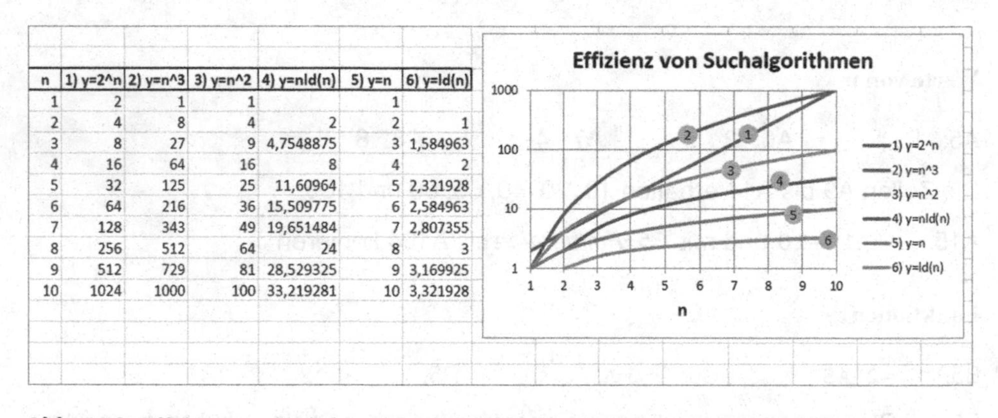

n	1) y=2^n	2) y=n^3	3) y=n^2	4) y=nld(n)	5) y=n	6) y=ld(n)
1	2	1	1		1	
2	4	8	4	2	2	1
3	8	27	9	4,7548875	3	1,584963
4	16	64	16	8	4	2
5	32	125	25	11,60964	5	2,321928
6	64	216	36	15,509775	6	2,584963
7	128	343	49	19,651484	7	2,807355
8	256	512	64	24	8	3
9	512	729	81	28,529325	9	3,169925
10	1024	1000	100	33,219281	10	3,321928

Abb. 4.12 Effizienz von Suchalgorithmen [Arbeitsmappe: Effizienz.xlsx; Blatt: halb-log]

Logische Funktionen

5

Zusammenfassung

Im Mittelpunkt des Kapitels steht die Einführung von logischen Funktionen in Excel. Dies wird praxisnah am Beispiel von Kalenderalgorithmen zur Berechnung des Osterdatums und die Entwicklung eines praktischen Monatskalenders gezeigt.

5.1 Einführung

Eine große praktische Rolle spielt die Excel-Funktion `=WENN()`.

Syntax: =WENN(logischer Test; wenn wahr; wenn falsch)

Beispiel 1

Wenn ein Fußballer monatlich > 10.000.000 € verdient, ist er ein zufriedener Mensch, sonst ist er bedauernswert. Wenn Irmtraut eine Durchschnittspunktzahl > = 7 erreicht, wird sie angenommen, sonst abgelehnt. Wenn die Punktzahl in B3 steht (vgl. Abb. 5.1), lautet die =WENN-Funktion in C3 folgendermaßen: `=WENN(B3>=7;"angenommen";"abgelehnt")`.

Um für Testzwecke die Spalte B automatisch zu füllen, verwenden wir die Zufallsfunktion `=GANZZAHL(ZUFALLSZAHL()*9)+1` in allen Zellen von B2 bis B10. Die Funktion `=WENN(B3>=7;"angenommen";"abgelehnt")` steht vorläufig nur in C3. Die Funktion `=ZUFALLSZAHL()` erzeugt eine Zufallszahl zwischen 0 und 1. Unsere Funktion liefert ganze Zahlen zwischen 1 und 10. Wenn Sie die Rechentaste *F9* drücken, erhalten Sie eine neue Zahlenreihe (vgl. Abb. 5.2).

Man kann bis zu sieben WENN-Funktionen verschachteln. In der Test-Tabelle der Abb. 5.3 benutzen wir nur drei.

F. J. Mehr, M. T. Mehr, *Excel und VBA*, DOI 10.1007/978-3-658-08886-6_5

C3 | f_x =WENN(B3>=7;"bestanden";"abgelehnt")

	A	B	C	D	E	F
1	**Prüfling**	**Mittel**	**Ergebnis**			
2						
3	Irmtraut	8	bestanden			
4						
5						

Abb. 5.1 WENN-Funktion [Arbeitsmappe: Logische-Funktionen.xlsx; Blatt: Tabelle 1]

B3 | f_x =GANZZAHL(ZUFALLSZAHL()*9)+1

	A	B	C	D	E	F
1	**Prüfling**	**Mittel**	**Ergebnis**			
2						
3	Alonso	9				
4	Carla	5				
5	Desmond	2				
6	Emilia	9				
7	Franz	3				
8	Gerardo	3				
9	Hilda	3				
10	Idomeneo	2				
11						

Abb. 5.2 GANZZAHL und ZUFALLSZAHL Funktionen [Arbeitsmappe: Logische-Funktionen.xlsx; Blatt: Tabelle 2]

C3 | f_x =WENN(B3>=9;"sehr gut";WENN(B3>=8;"gut";WENN(B3>=7;"genügend";"ungenügend")))

	A	B	C	D	E	F	G	H	I
1	**Prüfling**	**Mittel**	**Ergebnis**						
2									
3	Alonso	2	ungenügend						
4	Carla	2	ungenügend						
5	Desmond	6	ungenügend						
6	Emilia	1	ungenügend						
7	Franz	8	gut						
8	Gerardo	3	ungenügend						
9	Hilda	6	ungenügend						
10	Idomeneo	8	gut						

Abb. 5.3 Verschachtelte WENN-Funktionen [Arbeitsmappe: Logische-Funktionen.xlsx; Blatt: Tabelle 2]

Man kann sich Arbeit sparen, wenn man auf f_x klickt und mit dem Dialogfenster *Funktion einfügen* arbeitet. Man wählt `WENN` und *OK*. In das sich öffnende Dialogfenster trägt man die Funktionsargumente ein, z. B. A1 < B1;"klein";"groß", vgl. Abb. 5.4.

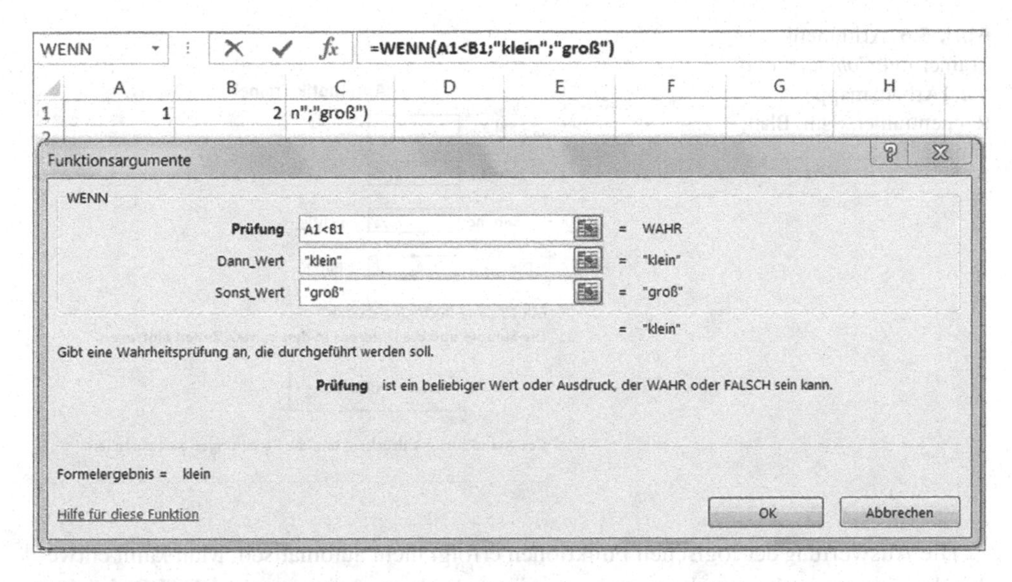

Abb. 5.4 Dialogfenster *Funktionsargumente*

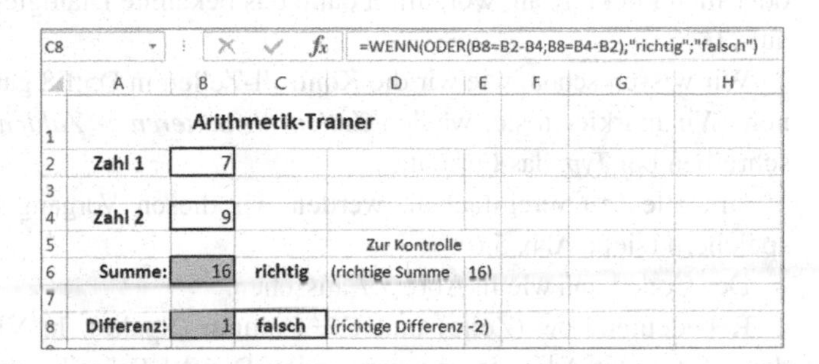

Abb. 5.5 Arithmetik-Trainer [Arbeitsmappe: Rechentrainer.xlsm; Blatt: Tabelle 1]

Beispiel 2

Um ein Beispiel mit `WENN(ODER)` zu haben, entwickeln wir einen Rechentrainer, mit dem wir die Addition und Subtraktion ganzer Zahlen üben können.

Wir erzeugen zufällig zwei ganze Zahlen zwischen 0 und 20 in den Zellen B2 und B4 mit der Funktion `=ZUFALLSBEREICH(0; 20)`. In C6 haben wir `=WENN(B6=(B2+B4);"richtig";"falsch")`. In die Zelle B6 schreiben wir die von uns gefundene Summe. Wenn sie verschieden von B2 + B4 sein sollte, erscheint in C6 "falsch". Die Formel für die Differenz enthält `WENN` und `ODER` in der Kombination `=WENN(ODER(B8=B2-B4; B8=B4-B2);"richtig";"falsch")`. Das bedeutet, dass wir das Ergebnis als richtig ansehen, wenn es gleich B2-B4 ist oder B4-B2.

Um die Tabelle zu benutzen, wählen wir zunächst den manuellen Rechenmodus, d. h. bei *Formeln > Berechnungsoptionen* wählen wir *Manuell*. Mit F9 beginnen wir jedes Mal eine neue Berechnung (vgl. Abb. 5.5).

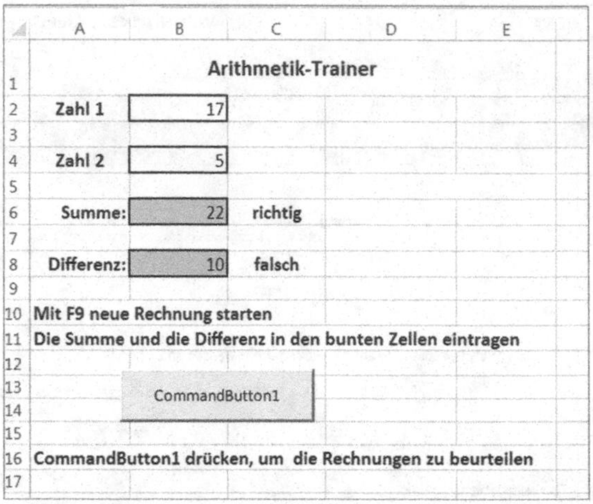

	A	B	C	D	E
1			Arithmetik-Trainer		
2	Zahl 1	17			
3					
4	Zahl 2	5			
5					
6	Summe:	22	richtig		
7					
8	Differenz:	10	falsch		
9					
10	Mit F9 neue Rechnung starten				
11	Die Summe und die Differenz in den bunten Zellen eintragen				
12					
13		CommandButton1			
14					
15					
16	CommandButton1 drücken, um die Rechnungen zu beurteilen				
17					

Abb. 5.6 Arithmetik-Trainer mit *CommandButton* [Arbeitsmappe: Rechentrainer.xlsm; Blatt: Tabelle 2]

Die Auswertung der logischen Funktionen erfolgt nicht automatisch. Man kann entweder den Cursor in der Bearbeitungsleiste hinter die Formel setzen und ENTER drücken oder man klickt f_x an, woraufhin dann das bekannte Dialogfenster erscheint. Wir klicken auf *OK*.

Wir wissen schon, wie wir die Kontroll-Zellen in D5:E8 ganz am Ende verbergen können: Wir markieren sie, wählen *Zellen formatieren > Zahlen > Benutzerdefinierte*, und schreiben bei *Typ:* das Format;;;.

Um alles zu vereinfachen, werden wir diesen Vorgang in einem *CommandButton* speichern (siehe Abb. 5.6).

Der Code kann wie in Abb. 5.7 aussehen.

R bedeutet Row (Zeile) und C = Column (Spalte). In VBA werden zwei verschiedene Arten der Adressierung verwendet. Die A1-Schreibweise ist uns bekannt, aber die in diesem Code benutzte R1C1-Methode ist neu.

In der zweiten Code-Zeile bedeutet R1C1 die gerade aktive Zelle C6. Relativ zu R1C1 sind

RC[-1] = B6 ; RC[-4]C[-1] = B2 ; R[-2]C[-1] = B4

In der vierten Code-Zeile bedeutet R1C1 die gerade aktive Zelle C8. Relativ zu R1C1 sind

RC[-1] = B8 ; R[-6]C[-1] = B2 ; R[-4]C[-1] = B4

```
CommandButton1                                  Click
Private Sub CommandButton1_Click()

Range("C6").Select
  ActiveCell.FormulaR1C1 = "=IF(RC[-1]=R[-4]C[-1]+R[-2]C[-1],""richtig"",""falsch"")"
Range("C8").Select
  ActiveCell.FormulaR1C1 = "=IF(OR(RC[-1]=R[-6]C[-1]-R[-4]C[-1],RC[-1]=R[-4]C[-1]-R[-6]C[-1]),""richtig"",""falsch"")"

End Sub
```

Abb. 5.7 VBA-Code für Arithmetik-Trainer [Arbeitsmappe: Rechentrainer.xlsm; Makro: CommandButton1]

5.2 Osterdatum

Jetzt werden wir das Datum des Ostersonntags für jedes Jahr nach 1582 bestimmen. Es wird interessant sein, die drei logischen Funktionen `WENN`, `ODER`, `UND` gemeinsam am Werk zu sehen, und zwar in Zelle B11 des Arbeitsblatts aus Abb. 5.8.

Der Algorithmus für unser Blatt wurde von Aloysius Lilius und Christoph Clavius Ende des 16. Jahrhunderts entwickelt. Wir haben ihn dem Buch The Art of Computer Programming von D. E. Knuth entnommen [5]. Zudem findet man im Internet zahlreiche Beitrag zum Ostersonntag-Problem, z. B. [6].

Der Algorithmus ist ein "aufwendiges mittelalterliches Rezept mit vielen Zutaten", die wir in der Tab. 5.1 sehen. Wichtig ist es zu wissen, dass der Ostersonntag immer zwischen dem 22. März und dem 25. April liegt.

Tab. 5.1 Algorithmus für die Berechnung des Ostersonntags

Zutaten	
J	Das fragliche Jahr
G	Goldene Zahl G = (J MOD 19) + 1 (MOD gibt den Divisionsrest an)[a]
C	Jahrhundert-Zahl C: INT(J/100) + 1
X	X: INT(3C/4) – 12 (erste Korrektur)
Z	Z: INT(8C + 5)/25) – 5 (zweite Korrektur)
D	Nummer des Sonntags D: INT(5J/4) – X – 10
Epact-Zahl	E: (11G + 20 + Z – X) MOD 30
	Wenn E = 25 und G > 11, oder wenn E = 24, dann erhöhe E um 1
N	Vollmondnummer N: 44 – E Wenn N < 21, dann vergrößere N um 30
N1	Kriterium N1: N + 7 – ((D + N) MOD 7)
	Wenn N1 > 31, so liegt Ostern am (N1 – 31). April, sonst am N1. März

[a]MOD ist der Rest bei der Division zweier Ganzzahlen Z1,Z2. In Excel heißt diese Funktion = REST(Z1;Z2)

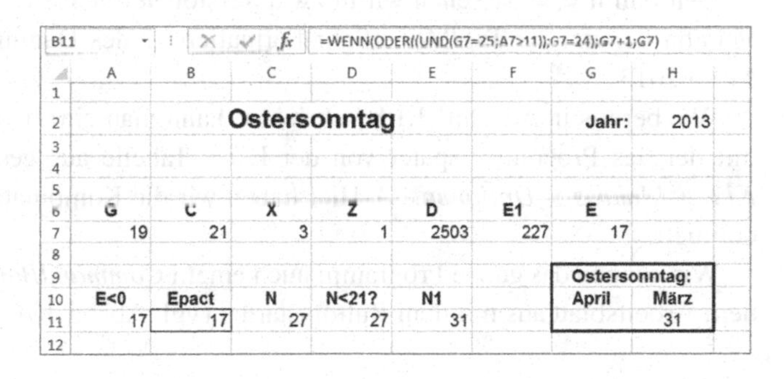

Abb. 5.8 Tabelle für die Berechnung des Ostersonntags [Arbeitsmappe: Ostersonntag.xlsm; Blatt: Tabelle]

Tab. 5.2 Excel-Formeln für die Berechnung des Ostersonntags

Zutaten	Formeln in dem Arbeitsblatt
J	H2: `J`
G	A7: `=REST (H$2;19)+1`
C	B7: `=GANZZAHL(H$2/100)+1`
X	C7: `=GANZZAHL (3*B7/4)-12`
Z	D7: `=GANZZAHL ((8*B7+5)/25)-5`
D	E7: `=GANZZAHL (5*H$2/4)-C7-10`
Epact-Zahl	F7: `=11*A7+20+D7-C7`
	G7: `=REST(F7;30)`
	A11: `=WENN(G7<0;G7+30;G7)`
	B11: `=WENN(ODER((UND(G7=25;A7>11));G7=24);G7+1;G7)`
N	C11: `=44-G7`
	D11: `=WENN(C11<21;C11+30;C11)`
N1	E11: `=D11+7-REST(E7+D11;7)`
April	G11: `=WENN(E11>31;(E11-31);"")`
März	H11: `=WENN(E11<=31;E11;"")`

Ohne in eine Diskussion dieses Algorithmus einzutreten, tragen wir diese Informationen in ein Arbeitsblatt ein (die entsprechenden Formeln stehen in der Tab. 5.2). Das Ergebnis sehen wir in der Abb. 5.8.

Sie können das Arbeitsblatt für die folgenden Jahre testen:

1793 (31. März); **1818** (22. März); **2007** (8. April).

Dieses Beispiel ruft danach, in eine VBA-Prozedur verwandelt zu werden (den Code sehen Sie in der Abb. 5.9). Wir benötigen 5 `If`-Anweisungen, um die verschiedenen Bedingungen des Algorithmus ausführen zu können. Eine `If`-Anweisung in einer einzigen Zeile endet nicht mit `End If`, denn sie bildet keinen Block.

Den Fall $n < = 31$ sehen wir in zwei Versionen (die erste als Kommentar). Die zweite Version benutzt die Tag/Monat/Jahr-Formatierung des Datums mit `DateSerial`, z. B. 31.03.2013.

Wie bereits in Abschn. 3.1 beschrieben, kann man eine Tastenkombination definieren, mit der das Programm später von der Excel-Tabelle aus gestartet werden kann (*Alt* + *F11* > *Makros* > *Optionen...*). Hier haben wir die Kombination *Strg* + *O* als "shortcut" definiert.

Wir können das ganze Programm auch einem *CommandButton* zuordnen und dann von dem Arbeitsblatt aus mit dem Button starten (vgl. Abb. 5.10).

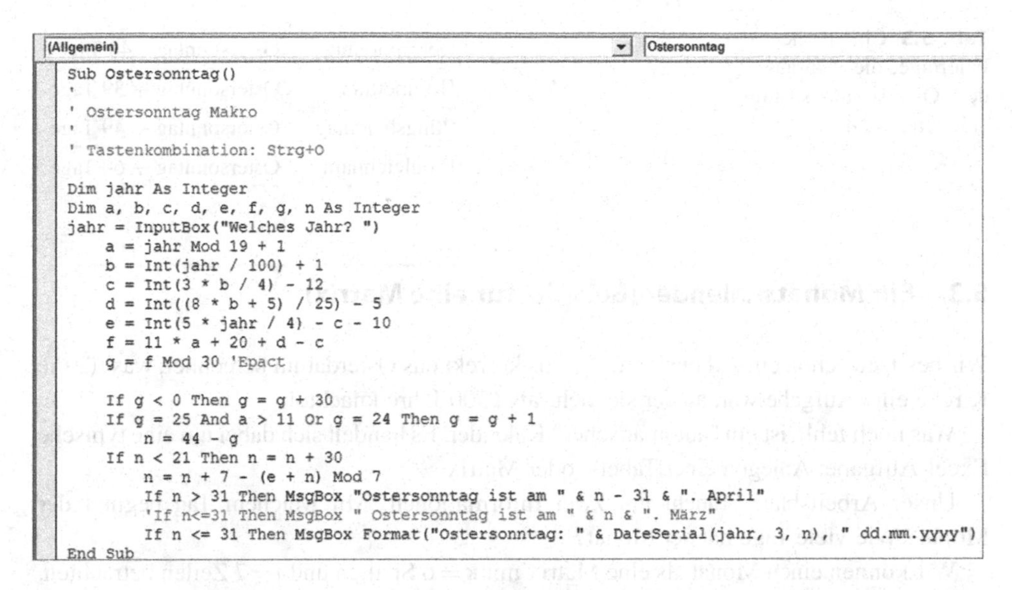

Abb. 5.9 VBA-Prozedur für die Berechnung des Ostersonntags [Arbeitsmappe: Ostersonntag.xlsm; Makro: Ostersonntag]

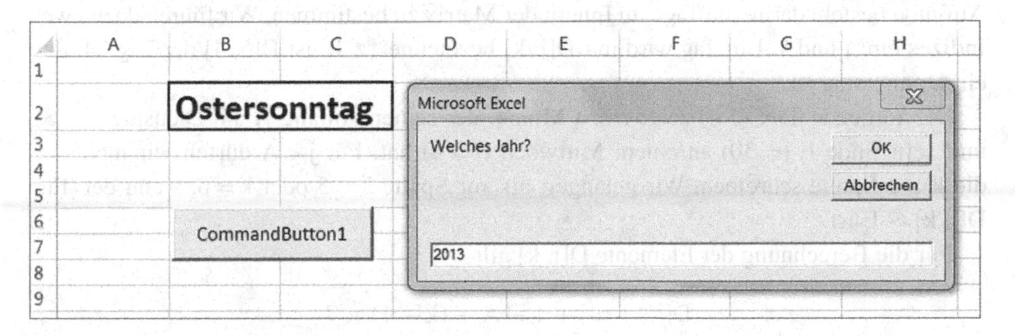

Abb. 5.10 Ostersonntag mit Mitteilungs-Box [Arbeitsmappe: Ostersonntag.xlsm; Blatt: VBA-Prozedur]

Wir zeigen hier noch, wie man eine `If`-Anweisung sparen kann, wenn man eine Block-Struktur mit `If...Then...Else` benutzt:

```
If n > 31 Then
    MsgBox "Ostern ist am " & n - 31 & ". April"
  Else
    MsgBox "Ostern ist am " & n & " . März"
End If
```

Kennt man erst einmal das Datum des Ostersonntags, so sind die damit verbundenen christlichen Feiertage leicht zu berechnen (siehe Tab. 5.3).

Tab. 5.3 Christliche Feiertage, die sich aus dem Ostersonntagsdatum ableiten lassen

Rosenmontag	Ostersonntag – 48 Tage
Himmelfahrt	Ostersonntag + 39 Tage
Pfingstsonntag	Ostersonntag + 49 Tage
Fronleichnam	Ostersonntag + 60 Tage

5.3 Ein Monatskalender (Beispiel für eine Matrix)

Wir besitzen schon ein Arbeitsblatt, das uns korrekt das Osterdatum berechnet, was für die Kirche eine Aufgabe war, an der sie mehr als 1500 Jahre knackte!

Was noch fehlt, ist ein "automatischer" Kalender. Es handelt sich dabei um eine typische Excel-Aufgabe: Anlegen einer Tabelle oder Matrix.

Unser Arbeitsblatt braucht nur zwei Informationen: Mit welchem Tag beginnt der Monat? Wie viele Tage hat der Monat?

Wir können einen Monat als eine Matrix mit $k=6$ Spalten und $j=7$ Zeilen betrachten. Die Zeilen sind die Tage, die Spalten sind die Wochen. Die letzte Spalte mit $k=6$ hat kein Element. Sie enthält 31, wenn der Monat 31 Tage hat und an einem Freitag beginnt. Die Aufgabe besteht darin, die Tage im Innern der Matrix zu bestimmen. Wir führen dazu zwei Indizes ein, j und k. Ein Tag wird mit D[j, k] bezeichnet, z. B. ist D[5, 4] der Tag 24, der ein Donnerstag ist.

Die folgende Tab. (5.4) zeigt einen Monat, der seinen Anfang A am Dienstag ($j=3$) und sein Ende E ($=30$) an einem Mittwoch ($j=4$) hat. Für $j<A$ dürfen wir nichts in die $k=1$-Spalte schreiben. Wir gelangen bis zur Spalte $k=5$ oder $k=6$, wenn der Tag $D[j, k] > E$ ist.

Für die Berechnung der Elemente D[j, k] gilt

$$D[j, k] = j + 1 - A + (k - 1) \times 7$$

Z. B.: $j=3$; $k=2 \rightarrow D[3, 2] = 3 + 1 - 3 + (2 - 1) * 7 = 8$.

Tab. 5.4 Monatskalender

		k = 1	k = 2	k = 3	k = 4	k = 5	k = 6
j = 1	Sonntag		6	13	20	27	
j = 2	Montag		7	14	21	28	
j = 3 (= A)	Dienstag	1	8	15	22	29	
j = 4	Mittwoch	2	9	16	23	30 (= E)	
j = 5	Donnerstag	3	10	17	24		
j = 6	Freitag	4	11	18	25		
j = 7	Samstag	5	12	19	26		

C10 | fx | =WENN(UND(C$9=1;$A10<$E$1);"";WENN($A10+1-$E$1+(C$9-1)*7<=$E$2;$A10+1-$E$1+(C$9-1)*7;""))

	A	B	C	D	E	F	G	H	I	J	K	L
1				A=	7							
2				E=	31							
3												
4												
5												
6												
7												
8												
9			1	2	3	4	5	6				
10	1	Sonntag		2	9	16	23	30				
11	2	Montag		3	10	17	24	31				
12	3	Dienstag		4	11	18	25					
13	4	Mittwoch		5	12	19	26					
14	5	Donnerstag		6	13	20	27					
15	6	Freitag		7	14	21	28					
16	7	Samstag	1	8	15	22	29					

Abb. 5.11 Der Monatskalender als Matrix [Arbeitsmappe: Kalender.xlsx; Blatt: Matrix]

Einträge im Arbeitsblatt

Der Wert von A steht in E1, der von E in E2.

A10: 1 ; A11: 2 bis A16: 7 (Werte von j; Ausfüllkästchen von A10 bis A16 bei gedrückter *Strg*-Taste ziehen)

C9: 1 ; D9: 2 bis H9: 6 (Werte von k)

C10: `=WENN(UND(C$9=1;$A10<$E$1);"";WENN($A10+1-$E$1+(C$9-1)*7<=$E$2;$A10+1-$E$1+(C$9-1)*7;""))`

Kopiere die Formel in C10 bis H16.

Die Zahlen in den Zellen dürfen keine Nachkommastellen haben. Also: *Zellen formatieren > Zahl > Dezimalstellen: 0.*

In B10 schreiben wir Sonntag. Mit Ausfüllkästchen bis B16 ziehen → Excel füllt die übrigen Wochentage automatisch aus! (Siehe Abb. 5.11.)

Mit etwas zusätzlicher Verzierung erhalten wir dann die Kalenderblätter aus Abb. 5.12. Um die "Koordinaten" j und k zu verbergen, formatieren wir die entsprechenden Zellen mit *Zellen formatieren > Zahlen > Benutzerdefiniert > Typ:;;;* (vgl. Abschn. 2.1). Der zweite Kalender, der die übliche Form hat, ergibt sich dadurch, dass man die erste Matrix transponiert: Ganze Matrix markieren, kopieren und mit *Rechtsklick + Einfügeoptionen > Inhalte einfügen > Einfügen > Transponieren.*

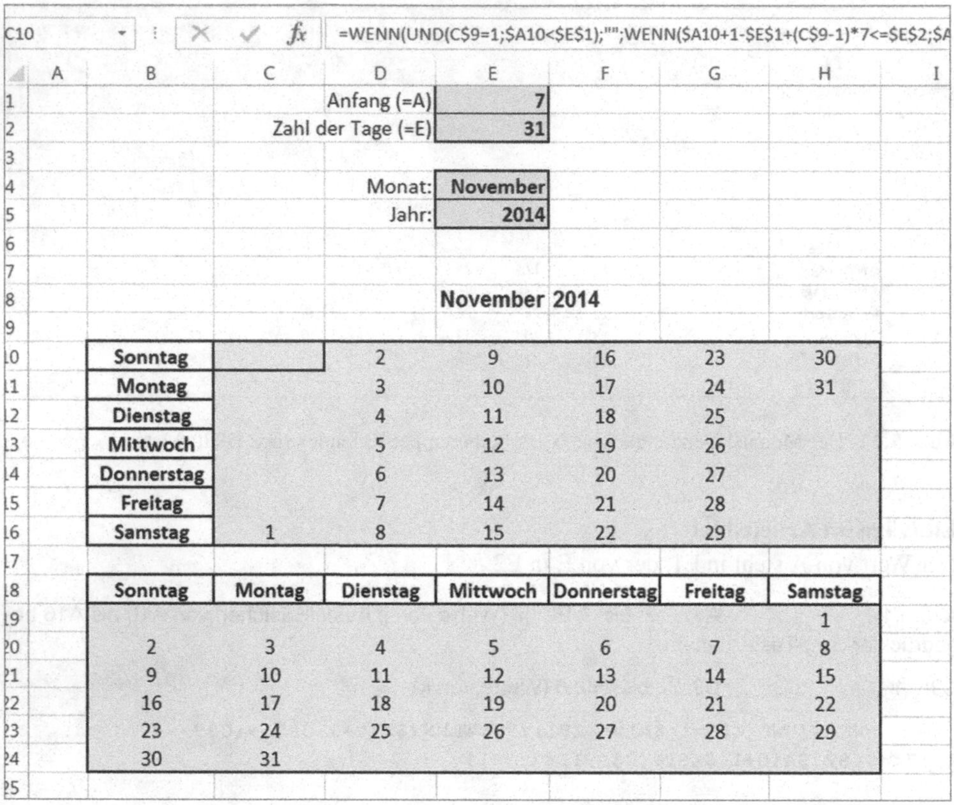

```
C10   =WENN(UND(C$9=1;$A10<$E$1);"";WENN($A10+1-$E$1+(C$9-1)*7<=$E$2;$A
```

	A	B	C	D	E	F	G	H	I
1				Anfang (=A)	7				
2				Zahl der Tage (=E)	31				
3									
4				Monat:	November				
5				Jahr:	2014				
6									
7									
8					November 2014				
9									
10		**Sonntag**		2	9	16	23	30	
11		**Montag**		3	10	17	24	31	
12		**Dienstag**		4	11	18	25		
13		**Mittwoch**		5	12	19	26		
14		**Donnerstag**		6	13	20	27		
15		**Freitag**		7	14	21	28		
16		**Samstag**	1	8	15	22	29		
17									
18		**Sonntag**	**Montag**	**Dienstag**	**Mittwoch**	**Donnerstag**	**Freitag**	**Samstag**	
19								1	
20		2	3	4	5	6	7	8	
21		9	10	11	12	13	14	15	
22		16	17	18	19	20	21	22	
23		23	24	25	26	27	28	29	
24		30	31						
25									

Abb. 5.12 Der Monatskalender [Arbeitsmappe: Kalender.xlsx; Blatt: Kalender]

5.4 Julianischer Tag (JD) und Gregorianischer Kalender

Die Astronomen benutzen einen Kalender, der sich auf die Julianische Periode stützt. Es handelt sich um eine Periode von 7980 Jahren. Eingeführt wurde diese Periode von dem französischen Mathematiker Joseph Justus Scaliger (1540–1609). Er wollte jedem Jahr eine positive Zahl zuordnen, ohne sich um Daten vor oder nach Christus kümmern zu müssen. Seine Periode ist das Produkt dreier Zahlen (ebenfalls Perioden) 19, 28 und 15.

19 Jahre ist der Metonische Zyklus (nach Meton aus Athen, ca. 430 v. Chr.). Die Beziehung zwischen Mondphasen und Tagen des Jahres wiederholt sich alle 19 Jahre. So kann man jedem Jahr eine "Goldene Zahl" zwischen 1 und 19 zuordnen. Der "Sonnenzyklus" dauert 28 Tage. Das ist die Zeit von 4 * 7 Jahren, nach der ein Wochentag wieder auf denselben Tag und Monat fällt.

Beispiel
Der 01.01.2000 war ein Samstag und nach 28 Jahren wird der 1. Januar wieder ein Samstag sein.

I5 =$F$3+GANZZAHL((153*m+2)/5)+y*365+GANZZAHL(y/4)-GANZZAHL(y/100)+GANZZAHL(y/400)-$G$1

	E	F	G	H	I
1	Jahr:	2014	32045	a=	0
2	Monat:	10		y=	6814
3	Tag:	22		m=	7
4					
5	Indiktion=	7		JD=	2.456.953
6	Sonnenzahl=	7			
7	Goldene Zahl=	1		zz=	2014
8					
9	**Berechnet JD, Indiktion, Sonnenzahl und goldene Zahl**				
10	**aus einem gregorianischem Datum: Jahr, Monat, Tag**				

Abb. 5.13 Julianischer Tag, Indiktion, Sonnenzahl und Goldene Zahl [Arbeitsmappe: Julian.xlsx]

Die "Sonnenzahl" ist die Jahreszahl in einem "Sonnenzyklus". Die "Römische Zinszahl" oder "Indiktion" (lat. *indictio* = kaiserliche Verfügung) wurde 312 n. Chr. von Kaiser Konstantin eingeführt, um ein bestimmtes Jahr im fiskalischen Zyklus von 15 Jahren festzulegen [4].

Man kann die Indiktion mit der Formel (Jahr + 2) Mod 15 + 1 berechnen, z. B.: Jahr = 2013 + 2 = 2015 man teilt zuerst 2015 durch 15, was 134,3333... ergibt. Dann folgt 2015 − 134 * 15 + 1 = 5 + 1 = 6. Indiktion für 2013 ist also 6.

Die Excel Formel lautet `=REST ((F1+2);15)+1`, wobei das Jahr in F1 steht.

Scaliger stellte fest, dass die drei Zyklen zuletzt im Jahr 4713 v. Chr. zusammenfielen, d. h. in diesem Jahr − 4712 hatten Indiktion, Goldene Zahl und Sonnenzahl den Wert 1. Diese bemerkenswerte Tatsache wird sich das nächste Mal im Jahr 3268 n. Chr. wiederholen. Sie können diese Daten mit dem Arbeitsblatt der Abb. 5.13 überprüfen.

Die Astronomen zählen die Tage vom 1. Januar 4713 v. Chr. an (oder vom 1. Januar des Jahres − 4712 – es gab kein Jahr Null) und benutzen die Bezeichnung "Julianische Tage".

Um den Julianischen Tag (JD) eines beliebigen Datums, z. B. 1.1.2007, zu erhalten, müssen wir die seit 4713 v. Chr. verflossenen Tage berechnen und einen Tag abziehen, da es kein Jahr 0 gab. (JD = 0 ist der Anfang der astronomischen Zeitrechnung.)

Für den 1.1.2007 erhalten wir 4713 + 2007 − 1 = 6719 Jahre. Dies entspricht 6719 * 365,25 = 2.454.114,7 Tage. Die Dezimalstelle zeigt an, dass der folgende Tag schon angefangen hatte, d. h. es waren seit 4713 v. Chr. 2.454.115 Tage verflossen. Da der Gregorianische Kalender 13 Tage dem Julianischen Kalender vorauseilt, erhalten wir schließlich JD = 2.454.102 für den 1.1.2007. Genauer: Um 12:00 UTC (Coordinated Universal Time = Universalzeit) des 1.1. 2007 begann der Julianische Tag 2.454.102. (12:00 Mittag, nicht Mitternacht, gilt als Nullpunkt der Tageszeit. 15:00 wäre JD = 2.454.102,125, weil 15.00 Uhr drei Stunden = 0,125 Tage nach Mittag ist.)

Der Julianische Kalender wird heute noch von der orthodoxen russischen Kirche statt des Gregorianischen Kalenders benutzt.

Berechnungen und Arbeitsblatt

Alle erwähnten Sonderbarkeiten können wir durch die folgende Formel ausdrücken:

`=$F$3+INT((153*m+2)/5)+y*365+INT(y/4)-INT(y/100)+INT(y/400)-$G$1`, die wir in Zelle I5 des Arbeitsblattes schreiben.

In G1 haben wir die Formel `=WENN($F$1<0;32083;32045)`, die sich um die negativen Jahre des Gregorianischen Kalenders kümmert. Die Werte von a, y und m berechnen wir mit den folgenden Gleichungen:

I1: Int((14 – Monat)/12) (= a)

I2: Jahr + 4800 – a; (= y)

I3: = Monat + 12*a – 3 (= m)

In Excel ist a gegeben durch =GANZZAHL((14-Monat)/12)

Wir haben Jahr (F1), Monat (F2), a (I1), y (I2) und m (I3) als Namen mit *Rechtsklick + Namen definieren* deklariert.

Die Formel für die Indiktion ist F5: `=REST((Jahr+2);15)+1`, für die Sonnenzahl F6: `=REST((Jahr+8);28)+1` und für die Goldene Zahl F7: `=REST(Jahr;19)+1`

Auf der rechten Seite des Blattes, in K1:P10, berechnen wir für einen Julianischen Tag in N1 das Datum im Gregorianischen Kalender.

Wir benutzen folgende Formeln:

```
P8:   =ee-GANZZAHL((153*mm+2)/5)+1                       (Tag)
P9:   =mm+3-12* GANZZAHL (mm/10)                         (Monat)
P10:  = GANZZAHL (bb*100+dd-4800+GANZZAHL (mm/10))       (Jahr)
```

Es fehlen die Ausdrücke für aa, bb, usw.

```
P1:   =$N$1+32044                       (=aa)
P2:   =GANZZAHL((4*aa+3)/146097)        (=bb)
P3:   =aa- GANZZAHL ((bb*146097)/4)     (=cc)
P4:   = GANZZAHL ((4*cc+3)/1461)        (=dd)
P5:   =cc- GANZZAHL ((1461*dd)/4)       (=ee)
P6:   = GANZZAHL ((5*ee+2)/153)         (=mm)
P7:   = y - 4800                        (=zz)
```

Den entsprechenden Tabellenteil sieht man in Abb. 5.14.

Abb. 5.14 Berechnung des Gregorianischen Datums eines Julianischen Tages [Arbeitsmappe: Julian.xlsx]

L	M	N	O	P	Q
			bb=	68	
			cc=	2497	
			dd=	6	
			ee=	306	
			mm=	10	
			Tag=	1	
			Monat=	1	
			Jahr=	2007	
	Berechnet ein gregorianisches Datum aus einem julianischen Tag (JD)				

C	D	E	F	G	H	I
		Jahr:	2014	=WENN($F$1<0;320:		a= =GANZZAHL((14-Monat)/12)
		Monat:	10			y= =Jahr+4800-a
		Tag:	22			m= =Monat+12*a-3
		Indiktion=	=REST((Jahr+2);1!			JD= =$F$3+GANZZAHL((153*m+2)/
		Sonnenzahl=	=REST((Jahr+8);2{			
		Goldene Zahl=	=REST(Jahr;19)+1			zz= =y-4800
Berechnet JD, Indiktion, Sonnenzahl und Goldene Zahl						
aus einem gregorianischem Datum: Jahr, Monat, Tag						

Abb. 5.15 Formelanzeige [Arbeitsmappe: Julian.xlsx]

Julianischer Tag und Gregorianischer Kalender				
Wochentag:	Mittwoch	3	0	Sonntag
			1	Montag
			2	Dienstag
			3	Mittwoch
			4	Donnerstag
			5	Freitag
			6	Samstag
Berechnet den Wochentag eines gregorianischen Datums				

Abb. 5.16 Wochentag eines Gregorianischen Datums [Arbeitsmappe: Julian.xlsx]

Mit *FORMELN > Formeln anzeigen* (Registerkarte *Formelüberwachung*) kann man sich die Belegung der Zellen mit den entsprechenden Formeln anschauen (vgl. Abb. 5.15).

In den Zeilen 19 bis 25 haben wir als Zugabe noch einen Modul, der für jedes Gregorianische Datum den zugehörigen **Wochentag** bestimmt (vgl. Abb. 5.16). In H19 steht die Formel, mit der wir diese Aufgabe erledigen:

H19: `=REST($F$3+zz+GANZZAHL(zz/4)- GANZZAHL (zz/100)+ GANZZAHL (zz/400)+ GANZZAHL (31*(m+1)/12);7)`

Zur Zahl 4 gehört ein Donnerstag, da bei diesen Rechnungen der Sonntag die Nr. 0 hat. Wie schon in Abschn. 1.5, verwenden wir die Suchformel `=SVERWEIS (H19;J$19:K$25;2)` hier in Zelle G19.

5.5 Schaltjahr

Um festzustellen, ob ein vorgegebenes Jahr ein **Schaltjahr** ist, schreiben wir ein Makro (siehe Abb. 5.17). Wir brauchen dazu einige Informationen. Wir müssen wissen, dass der Gregorianische Kalender alle 400 Jahre 97 Schaltjahre hat. Und warum gibt es nicht 100

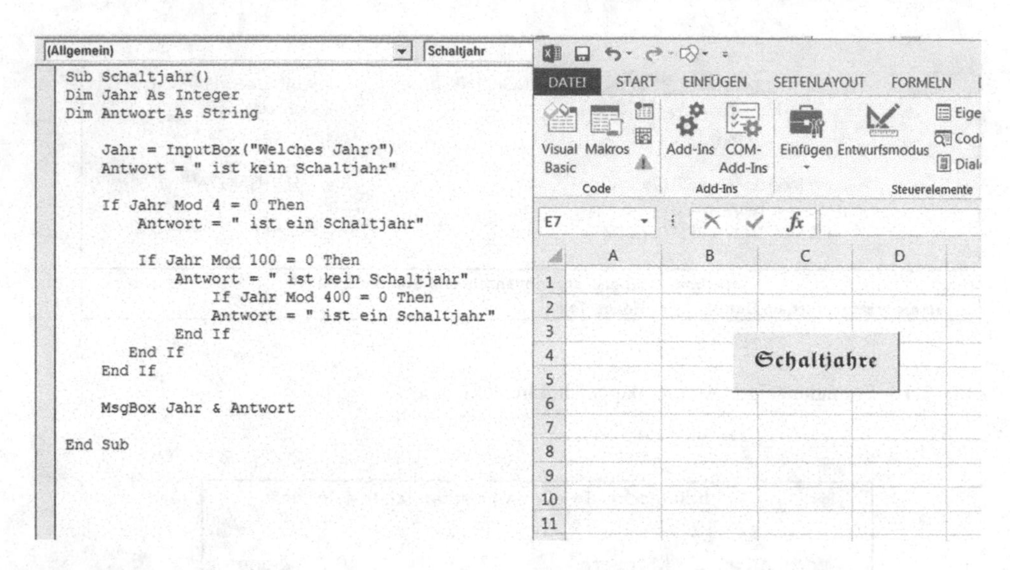

Abb. 5.17 Code der Subroutine [Arbeitsmappe: Schaltjahr.xlsm; Makro; Schaltjahr]

Schaltjahre in diesem Intervall? Die Antwort wird von folgender Definition geliefert (gültig für Jahre nach 1582, denn die Fehler vor diesem Datum sind eingeschlossen in den 10 Tagen, die 1582 gestrichen wurden):

- Jedes Jahr ist ein Schaltjahr, das durch 4 teilbar ist.
- Ein durch 100 teilbares Jahr ist kein Schaltjahr.
- Jedes durch 400 teilbare Jahr ein Schaltjahr.

Das bedeutet, dass die Jahre 1700, 1800, 1900 keine Schaltjahre waren. Dagegen waren 1600 und 2000 Schaltjahre. Das heißt, es gab im Intervall von 1600 bis 2000 nur 97 Schaltjahre.

Um das Makro aufzurufen, haben wir eine Schaltfläche (*Formularsteuerelement*) mit *ENTWICKLERTOOLS* > *Steuerelemente* > *Einfügen* > *Formularsteuerelemente* hinzugefügt und dem Makro "Schaltjahr" zugewiesen (Abschn. 3.3.2). Mit rechtem Doppelklick *Steuerelement formatieren...* > *Schrift* > haben wir Schriftart, -schnitt und -größe geändert.

Teilbarkeit, Lösung von Gleichungen

6

Zusammenfassung

Die Arbeit mit Sub- und Funktions-Prozeduren von Excel wird weitergeführt. In diesem Kapitel benutzen wir Beispiele aus der Zahlentheorie und Gleichungslehre (ggT, kgV, quadratische und kubische Gleichungen).

6.1 Teilbarkeit (ggT und kgV)

Um das Problem der Teilbarkeit etwas ausführlicher zu diskutieren, werden wir ein entsprechendes Arbeitsblatt entwickeln.

Excel selbst hat die Funktionen =GGT (a;b) und =KGV (a;b) eingebaut, aber es geht hier darum, weitere VBA- Kenntnisse zu erwerben.

1. **ggT** (größter gemeinsamer Teiler)

▶ Der **größte gemeinsame Teiler** zweier natürlicher Zahlen *a* und *b* ist die größte Zahl, die sowohl ein Teiler von a als auch von *b* ist.

Es gibt verschiedene Methoden, um den ggT(*a,b*) zu finden, z. B. die Primfaktorzerlegung. Wenn es sich um sehr große Zahlen handelt, kann es schwierig sein, Primfaktoren zu finden. Deswegen werden wir im Arbeitsblatt die Methode der sukzessiven Division benutzen, die auch ***euklidischer* Algorithmus** genannt wird. Der *euklidische* Algorithmus ist leicht zu durchschauen, denn er stützt sich nur auf fortlaufendes Dividieren, wie wir im folgenden Beispiel sehen:

Beispiel

Bestimme den **ggT** der Zahlen 240 und 408 mithilfe von sukzessiven Divisionen (*euklidischer* Algorithmus).

F. J. Mehr, M. T. Mehr, *Excel und VBA*, DOI 10.1007/978-3-658-08886-6_6

408:240 = 1 Rest 168 (= mod(408,240); in Excel: `=REST(408;240)`)
240:168 = 1 Rest 72
168:72 = 2 Rest 24
72: 24 = 3 Rest Null.
Also ist der ggT(408;240) = 24 (in Excel: `=GGT(408;240)`)

Wir können den *euklidischen* Algorithmus wie folgt definieren:

$$n_0 = \max(|a|, |b|)$$
$$n_1 = \min(|a|, |b|)$$
$$n_k = n_{k-1} \bmod n_{k-1}$$
$$k = 2, 3, \ldots$$

Das Arbeitsblatt (vgl. Abb. 6.1) ist folgendermaßen aufgebaut:

```
A7:   =MAX(ABS($E$1);ABS($E$2))
B7:   =MIN(ABS($E$1);ABS($E$2))
C7:   =WENN(UND(B7>0;B7<>"");REST(A7;B7);"")
D7:   =WENN(C7=0;B7;"")
B5:   =MAX(D7:D50)
A8:   =WENN(B7>0;B7;"")
B8:   =WENN(C7>0;C7;"")
C8:   =WENN(UND(B8>0;B8<>"");REST(A8;B8);"")
D8:   =WENN(C8=0;B8;"")
```

Kopiere die Zellinhalte von A8:D8 bis Zeile 50.

Wir benutzen die Spalte D, um eine Null in der C-Spalte zu entdecken. Wenn eine Null auftaucht, ist die Zahl daneben, in der B-Spalte, der gesuchte **ggT**.

2. **kgV** (kleinstes gemeinsames Vielfaches)

► Als **kleinstes gemeinsames Vielfaches** zweier natürlicher Zahlen a, b bezeichnet man die kleinste Zahl, die sowohl ein Vielfaches von a als auch von b ist.

Man kann zeigen, dass $|a \cdot b| = \text{ggT}(a,b) \cdot \text{kgV}(a,b)$. Wir benutzen dies im Arbeitsblatt als Kontrolle und in den Prozeduren, um **kgV** aus **ggT** zu berechnen.

Wir multiplizieren *a* fortlaufend mit $i = 1,2,3,\ldots$, bis das Produkt $a \cdot i \bmod b$ gleich Null ist. In diesem Fall ist $i \cdot a$ ohne Rest durch b teilbar, d. h. $i \cdot a$ ist gleich kgV(a,b) (siehe weiter Abb. 6.1).

```
E7:  1
E8:     =WENN(F7<>"";E7+1;"")
F7:     =$E$1*E7
F8:     =WENN(UND(G7<>0;G7<>"");$E$1*E8;"")
G7:     =REST(F7;$E$2)
G8:     =WENN(F8<>"";REST(F8;$E$2);"")
```

Kopiere E8:G8 bis Zeile 400

Das kgV ist `=MAX(F7:F400)` und steht in F5.

Kontrolle

H2: `=E1*E2` ; H3: `=B5*F5` - die beiden Zahlen müssen übereinstimmen!

Ist dies nicht der Fall, so muss man E8:G8 viel weiter kopieren als bis Zeile 400, um $a \cdot i \bmod b = 0$ zu erhalten. Wir benutzen daher F400, um die Suche nach der Null recht weit zu treiben. Versuchen Sie sich an den Zahlen $a = 339$ und $b = 1128$; erst in der 382. Zeile erscheint eine Null.

K20 fx

	A	B	C	D	E	F	G	H	I	J	K
1				a=	240		Kontrolle:				
2				b=	408		a*b=	97920		Excel GGT	Excel KGV
3							ggT*kgV=	97920		24	4080
4				ggT und kgV							
5	ggT =	24			kgV =	4080					
6	Nk-2	Nk-1	Nk		i	i*a					
7	408	240	168		1	240	240				
8	240	168	72		2	480	72				
9	168	72	24		3	720	312				
10	72	24	0	24	4	960	144				
11	24				5	1200	384				
12					6	1440	216				
13					7	1680	48				
14					8	1920	288				
15					9	2160	120				
16					10	2400	360				
17					11	2640	192				
18					12	2880	24				
19					13	3120	264				
20					14	3360	96				
21					15	3600	336				
22					16	3840	168				
23					17	4080	0				
24					18						

Abb. 6.1 Berechnung von ggT und kgV [Arbeitsmappe: ggT_kgV.xlsm; Blatt: ggT und kgV Tabelle]

```
(Allgemein)                                          ggT_eins

Sub ggT_eins()
'Euklid Programm1

    Dim a As Double
    Dim b As Double
    Dim r As Double
    Dim x As Double, y As Double

      a = InputBox("Zahl1: a>b: ")
      b = InputBox("Zahl2: b<a: ")

    If a > b Then

        r = b: x = a: y = b
        Do While r <> 0
            r = x Mod y: x = y: y = r
        Loop

        MsgBox "Der ggT von " & a & " und " & b & " ist " & x

        Else: MsgBox "Fehler: Zahl1 muss größer als Zahl2 sein!"
    End If

End Sub
```

Abb. 6.2 *Euklid* Programm 1 [Arbeitsmappe: GGT_Programm.xlsm; Makro: ggT_eins]

Um uns weiter in der VBA-Kodierung zu üben, schreiben wir einige kleine Programme zur Bestimmung des **ggT**.

***Sub*-Prozedur 1**

Für die erste Prozedur (vgl. Abb. 6.2) muss $a > b$ sein. Das Programm berechnet für jede Zahl $n < b$, ob sie ein gemeinsamer Teiler von a und b ist, d. h. wir stellen fest, ob die beiden Relationen $\text{mod}(a,n) = 0$ und $\text{mod}(b,n) = 0$ gleichzeitig gelten. Wenn dies der Fall sein sollte, wissen wir, dass diese Zahl der ggT(a,b) ist.

***Sub*-Prozedur 2**

Die Prozedur in Abb. 6.3 vertauscht die Zahlen *a* und *b* und benutzt `Do...Until` anstelle von `Do...While`.

***Sub*-Prozedur 3**

Programm 3 zeigt eine Methode, die von jeder Zahl, die kleiner ist als a und b, feststellt, ob sie ein gemeinsamer Teiler von a und b ist. Die erste Zahl, die dieser Bedingung genügt, ist der größte gemeinsame Teiler von a und b (vgl. Abb. 6.4).

Alle `Sub`-Prozeduren werden vom VBA-Editor aus (mit *F5*) ausgeführt oder aus der Excel-Tabelle mit *Alt* + *F8* > *Ausführen*. Da in Wirklichkeit ggT und kgV Funktionen

```
(Allgemein)                                    ggT_zwei
Sub ggT_zwei()
'Euklid Programm2

    Dim a As Double
    Dim b As Double
    Dim r As Double
    Dim x As Double, y As Double

      a = InputBox("Zahl1: a>b: ")
      b = InputBox("Zahl2: b<a: ")

      r = b: x = a: y = b
     Do While r <> 0
        r = x Mod y: x = y: y = r
     Loop

    MsgBox "Der ggT von " & a & " und " & b & " ist " & x

     End Sub
```

Abb. 6.3 *Euklid* Programm 2 [Arbeitsmappe: GGT_Programm.xlsm; Makro: ggT_zwei]

sind (sie geben nur einen Wert aus), wäre es viel praktischer, sie als benutzerdefinierte Funktionen zu haben. Das Schreiben einer benutzerdefinierten Funktion wurde schon im Abschn. 3.1 geschildert.

Function-Prozedur 1

Abbildung 6.5 zeigt den Code der `Function`-Prozeduren "meinggT1" und "meinkgV1". Sie befinden sich im Modul1 des VBA-Projektes (ggT_kgV.xlsm). Die Struktur des VBA-Projektes wird im *Projekt-Explorer* angezeigt (siehe linkes Fenster im Abb. 6.5).

Function-Prozedur 2

Im Programm der Abb. 6.6 definieren wir die VBA-Funktionen "meinggT1" und "meinkgV1" zusammen mit einer Funktion "tauschen", die sich darum kümmert, die kleinste der beiden Zahlen *a* und *b* zu finden. Um den Code zu vereinfachen, wurden die `DIM`-Anweisungen weggelassen. Die Funktionen wurden im Modul2 des VBA-Projektes (ggT_kgV.xlsm) definiert.

```
(Allgemein)                                    ggT_drei
Sub ggT_drei()
'Euklid Programm 3
    Dim a As Double
    Dim b As Double
    Dim aux As Double
    Dim cont As Double

      a = InputBox("a?")
      b = InputBox("b?")
      If a < b Then
        aux = a
      Else
        aux = b
      End If

      For cont = aux To 1 Step -1
        If a Mod cont = 0 And b Mod cont = 0 Then
            MsgBox "Der ggT von " & _
            a & " und " & b & " ist " & cont
            Exit Sub
        End If
       Next cont

End Sub
```

Abb. 6.4 *Euklid* Programm 3 [Arbeitsmappe: GGT_Programm.xlsm; Makro: ggT_drei]

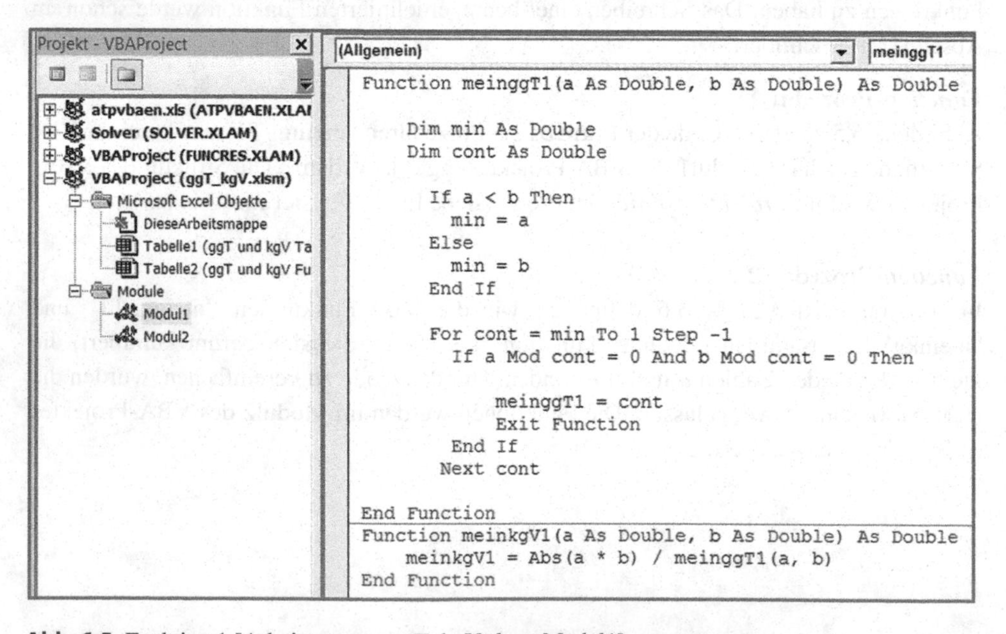

Abb. 6.5 Funktion 1 [Arbeitsmappe: ggT_kgV.xlsm; Modul1]

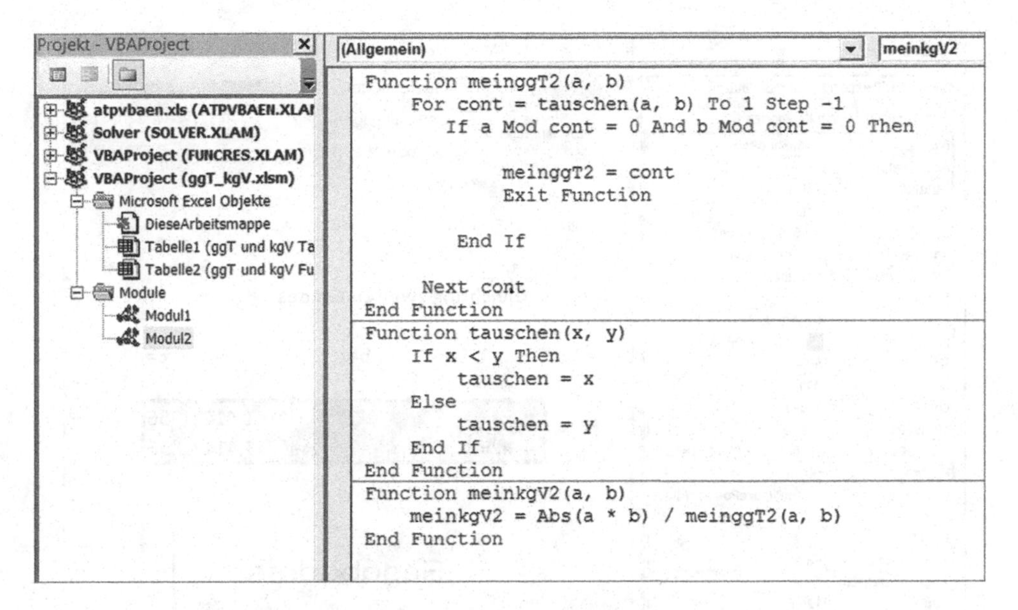


```
Function meinggT2(a, b)
    For cont = tauschen(a, b) To 1 Step -1
        If a Mod cont = 0 And b Mod cont = 0 Then

            meinggT2 = cont
            Exit Function

        End If

    Next cont
End Function
Function tauschen(x, y)
    If x < y Then
        tauschen = x
    Else
        tauschen = y
    End If
End Function
Function meinkgV2(a, b)
    meinkgV2 = Abs(a * b) / meinggT2(a, b)
End Function
```

Abb. 6.6 Funktion 2 [Arbeitsmappe: ggT_kgV.xlsm; Modul2]

6.2 Quadratische Gleichungen

Der Ausdruck $ax^2 + bx + c = 0$, $[(a, b, c) \in R; a \neq 0]$ ist eine Gleichung zweiten Grades, deren Lösungen wir mit einer bekannten Lösungsformel (Formel von Bhashara, indischer Mathematiker des XII. Jhd.) berechnen:

$$x_1, x_2 = \frac{-b \pm \sqrt{b^2 - 4ac}}{2a}$$

$D := b^2 - 4ac$ heißt Diskriminante. Mithilfe der Diskriminante können wir die Lösungen folgendermaßen schreiben:

$$S = \left\{ \frac{-b + \sqrt{D}}{2a}, \frac{-b - \sqrt{D}}{2a} \right\}$$

Die Lösung unserer Gleichung hängt ab von dem Wert, den D annimmt. Wir müssen drei Fälle unterscheiden:

- $D > 0$, in diesem Fall hat die Gleichung zwei verschieden Lösungen
- $D = 0$, in diesem Fall hat die Gleichung zwei identische Lösungen
- $D < 0$, in diesem Fall hat die Gleichung imaginäre Lösungen.

Im Arbeitsblatt (vgl. Abb. 6.7) werden wir die drei Fälle betrachten.

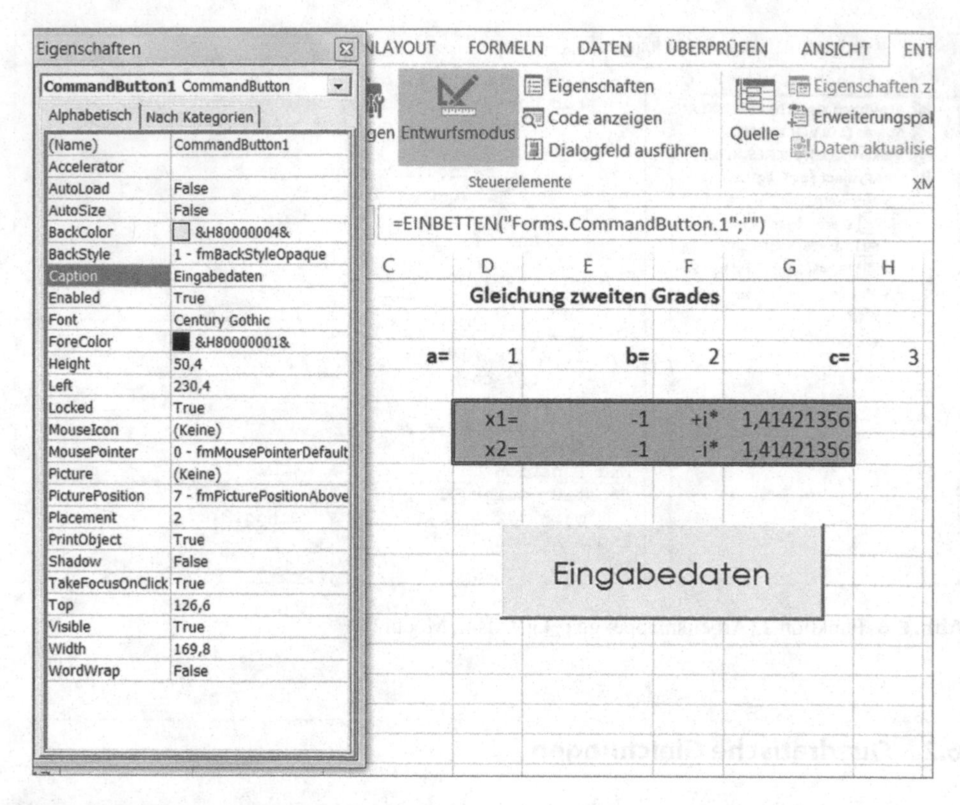

Abb. 6.7 Lösung quadratischer Gleichungen mit *CommandButton* [Arbeitsmappe: quadratische_GL.xlsm; Blatt: Gleichung 2. Grades]

Einträge im Arbeitsblatt

Die Zellen A6, D3, F3, H3 benennen wir mit D, A, B, C_ mithilfe von *FORMELN > Namen definieren*). Der Name "C" wird von Excel nicht angenommen (er steht in Konflikt mit einem integrierten Excel-Namen, nämlich der in *Strg + C*), daher wählen wir C_.

A6: `=B^2-4*A*C_` (Diskriminante)

E5: `=WENN(D>0;(-B+WURZEL(D))/(2*A);-B/(2*A))`

F5: `=WENN(D<0;"+i*";""))`

G5: `=WENN(D<0; WURZEL (-D)/(2*A);"")`

E6: `=WENN(D>0;(-B- WURZEL (D))/(2*A);-B/(2*A))`

F6: `=WENN(D<0;"-i*";""))`

G6 `=WENN(D<0; WURZEL (-D)/(2*A);"")`

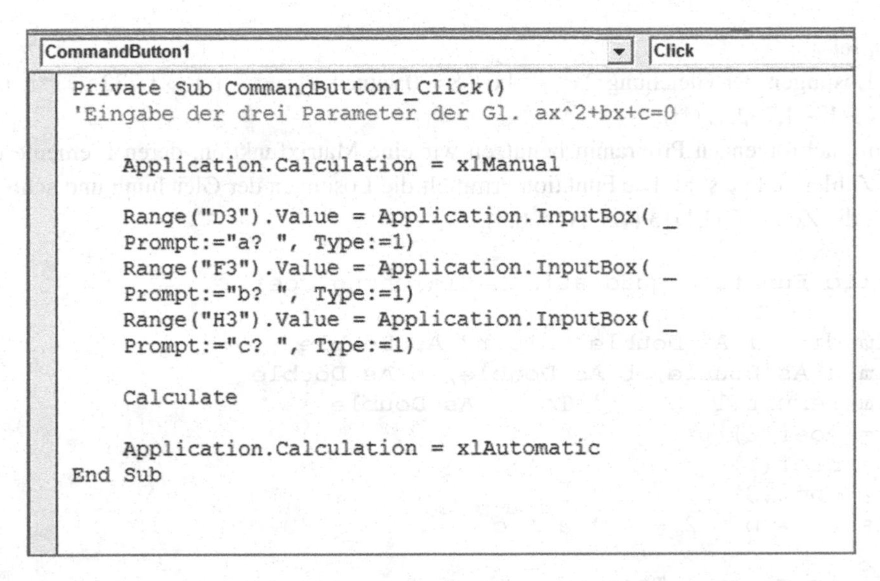

```
CommandButton1                    Click
Private Sub CommandButton1_Click()
'Eingabe der drei Parameter der Gl. ax^2+bx+c=0

    Application.Calculation = xlManual

    Range("D3").Value = Application.InputBox( _
    Prompt:="a? ", Type:=1)
    Range("F3").Value = Application.InputBox( _
    Prompt:="b? ", Type:=1)
    Range("H3").Value = Application.InputBox( _
    Prompt:="c? ", Type:=1)

    Calculate

    Application.Calculation = xlAutomatic
End Sub
```

Abb. 6.8 Code für *CommandButton* "Eingabedaten" [Arbeitsmappe: quadratische_GL.xlsm; Blatt: Gleichung 2. Grades]

Tab. 6.1 Argument "Type" bei `InputBox`

Typ	Bedeutung
0	Formel
1	Zahl
2	Text (*string*)
4	Logischer Wert
8	Zellbezug
16	Fehlerwert wie z. B. #N/A
64	Matrix (array)

Wir könnten die Zahlen *a, b, c* direkt in die Zellen D3, F3, H3 schreiben, aber es ist eleganter, dafür ein Makro mit Button zu verwenden (vgl. Abb. 6.7).

(*ENTWICKLERTOOLS* > *Steuerelemente* > *Einfügen*, *Entwurfsmodus* einschalten! Vgl. Abschn. 2.3.)

Die Abb. 6.8 zeigt den entsprechenden Code. Das Argument "Type" bei `InputBox` dient zur Festlegung des Datentyps (vgl. Tab. 6.1)

Die drei VBA Anweisungen `Application.Calculation = xlManual`, `Calculate` und `Application.Calculation = xlAutomatic` entsprechen den Excel-Anweisungen *FORMELN* > *Berechnungsoptionen* > *Manuell, FORMELN* > *Neu berechnen (F9)* und *FORMELN* > *Berechnungsoptionen* > *Automatisch* (vgl. Abschn. 8.6).

Beispiel

Die Lösungen der Gleichung $2x^2 + 4x + 8 = 0$ lauten $x_1 = -1 + i \cdot 1{,}732\ldots$ (*i) und $x_2 = -1 - 1{,}732\ldots$ (*i).

Im nachfolgenden Programm benutzen wir eine Matrixfunktion, deren Elemente die drei Zahlen a, b, c sind. Die Funktion ermittelt die Lösungen der Gleichung und schreibt sie in die Zellen C11:D13 (vgl. Abb. 6.9).

```
Public Function quadratischegleichung(coef)

 Dim discr1 As Double, discr2 As Double
 Dim a As Double, b As Double, c As Double
 Dim result(1 To 2, 1 To 2) As Double
 a = coef(1)
 b = coef(2)
 c = coef(3)
 discr1 = b ^ 2 - 4 * a * c

 If discr1 >= 0 Then
    result(1, 1) = (-b + Sqr(discr1)) / (2 * a)
    result(1, 2) = 0
    result(2, 1) = (-b - Sqr(discr1)) / (2 * a)
    result(2, 2) = 0
   Else
    discr2 = Sqr(Abs(discr1))
    If b = 0 Then
        result(1, 1) = 0
        result(2, 1) = 0
    Else
        result(1, 1) = -b / (2 * a)
        result(2, 1) = -b / (2 * a)

     End If
         result(1, 2) = discr2 / (2 * a)
         result(2, 2) = -discr2 / (2 * a)

   End If
   quadratischegleichung = result

 End Function
```

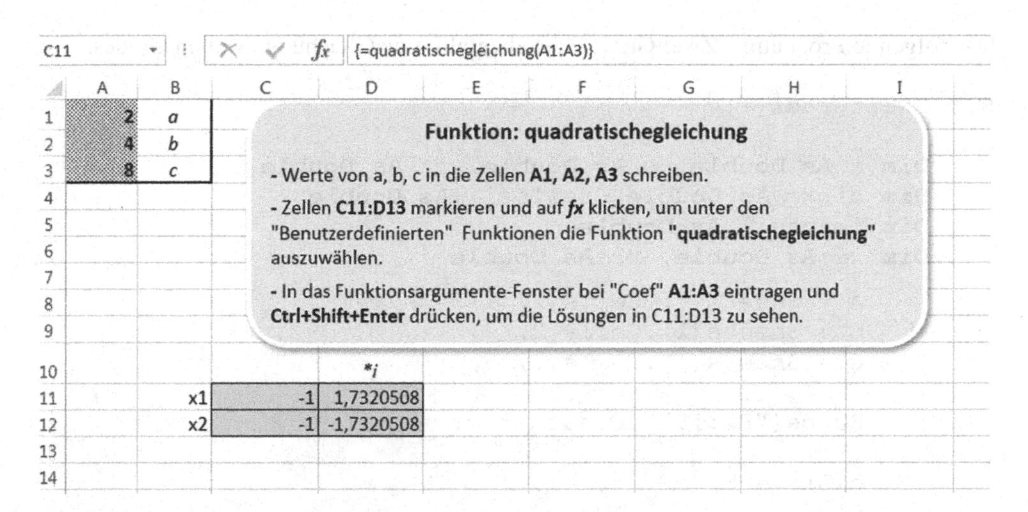

Abb. 6.9 Ermittlung der Lösungen mithilfe einer Matrixfunktion [Arbeitsmappe: quadratische_GL.xlsm; Blatt: Funktion quadratischegleichung]

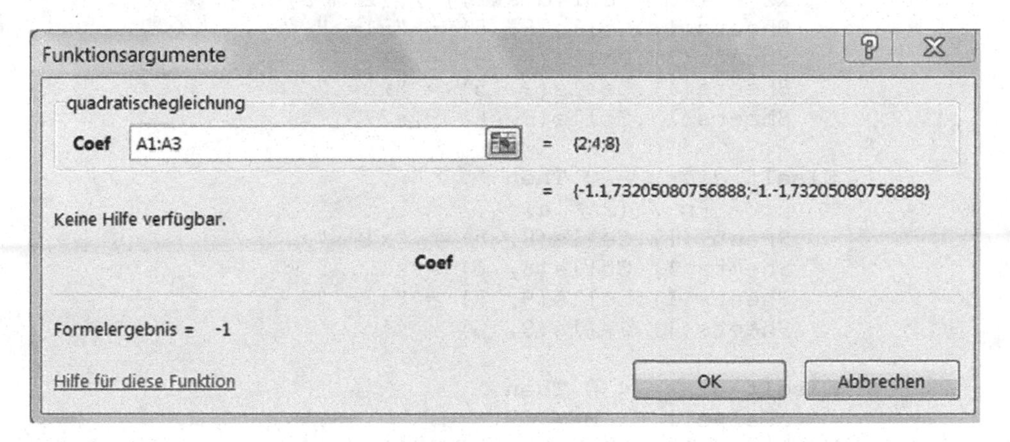

Abb. 6.10 *Funktionsargumente* [Arbeitsmappe: quadratische_GL.xlsm; Blatt: Funktion quadratischegleichung]

Werte von a, b, c werden in A1, A2, A3 geschrieben. Um die Lösung der Gleichung zu erhalten, geht man folgendermaßen vor:

1. Zellen C11:D12 markieren und auf f_x klicken, um unter den "Benutzerdefinierten" Funktionen die Funktion "quadratischegleichung" auszuwählen.
2. In das *Funktionsargumente*-Fenster bei *Coef* A1:A3 eintragen (siehe Abb. 6.10) und *Ctrl* + *Shift* + *Enter* drücken (nicht vergessen, dass es sich um eine Matrix handelt! Vgl. Abschn. 1.4), um die Lösungen in C11:D12 zu sehen.

Das folgende Programm "ZweitGrad1" löst ebenfalls eine Gleichung zweiten Grades.

```
Sub ZweitGrad1()

    Dim a As Double, b As Double, c  As Double
    Dim diskr As Double, realteil As Double
    Dim imagteil As Double
    Dim x1 As Double, x2 As Double

        a = Sheets(1).Cells(2, 1)
        b = Sheets(1).Cells(2, 2)
        c = Sheets(1).Cells(2, 3)

        Range("E8:I9").Clear

        diskr = b ^ 2 - 4 * a * c

        If diskr > 0 Then
            x1 = (-b + Sqr(diskr)) / (2 * a)
            x2 = (-b - Sqr(diskr)) / (2 * a)
            Sheets(1).Cells(8, 5) = "x1= "
            Sheets(1).Cells(8, 6) = x1
            Sheets(1).Cells(9, 5) = "x2= "
            Sheets(1).Cells(9, 6) = x2

         ElseIf diskr = 0 Then
            x1 = -b / (2 * a)
            Sheets(1).Cells(8, 5) = "x1= "
            Sheets(1).Cells(8, 6) = x1
            Sheets(1).Cells(9, 5) = "x2= "
            Sheets(1).Cells(9, 6) = x1

         ElseIf diskr < 0 Then
            realteil = -b / (2 * a)
            imagteil = Sqr(Abs(diskr)) / (2 * a)
            Sheets(1).Cells(8, 5) = "x1 und x2= "
            Sheets(1).Cells(8, 6) = realteil
            Sheets(1).Cells(8, 7) = "+/-"
            Sheets(1).Cells(8, 8) = imagteil
            Sheets(1).Cells(8, 9) = "*i"

          End If

     End Sub
```

Diese Subroutine erwartet die Koeffizienten a, b, c in den Zellen A2, B2, C3, denn in der Eigenschaft `Cells(i,j)` bedeutet i Zeile und j Spalte. `Cells(3,2)` ist B3. `Sheets(1)` bezieht sich auf Tabelle 1 der aktiven Arbeitsmappe. Die Prozedur wird

	A	B	C	D	E	F	G	H	I	J	K
1	*a*	*b*	*c*								
2	1	3	5								
3											
4											
5											
6											
7											
8					x1 und x2=	-1,5	+/-	1,6583124	*i		
9											

Sub ZweitGrad1()

- Werte von *a, b, c* in die Zellen **A2, B2, C2** schreiben.
- Subroutine mit *Strg. + e* aufrufen

Abb. 6.11 Ergebnis der Prozedur "ZweitGrad1()" [Arbeitsmappe: ZweitGrad.xlsm]

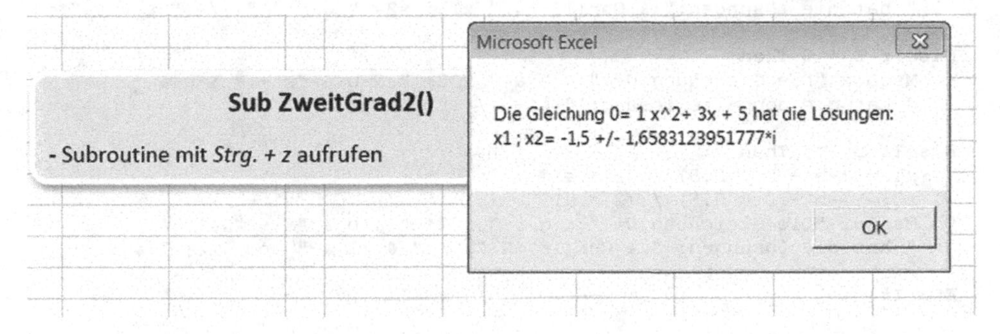

Abb. 6.12 Ergebnis der Prozedur "ZweitGrad1()" [Arbeitsmappe: ZweitGrad.xlsm]

vom VBA-Editor aus mit *F5* gestartet. Besser aber ist es ihr die Tastenkombination *Strg + z* zuzuordnen (*ENTWICKLERTOOLS > Makros > Optionen...*)

Für a = 8, b = 12, c = 10 erhalten wir das Ergebnis der Abb. 6.11.

Auch das folgende Programm "ZweitGrad2" löst quadratische Gleichungen, aber es enthält wieder etwas Neues zu VBA: Es zeigt uns eine neue Anwendung von String-Variablen in mehreren Ein-und Ausgabeboxen. Wenn das `prompt`-Argument einer `MsgBox` oder einer `InputBox` aus mehreren Zeilen besteht, können Sie die Zeilen umbrechen, indem Sie jeweils ein Wagenrücklaufzeichen (`Chr(13)`), ein Zeilenvorschubzeichen (`Chr(10)`) oder eine Kombination aus Wagenrücklauf und Zeilenvorschub (`Chr(13) & Chr(10)`) einfügen (siehe Abb. 6.12).

```
Sub ZweitGrad2()
 Dim anfangstext As String
 Dim a As Double, b As Double, c As Double
 Dim D As Double, x1 As Double, x2 As Double
 Dim x As Double, y As Double

 anfangstext = "Lösung der Gleichung:  ax^2+bx+c=0"
 MsgBox anfangstext & " Weiter?"
 a = InputBox("Wert von a: ")
 b = InputBox("Wert von b: ")
 c = InputBox("Wert von c: ")
 D = b ^ 2 - 4 * a * c 'Diskriminante

 If D < 0 Then
     x = -b / (2 * a)
     y = Sqr(Abs(D)) / (2 * a)
     MsgBox " Die Gleichung 0= " & a & " x^2+ " & b & "x + " & c & _
     " hat die Lösungen:" & Chr(13) & " x1 ; x2= " & x & " +/- " & y & "*i"

  ElseIf D = 0 Then
     MsgBox "Die Gleichung 0= " & a & " x^2+ " & b & "x + " & c & _
     " hat die doppelte Lösung: " & -b / (2 * a) & ""

  ElseIf D > 0 Then
     x1 = (-b + D ^ 0.5) / (2 * a)
     x2 = (-b - D ^ 0.5) / (2 * a)
     MsgBox "Die Gleichung 0= " & a & " x^2+ " & b & "x + " & c & _
     " hat die Lösungen: " & Chr(13) & "x1= " & x1 & " und  x2= " & x2

  End If

End Sub
```

6.3 Kubische Gleichungen

Die "Formel von *Cardano*" (Girolamo Cardano, 1504–1576) stellt die Regel zum Lösen von Gleichungen dritten Grades dar. Sie sieht wie folgt aus:

1. Um die Gleichung $x^3 + ax^2 + bx + c = 0$ zu lösen, brauchen wir die Diskriminante

$$D = \left(\frac{q}{2}\right)^2 + \left(\frac{p}{3}\right)^3 \text{ mit } p = b - \frac{a^2}{3} \text{ und } q = c + \frac{2}{27}a^3 - ab/3$$

2. Sollte D positiv sein, ergeben sich eine reale Lösung und zwei konjugiert komplexe:

$$x_1 = u + v - a/3$$
$$x_2, x_3 = -(u + v)/2 - a/3 \pm i\sqrt{3}(u - v)/2$$

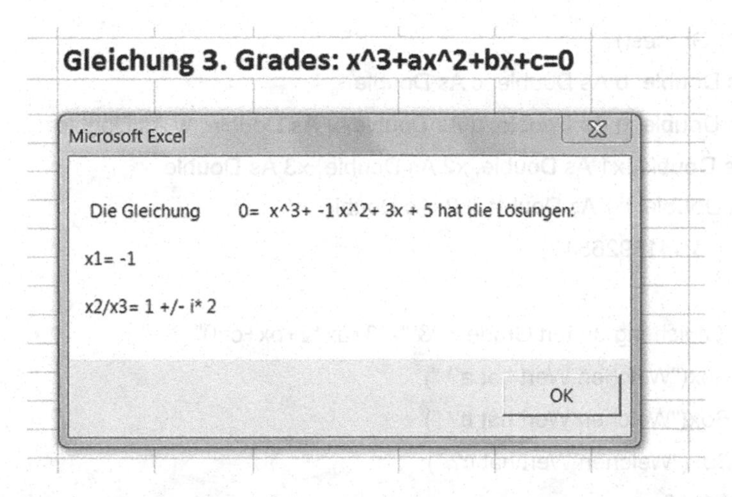

Abb. 6.13 Lösung einer Gleichung dritten Grades mittels der Sub-Prozedur "Dritten_Grades()" [Arbeitsmappe: Dritten_Grades.xlsm; Blatt: VBA-Lösung]

3. Die Konstanten u und v sind durch folgende Ausdrücke gegeben:

$$u = \left(-\frac{q}{2} + \sqrt{D}\right)^{\frac{1}{3}};\ v = \left(-\frac{q}{2} - \sqrt{D}\right)^{\frac{1}{3}}$$

4. Wenn D <= 0, gibt es drei reelle Lösungen:

$$x_1 = 2\sqrt{-\frac{p}{3}}\cos(\varphi) - \frac{a}{3}$$

$$x_2 = 2\sqrt{-\frac{p}{3}}\cos(\varphi + 120^{\circ}) - \frac{a}{3}$$

$$x_3 = 2\sqrt{-\frac{p}{3}}\cos(\varphi + 240^{\circ}) - \frac{a}{3}$$

Das Argument φ ergibt sich aus

$$\varphi = \frac{1}{3}\arccos\frac{-q}{2\sqrt{-(\frac{p}{3})^3}}$$

Nun schreiben wir eine VBA-Prozedur, die eine Gleichung dritten Grades löst (siehe Abb. 6.13).

Der entsprechende Code ist:

```
Sub Dritten_Grades()
  Dim a As Double, b As Double, c As Double
  Dim p As Double, q As Double, u As Double, v As Double, w As Double
  Dim D As Double, x1 As Double, x2 As Double, x3 As Double
  Dim fi As Double, h1 As Double, h2  As Double
  Const Pi = 3.141592654

  MsgBox "Gleichung dritten Grades: "& "x^3+ax^2+bx+c=0"
  a = InputBox("Welchen Wert hat a? ")
  b = InputBox("Welchen Wert hat b? ")
  c = InputBox("Welchen Wert hat c? ")
  p = b - a ^ 2 / 3
  q = c + 2 * a ^ 3 / 27 - a * b / 3
  D = (q / 2) ^ 2 + (p / 3) ^ 3       'Diskriminante; mit D<0 ist auch p < 0

  If D > 0 Then
    h1 = -q / 2 + Sqr(D)              'Hilfsvariable, um die 3. Wurzel zu berechnen
    h2 = -q / 2 - Sqr(D)              ' "             "           "
         If h1 < 0 Then u = (-1) * (-h1) ^ (1 / 3) Else u = h1 ^ (1 / 3)
         If h2 < 0 Then v = (-1) * (-h2) ^ (1 / 3) Else v = h2 ^ (1 / 3)
           w = (3 ^ 0.5) * (u - v) / 2        ' Imaginärteil
           x1 = u + v - a / 3
           x2 = -(u + v) / 2 - a / 3
           MsgBox " Die Gleichung " & Chr(9) & "0=  x^3+ " & a & " x^2+ " _
           & b & "x + " & c & " hat die Lösungen: " & Chr(13) & Chr(13) & "x1= " & x1 _
           & Chr(13) & Chr(13) & "x2/x3= " & x2 & " +/- i* " & w
 Else
  fi = Application.WorksheetFunction.Acos((-q) / (2 * Sqr(-p ^ 3 / 27))) / 3
  x1 = 2 * Sqr(-p / 3) * Cos(fi) - a / 3
  x2 = 2 * Sqr(-p / 3) * Cos(fi + 2 * Pi / 3) - a / 3
  x3 = 2 * Sqr(-p / 3) * Cos(fi + 4 * Pi / 3) - a / 3
  MsgBox "Die Gleichung hat die Lösungen: " & Chr(13) & "x1= " & Format(x1, "0.00") _
  & Chr(13) & "x2= " & Format(x2, "0.00") & Chr(13) & "x3= " & Format(x3, "0.00")
  End If
End Sub
```

	A	B	C	D	E	F	G	H
		Gleichung 3. Grades:				x^3+ax^2+bx+c=0		
		Eingaben:		a	b	c		
				0	-15	7		
	p	q	D	H1	H2	u	v	Phi
	-15	7	-112,75					0,6297329
		Lösungen:						
				X1=	3,614312592			
				X2=	-4,088068036			
				X3=	0,473755445			

Abb. 6.14 Excel-Lösung [Arbeitsmappe: Dritten_Grades.xlsm; Blatt: Excel-Lösung]

Hier benutzten wir zur Berechnung von φ das Element `WorksheetFunktion`, das uns erlaubt, Excel-Funktionen aufzurufen und deren Ergebnis im Code auszuwerten. Man kann die meisten Excel-Funktionen im VBA-Code benutzen, allerdings nur mit ihren englischen Namen. Im Internet findet man eine Liste von Übersetzungen der Excel-Funktionen, sogar in verschiedenen Sprachen [7].

Außerdem benutzen wir die Anweisung `Format(Variable,"0.00")`, um die Lösungen x_1, x_2 und x_3 mit nur 2 Dezimalstellen auszugeben (der Übersicht wegen haben wir es nur für den Fall $D < = 0$ getan).

Nun folgt noch eine reine Excel-Lösung (vgl. Abb. 6.14) für Gleichungen dritten Grades:

```
A11:  =E6-D6^2/3  ;        B11:  =F6+2*D6^3/27-D6*E6/3

C11:  =(B11/2)^2+(A11/3)^3
```

H1(=D11) und H2 (=E11) werden eingeführt, um das Problem im Fall der Wurzel aus negativen Zahlen zu lösen

```
D11:  =WENN(C11>0;-B11/2+WURZEL(C11);"")
E11:  =WENN (C11>0;-B11/2-WURZEL(C11);"")
F11:  =WENN (D11<0;(-1)*(-D11)^(1/3); WENN (D11<>"";D11^(1/3);""))
G11:  =WENN (E11<0;(-1)*(-E11)^(1/3); WENN (E11<>"";E11^(1/3);""))
H11:  =WENN (C11<=0;ACOS((-B11)/(2*WURZEL(-A11^3/27)))/3;"")
E15:  =WENN (C11>0;+F11+G11-D6/3;2* WURZEL (-A11/3)*COS(H11)-
          D6/3)
E16:  =WENN(C11>0;-(F11+G11)/2-D6/3;2* WURZEL (-A11/3)*COS(H11+
          2*PI()/3)-D6/3)
E17:  =WENN(C11>0;-(F11+G11)/2-D6/3;2* WURZEL (-A11/3)*COS(H11+
          4*PI()/3)-D6/3)

F16:  =WENN(C11>0;"+i*";"")  ;       F17:  =WENN(C11>0;"-i*";"")

G16 = G17:  =WENN(C11>0;WURZEL(3)*(F11-G11/2;"")
```

Komplexe Zahlen

7

Zusammenfassung

Die Arithmetik der komplexen Zahlen und deren Funktionen dienen als Grundlage für die weitere Anwendung verschiedener VBA-Werkzeuge für Input und Output. Programme mit mehreren Funktionen und Subroutinen werden benutzt, auch um neue VBA-Funktionen einzusetzen.

7.1 Rechnen mit komplexen Zahlen

Die grundlegenden Rechnungen mit komplexen Zahlen geben uns die Möglichkeit, etwas Neues über die VBA-Programmierung zu lernen: das Erstellen eines Programms mit mehreren Funktions-Prozeduren und das Schreiben von Daten und Ergebnissen mithilfe der VBA-Funktion `Val` direkt ins Arbeitsblatt.

Wenn wir die Funktion `Val` nicht benutzen, erhalten wir die Fehlermeldung 13, denn die Inputbox betrachtet die eingegebene Zahl als einen *String* (Zeichenkette). Diese *Strings* werden an eine Prozedur, z. B. "rsum(u, v)", weitergegeben, die als Argumente einfache Zahlen erwartet.

Die Funktion `Val` verwandelt einen *String* in eine Zahl; die Funktion `Str` tut das Gegenteil, sie verwandelt eine Zahl, z. B. 346, in einen *String*, hier "346". Beachte, dass `Val` keine Satzzeichen, z. B. Kommas, erkennt. Daher müssen wir Dezimalzahlen mit Dezimalpunkt schreiben, nicht mit Komma! Ausprobieren ...

Im folgenden Arbeitsblatt (Abb. 7.1) sehen wir die Ergebnisse des Programms "komplexe_Zahlen()", das arithmetische Operationen mit komplexen Zahlen $z_1 = a + b*i$ und $z_2 = c + d*i$ erzeugt. Das Programm berechnet außerdem den Betrag r und den Winkel φ beider komplexer Zahlen (die entsprechenden Formeln stehen weiter unten). Die Eingabewerte von a, b, c und d werden vom Programm abgefragt und ins Arbeitsblatt eingetragen.

F. J. Mehr, M. T. Mehr, *Excel und VBA*, DOI 10.1007/978-3-658-08886-6_7

I4 =KOMPLEXE(B2;B3)

	A	B	C	D	E	F	G	H	I	J	K	L
1	Prozedur "komplexe_Zahlen()" (mit *Strg.+k* aufrufen)								Excel-Funktionen			
2		2	=a									
3		3	=b			z1=a+b*i			z1	z2		
4		5	=c			z2=c+b*i			2+3i	5+7i		
5		7	=d									
6												
7	z1+z2=	7	+	10	*i				IMSUMME:	7+10i		
8	z1-z2=	-3	+	-4	*i				IMSUB:	-3-4i		
9	z1*z2=	-11	+	29	*i				IMPRODUKT:	-11+29i		
10	z1/z2=	0,42	+	0,01	*i				IMDIV:	0,418918918918919+0,0135135135135135i		
11	|(z1)|=	3,61							IMABS(Z1):	3,605551275		
12	ϕ(z1) =	0,98	rad	56,1	Grad				IMABS(Z2):	8,602325267		
13	|(z2)|=	8,6							IMARGUMENT(Z1):	0,982793723		
14	ϕ(z2) =	0,95	rad	54,4	Grad				IMARGUMENT(Z2):	0,950546841		

Abb. 7.1 Komplexe Arithmetik [Arbeitsmappe: Komplexe_Zahlen.xlsm; Blatt: Arithmetik komplexer Zahlen; Makro: komplexe_Zahlen]

In dem rechten Bereich sehen wir die Ergebnisse, die die komplexen Excel-Funktionen erzeugen. Diese Funktionen benötigen komplexe Argumente, die wir in I4 bzw. J4 mittels der Funktion = `KOMPLEXE(Realteil;Imaginärteil)` erzeugt haben. Bei diesen Funktionen kann die Anzahl der Dezimalstellen bei den komplexen Ausgaben nicht per Format geändert werden (sie sind *Strings*). Deswegen haben wir aus den Ergebnissen von “komplexe_Zahlen()” eine “schönere” Version erstellt, die im unteren Teil des Arbeitsblattes erscheint (siehe Abb. 7.2).

Hier sind die Rechenregeln, die wir in den Funktionen benutzten:

15		
16	**Ergebnisse mit Verkettung von reellen und imaginären Teilen**	
17		
18	**z1+z2=**	7,00 + 10,00*i
19	**z1-z2=**	-3,00 -4,00*i
20	**z1*z2=**	-11,00 + 29,00*i
21	**z1/z2=**	0,42 + 0,01*i
22	**|(z1)|=**	3,61
23	**ϕ(z1) =**	0,98
24	**|(z2)|=**	8,6
25	**ϕ(z2) =**	0,95

Abb. 7.2 “Verkettete” Ergebnisse [Arbeitsmappe:Komplexe_Zahlen.xlsm; Blatt: Arithmetik komplexer Zahlen]

- Summe: $z1 + z2 = (a + c) + (b + d)i$
- Differenz: $z1 - z2 = (a - c) + (b - d)i$
- Produkt: $z1 * z2 = (ac - bd) + (ad + bc)i$
- Quotient: $z1/z2 = x + yi$, worin

$$x = \frac{ac + bd}{c^2 + d^2} \quad \text{und} \quad y = \frac{bc - ad}{c^2 + d^2}$$

Um die Polarform $z = r(\cos\varphi + i \sin\varphi)$ der komplexen Zahl z zu bestimmen, müssen wir den Betrag $r = \sqrt{a^2 + b^2}$ und den Winkel $\varphi = \tan^{-1}(^b/_a)$ berechnen.

Wer sich für die Herleitung der angegebenen Formeln interessiert, findet, z. B. bei [8] eine gut lesbare Darstellung.

Das Programm "komplexe_ Zahlen()" sieht folgendermaßen aus:

```
Sub komplexe_Zahlen()
Dim a As Double, b As Double, c As Double, d As Double

    a = Val(InputBox("a?")): Range("B2") .Value = a
    b = Val(InputBox("b?")): Range("B3").Value = b
    c = Val(InputBox( "c?")): Range( "B4").Value = c
    d = Val(InputBox( "d?")): Range( "B5").Value = d

    Range("B7").Value = rsum(a, c): Range("D7").Value = isum(b,d)
    Range("B8").Value = rdif(a, c): Range("D8").Value = rdif(b,d)
    Range("B9").Value = rprod(a,b,c,d): Range("D9").Value = rprod(a,b,c,d)
    Range("B10").Value = rdiv(a,b,c,d): Range("D10").Value = rdiv(a,b,c,d)

    Range("B11").Value = modul(a, b): Range("B13").Value = modul(c, d)
    Range("B12").Value = winkel(a, b): Range("B14").Value = winkel(c, d)

End Sub
-----------------------------------------------------------------------
Function rsum(u, v) As Double
    rsum = u + v
    rsum = Format(rsum, "0.00")
End Function
-----------------------------------------------------------------------
Function isum(u, v) As Double
    isum = u + v
    isum = Format(isum, "0.00")
End Function
-----------------------------------------------------------------------
Function rdif(u, v) As Double
    rdif = u - v
    rdif = Format(rdif, "0.00")
End Function
-----------------------------------------------------------------------
Function idif(u, v) As Double
    idif = u - v
    idif = Format(idif, "0.00")
End Function
-----------------------------------------------------------------------
Function rprod(u, v, w, x) As Double
    rprod = u * w - v * x
    rprod = Format(rprod, "0.00")
End Function
-----------------------------------------------------------------------
Function iprod(u, v, w, x) As Double
    iprod = u * x + v * w
    iprod = Format(iprod, "0.00")
End Function
-----------------------------------------------------------------------
Function rdiv(u, v, w, x) As Double
    rdiv = (u * w + v * x) / (w ^ 2 + x ^ 2)
    rdiv = Format(rdiv, "0.00")
End Function
-----------------------------------------------------------------------
Function idiv(u, v, w, x) As Double
    idiv = (v * w - u * x) / (w ^ 2 + x ^ 2)
    idiv = Format(idiv, "0.00")
End Function
-----------------------------------------------------------------------
Function modul(u, v) As Double
     modul = (u * u + v * v) ^ 0.5
     modul = Format(modul, "0.00")
End Function
-----------------------------------------------------------------------
Function winkel(u, v) As Double
     winkel = Application.Atan2(u, v)
     winkel = Format(winkel, "0.00")
End Function
```

Da die Funktionen nicht als benutzerdefinierte Funktionen erscheinen sollen, wurden sie nicht als `Public` definiert. Mit der Anweisung `Range ("B8").Value =rdif (a, c)` wird der Wert, den die Funktion `Function rdif(u, v)` (Realteil der Differenz) berechnet, in die Zelle B8 geschrieben, usw. Die Anweisung `Format(rdif, "0.00"),`, formatiert `rdif` auf zwei Dezimalstellen (beachte, dass in VBA-Prozeduren Dezimalzahlen immer mit Punkt statt Komma geschrieben werden!).

Für den Arkustangens hat Excel die Funktionen `=ARCTAN2(x;y)` und `=ARCTAN(x)`. Die zweite liefert nur Winkel im Bereich [0;π], aber wir benötigen Winkel in [−π;π], die von der ersten Funktion `=ARCTAN2(x;y)` berechnet werden. Die VBA-Funktion `Atn` liefert die Ergebnisse in Radiant, aber nur von $-\pi/2$ bis $\pi/2$. Daher erhalten wir für $z = -1 + 1i$ einen Winkel von -0.78539816 Rad $= -45°$ – statt der erwarteten 135 °.

Zum Glück gibt es einen Ausweg aus diesem `Atn`-Problem: VBA erlaubt uns, auch die eigentlichen Excel-Funktionen (`WorksheetFunction`) zu benutzen (vgl. Abschn. 6.3). Dazu muss man nur die Zeile `winkel = Atn(v/u)` durch die Zeile `winkel = WorksheetFunction.Atan2(u, v)` ersetzen. Das Gleiche erreicht man mit `winkel = Application.Atan2.` "Application" hat die Bedeutung von "worksheet" oder einfach "Excel". Mit diesem kleinen Trick erhalten wir akzeptable Winkel (= Argumente), z. B. gehört zu $z = -4 + 6i$ der Winkel $\varphi = 123{,}69°$ ($= 2{,}1588$ Radiant).

7.2 Funktionen komplexer Zahlen

Die folgende Liste enthält einige der wichtigsten Funktionen komplexer Zahlen, in denen wir WURZEL, EXP, LN, ARCTAN2, SIN, COS benutzen:

1. $z^n = r^n(\cos n\varphi + i \sin \varphi)$ (De Moivre, 1667–1754)
2. $e^z = e^a(\cos b + i \sin b)$
3. $\ln z = \ln r + i\varphi; \; (-\pi < \varphi <= \pi)$
4. $\sin z = 0.5(e^b + e^{-b}) \sin a + 0.5(e^b - e^{-b}) \cos a \cdot i$
5. $\cos z = 0.5(e^b + e^{-b}) \cos a - 0.5(e^b - e^{-b}) \sin a \cdot i$
6. $z^{z1} = h\cos k + h\sin k \cdot i$ mit wo $z1 = c + id$ und $h = r^c e^{-d\varphi}$; $k = d\ln r + c\varphi$

Das Arbeitsblatt in Abb. 7.3 berechnet die sechs Funktionen, links mit den obigen Formeln und rechts mit den entsprechenden komplexen Excel-Funktionen (IMABS, IMARGUMENT, IMAPOTENZ, IMEXP, IMLN, IMSIN und IMCOS). Wir haben alle Zellen mit Namen für die Argumente definiert (Rechtsklick und *Namen definieren* ...). Für c, r und z haben wir c., r. und z. als Namen verwendet, um Konflikte mit Excel internen Namen zu vermeiden.

In I3 erlaubt Excel, die komplexe Zahl als String einzufügen, also einfach als $10 + 3i$, ohne den Gebrauch von `KOMPLEXE`.

J20

	A	B	C	D	E	F	G	H	I	J
1	z:				z1:				EXCEL-Funktionen	
2	a	b	n		c	d			z	
3	10	3	3		3	-2			10+3i	
4										
5	|(z1)|=	10,44031						IMABS:	10,44030651	
6	ϕ(z1) =	0,29146	Radiant	16,69924	Grad			IMARGUMENT:	0,291456794	
7										
8	h:=	2038,43047	k:=	-3,81698						
9										
10	z^n=	730,0000	873,0000	*i				IMAPOTENZ:	730+873i	
11	e^z=	-21806,0359	3108,3750	*i				IMEXP:	-21806,035863485+3108,37503049351i	
12	ln(z)=	2,3457	0,2915	*i				IMLN:	2,34567394111457+0,291456794477867i	
13	sin(z)=	-5,4770	-8,4057	*i				IMSIN:	-5,47702066300171-8,40571363343848i	
14	cos(z)=	-8,4475	5,4499	*i				IMCOS:	-8,44748854502214+5,4499354467603i	
15	z^z1=	-1590,9265	1274,4221	*i						
16										

Abb. 7.3 Funktionen komplexer Zahlen [Arbeitsmappe:Komplexe_Zahlen.xlsm; Blatt: Komplexe Funktionen]

7.3 "Taschenrechner" für komplexe Zahlen

Wir benutzen jetzt die Formeln für die Arithmetik komplexer Zahlen, und bauen einen Rechner (vgl. Abb. 7.4) mithilfe einer *VBA-UserForm*, wie im Abschn. 3.3.1. In der Abbildung sehen Sie das Beispiel der Multiplikation von $z_1 = -0{,}5–0{,}866i$ und $z_2 = -1 + 1i$. Nicht vergessen, dass die Dezimalzahlen mit Punkt eingegeben werden müssen.

Die Schaltflächen $+$, $-$, $\times$ und / erzeugt man durch Verkleinerung von vier Befehlsschaltflächen. In diesem Beispiel haben wir fast alle Vorgaben des VBA-Editors für die Namen benutzt, vgl. das Programm (nur die *UserForm* haben wir in k_Rechner umbenannt). Auf diese Weise erspart man sich zwar die Arbeit, neue Namen zu erfinden, aber man hat sich jedes Mal zu vergewissern, welches die Bedeutung der *Textboxen* ist. Die Prozeduren sind schnell geschrieben, denn im Wesentlichen handelt es sich um ein Original und drei Kopien:

```
Private Sub CommandButton1_Click() 'Plus
Dim out As String
 a1 = Val(TextBox1)
 b1 = Val(TextBox2)
 a2 = Val(TextBox3)
 b2 = Val(TextBox4)
 a = a1 + a2
 b = b1 + b2
 a = Format(a, "0.00")
 b = Format(b, "0.00")
 out = Str(a) & " + " & Str(b) & " i"
 TextBox5 = out
End Sub
-----------------------------------------------------------------------------
Private Sub CommandButton2_Click() 'Minus
 a1 = Val(TextBox1)
 b1 = Val(TextBox2)
 a2 = Val(TextBox3)
 b2 = Val(TextBox4)
 a = a1 - a2
 b = b1 - b2
 a = Format(a, "0.00")
 b = Format(b, "0.00")
 out = Str(a) & " + " & Str(b) & " i"
 TextBox5 = out
End Sub
-----------------------------------------------------------------------------
Private Sub CommandButton3_Click() 'Mal
 a1 = Val(TextBox1)
 b1 = Val(TextBox2)
 a2 = Val(TextBox3)
 b2 = Val(TextBox4)
 a = a1 * a2 - b1 * b2
 b = a1 * b2 + a2 * b1
 a = Format(a, "0.00")
 b = Format(b, "0.00")
 out = Str(a) & " + " & Str(b) & " i"
 TextBox5 = out
End Sub
-----------------------------------------------------------------------------
Private Sub CommandButton4_Click() 'Durch
 a1 = Val(TextBox1)
 b1 = Val(TextBox2)
 a2 = Val(TextBox3)
 b2 = Val(TextBox4)
 d = a2 ^ 2 + b2 ^ 2
 a = (a1 * a2 + b1 * b2) / d: b = (a2 * b1 - a1 * b2) / d
 a = Format(a, "0.00")
 b = Format(b, "0.00")
 out = Str(a) & "  +  " & Str(b) & " i"
 TextBox5 = out
End Sub
-----------------------------------------------------------------------------
Private Sub CommandButton5_Click() 'Exit
  Unload Me
End Sub
-----------------------------------------------------------------------------
Private Sub CommandButton6_Click() 'Löschen
 TextBox1 = ""
 TextBox2 = ""
 TextBox3 = ""
 TextBox4 = ""
 TextBox5 = ""
 TextBox6 = ""
End Sub
```

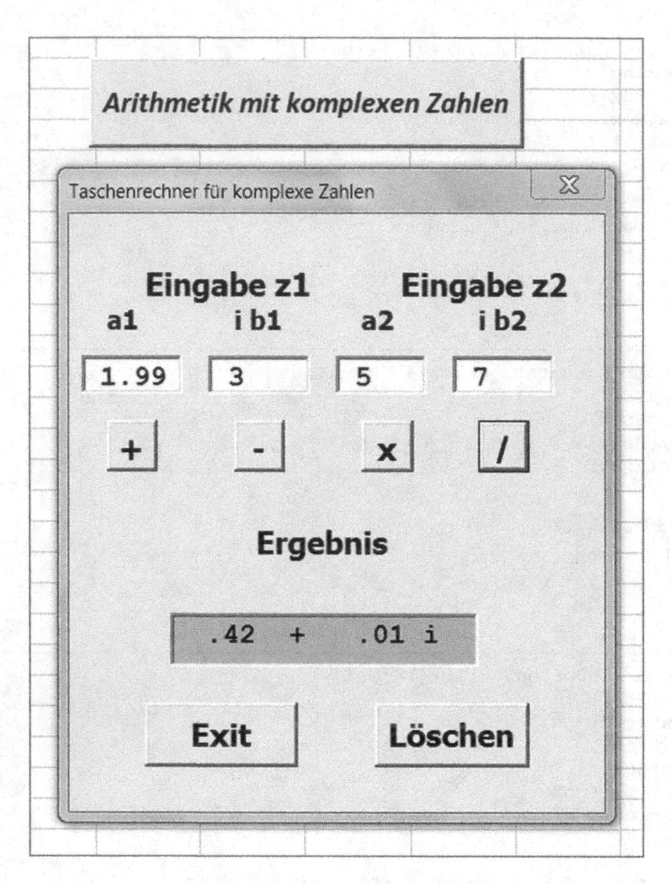

Abb. 7.4 Taschenrechner für komplexe Arithmeti [Arbeitsmappe: Komplex-Rechner.xlsm; Formulare: k_Rechner]

Den Code für die Befehlsschaltfläche auf dem Arbeitsblatt sehen wir in Abb. 7.5.

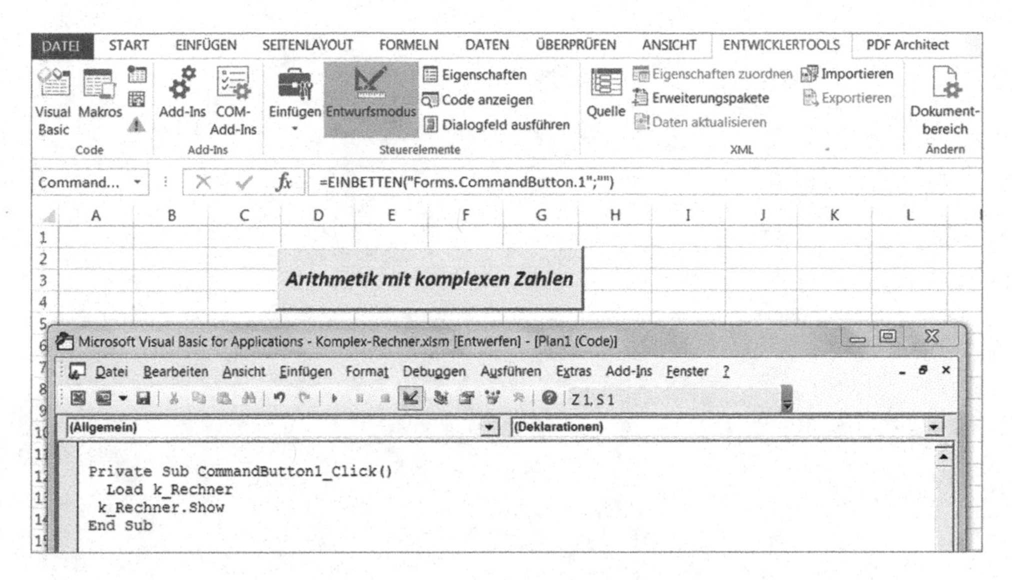

Abb. 7.5 Code für die Befehlsschaltfläche "Arithmetik mit komplexen Zahlen" [Arbeitsmappe: Komplex-Rechner.xlsm]

Lösung linearer und nichtlinearer Gleichungen 8

Zusammenfassung

Excel bietet die Möglichkeit, iterative Methoden zu implementieren. Wir benutzen diese zur Berechnung von Näherungswerten für die Lösungen linearer und nichtlinearer Gleichungen sowie für lineare Gleichungssysteme. Als Beispiel berechnen wir die Temperaturverteilung in einer Platte, deren Ränder auf festen Temperaturen gehalten werden. Außerdem zeigen wir die Verwendung des *Was-wäre-wenn-Analyse* Werkzeuges zur Bestimmung von Nullstellen und Grenzwerten.

8.1 Einsatz von Zielwertsuche (*Goal Seek*)

Die einfachste Methode, um die ungefähren Lösungen (Wurzeln) einer komplizierten Gleichung der Form f(x) = 0 zu finden, besteht darin, sich den Graphen der Funktion von Excel zeichnen zu lassen. Danach können wir das Excel-Werkzeug *Was-wäre-wenn-Analyse* unter *DATEN* > *Datentools* > *Was-wäre-wenn-Analyse* > *Zielwertsuche* einsetzen, um die dem Graphen entnommene Nullstelle iterativ (wiederholend) zu verbessern. (Excel hat ein zweites Werkzeug zu diesem Zweck, es ist der "Solver". Wir kommen im Kap. 17 darauf zurück.)

Beispiel

Bei der Untersuchung der Wärmestrahlung trifft man auf die Gleichung

$$e^{-x} + \frac{x}{5} - 1 = 0$$

Der Graph der zugehörigen Funktion schneidet die x-Achse in der Nähe von x = 5 (siehe Abb. 8.1).

F. J. Mehr, M. T. Mehr, *Excel und VBA*, DOI 10.1007/978-3-658-08886-6_8

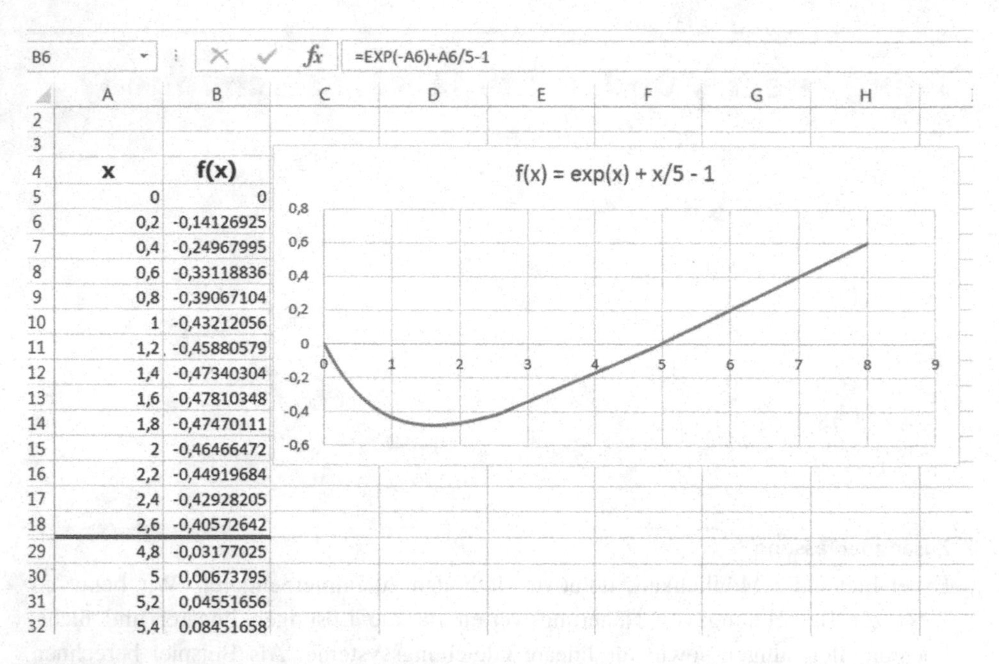

	A	B
4	x	f(x)
5	0	0
6	0,2	-0,14126925
7	0,4	-0,24967995
8	0,6	-0,33118836
9	0,8	-0,39067104
10	1	-0,43212056
11	1,2	-0,45880579
12	1,4	-0,47340304
13	1,6	-0,47810348
14	1,8	-0,47470111
15	2	-0,46466472
16	2,2	-0,44919684
17	2,4	-0,42928205
18	2,6	-0,40572642
29	4,8	-0,03177025
30	5	0,00673795
31	5,2	0,04551656
32	5,4	0,08451658

Abb. 8.1 Graph der Funktion [Arbeitsmappe: Zielwert.xlsx; Blatt: Graph]

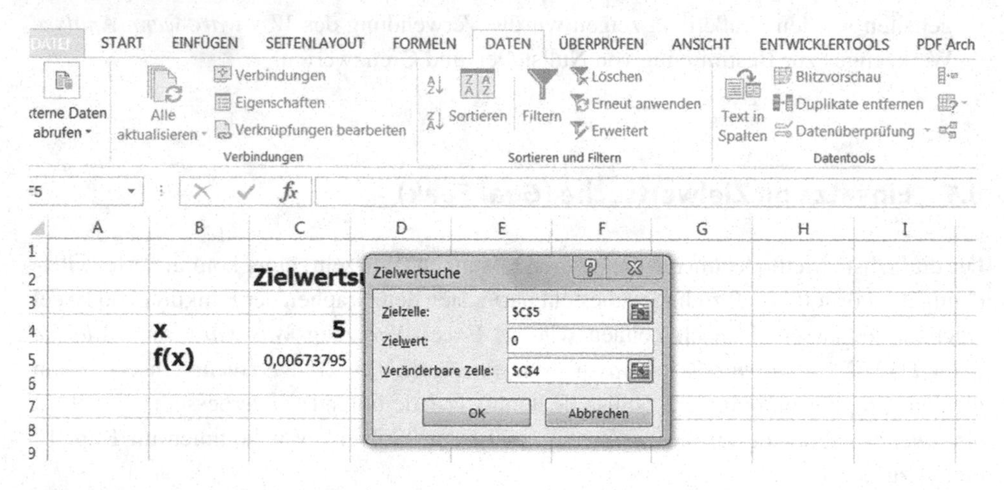

Abb. 8.2 Zielwertsuche (Eingabe) [Arbeitsmappe: Zielwert.xlsx; Blatt: Zielwertsuche]

Um diesen Schnittpunkt (Nullstelle) genauer zu bestimmen, benutzen wir die *Zielwertsuche* aus der *Was-wäre-wenn-Analyse*.

Zu Beginn tragen wir in C4 (= *Veränderbare Zelle*) als Anfangswert 5 ein. Die Funktion selbst steht als `=EXP(-C4)+C4/5-1` in C5 (ihr Wert an der Stelle $x = 5$ beträgt 0,006738). Da wir die Stelle suchen, an der $f(x) = 0$ ist (jedenfalls möglichst nahe bei Null liegt), setzen wir als *Zielwert* **0** ein (vgl. Abb. 8.2).

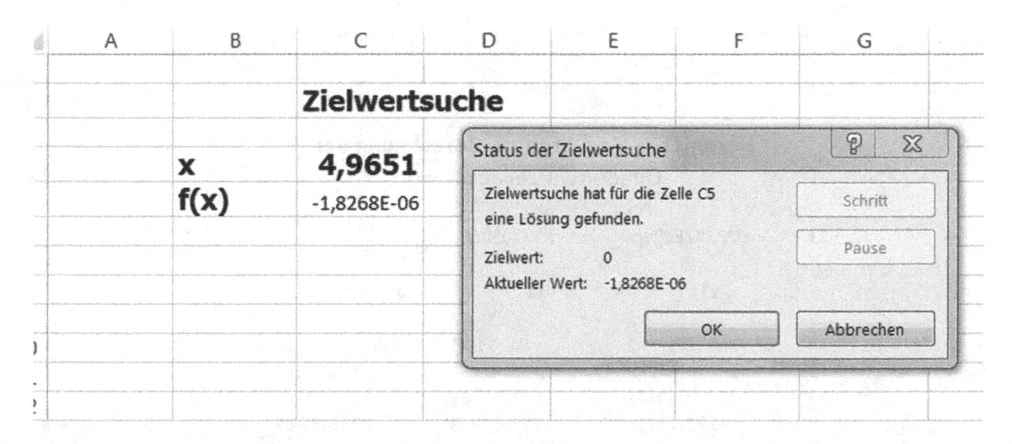

Abb. 8.3 Zielwertsuche (Ausgabe) [Arbeitsmappe: Zielwert.xlsx]

Der Anfangswert (Startwert der Iteration) wird mit dem auf 4 Dezimalstellen genauen Wert x = 4,9651 überschrieben. Der Funktionswert an dieser Stelle beträgt f(x) = – 1,8268E-06 (siehe Abb. 8.3).

Das Wort "Iteration" ist gefallen. Es handelt sich darum, ein bestimmtes Rechenverfahren (Algorithmus) fortwährend zu wiederholen, bis ein gewünschter Genauigkeitsgrad erreicht ist (vgl. Abschn. 3.2). Man beginnt die Iteration mit einem Näherungswert x_0, und benutzt jede neue Näherung als Startwert für einen weiteren Iterationsschritt. Man hofft dabei, sich dem Zielwert, z. B. der Nullstelle einer Funktion, schrittweise zu nähern.

Ein klassisches Iterationsverfahren ist der *Heron*-Algorithmus, mit dem sich die Quadratwurzel aus einer Zahl N >= 0 finden lässt. Man beginnt mit $x_1 = 1$ als erster Näherung für die gesuchte Zahl $N^{1/2}$. Anschließend benutzt man die *Heronsche* Formel zur Berechnung eines – hoffentlich – genaueren Wertes x_2 usw.

$$x_2 = \frac{1}{2}\left(x_1 + \frac{N}{x_1}\right)$$

Die Tabelle mit dem Verfahren wird wie folgt angelegt (vgl. Abb. 8.4): In der A-Spalte befinden sich die x_n-Werte, und in der B-Spalte sind die neuen Werte x_{n+1}:

B2: 3 (=N) ; B3: `=WURZEL(B2)` Zur Kontrolle

A6: 1 ; B6: `=0,5*(A6+B$2/A6)`
A7: `=B6` ; B7: `=0,5*(A7+B$2/A7)` ; C7: `=ABS(B7-A7)`

Wir kopieren A7:C7 so weit, bis zwei aufeinanderfolgende Iterationen sich in weniger als einer kleinen Zahl ε (Epsilon), z. B. $\varepsilon = 10^{-6}$, unterscheiden. Die Ausführung des Algorithmus stoppt, wenn $\text{Abs}(x_2 - x_1)$ (Spalte C) <= ε. Der letzte x_2-Wert stellt die Quadratwurzel aus N mit der vorgegebenen Genauigkeit ε dar. In unserem Fall, bekommen wir schon nach 4 Iterationen den gesuchten Wert.

Im Allgemeinen schreibt man die *Heronsche* Iterationsformel in der Form:

$$x_{n+1} = \frac{1}{2}\left(x_n + \frac{a}{x_n}\right), \quad \text{mit } n = 0, 1, 2, \ldots$$

B7 =0,5*(A7+B$2/A7)

	A	B	C	D
1	Heronsches Verfahren zur Berechnung der Quadratwurzel aus N>=0			
2	N=	3		
3	WURZEL(N)=	1,732050808		
4				
5	x1	x2	abs(x2-x1)	
6	1	2	1	
7	2	1,75	0,25	
8	1,75	1,732142857	0,017857143	
9	1,732142857	1,73205081	9,20471E-05	
10	1,73205081	1,732050808	2,44585E-09	
11				

Abb. 8.4 *Heronsches* Verfahren zur Quadratwurzelberechnung [Arbeitsmappe; Heron.xlsm]

x_0 ist die Anfangsnäherung. Um die p-te Wurzel aus einer positiven Zahl a zu ziehen, können wir die folgende Iterationsformel verwenden:

$$x_{n+1} = \frac{1}{p}\left((p-1)x_n + \frac{a}{x_n^{p-1}}\right)$$

Die Subroutine "Heron" enthält das Abbruchkriterium ε als Konstante eps (vgl. Abb. 8.5).

Alle Variablen wurden mit doppelter Genauigkeit (`As Double`) definiert. Zum Vergleich rechnet `Sub Heron()` mittels der eigenen VBA-Wurzelfunktion (`Math.Sqr(a)`) die Wurzel.

Der Prozedur wurde die "shortcut" Tastenkombination *Strg* + *h* gegeben.

(Allgemein) Heron

```
Sub Heron()
Dim a As Double, x As Double, y As Double, n As Double

Const eps = 0.000001


    a = InputBox("Wurzel aus welcher Zahl ziehen?:  ")
    n = Math.Sqr(a)                  'als Vergleich

    x = 1: y = 0

     Do While Abs(y - x) > eps
      y = x                        'alter Wert
      x = 0.5 * (x + a / x)        'neuer Wert
     Loop

    MsgBox "Die Wurzel aus  " & a & " ist gleich " & x & Chr(13) & Chr(13) _
    & "Vergleiche mit dem Ergebnis aus Math.Sqr(" & a & ") :   " & n

End Sub
```

Abb. 8.5 Subroutine "Heron" [Arbeitsmappe; Heron.xlsm; Makro: Heron]

8.2 *Newton-Raphson*-Methode

Die Quadratwurzel aus a ist die Lösung der Gleichung $f(x) = x^2 - a = 0$. Zur Berechnung einer Wurzel der Gleichung $f(x) = 0$ verwendet man oft den Algorithmus von *Newton-Raphson*, der die folgende Iterationsformel benutzt:

$$x_{n+1} = x_n - \frac{f(x_n)}{f'(x_n)}$$

Hier ist x_n ein Näherungswert der gesuchten Wurzel und x_{n+1} ist eine Verbesserung von x_n.

Dieses und fast alle anderen Algorithmen aus diesem Kapitel finden Sie in Büchern über Numerische Analyse, wie z. B. das klassische Buch von Burden, Faires und Reynolds [9].

Es wurde schon erwähnt, dass es für die Mehrzahl der Gleichungen keine allgemeine Lösungsformel gibt. In einem solchen Fall benutzt man numerische Methoden, um eine Näherungslösung zu finden. Die Folge $\{x_n\}$ der Näherungswerte wird gegen eine Wurzel konvergieren, wenn f(x), f'(x) und f''(x) stetig sind in einem Intervall, in dem die Wurzel liegt.

Die Ableitung der Funktion $f(x_n) = x_n^2 - a$ ist $f'(x_n) = 2x_n$. Hieraus folgt die Formel von *Heron* als ein Spezialfall der *Newtonschen* Formel. (Man erhält die Formel von *Newton-Raphson* mithilfe einer Taylorreihe für $f(x) = 0$, von der man nur die Terme erster Ordnung benutzt).

Zunächst werden wir eine VBA-Funktion schreiben (vgl. Abb. 8.6), wobei wir die Erfahrungen benutzen, die wir bei dem *Heron*-Verfahren machten. Wir wählen die Funktion

$$f(x) = ax^3 + bx^2 + cx + d$$

mit dem Anfangswert x_0.

Als Spezialfall nehmen wir $f(x) = x^3 - 5x^2 + x + 3$. Aus dem Graphen der Abb. 8.7 entnimmt man, dass in der Nähe von $x = -1$, $x = 1$ und $x = 4{,}5$ Nullstellen liegen. Wir nehmen diese Werte als Anfangswerte und lassen Excel die genaueren Nullstellen finden (siehe Abb. 8.8). Die Funktion hat drei Nullstellen: $x_1 = -0{,}645751$, $x_2 = 1$, $x_3 = 4{,}645751$.

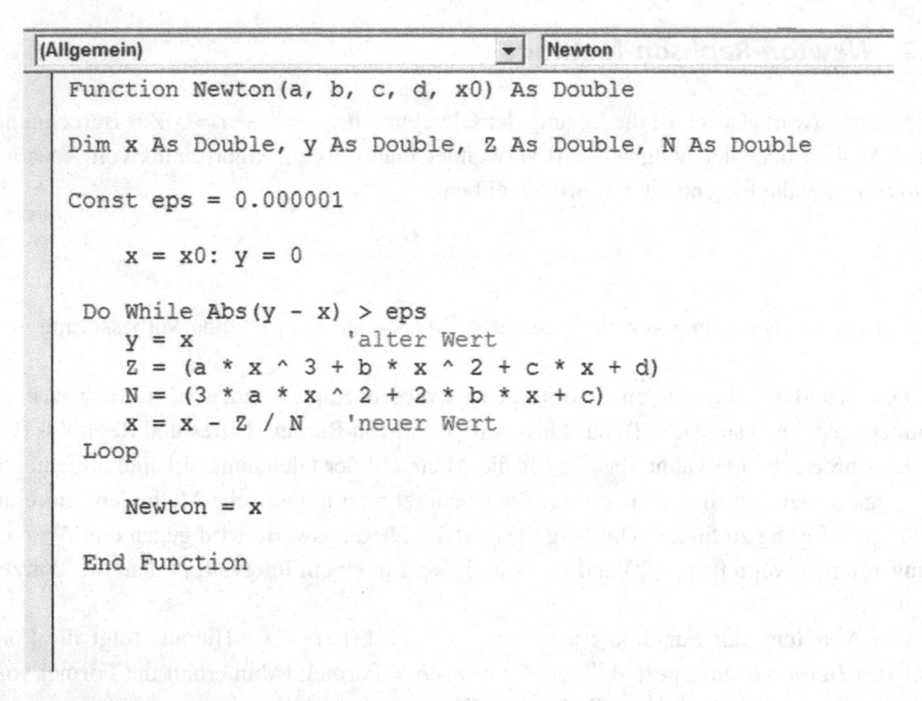


```
Function Newton(a, b, c, d, x0) As Double

Dim x As Double, y As Double, Z As Double, N As Double

Const eps = 0.000001

    x = x0: y = 0

 Do While Abs(y - x) > eps
    y = x               'alter Wert
    Z = (a * x ^ 3 + b * x ^ 2 + c * x + d)
    N = (3 * a * x ^ 2 + 2 * b * x + c)
    x = x - Z / N   'neuer Wert
 Loop

    Newton = x

 End Function
```

Abb. 8.6 Code der Funktion "Newton(a, b, c, d, x0)" [Arbeitsmappe: Newton.xlsm]

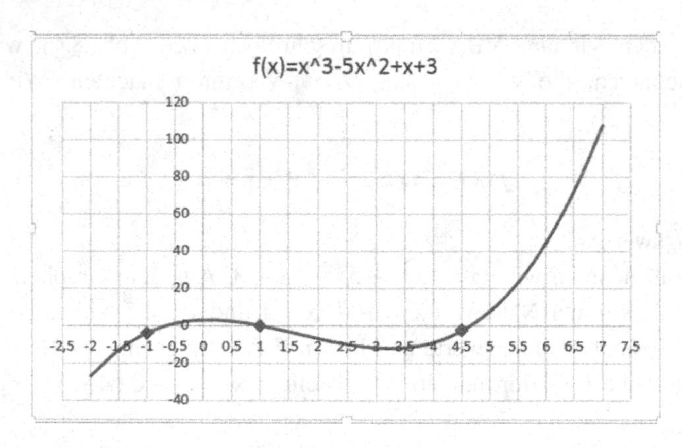

Abb. 8.7 Graph von $f(x) = x^3 - 5x^2 + x + 3$ [Arbeitsmappe: Newton.xlsm; Blatt: Graph]

In der Mehrzahl der Fälle reicht es, die Ableitung wie folgt anzunähern

$$f'(x) \approx \frac{f(x+h) - f(x)}{h}$$

In der Abb. 8.9 sehen wir eine Implementation des *Newton-Raphson*-Prozesses in einer Excel-Tabelle, wobei die vorige Formel für f'(x) in der E-Spalte steht.

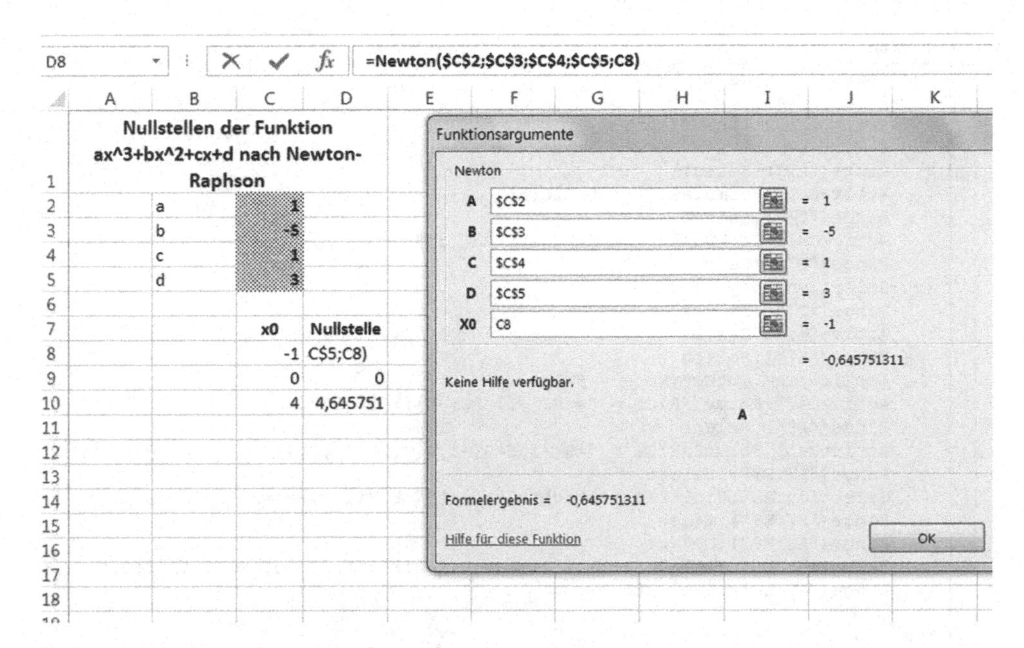

Abb. 8.8 Nullstellen von $f(x) = x^3 - 5x^2 + x + 3$ [Arbeitsmappe: Newton.xlsm; Blatt: Nullstellen]

B7 =A7^5-A7-0,2

	A	B	C	D	E	F
1		**Newton-Raphson für f(x)=0**				
2		Funktion f(x) in B7 schreiben			x0=	-0,9
3		x0 und h in F2 und F3 schreiben			h=	0,0000001
4					Ergebnis=	**-0,9420869**
5						
6	**x**	**f(x)**	**x+h**	**f(x+h)**	**f'(x)**	
7	-0,9	0,10951	-0,8999999	0,1095102	2,2804993	
8	-0,9480202	-0,0177314	-0,9480201	-0,0177311	3,0386875	
9	-0,942185	-0,0002883	-0,9421849	-0,000288	2,9401665	
10	-0,9420869	-8,034E-08	-0,9420868	2,135E-07	2,9385264	
11	-0,9420869	1,671E-14	-0,9420868	2,939E-07	2,9385259	
12	-0,9420869	0	-0,9420868	2,939E-07	2,9385259	
13	-0,9420869	0	-0,9420868	2,939E-07	2,9385259	
14	-0,9420869	0	-0,9420868	2,939E-07	2,9385259	
15	-0,9420869	0	-0,9420868	2,939E-07	2,9385259	

Abb. 8.9 Tabelle mit dem *Newton–Raphson*-Algorithmus [Arbeitsmappe: Newton_Raphson.xlsm]

```
(Allgemein)                                    Newton_Raphson

Sub Newton_Raphson()
'
' Tastenkombination: Strg+i
'
    Range("A7").Select
    ActiveCell.FormulaR1C1 = "=R2C[5]"
    Range("C7").Select
    ActiveCell.FormulaR1C1 = "=RC[-2]+R3C[3]"
    Range("B7").Select
    Selection.Copy
    Range("D7").Select
    ActiveSheet.Paste
    Range("E7").Select
    Application.CutCopyMode = False
    ActiveCell.FormulaR1C1 = "=(RC[-1]-RC[-3])/R3C[1]"
    Range("A8").Select
    ActiveCell.FormulaR1C1 = "=R[-1]C-R[-1]C[1]/R[-1]C[4]"
    Range("B7:E7").Select
    Selection.AutoFill Destination:=Range("B7:E8"), Type:=xlFillDefault
    Range("B7:E8").Select
    Range("A8:E8").Select
    Selection.AutoFill Destination:=Range("A8:E15"), Type:=xlFillDefault
    Range("A8:E15").Select

End Sub
```

Abb. 8.10 Makro für *Newton – Raphson*-Methode [Arbeitsmappe: Newton_Raphson.xlsm; Makro: Newton-Raphson]

Wir wollen als Beispiel die drei reellen Lösungen der Gleichung $x^5 - x - 0{,}2 = 0$ finden. Aus dem Graphen wissen wir, dass sie in der Nähe von – 0,5; 1; – 1 liegen. Im Arbeitsblatt bestimmen wir die dritte Lösung mit dem Anfangswert $x_0 = -0{,}9$. Die auf vier Dezimalstellen genauen Werte sind: – 0,2003; 1,0448; – 0,9421.
Wir belegen die Zellen nach folgendem Schema:

F2: Wert für x_0 ; F3: Wert für h

B7: hierhin kommt der Funktionsterm für f(x)

Die Arbeit, den Algorithmus auf die Tabelle zu übertragen, lassen wir von einem Makro erledigen, das wir mit dem *Makrorekorder* aufgenommen haben (vgl. Abschn. 2.2). Das Makro kopiert F$2 in A7, schreibt `A7+F$3` in C7, kopiert C7 in D7, schreibt `(D7-B7)/F$3` in E7 und schreibt `A7-B7/E7` in A8. Anschließend wird B7:E7 eine Zeile nach unten kopiert und der ganzer Bereich von A8:E8 bis A15:E15 ebenfalls kopiert. Den erzeugten Code finden Sie in Abb. 8.10.

Wenn wir eine neue Funktion untersuchen wollen, ist es nur nötig, sie in B7 einzutragen und in F2 einen Anfangswert einzugeben. Das Kopiermakro wird wieder mit *Strg + i* gestartet.

Mit *Alt+F8 > Bearbeiten* kann man sich den Code anschauen und eventuell ändern. Mit *Alt + F11* gelangt man wieder zur Excel-Tabelle.

Beispiel 1

Für die Gleichung $e^{-x} + \frac{x}{5} - 1 = 0$

B7: `=EXP(-A7)+A7/5-1` ; F2: 4

Lösung: 4,96511423...

Beispiel 2

Für die berühmte Gleichung von Wallis $x^3 - 2x - 5 = 0$

B7: `=A7^3-2*A7-5` ; F2: 1

Lösung: 2,094552...

8.3 Verfahren von *Bolzano*

In dem Bisektionsverfahren von *Bolzano* (Bernardus Placidus Johann Nepomuk Bolzano, 1781–1848) halbiert man fortlaufend das Intervall [a, b], in dem man die Nullstelle der zu untersuchenden Funktion vermutet, bis dass man die Lösung mit der gewünschten Genauigkeit gefunden hat.

Sei wieder $f(x) = e^{-x} + x/5 - 1$ die Funktion, deren Nullstelle z man in dem Intervall von $a = 4$ bis $b = 6$ vermutet. $x = (a + b)/2$ ist der Mittelpunkt des Intervalls. Wir verwenden f(a) als Vergleichswert während der Iteration.

Wenn der Mittelpunkt x des Intervalls bereits die gesuchte Lösung sein sollte, so wären $f(x)=0$ und $f(a) \cdot f(x)=0$, und wir hätten weiter nichts zu tun. Aber normalerweise ist f(x) nicht gleich 0. (In unserem Fall haben wir $x = 5$ und $f(5) = 0{,}00673795\ldots$)

Wenn die Nullstelle z der Funktion f **links** von der Mitte x liegen sollte, so haben wir $f(a) \cdot f(x) < 0$. In diesem Fall suchen wir nur noch im Intervall [a, x], d. h. wir wählen $b = x$ und berechnen den neuen Mittelpunkt $x = (a + b)/2$, in unserem Beispiel $x = (4 + 5)/2 = 4{,}5$.

Wenn die Nullstelle **rechts** vom Mittelpunkt liegt, erhalten wir $f(a) \cdot f(x) > 0$. Wir wählen dann $a = x$ und halbieren das rechte Intervall.

Dieser Prozess wird solange fortgesetzt, bis sich eine Annäherung an die wahre Nullstelle z mit einer gewünschten Genauigkeit ε ergibt.

Die Methode ist nicht sehr schnell. Wollen wir eine Wurzel mit der Genauigkeit $|z - x| < \varepsilon$ suchen, so benötigen wir n Teilungen. Man kann zeigen, siehe weiter unten, dass gilt

$$n \geq (\ln(b - a) - \ln(\varepsilon))/\ln 2 - 1$$

E5 | =EXP(-B5)+B5/5-1

	A	B	C	D	E	F
1				a=	4	
2		Bisektionsverfahren		b=	6	
3						
4	n	a	x	b	f(a)	f(x)
5		4	5	6	-0,181684361	0,006737947
6	1	4	4,5	5	-0,181684361	-0,088891003
7	2	4,5	4,75	5	-0,088891003	-0,041348305
8	3	4,75	4,875	5	-0,041348305	-0,017364906
9	4	4,875	4,9375	5	-0,017364906	-0,005327493
10	5	4,9375	4,96875	5	-0,005327493	0,000701832
11	6	4,9375	4,953125	4,96875	-0,005327493	-0,002313692
12	7	4,953125	4,9609375	4,96875	-0,002313692	-0,000806144
13	8	4,9609375	4,96484375	4,96875	-0,000806144	-5,22089E-05
14	9	4,96484375	4,966796875	4,96875	-5,22089E-05	0,000324798
15	10	4,96484375	4,965820313	4,966796875	-5,22089E-05	0,000136291
16	11	4,96484375	4,965332031	4,965820313	-5,22089E-05	4,20404E-05
17	12	4,96484375	4,965087891	4,965332031	-5,22089E-05	-5,08444E-06

Abb. 8.11 Bisektionsverfahren von *Bolzano* [Arbeitsmappe: Bisektion.xlsm]

D. h. für ein gegebenes Intervall [a, b] sind mindestens n Iterationen nötig, wenn man die Wurzel mit der Genauigkeit ε erhalten will.

Will man bei unserem Problem, $f(x) = e^{-x} + x/5 - 1 = 0$, eine Lösung finden, die bis auf drei Dezimalstellen genau ist, ($\varepsilon = 0{,}001$), so müssen wir $n > 10$ Iterationen (Teilungen) durchführen.

Das Arbeitsblatt der Abb. 8.11 bestätigt diese Rechnung, denn der Wert $x = 4{,}965\ldots$ erscheint erst in C15.

Die zu untersuchende Funktion f(x) steht in E5.

B5: `=E$1` ; C5: `=(B5+D5)/2`

D5: `=E$2` (kopiere C5 bis C20 – oder weiter)

E5: f(x) zum Beispiel `=EXP(-B5)+B5/5-1`
B6: `=WENN(E5*F5>0;C5;B5)`, bis B20 – oder weiter- kopieren
D6: `=WENN(E5*F5<0;C5;D5)`, bis D20 – oder weiter- kopieren

Kopiere den Inhalt von E5 mit dem Ausfüllkästchen nach F5, dann beide markierte Zellen bis Zeile 20 (oder weiter) ziehen (kopieren).

Der VBA-Code "Bolzano" mit der Funktion f(x) (vgl. Abb. 8.12) ist sehr einfach. Als Erinnerung, zum Schreiben des Makros:

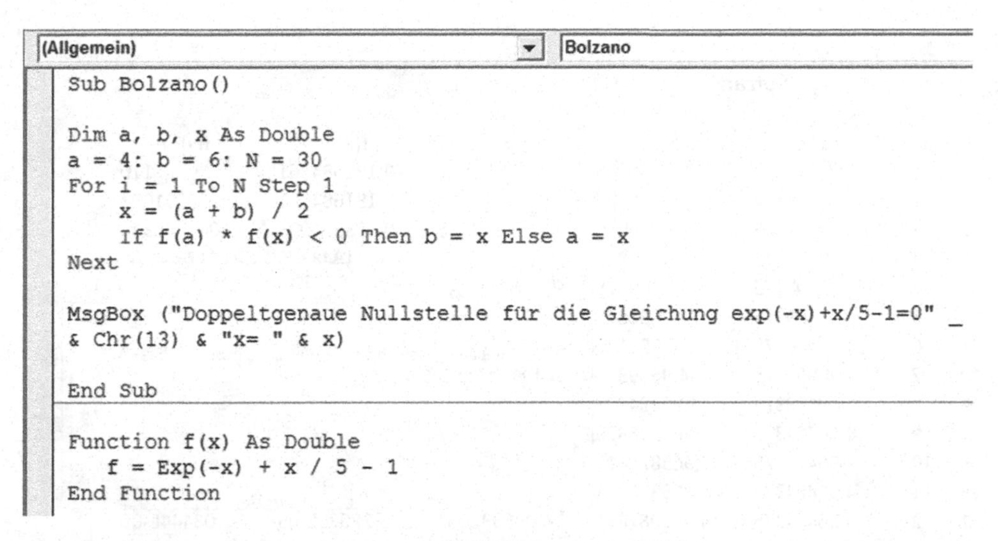

```
Sub Bolzano()

Dim a, b, x As Double
a = 4: b = 6: N = 30
For i = 1 To N Step 1
    x = (a + b) / 2
    If f(a) * f(x) < 0 Then b = x Else a = x
Next

MsgBox ("Doppeltgenaue Nullstelle für die Gleichung exp(-x)+x/5-1=0" _
& Chr(13) & "x= " & x)

End Sub

Function f(x) As Double
   f = Exp(-x) + x / 5 - 1
End Function
```

Abb. 8.12 Code für das *Bolzano*-Verfahren [Arbeitsmappe: Bisektion.xlsm; Makro: Bolzano; Funktion: f(x)]

Alt + F11 > Einfügen > Modul; Code schreiben und mit *Alt* + *F*11 zurück zur Tabelle. Mit *ENTWICKLERTOOLS > Makros > Optionen...* die Tastenkombination *Strg + B* zur Ausführung des Makros von der Excel-Tabelle aus definieren.

Da wir die Variablen `As Double` definiert haben, ist das Ergebnis genauer als das Ergebnis der Excel-Tabelle (siehe Abb. 8.13).

Bei der *Bolzano*-Methode (Bisektionsverfahren) brauchen wir zwar keine Ableitungen zu berechnen, aber es konvergiert sehr langsam. Das *Newton-Raphson*-Verfahren hingegen verlangt die Ableitung, ist aber außerordentlich schnell.

Beweis für das **Konvergenzkriterium** beim Bisektionsverfahren

Da das Intervall [a, b] bei jeder Iteration halbiert wird, ist die Intervalllänge nach der n-ten Iteration gegeben durch $b_n - a_n = (b - a)^n$. Das können wir ausdrücken in der Form

$$|x_n - x_{n-1}| = \frac{b-a}{2^{n+1}} \leq \varepsilon \quad \text{mit}\, n = 0, 1, 2, .$$

Dies ist eine Beziehung für den absoluten Fehler der Rechnung und gibt uns gleichzeitig eine Formel für die Maximalzahl der Iterationen, die nötig sind, um den Wert der Wurzel z mit der Genauigkeit ε zu finden. Denn aus der letzten Ungleichung ergibt sich

$$(n+1)\ln 2 \geq \ln\left(\frac{b-a}{\varepsilon}\right)$$

$$n \geq \frac{\ln\left(\frac{b-a}{\varepsilon}\right)}{\ln 2} - 1$$

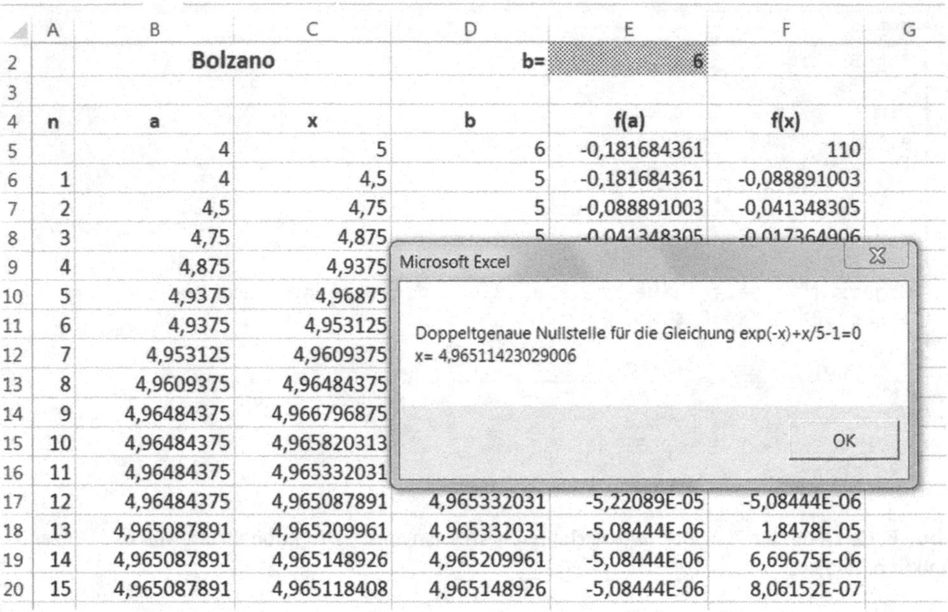

	A	B	C	D	E	F
2		Bolzano		b=	6	
3						
4	n	a	x	b	f(a)	f(x)
5		4	5	6	-0,181684361	110
6	1	4	4,5	5	-0,181684361	-0,088891003
7	2	4,5	4,75	5	-0,088891003	-0,041348305
8	3	4,75	4,875	5	-0,041348305	-0,017364906
9	4	4,875	4,9375			
10	5	4,9375	4,96875			
11	6	4,9375	4,953125			
12	7	4,953125	4,9609375			
13	8	4,9609375	4,96484375			
14	9	4,96484375	4,966796875			
15	10	4,96484375	4,965820313			
16	11	4,96484375	4,965332031			
17	12	4,96484375	4,965087891	4,965332031	-5,22089E-05	-5,08444E-06
18	13	4,965087891	4,965209961	4,965332031	-5,08444E-06	1,8478E-05
19	14	4,965087891	4,965148926	4,965209961	-5,08444E-06	6,69675E-06
20	15	4,965087891	4,965118408	4,965148926	-5,08444E-06	8,06152E-07

Microsoft Excel

Doppeltgenaue Nullstelle für die Gleichung exp(-x)+x/5-1=0
x= 4,96511423029006

OK

Abb. 8.13 Lösung mit VBA [Arbeitsmappe: Bisektion.xlsm; Makro: Bolzano; Funktion: f(x)]

Das bedeutet, dass man beim Bisektionsverfahren von vornherein die Maximalzahl der Iterationen kennt, die nötig sind, um ein gewünschtes Ergebnis mit der Genauigkeit ε zu erhalten.

8.4 Methode der falschen Position (*regula falsi*)

Bei dieser Methode wählt man zu Beginn, im Gegensatz zur *Newton-Raphson*-Methode, **zwei** Anfangswerte x_1 und x_2. Diese Werte sind so zu wählen, dass die exakte Wurzel der Gleichung $f(x) = 0$ im Innern des Intervalls $[x_1, x_2]$ liegt, d. h. so, dass sich die Ungleichung $f(x_1) \cdot f(x_2) < 0$ erfüllt, denn die Ordinaten $f(x_1)$ und $f(x_2)$ haben entgegengesetzte Vorzeichen. Es handelt sich um ein Bisektionsverfahren zusammen mit einer linearen Interpolation.

Die Entfernung zwischen x_1 und x_2 muss hinreichend klein sein, damit wir sicher sein können, dass keine weitere Wurzel im Intervall $[x_1,x_2]$ liegt. Mithilfe der folgenden Iterationsformel

$$x_{n+2} = x_n - f(x_n)\frac{x_{n+1} - x_n}{f(x_{n+1}) - f(x_n)}$$

berechnen wir eine Folge weiterer x_i, die sich i. Allg. der gesuchten Wurzel nähern. Wir erzeugen also eine Intervallschachtelung für die gesuchte Nullstelle. (Wenn f eine stetige Funktion in einem Intervall [a, b] ist, und wenn $f(a) \cdot f(b) < 0$, so konvergiert das Verfahren.)

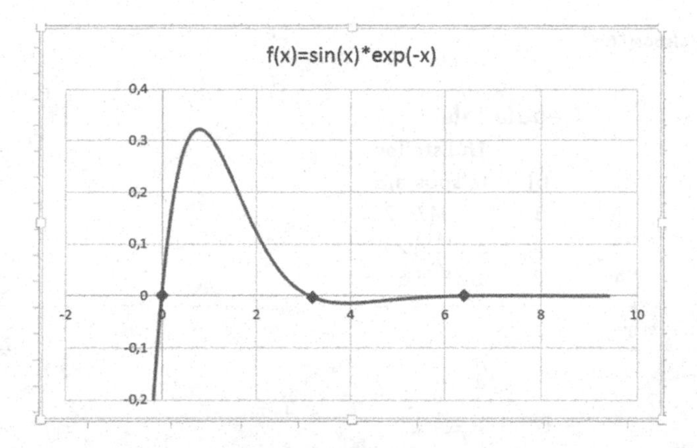

Abb. 8.14 Graph der Funktion f(x) = sin(x)*exp(− x) [Arbeitsmappe: Regula_falsi.xlsm]

Um einen VBA-Code zu schreiben, ist es empfehlenswert, die Iterationsformel umzuschreiben:

$$x = \frac{af(b) - bf(a)}{f(b) - f(a)}$$

Beispiel

Benutzen Sie die benutzerdefinierte Funktion "falspos(a, b)", um die Wurzeln der Funktion $f(x) = \sin(x) \cdot e^{-x}$ zu finden.

Zuerst zeichnen wir den Graphen (siehe Abb. 8.14), um die ungefähre Lage der Wurzeln zu erkennen. Wie die Abbildung zeigt, kann man drei Nullstellen im Intervall [− 1,7] erwarten. Tatsächlich sind es 0, π und 2π (0, ca. 3,14 und ca. 6,28).

Wenn wir die Suche in den Intervallen [− 1,1], [2,4] und [4,8] laufen lassen, bekommen wir die drei Nullstellen (vgl. Abb. 8.15).

Definition der Funktion: $Alt + F11$ > Einfügen > Modul; Code schreiben und mit $Alt + F11$ zurück zur Tabelle. Den Code können Sie in Abb. 8.16 sehen.

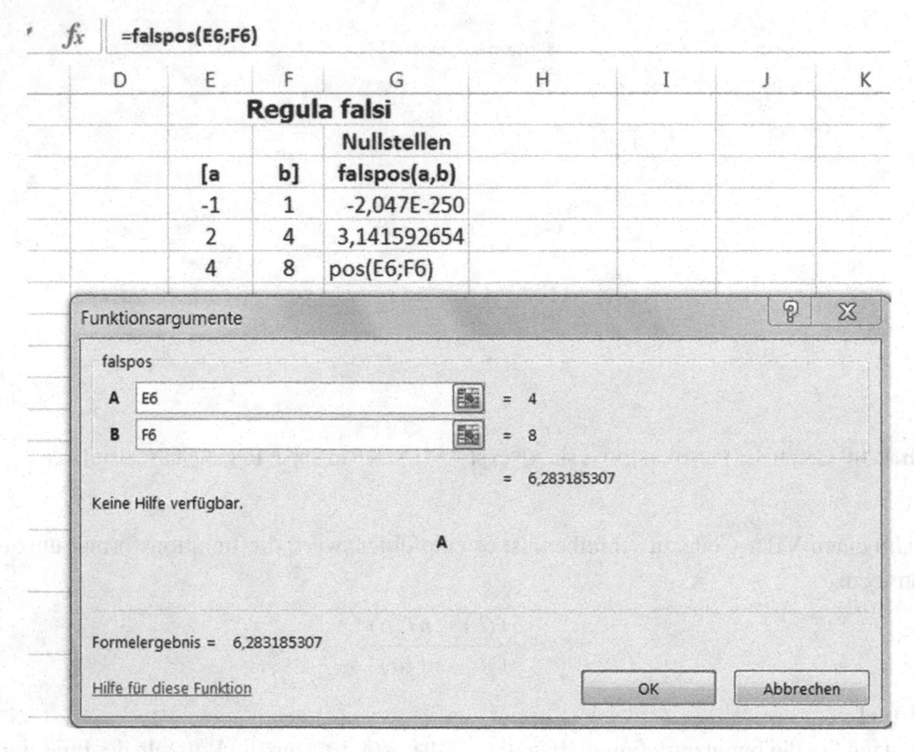

Abb. 8.15 Ergebnisse der Funktion "falspos(a, b)" [Arbeitsmappe: Regula_falsi.xlsm]

```
(Allgemein)                                          falspos
Function falspos(a, b)
    Dim fa As Double, fb As Double, fx As Double, x As Double
    Dim h As Double, test As Double, n As Integer
    Const nmax = 1000
    Const eps = 0.0000000001

    fa = f(a)
    fb = f(b)
    x = (a * fb - b * fa) / (fb - fa)
    n = 0

    Do                    'Intervall suchen
        fx = f(x)
        test = fa * fx
        If test < 0 Then
            b = x
            fb = fx
        Else
            a = x
            fa = fx
        End If
        h = Abs(b - a)
        x = (a * fb - b * fa) / (fb - fa)
        n = n + 1
     Loop While h > eps And n <= nmax

      falspos = x

End Function
Function f(x)
  f = Sin(x) * Exp(x)
End Function
```

Abb. 8.16 Code der Funktion "falspos(a, b)" [Arbeitsmappe: Regula_falsi.xlsm]

8.5 *Gauss-Seidel*-Methode

Für die Lösung eines **Systems** linearer Gleichungen gibt es ein Iterationsverfahren, das von Gauss entdeckt und von Seidel verbessert wurde (nicht verwechseln mit dem Gauss-Algorithmus, der nicht iterativ, sondern direkt eine Lösung sucht. Vgl. Abschn. 10.5). Dieses Verfahren funktioniert, wenn die Koeffizienten der Elemente in der Hauptdiagonalen Werte haben, die absolut genommen viel größer sind als die der anderen Elemente.

Betrachten wir ein Beispiel:

$$\begin{aligned} 25x + 2y + z &= 69 \\ 2x + 10y + z &= 63 \\ x + y + 4z &= 43 \end{aligned}$$

Zunächst bringen wir die Gleichungen auf die folgenden Formen:

$$\begin{aligned} x &= (69 - 2y - z)/25 \\ y &= (63 - 2x - z)/10 \\ z &= (43 - x - y)/4 \end{aligned}$$

Wenn wir die Absolutwerte der Variablenkoeffizienten der rechten Seiten addieren, erhalten wir für die erste Gleichung $(2+1)/25 = 0{,}12$, für die zweite Gleichung ergibt sich 0,3 und für die dritte 0,5. Man kann zeigen, dass das Verfahren gegen die exakte Lösung konvergiert, wenn diese Koeffizientensummen kleiner als 1 sind. Es handelt sich um ein hinreichendes Kriterium.

Man beginnt damit, den Variablen beliebige Anfangswerte zu geben, z. B. Null.

Erste Iteration:

$$\begin{aligned} x^{(1)} &= (69 - 2y^{(0)} - z^{(0)})/25 = 2{,}76 \\ y^{(1)} &= (63 - 2x^{(1)} - z^{(0)})/10 = 5{,}748 \\ z^{(1)} &= (43 - x^{(1)} - y^{(1)})/4 = 8{,}623 \end{aligned}$$

Man benutzt die eben berechneten Werte zur Berechnung der Variablenwerte in der neuen Iteration. Das ist der Vorteil der Seidelmethode gegenüber der von Gauss.

B9	=(69-2*C8-D8)/25				
	A	B	C	D	E
1		**Gauss-Seidel**			
2					
3		25x+2y+z=69		x=(69-2y-z)/25	
4		2x+10y+z=63		y=(63-2x-z)/10	
5		x+y+4z=43		z=(43-x-y)/4	
6					
7	**Iterationen**	**x**	**y**	**z**	
8	0	0	0	0	
9	1	2,76	5,748	8,623	
10	2	1,95524	5,04665	8,99953	
11	3	1,99629	5,00079	9,00073	
12	4	1,99991	4,99995	9,00004	
13	5	2	5	9	
14	6	2	5	9	
15		2	5	9	
16		2	5	9	

Abb. 8.17 *Gauss-Seidel*-Methode [Arbeitsmappe: Gauss-Seidel.xlsx]

Die Implementation dieses Schemas in einem Arbeitsblatt ist erstaunlich einfach:

```
B8:0;C8:0;D8:0(Anfangswerte)
B9:=(69-2*C8-D8)/25; C9:(63-2*B9-D8)/10; C12:=(43-B9-C9)/4
```

Diese Einträge kopieren wir so lange nach unten, bis wir eine akzeptable Konvergenz erhalten. In unserem Fall reichen dazu 6 Iterationen (vgl. Abb. 8.17). Die exakten Lösungen sind

$x = 2; y = 5, z = 9.$

Die Anzahl der Iterationen kann sehr groß sein. Beispielsweise benötigen wir für das folgende Gleichungssystem 77 Iterationen um die Lösungen $\{2;1;-3\}$ zu erhalten.

$$2x - y - z = 6$$
$$x + 3y + 2z = -1$$
$$3x + 4y + 3z = 1$$

Wenn wir aber in der letzten Gleichung 4z statt 3z schreiben, erhalten wir nach nur 29 Iterationen die Lösungen $x = 2{,}272727$; $y = -0{,}36364$; $z = -1{,}0909$.

8.6 Temperaturverteilung in einer Metallplatte

Mit einer dem *Gauss-Seidel*-Verfahren ähnlichen Methode können wir die Temperaturverteilung in einer quadratischen Metallplatte berechnen. Die Plattenränder sind in Kontakt mit "Bädern" von konstant 0° bzw. 100° (vgl. Abb. 8.18).

Die Temperatur im Innern der Platte wird bis zu einem konstanten Wert ansteigen. Wir haben vier Punkte ausgesucht mit den Temperaturen T1, T2, T3 und T4. Wir berechnen im Augenblick nur vier Punkte, weil so das Rechenverfahren leichter zu erklären ist. In der Praxis wird man die Plattenoberfläche – je nach gewünschter Genauigkeit – mit einem Netz von sehr vielen Punkten überziehen.

Der Algorithmus besteht darin, in jedem der Punkte als Temperatur das arithmetische Mittel der Temperaturen in den Nachbarpunkten zu nehmen.

$$\mathrm{T1} = (0 + 100 + T2 + T3)/4 = 25; \text{ am Anfang haben wir } \mathrm{T2} = \mathrm{T3} = 0.$$

Diesen Wert für T1 benutzen wir sofort in der Berechnung von T2:

$$\mathrm{T2} = (\mathrm{T1} + 100 + 0 + \mathrm{T4})/4 = (25 + 100 + 0 + \mathrm{T4})/4 = 31{,}25$$
$$\mathrm{T3} = (0 + \mathrm{T1} + \mathrm{T4} + 0)/4 = (0 + 25 + 0 + 0)/4 = 6{,}25$$
$$\mathrm{T4} = (\mathrm{T4} + \mathrm{T2} + 0 + 0)/4 = (6{,}25 + 31{,}25 + 0 + 0) = 9{,}375$$

Die Werte T1,..,T4 berechnen wir nun erneut (wir iterieren sie), bis wir ein klares Hinstreben zu einem Grenzwert erkennen. Anschließend führen wir noch eine zweite Iteration mit denselben Randwerten durch:

$$\mathrm{T1} = (0 + 100 + 31{,}25 + 6{,}25)/4 = 34{,}375$$
$$\mathrm{T2} = (34{,}375 + 100 + 0 + 9{,}375)/4 = 35{,}9375$$
$$\mathrm{T3} = (0 + 34{,}375 + 9{,}375 + 0)/4 = 10{,}9375$$
$$\mathrm{T4} = (10{,}9375 + 35{,}9375 + 0 + 0)/4 = 11{,}71875$$

	A	B	C	D	E
1					
2		0	100	100	0
3		0	**T1**	**T2**	0
4		0	**T3**	**T4**	0
5		0	0	0	0
6					

Abb. 8.18 Anfangszustand der Temperaturverteilung in einer Metallplatte

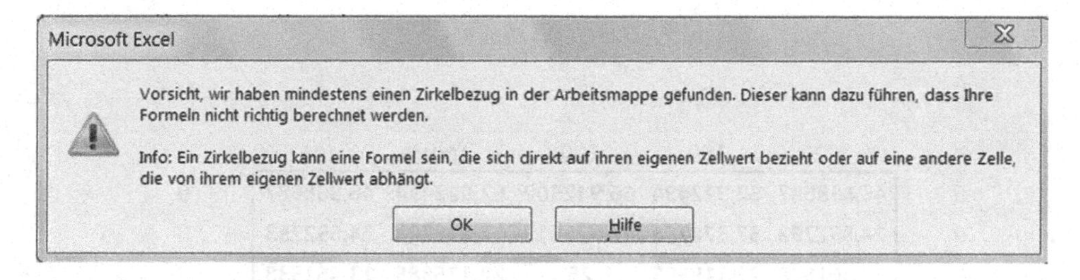

Abb. 8.19 Warnung über Zirkelbezug

	A	B	C	D
1				
2	0	100	100	0
3	0	25	0	0
4	0			0
5	0	0	0	0
6				

Abb. 8.20 Anzeige eines Zirkelbezugs

Jetzt legen wir ein Arbeitsblatt an. Zuerst führen wir die Randwerte 0 und 100 ein. Dann schreiben wir in B3 die Formel `= (A3 + B2 + C3 + B4) / 4`. Wenn wir sie nach rechts kopieren, wird Excel sagen, dass diese Formel einen *Zirkelbezug* enthält (siehe Warnung in Abb. 8.19).

Wenn sich eine Formel auf ihre eigene Zelle rückbezieht, sei es direkt oder indirekt, so spricht man von einem *Zirkelbezug*. In unserem Fall wollen wir B3 aus `(A3 + B2 + C3 + B4) / 4` berechnen, aber C3 = `(B3 + C2 + D3 + C4) / 4` und B4 = `(A4 + B3 + C4 + B5) / 4` brauchen ihrerseits den Wert B3, d. h. B3 bezieht sich über C3 und B4 indirekt auf sich selbst zurück. Ein *Zirkelbezug* wird durch einen blauen Doppelpfeil angezeigt (vgl. Abb. 8.20).

Man kann trotz *Zirkelbezug* weiterarbeiten: mit *FORMELN > Formelüberwachung > Pfeile entfernen*. Dann B3 bis F7 kopieren! In unserem Fall handelt es sich um einen gewollten *Zirkelbezug*, daher liegt kein "Fehler" vor. Um die Iteration durchzuführen, müssen wir *DATEI > Optionen > Formeln > Berechnungsoptionen > Automatisch > Iterative Berechnung* aktivieren, 24 Iterationen einstellen und Genauigkeit = 0,0000001 wählen.

Nach 24 Iterationen erhalten wir das Bild der Abb. 8.21 mit dem exakten Wert von 25° in D5 (= Plattenmitte).

Die Temperaturverteilung auf einer Oberfläche mit festen Temperaturwerten an den Rändern (Randwerte) gehorcht der Gleichung von *Laplace* (P-S. Laplace, 1749–1827)

$$\frac{\partial^2 T}{\partial x^2} + \frac{\partial^2 T}{\partial y^2} = 0$$

D5 =(C5+D4+E5+D6)/4

	A	B	C	D	E	F	G
1							
2		100	100	100	100	100	
3	0	**46,868687**	**62,922494**	**66,942502**	**62,922494**	**46,868687**	0
4	0	**24,552253**	**37,878788**	**41,925019**	**37,878788**	**24,552253**	0
5	0	**13,461538**	**22,115385**	**25**	**22,115385**	**13,461538**	0
6	0	**7,1785159**	**12,121212**	**13,844211**	**12,121212**	**7,1785159**	0
7	0	**3,1313131**	**5,3467366**	**6,1344211**	**5,3467366**	**3,1313131**	0
8		0	0	0	0	0	
9							
10							
11							

Abb. 8.21 Temperaturverteilung nach 24 Iterationen [Arbeitsmappe: Temperaturverteilung.xlsx]

oder auch in der Form

$$\nabla^2 T = 0$$

Die Gleichung von *Laplace* (1780) gehört zur Gruppe der elliptischen partialen Differentialgleichungen.

Die Lösung der *Laplace*-Gleichung im Fall einer Platte mit 10*10 Längeneinheiten^2 mit den gleichen Randbedingungen wie oben lautet:

$$T(x, y) = \sum_{n}^{\infty} \frac{400}{n\pi sinh(n\pi)} sinh\left(\frac{n\pi}{10}(10 - y)\right) sin\left(\frac{n\pi x}{10}\right)$$

n = 1,3,5,...

Um diese Reihe mit Excel zu berechnen, können wir ein Arbeitsblatt wie in Abb. 8.22 anfertigen.

Wir addieren 10 Terme der Reihe T(x, y), z. B. für die Werte x = 5 und y = 5. Die Faktoren stecken in den Spalten A bis G. In der Spalte H bilden wir die Teilsummen. In der Zelle H9 bekommen wir bereits die Gesamtsumme von 25 (Temperatur in der Mitte der Platte). Wenn wir x und y zwischen 1 und 10 variieren, bekommen wir eine ähnliche Temperaturverteilung wie in Abb. 8.21.

Beachte, dass in H5 = `G5` steht, aber in H6: = `SUMME(G$5:G6)`; kopieren bis H14.

H14 =SUMME(G$5:G14)

	A	B	C	D	E	F	G	H	I
1			x=	5					
2			y=	5					
3									
4	n	n*Pi	Sinh(n*Pi)	Klammern	Sinh (Klammern)	Faktor 3	Produkt	Summe	
5	1	3,14159	11,54874	1,570796327	2,301298902	1	25,3716		
6	3	9,42478	6195,824	4,71238898	55,6543976	-1	-0,3812	24,9904	
7	5	15,708	3317812	7,853981634	1287,985054	1	0,00989	25,0003	
8	7	21,9911	1,78E+09	10,99557429	29804,87074	-1	-0,0003	25	
9	9	28,2743	9,51E+11	14,13716694	689705,3529	1	1E-05	25	
10	11	34,5575	5,09E+14	17,27875959	15960259,58	-1	-4E-07	25	
11	13	40,8407	2,73E+17	20,42035225	369331461,3	1	1,3E-08	25	
12	15	47,1239	1,46E+20	23,5619449	8546585824	-1	-5E-10	25	
13	17	53,4071	7,82E+22	26,70353756	1,97774E+11	1	1,9E-11	25	
14	19	59,6903	4,19E+25	29,84513021	4,57663E+12	-1	-7E-13	25	
15									

Abb. 8.22 Erste Summanden der Temperaturverteilung *T(x, y)* [Arbeitsmappe: Laplace_Summe.xlsx]

A5: 1

A6: `=A5+2` ; B5: `=A5*PI()` ; C5: `=SINHYP(B5)`
D5: `=B5*(10-E$5)/10` ; E5: `=SINHYP(D5)`
F5: `=SIN(B5*E$1/10)`
G5: `=400*E5*F5/(B5*C5)` erster Teil der Summe
H5: `=G5`
H6: `=SUMME(G$5:G6)` Summe der beiden ersten Terme

Exakt die gleiche Methode wird, u. a. verwendet, um elektrische Potentialverteilungen auf einer leitenden Oberfläche zu berechnen [10].

8.7 Berechnung der Ableitung einer Funktion

Die Ableitung einer Funktion kann als Grenzwert eines Differenzenquotienten

$$f'(x) = \lim_{h\to 0} \frac{\Delta f}{h} = \lim_{h\to 0} \frac{f(x+h) - f(x)}{h}$$

berechnet werden. "Was wäre, wenn" h gegen Null strebte? Excel bietet ein Werkzeug, um diese Frage zu beantworten: die Datentabelle aus der *"Was-wäre-wenn-Analyse"*.

Als konkretes Beispiel wählen wir die Funktion $f(x) = 5x^2$ und benutzen das Arbeitsblatt aus Abb. 8.23.

	A	B	C	D	E	F	G	H	I	J
1			**Differenzenquotient mit verschiedenen Werten von h=Dx**							
2			**mit *Datentabelle* aus "*Was-wäre-wenn-Analyse*"**							
3										
4	**Funktion**	f(x)=5*x^2								
5				**h**	**Df/h**					
6	h0=	0,1		0,1	40,5					
7	x0=	4		0,01	40,05					
8				0,001	40,005					
9	x0+h	4,1		0,0001	40,0005					
10	f(x0)=	80		0,00001	40,00005					
11	f(x0+h)=	84,05		1E-06	40,00001					
12				1E-07	40					
13	Df/h0=	40,5		1E-08	40					
14				1E-09	40	=Ableitung an der Stelle x0				
15										
16										
17										
18										

Abb. 8.23 Ableitung der Funktion $f(x) = 5x^2$ [Arbeitsmappe: Differenzenquotient.xlsx]

Einträge im Arbeitsblatt

Wir fangen an mit $h_0 = 0{,}1$ (in B6) und berechnen den Differenzenquotienten an der Stelle x_0:

$$\frac{f(x_0 + h_0) - f(x_0)}{h_0} \text{ (in B13)}$$

D6: 0,1 und in D7 den Bruch `=D6/10` und kopieren dies dann bis D14 (Werte von $h \to 0$)

E6: `=B13` (Anfang des "Was-wäre-wenn... Szenarios")

Den Bereich D6:E14 markieren, und (*DATEN > Datentools > Was-wäre-wenn-Analyse > Datentabelle...*) wählen. Im Dialogfenster Datentabelle anschließend Werte aus Spalte: B6 wählen.

Excel erzeugt dann die Tabelle D4:E11, in der der Wert von h_0 in der Formel für Df/h_0 (in E6) durch die h-Werte aus D7:D14 jeweils ersetzt wird. Wir erkennen, dass mit immer kleineren h-Werten Df/h gegen den Grenzwert 40 strebt, also gegen f'(x) an der Stelle 4. Ändern wir die Stelle x_0, so ändert sich der Ableitungswert. Wichtig ist, dass die Methode genauso einfach für komplizierte Ableitungen funktioniert, für die man eine langwierige Tabellenkonstruktion bräuchte.

Potenzreihen

9

Zusammenfassung

Das Thema Potenzreihen wird im Kapitel ausführlich behandelt. Verschiedene Algorithmen werden vorgestellt und u. a. auf die Berechnung der *Eulerschen* Zahl **e** und der Zahl π angewandt.

9.1 Wichtige Potenzreihen

Die folgende Formel stellt ein Polynom dar:

$$S_n = a_0 + a_1x + a_2x^2 + \ldots + a_nx^n$$

Die Terme von Potenzreihen sind Funktionen von x der Form $b_i = a_ix^i$. Polynome wie S_n sind die Partialsummen der Potenzreihen. Funktionen wie e^x, sin(x), cos(x) und andere können in der Form einer Entwicklung in eine Potenzreihe geschrieben werden

$$f(x) = a_0 + a_1x + a_2x^2 + \ldots$$

Als erstes Beispiel betrachten wir eine Reihenentwicklung für die Funktion sin(x), die für alle x gültig ist

$$sin(x) = x - \frac{x^3}{3!} + \frac{x^5}{5!} - \frac{x^7}{7!} + - \ldots$$

x ist der Winkel in Radiant. Das Symbol "!" ist die Fakultät, d. h. $n! = 1 \cdot 2 \cdot 3 \ldots n$ ist das Produkt der ersten n natürlichen Zahlen. Die Terme $x^n/n!$ streben mit wachsendem n gegen 0. Da die Terme alternierende Vorzeichen haben und mit wachsendem n abnehmen, wird der Fehler, den wir begehen, wenn wir nur eine gewisse Anzahl von n Termen addieren, n beliebig, z. B. 3, nicht größer als der Wert des ersten vernachlässigten Terms.

F. J. Mehr, M. T. Mehr, *Excel und VBA*, DOI 10.1007/978-3-658-08886-6_9

D6 =C6^A6/FAKULTÄT(A6)

	A	B	C	D	E	F
1					x [Grad]	x[rad]
2			Sinus-x-Reihe		120	2,094395102
3						
4	n			Summenterm		
5	1	1	2,094395102	2,094395102	1	
6	3	-1	-2,094395102	-1,531174157	2	
7	5	1	2,094395102	0,335824071	3	
8	7	-1	-2,094395102	-0,035073553	4	
9	9	1	2,094395102	0,002136803	5	
10	11	-1	-2,094395102	-8,52097E-05	6	
11						
12		Die ersten 6 Terme der sin(x)-Reihe:				
13			0,8660230570632			
14		sin(x) aus unserer rekursiven sinfunktion:				
15			0,8660254037844			
16			sin(x) aus Excel:			
17			0,8660254037844			
18						

Abb. 9.1 *sin(x)*-Reihe [Arbeitsmappe: Sinus_Reihe.xlsm; Blatt: sin(x)]

Beispiel

Wie groß ist der Sinus von 1° (= π/180 rad)?

Mit der *sin(x)*-Reihe ergibt sich

$$\sin(\pi/180) = \pi/180 - (\pi/180)^3/6 + \ldots = 0{,}0174524064\ldots$$

Der erste vernachlässigte Term ist $(\pi/180)^5/120 = 1{,}3496 \cdot 10^{-11}$, was kleiner ist als 0,000 000 000 02. Der Fehler, den wir begehen, wenn wir nur die ersten zwei Terme nehmen, ist nicht größer als $2 \cdot 10^{-11}$, daher besitzt $\sin(1^\circ) = 0{,}0174524064$ zehn gültige Dezimalstellen.

Es ist nicht schwierig, die *sin(x)*-Reihe in einem Arbeitsblatt zu implementieren (siehe Abb. 9.1). Die Einträge sind:

A5: 1 ;	A6:	`=A5+2`	nach unten kopieren
B5: 1 ;	B6:	`=B5*(-1)`	nach unten kopieren
C5:	`=B5*F$2`		nach unten kopieren
D1:	`=F$2`		
D2:	`=C2^A2/FAKULTÄT(A2)`		nach unten kopieren

H11						
	A	B	C	D	E	F	G

	A	B	C	D	E	F	G
1			**x [Grad]**	**x[rad]**			
2			120	2,0944			
3							
4	**k**	**y**	**Summe**			**Sinus rekursiv berechnet:**	
5	1	2,094395102	2,0944			0,866025404	
6	2	-1,531174157	0,56322				
7	3	0,335824071	0,89905				
8	4	-0,035073553	0,86397		*Strg.+s* um das Makro sinusrek aufzurufen.		
9	5	0,002136803	0,86611				
10	6	-8,52097E-05	0,86602				
11	7	2,39597E-06	0,86603				
12	8	-5,00472E-08	0,86603				
13	9	8,07101E-10	0,86603				
14	10	-1,03519E-11	0,86603				
15	11	1,08115E-13	0,86603				

Abb. 9.2 *sin(x)*-Reihe als Rekursion [Arbeitsmappe: Sinus_Reihe.xlsm; Blatt: Rekursion]

Wir möchten jetzt eine **rekursive** Technik (vgl. Abschn. 3.2) zur Berechnung der sin(x)-Reihe erwähnen. Wenn wir $y_1 := x$ setzen, dann lautet der zweite Term $y_2 = -x_2/(2 \cdot 3) \cdot y_1$. Damit erhalten wir

$$y_3 = -x_2/(4 \cdot 5) \cdot y_2 \ldots$$

Diesen Prozess können wir folgendermaßen ausdrücken

$$y_1 = x, \quad y_{k+1} = -\frac{x^2}{2k(2k+1)} y_k, \quad k = 1,2,\ldots,n-1$$

Die Tabelleneinträge lauten:

```
A5:  1 (=k);              B5:     =E$1 (=y1)
In Spalte C haben wir die Summen  =B5 ;      =C5+B6          =C6+B7
A6:     =A5+1
B6:     =( - 1)*E$1^2/(2*A5*(2*A5+1))*B5
C6:     =C5+B6
```

Kopiere A6:C6 bis A6:C104 (wir addieren 100 Terme); das Ergebnis steht in Zelle F5: `=C104`

Für x = 120° (2,094 rad) erhalten wir die Summe 0,8660254037844 (siehe Abb. 9.2). Diese Zahl ist bis auf 8 Stellen genau.

Die Rekursionsformel kann als `Sub`-Prozedur oder auch als `Function`-Prozedur geschrieben werden:

```
Sub sinusrek()
    Dim n As Integer, k As Integer
    Dim faktor As Double, s As Double, pi As Double
    Dim x As Double, x2 As Double, y As Double

    x = InputBox("Winkel (Grad)? ")
    pi = Application.Pi()
    y = x * pi / 180: n = 100: s = x * pi / 180
    x2 = (x * pi / 180) ^ 2
    For k = 1 To n - 1 Step 1
        faktor = 1 / (4 * k ^ 2 + 2 * k)
        y = (-1) * faktor * x2 * y
        s = s + y
    Next

    MsgBox "sin(" & x & ") = " & format(s, "0.00000000")

End Sub
------------------------------------------------------------------------------
Function sinfunktion(x As Double, n As Integer) As Double
    Dim k As Integer, faktor As Double, s As Double
    Dim y As Double

    y = x:  s = x
    For
        faktor = 1 / (4 * k ^ 2 + 2 * k)
        y = (-1) * faktor * x * x * y
        s = s + y
    Next
    sinfunktion = s

End Function
```

Die Prozedur "sinusrek" starten wir mit *Strg* + *s*. Die Funktion "sinfunktion" wird mit f_x vom Arbeitsblatt aus (*Benutzerdefiniert*) aufgerufen.

Beachten Sie, dass wir bei "sinusrek" das Format der Ausgabe mithilfe der Funktion `Format` festgelegt haben und uns π über `Application .Pi()` für die Umrechnungen aus Excel geholt haben (vgl. Abschn. 7.1).

Damit Sie sich noch weiter in der Excel-und VBA-Programmierung stärken können, geben wir Ihnen einige bekannte Potenzreihen zur Bearbeitung.

$$\ln(z) = 2\left(x + \frac{x^3}{3} + \frac{x^5}{5} + \ldots\right), \text{ mit } x = \frac{z-1}{z+1}, \; z > 0$$

$$e^x = 1 + \frac{x}{1!} + \frac{x^2}{2!} + \frac{x^3}{3!} + \ldots, \text{ gültig für alle } x \tag{9.1}$$

Tipps

Für die *ln(z)*-Reihe: t = x, s = x, k = 1

Danach: k = k + 2 und t = x · x · t; s = s + t/k. (t = Hilfsvariable)

Kontrolle: ln(40) = 3,688876. . ., korrekt bis auf 3 Dezimalstellen

Für die e^x-Reihe : y1 = 1, y2 = x · y1/1, y3 = x · y2/2 usw.

H5 =lnz(40;199)

	A	B	C	D	E	F	G	H
1				z=	40			
2				x=	0,95122			
3								
4	n	Summen-term	Summe	ln(z)=	3,68888		Funktion lnz	
5	1	0,95122	0,95122				lnz=	3,68887531
6	3	0,86068	1,23811					
7	5	0,77876	1,39387					
8	7	0,70464	1,49453					
9	9	0,63757	1,56537					
10	11	0,57688	1,61781					
11	13	0,52198	1,65796					
12	15	0,47229	1,68945					
13	17	0,42734	1,71459					
14	19	0,38666	1,73494					
15	21	0,34986	1,7516					
16	23	0,31656	1,76536					

Abb. 9.3 *ln(z)*-Reihe als Arbeitsblatt und als benutzerdefinierte Funktion [Arbeitsmappe: ln&exp_Reihen.xlsm; Blatt: ln(z)]

Lösung für die *ln(z)*-Reihe (vgl. Abb. 9.3):

E2: `=(E$1-1)/(E$1+1)`

A5: 1 (=k) ; B5: `=E$2` (= Hilfsvariable t)

C5: `=E$2` (= Summenterm)

A6: `=A5+2`

B6: `=E$2*E$2*B5` (= Potenzen von x)

C6: `=C5+B6/A6` (= Teilsummen)

Kopiere A6:C6 bis A6:C104 (zur Erinnerung: A6:C6 markieren, *F5>Verweis auf C104*, *Shift*-Taste gedrückt halten und *OK* drücken, *START > Bearbeiten > Füllbereich > Unten* – sieht lang aus, ist aber für das Kopieren von vielen Zellen bequemer als die Maus zu ziehen), 100 Terme werden addiert. Die Summe der 100 Terme muss mit 2 multipliziert werden und steht in E5: `=2*C104`.

H5 | fx =Expx(1;10)

	A	B	C	D	E	F	G	H
1								
2				x=	1			
3								
4	**n**	**Summen-term**	**Summe**	**exp(x)=**	2,71828		**Funktion Expx**	
5	0	1	1				Expx=	2,71828
6	1	1	2					
7	2	0,5	2,5					
8	3	0,16667	2,66667					
9	4	0,04167	2,70833					
10	5	0,00833	2,71667					
11	6	0,00139	2,71806					
12	7	0,0002	2,71825					
13	8	2,5E-05	2,71828					
14	9	2,8E-06	2,71828					
15	10	2,8E-07	2,71828					
16								

Abb. 9.4 e^x-Reihe als Arbeitsblatt und als benutzerdefinierte Funktion [Arbeitsmappe: ln&exp_Reihen.xlsm; Blatt: exp(x)]

Die Funktion "lnz" berechnet *ln(z)* mit 100 Termen der *ln(z)*-Reihe. Mit der Hilfsvariablen t umgehen wir die direkte Berechnung der Potenzen von x (siehe Code in Abb. 9.5).

Die Lösung für die e^x-Reihe können Sie in Abb. 9.4 sehen.

Die Funktion "Expx" (siehe Abb. 9.5) berechnet e^x mit $n+1$ Termen der Reihe. Für $x=1$ erhalten wir mit $n=10$ den Wert $e^1 = \mathbf{e} = 2{,}7182818$.

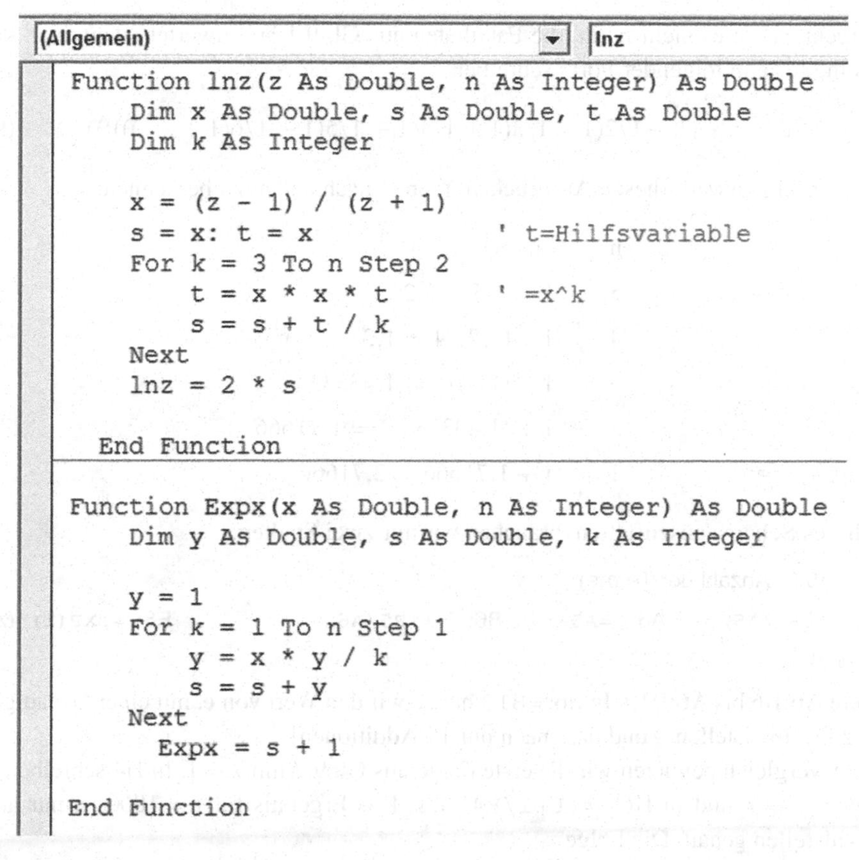


```
Function lnz(z As Double, n As Integer) As Double
    Dim x As Double, s As Double, t As Double
    Dim k As Integer

    x = (z - 1) / (z + 1)
    s = x: t = x                  ' t=Hilfsvariable
    For k = 3 To n Step 2
        t = x * x * t             ' =x^k
        s = s + t / k
    Next
    lnz = 2 * s

  End Function

Function Expx(x As Double, n As Integer) As Double
    Dim y As Double, s As Double, k As Integer

    y = 1
    For k = 1 To n Step 1
        y = x * y / k
        s = s + y
    Next
      Expx = s + 1

End Function
```

Abb. 9.5 Code der benutzerdefinierten Funktionen "lnz" und "Expx" [Arbeitsmappe: ln&exp_Reihen.xlsm; Modul1]

9.2 *Eulersche* Zahl e und *Horner* Verfahren

Die *Eulersche* Zahl **e** haben wir bereits kennengelernt. Bis in Eulers Tage (1707–1783) wurde die Exponentialfunktion e^x nur als Umkehrung der Logarithmusfunktion angesehen. Euler gab beiden Funktionen eine eigene Basis, indem er sie unabhängig voneinander definierte:

$$e^x = \lim_{n\to\infty}\left(1+\frac{x}{n}\right)^n$$

$$\ln x = \lim_{n\to\infty} n\left(x^{\frac{1}{n}}-1\right) \tag{9.2}$$

Wie wir oben sahen, können wir diese Grenzwerte in Form unendlicher Reihen darstellen. Die e^x -Reihe erlaubt die Berechnung von **e** mit beliebiger Genauigkeit. Um **e** aber effektiv zu berechnen, ist es nicht nötig, die Fakultäten aus Gl. 9.1 auszuwerten, denn man kann die Reihe für **e** in folgender Form schreiben

$$e = 1 + (1 + 1/2(1 + 1/3(1 + 1/4(1 + 1/5(1 + 1/6(1 + \ldots)))))) \qquad (9.3)$$

Es ist empfehlenswert, diesen Ausdruck von innen nach außen zu berechnen:

n	Summe
5	$1 + 1/5 = 1{,}2$
4	$1 + (1{,}2)/4 = 1{,}3$
3	$1 + (1{,}3)/3 = 1{,}43333$
2	$1 + (1{,}43333)/2 = 1{,}71666$
1	$1 + 1{,}71666 = 2{,}71666$

Um dieses Schema auszuführen, brauchen wir nur zwei Spalten:

A5: 15 (= Anzahl der Terme)

B5: `=1+1/A5`; A6: `=A5-1`; B6: `=1+B5/A6`; E8: `=EXP(1)` (zum Vergleich)

Kopiere A6:B6 bis A6:B19. In E6: `=B19` haben wir den Wert von **e**, mit einer Genauigkeit von 12 Dezimalstellen – und dass nach nur 15 Additionen!

Zum Vergleich benutzen wir die erste Folge aus Gl. 9.2 mit $x = 1$. In H4 schreiben wir den Wert von n und in H6: `=(1+1/H4)^H4`. Das Ergebnis für $n = 1000$ ist nur auf 2 Dezimalstellen genau. Die Folge

$$e = \lim_{n \to \infty} \left(1 + \frac{1}{n}\right)^n$$

konvergiert also sehr langsam. Außerdem ist sie – aufgrund kumulativer Rechenfehler – für numerische Berechnungen ungeeignet (Abb. 9.6).

Eine dem eben beschriebenen Verfahren sehr ähnliche Methode stammt von *Horner* (1786–1837). Es wird u. a. dazu verwendet, Polynomwerte effizient zu berechnen oder eine Polynomdivision durchzuführen.

Beispiel $P(x) = 4x^3 - 2x^2 + 3x - 6$. Berechne nach dem *Horner* Verfahren den Polynomwert P(3).

Lösung Wir schreiben das Polynom folgendermaßen:

$$P(x) = ((4x - 2)x + 3)x - 6$$

I10

	A	B	C	D	E	F	G	H	I
1									
2						**Eulersche Zahl e**			
3	(aus eingebettetem Klammerausdruck aus Gl. 9.3)						(Direkt mit der Folge e=(1+1/n)^n mit n--> unendlich)		
4							n=	1.000	
5	15	1,0667							
6	14	1,0762		e=	2,718281828459		e=	2,716923932236	
7	13	1,0828							
8	12	1,0902		EXP(1)=	2,718281828459				
9	11	1,0991							
10	10	1,1099							
11	9	1,1233							
12	8	1,1404							
13	7	1,1629							
14	6	1,1938							
15	5	1,2388							
16	4	1,3097							
17	3	1,4366							
18	2	1,7183							
19	1	2,7183							
20									

Abb. 9.6 Die *Eulersche* Zahl **e** [Arbeitsmappe: Eulersche_Zahl.xlsx]

Man erkennt die Regel $\mathbf{P = P \cdot x + A(i)}$ mit $A(3) = -6$, $A(2) = 3$, $A(1) = -2$ und $A(0) = 4$. Die A(i) sind die Koeffizienten der Terme des gegebenen Polynoms. Wir setzen $x = 3$ in die Hornersche Formel ein und erhalten

$$P(3) = ((4 \cdot 3 - 2)3 + 3)3 - 6 = 93$$

Um die Regel $\mathbf{P = P \cdot x + A(i)}$ in einer Excel-Tabelle zu implementieren, notieren wir die A(i) in der B-Spalte und die Regel einmal in Zelle C6 (anschließend so weit kopieren wie nötig). Der letzte Wert in der C-Spalte ist der Wert von P(x) für das gegebene x. Vgl. Abb. 9.7.

Die Prozedur "Horner_sub" zeigt, wie man mit einer **Liste** von Zahlen in einem **Vektor** a(i) arbeiten kann. Die a(i) sind indizierte Werte.

A(0) ist der erste Koeffizient des Polynoms $P(x) = A(0)x^n + A(1)\ x^{n-1} + \ldots + A(n-1)x + A(n)$. (Vgl. Abb. 9.8)

Hier ist ein Beispiel: $P(x) = 3x^4 - 6x^3 - 2x^2 + 5x - 8$. $x = 3$

Das Makro (mit *Strg* + *h* starten) fragt zuerst nach dem x-Wert, dann nach dem Grad des Polynoms ($n = 4$). Anschließend fragt es nach a(0) (= 3) usw. bis a(4) (= – 8). Schließlich wird $P(3) = 70$ angezeigt.

C9 =C8*E$4+B9

	A	B	C	D	E	F
1			Horner Verfahren			
2			Beispiel: $P(x) = 4x^3 - 2x^2 + 3x - 6$			
3						
4	i	A(i)	P=P*x+A(i)	x=	3	
5			0			
6	0	4	4			
7	1	-2	10			
8	2	3	33			
9	3	-6	93			
10						

Abb. 9.7 *Horner* Verfahren [Arbeitsmappe: Horner.xlsm]

(Allgemein) Horner_sub

```
Sub Horner_sub()

Dim x As Double, P As Double
Dim n As Integer
Dim a(10) As Double

x = InputBox("Welches ist der x-Wert? ")
n = InputBox("Welches ist der Grad des Polynoms? ")

For i = 0 To n Step 1
  a(i) = InputBox("Bitte a(" & i & ")")
Next

 P = 0
 For i = 0 To n Step 1

  P = P * x + a(i)

  Next
     MsgBox " P(" & x & ") = " & P

End Sub
```

Abb. 9.8 Code für "Horner_sub" [Arbeitsmappe: Horner.xlsm; Makro: Horner_sub]

9.3 Die Zahl Pi

Die faszinierende Geschichte der Zahl π begleitet die Geschichte der Mathematik von den Babyloniern bis in unsere Tage. Die Veröffentlichung "The Quest for Pi" [11] gibt einen guten Überblick über diese Geschichte, präsentiert alte und moderne Algorithmen für die Berechnung von π und untersucht die Frage, warum dieses Thema von ständigem Interesse ist.

Schon Archimedes aus Syracus (ungefähr 287–212 v. Chr.) schätzte, dass der Wert von π zwischen 3,14103 und 3,14271 liegen müsse. Er studierte dazu regelmäßige Polygone von 96 Seiten, die einem Kreis ein- und umbeschrieben waren. Vieta (François Viète, 1540–1603) bestimmte 1579 den Wert von π mit einer Genauigkeit von 9 Dezimalstellen mithilfe eines Polygons von 393216 Seiten.

Ein Quadrat, das einem Kreis vom Radius 1 einbeschrieben ist, hat eine Seitenlänge von $s_4 = \sqrt{2}$ Längeneinheiten, bei einem Polygon von 8 Seiten beträgt die Seitenlänge

$$s_{2n} = s_8 = \sqrt{2 - \sqrt{4 - s_4 s_4}} = \sqrt{2 - \sqrt{2}}$$

Bei einem Polygon von 16 Seiten ergibt sich

$$s_{2n} = s_{16} = \sqrt{2 - \sqrt{4 - s_8 s_8}} = \sqrt{2 - \sqrt{2 + \sqrt{2}}}.$$

Allgemein können wir schreiben

$$s_{2n} = \sqrt{2 - \sqrt{4 - \sqrt{s_n s_n}}} \tag{9.4}$$

Um ein Arbeitsblatt für diese Formel zu entwerfen, benötigen wir 3 Spalten: Spalte B für die Anzahl der Seiten, C für die Umfänge und D für den ungefähren Wert von π.

```
B5:  4      ;  C5:  =WURZEL(2)                 ;  D5:  =B5*C5/2
B6:  =2*B5  ;  C6:  =WURZEL(2-WURZEL(4-C5*C5)) ;  D6:  =B6*C6/2
```

Kopiere B6:D6 bis B6:D40.

Alles geht gut bis n = 32768. Dieses Polygon liefert für Pi einen Wert, der bis auf 8 Dezimalstellen genau ist. Danach aber beginnt das Chaos, und wir erhalten mit n = 536870912 den Wert $\pi = 0$ (vgl. Abb. 9.9).

Wie kann man das verstehen?

Ein Computer arbeitet mit reellen Zahlen und verwendet dabei nur eine beschränkte Anzahl von Ziffern, um eine reelle Zahl (ein "Wort") darzustellen. Computer benutzen verschiedene Architekturen, um ein "Wort" darzustellen. Es gibt "PC's", die eine Wortlänge von 16 bit benutzen. Größere Rechner haben Wortlängen von 32 oder 64 bit (usw.).

Nehmen wir der Einfachheit halber an, dass unser Computer nur 3-stellige Zahlen verarbeiten kann. Eine Zahl wie 1,42 wird standardmäßig als .142E + 1 dargestellt. In dieser **Normalform** beginnt ein "Wort" mit einem Dezimalpunkt, und hinter dem Punkt kann keine Null als erste Ziffer stehen. Die Zahl 0,15 wird gespeichert als .150E + 0. Beachten Sie, dass wir eine Null erhalten haben, von denen wir nicht wissen, ob sie gültig oder ungültig ist.

Wie das Hinzufügen von nicht signifikanten Nullen zu Fehlern bei Subtraktionen führen kann, können wir leicht sehen, wenn wir die Berechnung von π mit nur 3 Dezimal-stellen wiederholen:

C18 =WURZEL(2-WURZEL(4-C17*C17))

	A	B	C	D
1				
2		**Pi Archimedes (Gl. 9.4)**		
3		**Anzahl der Seiten**	**Umfänge**	**Näherung für Pi**
4				
5	Zellen 7-16	4	1,414213562373	2,828427124746
6	ausgeblendet	8	0,765366864730	3,061467458921
17		16384	0,000383495195	3,141592633463
18		32768	0,000191747599	3,141592654808
19		65536	0,000095873799	3,141592645321
20		131072	0,000047936899	3,141592607376
21		262144	0,000023968452	3,141592910940
22		524288	0,000011984221	3,141591696684
23		1048576	0,000005992120	3,141596553705
24		2097152	0,000002996060	3,141596553705
25		4194304	0,000001497993	3,141518840466
26		8388608	0,000000748922	3,141207968282
27		16777216	0,000000374609	3,142451272494
28		33554432	1,87305E-07	3,142451272
29		67108864	9,42432E-08	3,16227766
30		134217728	4,71216E-08	3,16227766
31		268435456	0,000000021073	2,828427124746
32		536870912	0,000000000000	0,000000000000
33		1073741824	0,000000000000	0,000000000000
34		2147483648	0,000000000000	0,000000000000
35		4294967296	0,000000000000	0,000000000000
36				

Abb. 9.9 Pi aus (Gl. 9.4) [Arbeitsmappe:Pi.xlsm; Blatt: Archimedes (Gl. 9.4)]

$$
\begin{aligned}
S_4 &= .141\text{E}+1\\
S_8 &= \text{WURZEL}\,(.200\text{E}+1-.142\text{E}+1) = .762\text{E}+0\\
S_{16} &= \text{WURZEL}\,(.200\text{E}+1-.185\text{E}+1) = .387\text{E}+0\\
S_{32} &= \text{WURZEL}\,(.200\text{E}+1-.196\text{E}+1) = .200\text{E}+0\\
S_{64} &= \text{WURZEL}\,(.200\text{E}+1-.199\text{E}+1) = .100\text{E}+0\\
S_{128} &= \text{WURZEL}\,(.200\text{E}+1-.200\text{E}+1) = 0\text{E}+0
\end{aligned}
$$

Vergleiche S_{16}:

$$
\begin{aligned}
\text{WURZEL}(.200\text{E}+1-.185\text{E}+1) = \text{WURZEL}(.015\text{E}+1) &= \text{WURZEL}(.15\mathbf{0}\text{E}+0)\\
&= .387\text{E}+0
\end{aligned}
$$

Die fett markierte Null entstand durch die Normalisierung. Es sind diese Extranullen, die dazu führen, dass ab S_{128} nur Nullergebnisse auftreten.

	A	B	C	D	E	F	G	H
1								
2		**Pi Archimedes (Gl. 9.5)**						
3		**Anzahl der Seiten**	**Umfänge**	**Näherung für Pi**		Makro ArchiPi() mit *Strg.+p* aufrufen		
4								
5	Zellen 7-16	4	1,414213562373	2,82842712474619			Pi=	3,14159265358979
6	ausgeblendet	8	0,765366864730	3,06146745892072		Anzalh der Schritte=		25
17		16384	0,000383495195	3,14159263433856				
18		32768	0,000191747598	3,14159264877699				
19		65536	0,000095873799	3,14159265238659				
20		131072	0,000047936900	3,14159265328899				
21		262144	0,000023968450	3,14159265351459				
22		524288	0,000011984225	3,14159265357099				
23		1048576	0,000005992112	3,14159265358509				
24		2097152	0,000002996056	3,14159265358862				
25		4194304	0,000001498028	3,14159265358950				
26		8388608	0,000000749014	3,14159265358972				
27		16777216	0,000000374507	3,14159265358978				
28		33554432	0,000000187254	3,14159265358979				
29		67108864	0,000000093627	3,14159265358979				
30		134217728	0,000000046813	3,14159265358979				
31		268435456	0,000000023407	3,14159265358979				
32		536870912	0,000000011703	3,14159265358979				
33		1073741824	0,000000005852	3,14159265358979				
34		2147483648	0,000000002926	3,14159265358979				
35		4294967296	0,000000001463	3,14159265358979				
36		8589934592	0,000000000731	3,14159265358979				
37		17179869184	0,000000000366	3,14159265358979				

Abb. 9.10 Pi aus (Gl. 9.5) [Arbeitsmappe:Pi.xlsm; Blatt: Archimedes (Gl. 9.5)]

Wie können wir dieses Dilemma umgehen? Das Hauptproblem sind die beiden Subtraktionen in der Rekursionsformel (Gl. 9.4). Wir müssen versuchen, eine der Subtraktionen in eine Addition umzuwandeln. Das ist weiter nicht schwierig, denn man braucht nur $s = \sqrt{2 - \sqrt{4 - s \cdot s}}$ mit

$$\frac{\sqrt{2 + \sqrt{4 - s \cdot s}}}{\sqrt{2 + \sqrt{4 - s \cdot s}}} \text{ zu multiplizieren.}$$

Wir erhalten auf diese Weise eine neue Rekursionsformel, die keine Nullergebnisse erzeugt.

$$s_{2n} = \frac{s_n}{\sqrt{2 + \sqrt{4 - s_n s_n}}} \tag{9.5}$$

Der Tabelle aus Abb. 9.10 können wir entnehmen, dass diese Gleichung stabile Werte liefert, die bis auf 14 Dezimalstellen genau sind, und zwar von einem Polygon, das n = 33554432 Seiten besitzt (!)

In dem Makro "Sub_ArchiPi()" (siehe Abb. 9.11) benutzen wir in der `Dim`- Anweisung zum ersten Mal eine `Long`-Variable, um eine Genauigkeit von 1E-14 erreichen zu können: "`Dim n As Long`". Wenn wir n nur als `Integer` deklarieren, übersteigt es den Wert 32.767 bevor die gewünschte Genauigkeit erreicht wird (vgl. Abschn. 2.6).

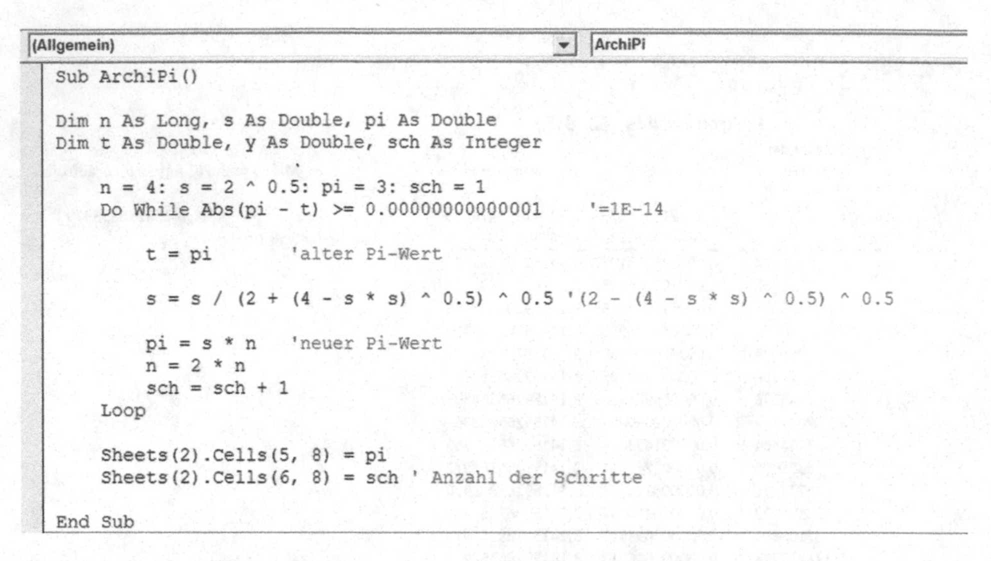

```
(Allgemein)                                    ArchiPi
Sub ArchiPi()

Dim n As Long, s As Double, pi As Double
Dim t As Double, y As Double, sch As Integer

    n = 4: s = 2 ^ 0.5: pi = 3: sch = 1
    Do While Abs(pi - t) >= 0.00000000000001       '=1E-14

        t = pi        'alter Pi-Wert

        s = s / (2 + (4 - s * s) ^ 0.5) ^ 0.5 '(2 - (4 - s * s) ^ 0.5) ^ 0.5

        pi = s * n    'neuer Pi-Wert
        n = 2 * n
        sch = sch + 1
    Loop

    Sheets(2).Cells(5, 8) = pi
    Sheets(2).Cells(6, 8) = sch ' Anzahl der Schritte

End Sub
```

Abb. 9.11 Code für "Sub_ArchiPi()" [Arbeitsmappe:Pi.xlsm; Makro: ArchiPi]

Von den Algorithmen, die sich zur Berechnung von Pi auf eine Potenzreihe stützen, dürfte der nach *Leibniz*[1] und *Gregory* benannte wohl am bekanntesten sein:

$$\pi = 4\left(1 - \frac{1}{3} + \frac{1}{5} - \frac{1}{7} + \ldots\right) = 4\sum_{n=1}^{\infty} \frac{(-1)^{n-1}}{2n-1}$$

Diese *Leibniz*-Reihe hat eine sehr kleine Konvergenzgeschwindigkeit. Wie wir in Abb. 9.12 sehen, hat die Summe nach 50 Mio. Schritten, noch nicht die Genauigkeit vom zweiten Archimedes-Verfahren nach 25 Schritten!

Der Code für die *Leibniz*-Reihe befindet sich in Abb. 9.13.

Eine ausgezeichnete Methode zur Berechnung von Pi (schnell und genau) ist der *Gregory-Machin*-Algorithmus, benannt nach den beiden englischen Mathematikern J. Gregory (1638–1675) und J. Machin (1680–1751). Machin berechnete Pi auf 100 Stellen genau.

$$\frac{\pi}{4} = 4\sum_{n=1}^{\infty} A_n - \sum_{n=1}^{\infty} B_n$$

Die Koeffizienten sind

$$A_n = \frac{(-1)^{n-1}}{(2n-1)5^{2n-1}},\; B_n = \frac{(-1)^{n-1}}{(2n-1)239^{2n-1}}$$

[1] G.W. Leibniz (1646–1716), war praktisch alles, was man so werden kann: Politiker, Mathematiker (Miterfinder der höheren Mathematik!), Physiker, Diplomat, Jurist, Philosoph... – nur Butterkekse konnte er wohl keine backen (oder?).

	A	B	C	D	E
1		**Pi nach Leibniz**			
2					
3			Pi aus Archi_Pi():	3,14159265358979	
4					
5		**Pi aus Leibniz()**	**Anzahl der Schritte**	**Differenz zu Archi_Pi()**	
6		3,13959265558978	500	-0,00199999800001	
7		3,14139265359179	5.000	-0,00019999999800	
8		3,14157265358978	50.000	-0,00002000000001	
9		3,14159065358970	500.000	-0,00000200000009	
10		3,14159245358981	5.000.000	-0,00000019999998	
11		3,14159263359034	50.000.000	-0,00000001999945	
12					
13					
14		Makro Leibniz() mit *Strg.+l* aufrufen			

Abb. 9.12 Pi nach *Leibniz* [Arbeitsmappe:Pi.xlsm; Blatt: Leibniz]

```
(Allgemein)                                   Leibniz
Sub Leibniz()
    Dim n As Long, i As Integer, sch As Long
    Dim x As Double, y As Double, s As Double
    Dim eps(6) As Double

    For i = 1 To 6
     eps(i) = 10 ^ -(i + 2)
    Next i

    y = 1: n = 3: x = -1 / n: sch = 1

    For i = 1 To 6
        Do While Abs(x) > eps(i)
            y = y + x
            s = 4 * y
            x = -x * n / (n + 2)
            n = n + 2
            sch = sch + 1
        Loop
     Sheets(3).Cells(i + 5, 2) = s
     Sheets(3).Cells(i + 5, 3) = sch ' Anzahl der Schritte
    Next i

End Sub
```

Abb. 9.13 Code für Leibniz() [Arbeitsmappe:Pi.xlsm; Makro: Leibniz]

Mit folgenden Schritten können Sie den Algorithmus in Excel implementieren:

Berechnung von A_n

A6: 3 ; B6: -1 ; C5: 5

C6 `=25*C5`
D5: `=1/C5` ; D6: `=D5+B6/(A6*C6)`

A7: `=A6+2` ; B7: `=-B6` ; C7: `=25*C6`
D7: `=D6+B7/(A7*C7)` (In der Spalte D kommt die Summe(A_n))

kopiere A7:D7 bis A14:D14

Berechnung von B_n

E5: 239 ; F5: `=1/E5` ; E6: `=57121*E5`
F6: `=F5+B6/(A6*E6)` (In der Spalte F kommt die Summe(B_n))

kopiere E6:F6 bis E14:F14

D17: `=16*D14` ; F17: `=4*D22`

E19: `=D17-F17` (Näherung für Pi)

Man benötigt nur 9 Terme der Reihe A_n und 3 der Reihe B_n, um π bis auf 12 Dezimalstellen genau zu erhalten. Mit jeweils 10 Termen, erhält man π auf 14 Dezimalstellen genau (vgl. Abb. 9.14).

Hinter dem Algorithmus steckt die Formel Pi = 16 arctan(1/5) – 4 arctan(1/239).

E19 | =D17-F17

	A	B	C	D	E	F
1						
2				**Pi nach GREGORY-MACHIN**		
3						
4				**Summe(An)**		**Summe(Bn)**
5			5	0,20000000000000	239	0,00418410041841
6	3	-1	125	0,19733333333333	13651919	0,00418407600182
7	5	1	3125	0,19739733333333	7,79811E+11	0,00418407600207
8	7	-1	78125	0,19739550476191	4,45436E+16	0,00418407600207
9	9	1	1953125	0,19739556165079	2,54437E+21	0,00418407600207
10	11	-1	48828125	0,19739555978898	1,45337E+26	0,00418407600207
11	13	1	1220703125	0,19739555985199	8,30181E+30	0,00418407600207
12	15	-1	30517578125	0,19739555984981	4,74208E+35	0,00418407600207
13	17	1	7,62939E+11	0,19739555984988	2,70872E+40	0,00418407600207
14	19	-1	1,90735E+13	0,19739555984988	1,54725E+45	0,00418407600207
15						
16				**16*Summe(An)**		**4*Summe(Bn)**
17				3,1583289575981		0,0167363040083
18						
19					**Pi= 3,141592653589790** (14 Dezimalstellen genau)	
20						

Abb. 9.14 Algorithmus von *Gregory-Machin* [Arbeitsmappe:Pi.xlsm; Blatt: Gregoy-Machin]

9.4 Pi-Algorithmus der Brüder Borwein

1985 entdeckten Jonathan Borwein und Peter Borwein [11] einen Algorithmus, mit dem man π mit nur 3 Iterationsschritten bis auf 170 Stellen genau berechnen kann – jede Iteration quadrupliziert die Anzahl der korrekten Ziffern. 1995 berechneten sie zusammen mit Yasumasa Kanada, Universität Tokio, die Zahl π bis auf $6{,}4 \cdot 10^9$ Dezimalstellen, womit sie einen Weltrekord für die Berechnung von Pi aufstellten.

Der Algorithmus sieht folgendermaßen aus:

$$y_0 = \sqrt{2} - 1$$

$$a_0 = 6 - 4\sqrt{2}$$

$$y_{k+1} = \frac{1 - \sqrt[4]{1 - y_k^4}}{1 + \sqrt[4]{1 - y_k^4}}$$

$$a_{k+1} = a_k(1 + y_{k+1})^4 - 2^{2k+3} y_{k+1}(1 + y_{k+1} + y_{k+1}^2)$$

Es ist wichtig, alles auf elementare Operationen zu reduzieren, d. h. die Potenzen und Wurzeln müssen auf Additionen und Multiplikationen zurückgeführt werden. Die Potenz 2^{2k+3} kann iterativ als pot2 = pot2·4 berechnet werden mit dem Anfangswert pot2 = 2.

Eine VBA-Implementierung des Algorithmus sehen Sie in Abb. 9.15.

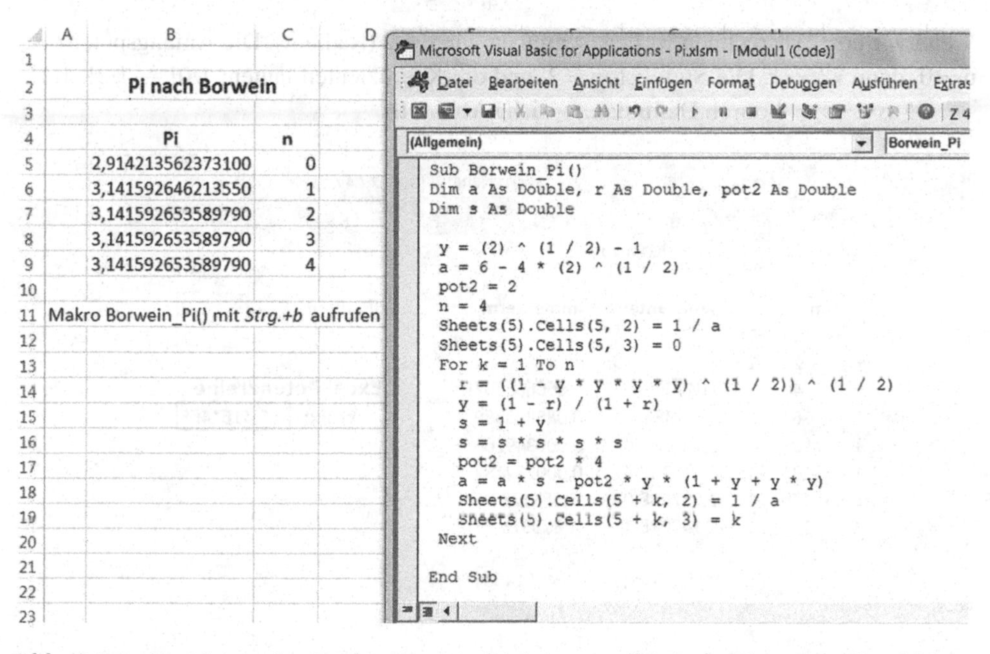

Abb. 9.15 Algorithmus der Brüder Borwein [Arbeitsmappe:Pi.xlsm; Blatt: Borwein; Makro: Borwein_Pi]

9.5 Excel-POTENZREIHE

In Excel gibt es auch eine fertigimplementierte Funktion `POTENZREIHE`, die die Summe eines Polynoms berechnet. Sie basiert auf der folgenden Darstellung:

$$\text{POTENZREIHE}(x;n;m;a) = a_1 X^n + a_2 X^{(n+m)} + a_3 X^{(n+2m)} + \ldots + a_j X^{(n+(j+1)m)}$$

Wir wissen, dass viele Funktionen durch ein Polynom angenähert werden können, also durch eine Teilsumme (Partialsumme) einer Potenzreihe.

Syntax

`POTENZREIHE`(x;n;m;Koeffizienten)

- x ist der Anfangswert
- n ist die Anfangspotenz von x
- m ist die Stufe, um die n bei jedem Term wächst
- Koeffizienten sind die Faktoren a_i der Polynomterme

Beispiel

Die Kosinusreihe lautet

$$\cos(x) = 1 - \frac{x^2}{2!} + \frac{x^4}{4!} - \ldots$$

Wenn wir cos(2) berechnen wollen, schreiben wir x = 2 (Radiant). Die Anfangspotenz ist n = 0, denn $x^0 = 1$. Die Stufe ist m = 2, und die Koeffizienten lauten: 1/0!, – 1/2!, 1/4!, – 1/6! usw. (0! = 1 durch Definition.) – siehe Abb. 9.16.

G7 | =POTENZREIHE(G3;0;2;C4:C11)

	A	B	C	D	E	F	G	H
1			Kosinus					
2								
3	n		Koeffizienten	Summenterm		x(Radiant):	2	
4	0	1	1	1				
5	2	-1	-0,5	-2				
6	4	1	0,041666667	0,666666667		Excel Potenzreihe		
7	6	-1	-0,001388889	-0,088888889		cos(x)=	-0,4161468	
8	8	1	2,48016E-05	0,006349206				
9	10	-1	-2,75573E-07	-0,000282187				
10	12	1	2,08768E-09	8,55112E-06				
11	14	-1	-1,14707E-11	-1,87937E-07				
12								
13			cos(x)=	-0,41614684				
14								
15								

Abb. 9.16 Kosinusreihe [Arbeitsmappe: Potenzreihe.xlsx; Blatt: cos]

	A	B	C	D	E	F	G	H
1			Sinus					
2								
3	n		Koeffizienten	Summenterm		x(Radiant):	2	
4	1	1	1	2				
5	3	-1	-0,166666667	-1,333333333				
6	5	1	0,008333333	0,266666667		Excel Potenzreihe		
7	7	-1	-0,000198413	-0,025396825		sin(x)=	0,909297426	
8	9	1	2,75573E-06	0,001410935				
9	11	-1	-2,50521E-08	-5,13067E-05				
10	13	1	1,6059E-10	1,31556E-06				
11	15	-1	-7,64716E-13	-2,50582E-08				
12								
13			sin(x)=	0,909297426				
14								
15								

Abb. 9.17 Sinusreihe [Arbeitsmappe: Potenzreihe.xlsx; Blatt: sin]

Die Formel in G7 lautet `=POTENZREIHE(G3;0;2;C4:C11)`. Die Koeffizienten in der C-Spalte sind C4: 1; C5: `=B5/FAKULTÄT(A5)`. In der D-Spalte stehen die Termwerte: `=C5*G$3^A5;` `=C6*G$2^A6` usw. bis `=C11*G$2^A11`

Die Summe in der D-Spalte stimmt überein mit dem Wert, den die Funktion `POTENZREIHE` liefert.

Die Tabelle für Sinus sieht ähnlich aus (Abb. 9.17):

Hier lautet die Formel in G7: `=POTENZREIHE(G3;0;2;C4:C11)`, denn die Sinusreihe ist, wie wir schon wissen, gegeben durch

$$sin(x) = x - \frac{x^3}{3!} + \frac{x^5}{5!} - \frac{x^7}{7!} + - \dots$$

Matrizen und ihre Anwendungen 10

Zusammenfassung

Das Arbeiten mit Matrizen und den Operationen mit ihnen wird anschaulich vorgestellt. Wir benutzen diese Kenntnisse, u. a. um erneut lineare Gleichungssysteme sowohl mit Excel-Matrixfunktionen als auch mit dem *Gauss*-Algorithmus zu lösen.

10.1 Matrixoperationen

Wir sind schon öfter indizierten Variablen begegnet, für die sich Tabellenblätter besonders eignen. Diese Variablen sind als Vektoren in einer Spalte oder Zeile angeordnet. Matrizen sind verallgemeinerte Vektoren und nehmen einen ganzen Zellbereich ein (z. B. A1:C3). Die Elemente eines Vektors sind einfach indiziert, die einer Matrix haben je zwei Indizes.

Im Abschn. 1.2 haben wir schon gesehen, dass Excel die Elemente einer Matrix (auch Matrixkonstante genannt) automatisch in geschweifte Klammern setzt und dass eine Matrix mit drei Tasten eingegeben wird: *Strg* + *Umschalttaste* + *Eingabe* (kürzer: *Ctrl* + *Shift* + *Enter*). Die Elemente einer Matrix müssen Konstanten sein, d. h. es können keine Funktionen sein. Buchstaben als Elemente müssen zwischen Hochkommas stehen, z. B.: {"x"."y"."z";1.2.3}. In mathematischer Schreibweise benutzt man einfache Klammern, also haben wir folgende Entsprechung:

$$\begin{pmatrix} xyz \\ 123 \end{pmatrix} = \{"x"."y"."z";1.2.\ 3\}$$

Beachten Sie, dass die Elemente innerhalb einer Zeile durch einen Punkt getrennt werden, nicht durch ein Komma! Ein Semikolon definiert eine neue Zeile.

Wir können eine Matrixkonstante als Argument einer Funktion benutzen, z. B. in SUMME (vgl. Abb. 10.1): A1: `=SUMME({1.2.3.4.5})`.

F. J. Mehr, M. T. Mehr, *Excel und VBA*, DOI 10.1007/978-3-658-08886-6_10

A1 | fx | =SUMME({1.2.3.4.5})

	A	B	C	D
1	15			
2				

Abb. 10.1 Matrixkonstante als Argument einer Funktion

C1 | fx | {={2;4;6;8;10}}

	A	B	C	D	E	F	G	H
1			2					
2			4					
3			6		1. Zellen C1:C5 markieren			
4			8		2. In der Eingabezeile ={2;4;6;8;10} schreiben			
5			10		2. *Strg.+Umschalttaste+Eingabe* drücken			
6								
7								

Abb. 10.2 Eingabe eines Vektors

E6 | fx | {=(C1:C5)^2}

	A	B	C	D	E	F	G	H	I	J
1			2							
2			4							
3			6							
4			8							
5			10							
6					4		1. Zellen E6:E10 markieren			
7					16		2. In der Eingabezeile =(C1:C5)^2 schreiben			
8					36		2. *Strg.+Umschalttaste+Eingabe* drücken			
9					64					
10					100					
11										

Abb. 10.3 Quadrieren eines Vektors

Um die Elemente 2,4,6,8,10 in den – schon ausgewählten! – Zellen C1:C5 anzuzeigen, schreiben wir `={2;4;6;8;10}` in die Eingabezeile und drücken *Strg* + *Umschalttaste* + *Eingabe* (siehe Abb. 10.2). Nach dem Drücken der drei Eingabetasten setzt Excel die äußeren geschweiften Klammern selbst.

Wenn wir diese Zahlen jetzt quadrieren wollen, so wählen wir irgendwo auf dem Blatt andere 5 vertikal gelegene Zellen, z. B. D5:D9 und schreiben in die Eingabezeile `=(A1:A5)^2` gefolgt von den drei Eingabetasten (siehe Abb. 10.3).

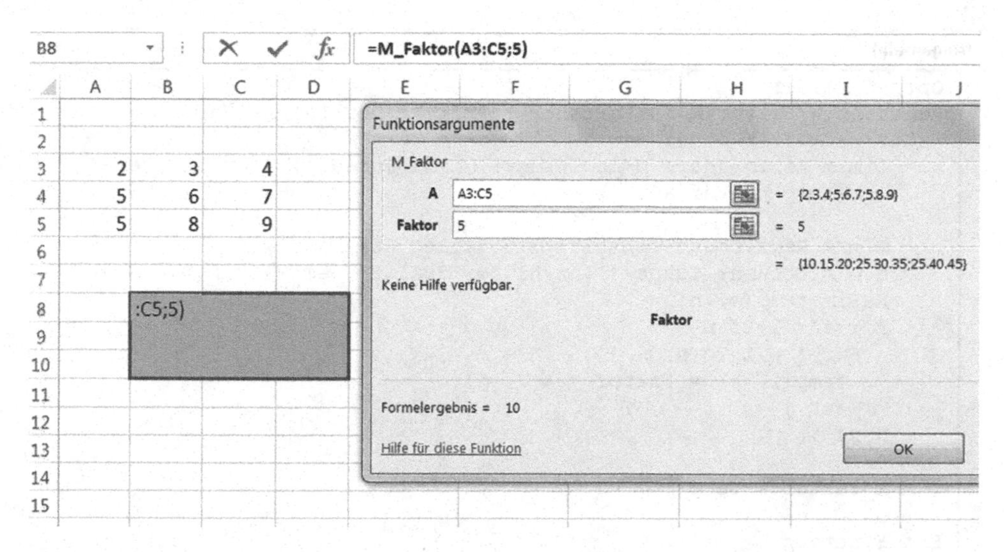

Abb. 10.4 Benutzerdefinierte Funktion "M_Faktor" [Arbeitsmappe: Matrix Operationen.xlsm; Blatt: Faktor x A]

Multiplikation mit einem Faktor

Wir wollen alle Matrixelemente mit einem Faktor multiplizieren. Wir schreiben die Matrix und markieren das Gebiet, in dem die neue Matrix erscheinen soll. Mit einem Klick auf f_x suchen wir die Funktion "M_Faktor" (*Benutzerdefiniert*). Es erscheint das Fenster *Funktionsargumente*, das wir wie gezeigt ausfüllen (vgl. Abb. 10.4). Das Fenster nicht mit *OK*, sondern mit *Ctrl+Shift+Enter* schließen!

Sie finden den VBA-Code in Abb. 10.5.

Die Matrix heißt `A`, und `Variant` ist ein Datentyp, der auch Matrizen akzeptiert. (Wenn man die Argumente für eine Prozedur einführt, haben sie in VBA immer als Standard den Typ `Variant`. Eine nicht deklarierte Variable ist automatisch vom Typ `Variant`. Vgl. Abschn. 2.6.)

`temp` ist eine Hilfsvariable (temporäre Variable), mit der wir die Produkte `Faktor*A(i,j)` der neuen Matrix berechnen. Die Variable `m` zählt die Zeilen der Matrix `A`. Mit `ReDim temp(m,n)` dimensionieren wir `temp` mit der Anzahl m der Zeilen und n der Spalten.

`Option Base 1` sagt VBA, dass die Indizes der Matrizen alle mit 1 beginnen.

Summe

Im folgenden Beispiel werden wir die **Summe** zweier Matrizen **A** und **B** bilden (sie müssen vom gleichen Typ sein). Zuerst tragen wir die Matrixelemente ins Arbeitsblatt ein, dann suchen wir einen Ausgabebereich für die Summenmatrix, hier (A10:C12) und markieren ihn, bevor wir die benutzerdefinierte Funktion "MatrixSum" aufrufen (siehe Abb. 10.6).

Den VBA-Code zur Funktion "MatrixSum" sehen Sie in Abb. 10.7.

```
(Allgemein)                                    M_Faktor
Option Base 1
Function M_Faktor(A As Variant, Faktor As Double) As Variant
'Multiplikation einer Matrix mit einem Faktor
    Dim m As Integer, n As Integer, i As Integer, j As Integer
    Dim temp As Variant

    m = A.Rows.Count ' Anzahl der Zeilen der Matrix A
    n = A.Columns.Count ' Anzahl der Spalten der Matrix A
    ReDim temp(m, n)
    For i = 1 To m
      For j = 1 To n
        temp(i, j) = Faktor * A(i, j)
      Next j
    Next i

    M_Faktor = temp

End Function
```

Abb. 10.5 Code für "M_Faktor" [Arbeitsmappe: Matrix Operationen.xlsm; Modul1]

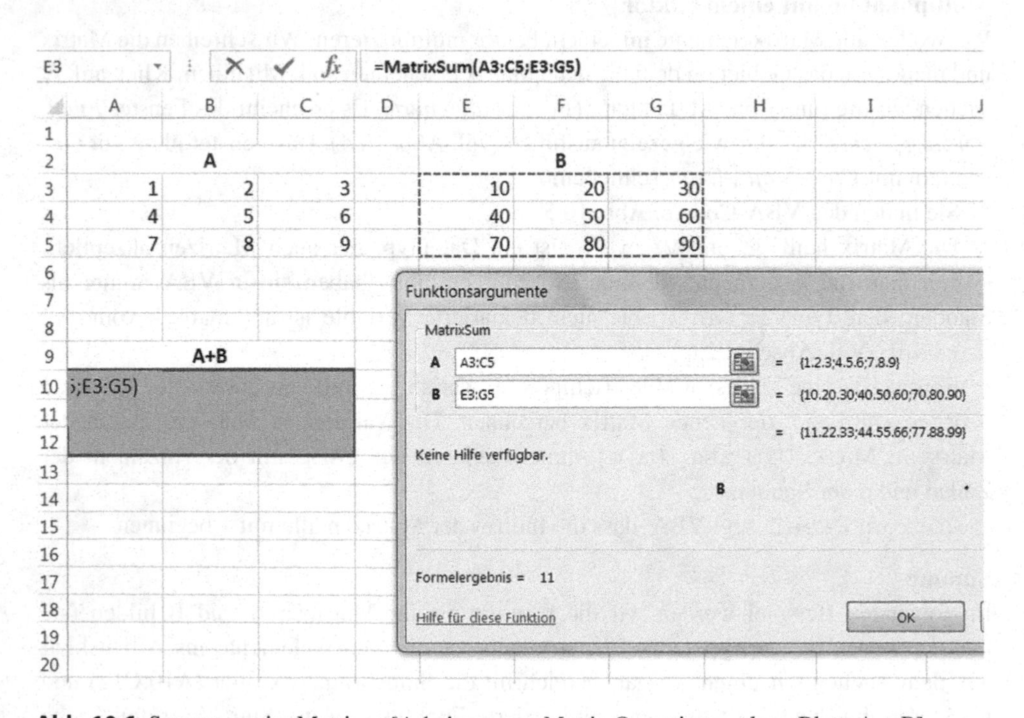

Abb. 10.6 Summe zweier Matrizen [Arbeitsmappe: Matrix Operationen.xlsm; Blatt: A + B]

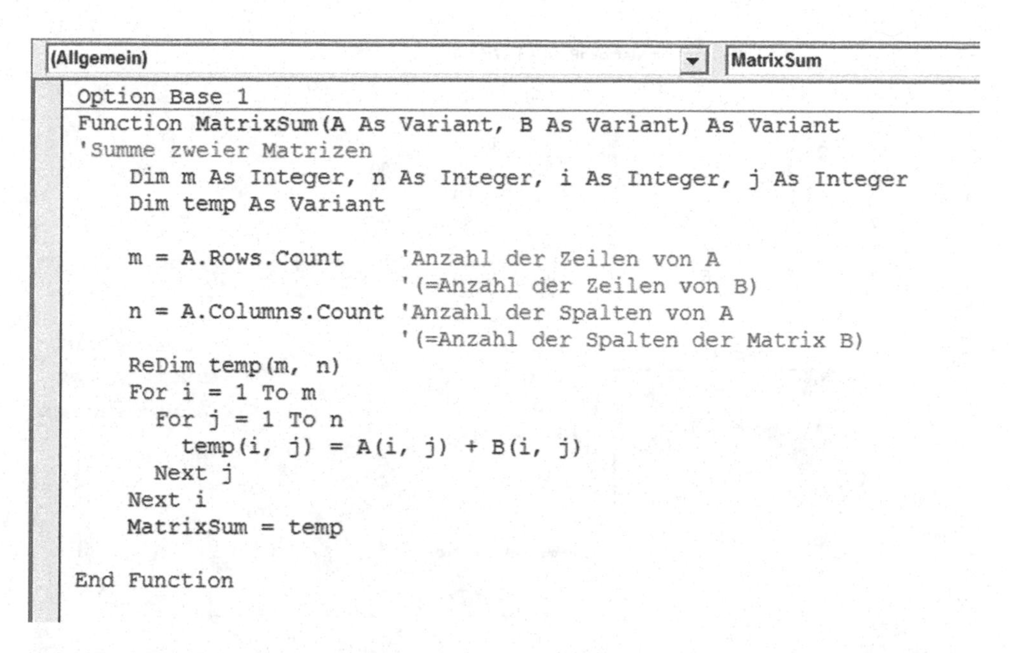

```
(Allgemein)                                    MatrixSum
Option Base 1
Function MatrixSum(A As Variant, B As Variant) As Variant
'Summe zweier Matrizen
    Dim m As Integer, n As Integer, i As Integer, j As Integer
    Dim temp As Variant

    m = A.Rows.Count      'Anzahl der Zeilen von A
                          '(=Anzahl der Zeilen von B)
    n = A.Columns.Count   'Anzahl der Spalten von A
                          '(=Anzahl der Spalten der Matrix B)
    ReDim temp(m, n)
    For i = 1 To m
      For j = 1 To n
        temp(i, j) = A(i, j) + B(i, j)
      Next j
    Next i
    MatrixSum = temp

End Function
```

Abb. 10.7 Code der Funktion "MatrixSum" [Arbeitsmappe: Matrix Operationen.xlsm; Modul2]

Produkt zweier Matrizen

Das **Produkt** zweier Matrizen **A** = [a_{ik}] und **B** = [b_{kj}] (die Spaltenzahl von **A** muss gleich sein der Zeilenzahl von **B**) wird wie folgt gebildet:

Jede Zeile von [a_{ik}] wird mit jeder Spalte von [b_{kj}] entsprechend dem Skalarprodukt von Vektoren berechnet

$$c_{ij} = a_{i1}b_{1j} + a_{i2}b_{2j} + \ldots + a_{ip}b_{pj} = \sum_{k=1}^{p} a_{ik}b_{kj}$$

A ist eine m·p-Matrix (m Zeilen und p Spalten) und **B** ist vom Typ p·n (p Zeilen und n Spalten). Die Produktmatrix **C** = [c_{ij}] ist m·n, d. h. sie hat m Zeilen und n Spalten.

Im Beispiel der Abb. 10.8 haben wir zwei Matrizen, **A** mit 5 Zeilen und 3 Spalten und **B** mit 3 Zeilen und 3 Spalten. Die Produktmatrix **C** (5 × 3) soll im Bereich (B11:D15) erscheinen. Wir wählen diesen Bereich aus, bevor wir *Ctrl* + *Shift* + *Enter* drücken. Wenn man irrtümlich einen 5 × 5-Bereich reserviert, wird Excel die Zellen ohne Element mit dem Symbol #N/V füllen ("nicht vorhanden…").

Der Code (vgl. Abb. 10.9) wurde um eine weitere Schleife erweitert: `For k =1 To p`, mit der die Summe berechnet wird. Die Variable `m` dient dazu, die Anzahl der **A**-Zeilen zu zählen; `n` zählt die Spalten und p die Zeilen von **B**. Die Produktmatrix **A·B** hat m Zeilen und n Spalten, d. h. sie ist vom Typ m·n.

Jetzt noch zwei Beispiele zum Produkt von Matrizen und Vektoren. (Ein Vektor ist eine Matrix mit einer einzigen Spalte oder Zeile.)

Wir beginnen mit dem **Produkt** eines Vektors **A** = ("1 × 3") (Zeilenmatrix) mit einer Matrix **B** = ("3 × 2"). Die Produktmatrix **C** = **A·B** hat 1 Zeile und 2 Spalten (siehe Abb. 10.10).

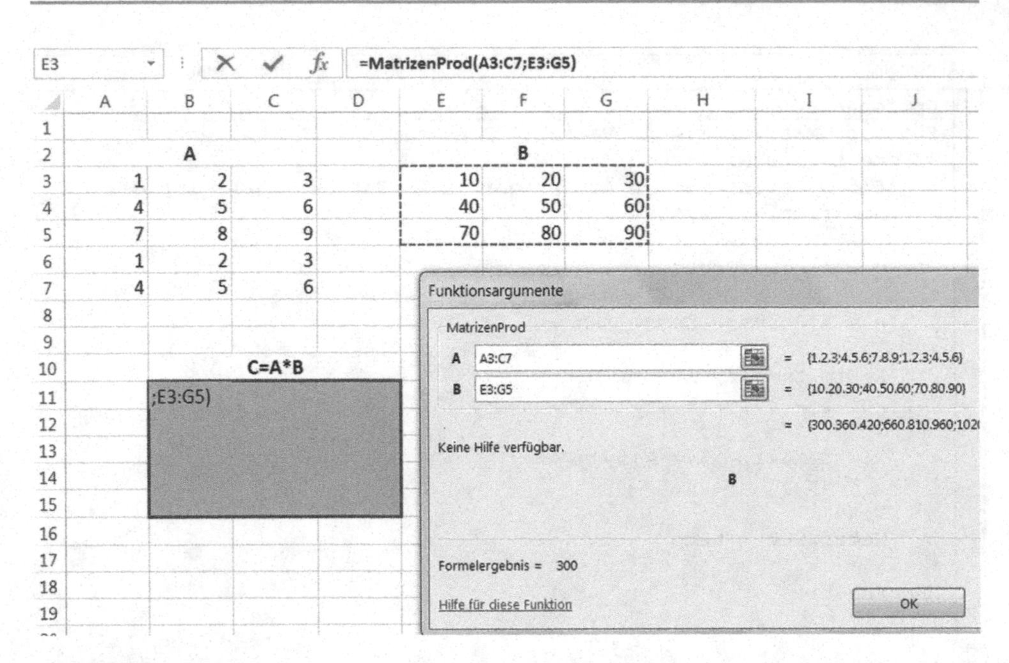

Abb. 10.8 Produkt zweier Matrizen [Arbeitsmappe: Matrix Operationen.xlsm; Blatt: A x B]

```
(Allgemein)                                  MatrizenProd
Option Base 1
Function MatrizenProd(A As Variant, B As Variant) As Variant
'Produkt zweier Matrizen
    Dim n As Integer, p As Integer
    Dim i As Integer, j As Integer, k As Integer, m As Integer
    Dim temp As Variant, prod As Variant

    m = A.Rows.Count
    n = B.Columns.Count
    p = B.Rows.Count
    ReDim temp(m, n)

    For i = 1 To m
      For j = 1 To n
        prod = 0
        For k = 1 To p
          prod = prod + A(i, k) * B(k, j)
        Next k
        temp(i, j) = prod
      Next j
    Next i
    MatrizenProd = temp

End Function
```

Abb. 10.9 Code für MatrizenProd [Arbeitsmappe: Matrix Operationen.xlsm; Modul3]

B11 {=MatrizenProd(A3:C3;E3:G5)}

	A	B	C	D	E	F	G
1							
2		**A**				**B**	
3	1	2	3		10	20	30
4					40	50	60
5					70	80	90
6							
7							
8							
9							
10			**C=A*B**				
11		300	360	420			
12							

Abb. 10.10 Produkt eines Vektors mit einer Matrix [Arbeitsmappe: Matrix Operationen.xlsm; Blatt: Vektor x Matrix]

B11 =MatrizenProd(A3:C3;E3:E5)

	A	B	C	D	E	F
1						
2		**A**				**B**
3	1	2	3		10	
4					40	
5					70	
6						
7						
8						
9						
10			**C=A*B**			
11		300				

Abb. 10.11 Skalarprodukt [Arbeitsmappe: Matrix Operationen.xlsm; Blatt: Skalarprodukt]

Um das **Skalarprodukt** zweier Vektoren zu bestimmen, multiplizieren wir einen **Horizontalvektor A** = ("1 × 3") mit einem **Vertikalvektor B** = ("3 × 1"), was eine einzige Zahl (**Skalar**) **C** = ("1 × 1") ergibt (vgl. Abb. 10.11).

10.2 Massenschwerpunkt

Wir wollen das Gelernte auf ein Beispiel anwenden: Die Berechnung des Schwerpunktes eines Systems aus N in einer Ebene liegenden Teilchen, jedes mit der Masse m_i. Schauen Sie sich die Abb. 10.12 mit 6 Teilchen an! Die Abszisse x_c und die Ordinate y_c des Schwerpunktes $C(x_c,y_c)$ erhält man mit den Formeln:

$$x_c = \frac{\sum_{i=1}^{N} m_i x_i}{\sum_{i=1}^{N} m_i}; \quad y_c = \frac{\sum_{i=1}^{N} m_i y_i}{\sum_{i=1}^{N} m_i}$$

Im Schwerpunkt C kann man sich die Gesamtmasse der 6 Teilchen konzentriert vorstellen:

$$M = \sum_{i=1}^{N} m_i$$

Wir können die Formeln für die Koordinaten des Schwerpunkts etwas umschreiben, indem wir die relativen Massen p_i einführen: $p_i = m_i/M$

$$x_c = \sum_{i=1}^{N} p_i x_i \quad \text{und} \quad y_c = \sum_{i=1}^{N} p_i y_i \quad \text{mit} \quad \sum_{i=1}^{N} p_i = 1$$

Zuerst zeichnen wir das Diagramm der Abb. 10.12:

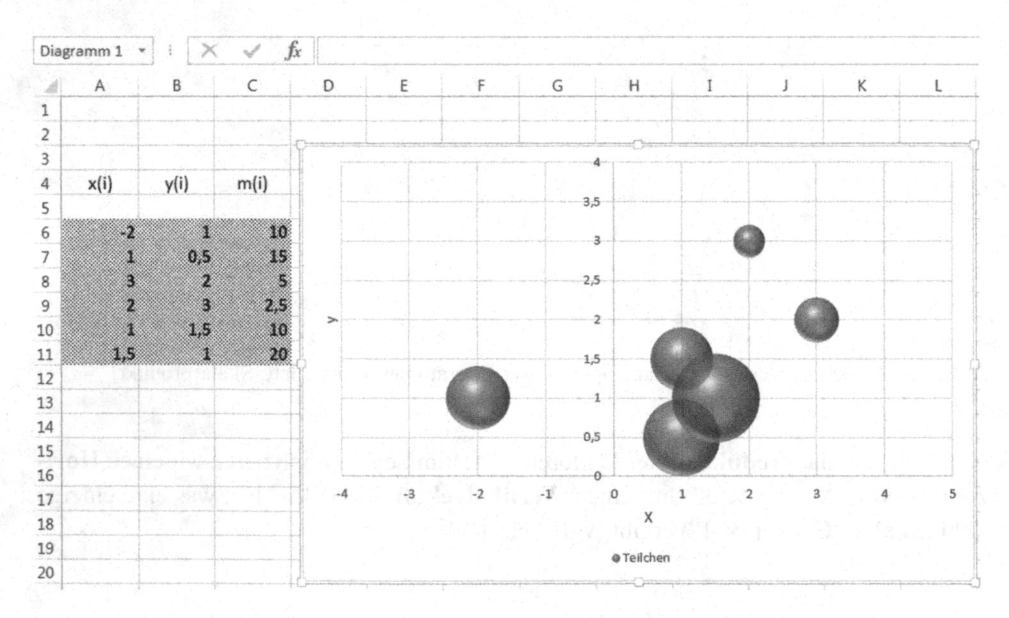

Abb. 10.12 Teilchen in einer Ebene [Arbeitsmappe: Schwerpunkt.xlsm]

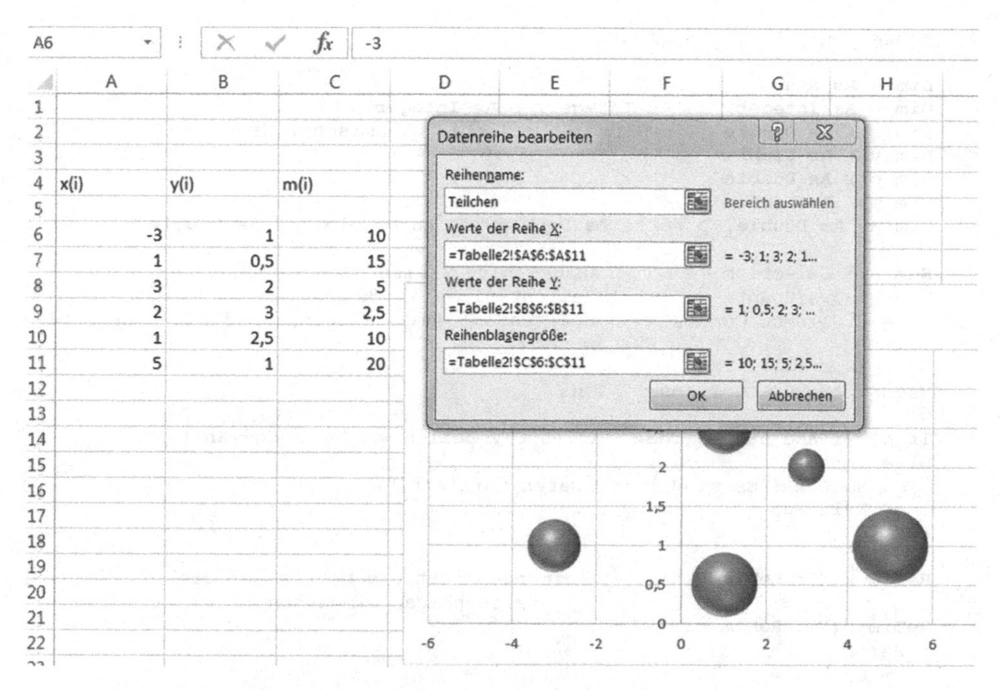

Abb. 10.13 Ändern des Reihennamens einer Datenreihe

1. Bereich mit den Koordinaten und den Massen der Teilchen markieren (A6:C11)
2. *EINFÜGEN > Diagramm > Punkt(XY) > 3D-Blase* (hier wählen wir *3D-Blase* statt, *Punkte mit interpolierten Linien.* Die Massen liefern den Durchmesser der Blasen.)
3. Jetzt ändern wir den Namen der Datenreihe: Rechtsklicken auf das Diagramm und *Daten auswählen* wählen. *Bearbeiten* drücken, *Reihenname* ändern (vgl. Abb. 10.13) und zweimal *OK* drücken.

Das folgende Programm "Schwerpunkt", mit dem wir weitere VBA-Einzelheiten lernen, berechnet – mit viel Aufwand – die gesamte Masse eines Systems mit N Teilchen, die relativen Massen und die Koordinaten des Schwerpunktes. Das Programm setzt voraus, dass die Koordinaten der Teilchen sich in den Spalten A und B befinden und die Massen in C. Außerdem soll dieser Datenbereich markiert sein. Dieser Bereich wird mit der Anweisung `Set R = Selection` eingelesen. Vorher wurde die Variable `R` als `Range` (= Bereich) deklariert.

```
Sub Schwerpunkt()

    Dim R As Range
    Dim N As Integer, ns As Integer, i As Integer
    Dim x() As Double          ' veränderliche (dynamische) Matrix
    Dim y() As Double
    Dim p() As Double
    Dim m() As Double
    Dim Mt As Double, p_Werte As Double, cx As Double, cy As Double

    Set R = Selection          ' ausgewählte Zellen z. B.(A6:D11)
    N = R.Rows.Count           ' Zeilenzahl = Teilchenzahl
    ns = R.Columns.Count       ' Spaltenzahl (muss 3 sein, wird zur Kontrolle
                                 benutzt)

    MsgBox "N= " & N ", ns= " & ns

    If N > 1 And ns = 3 Then 'alles OK, Zeilen wurden ausgewählt
    Else
        MsgBox ("Es sind keine Daten markiert!")
        Exit Sub
    End If

    ReDim x(N): ReDim y(N)     'redimensioniert die Matrix auf die
                                    tatsächliche Dimension
    ReDim p(N): ReDim m(N)
    p_Werte = 0
    xc = 0
    yc = 0
    Mt = 0
    For i = 1 To N
       m(i) = R(i, 3)
       Mt = Mt + m(i)          'Summe der Massen
    Next i
    Cells(2, 5) = "Summe der Massen": Cells(3, 5) = Mt
    Cells(4, 4) = "p(i)"
    For i = 1 To N
       x(i) = R(i, 1)                'Daten werden gelesen
       y(i) = R(i, 2)
       m(i) = R(i, 3)
       p(i) = m(i) / Mt              'relative Masse wird berechnet
       Cells(5 + i, 4) = p(i)
       p_Werte = p_Werte + p(i)
       xc = xc + x(i) * p(i)         'Berechnung von C
       yc = yc + y(i) * p(i)
    Next i

    Cells(1, 1) = "xc": Cells(2, 1) = xc
    Cells(1, 2) = "yc": Cells(2, 2) = yc
    Cells(2, 3) = 1                  'fiktive Masse des Schwerpunktes für das
                                      3D-Blasendiagramm
End Sub
```

Die Zeile `If N>1 And ns = 3 Then` enthält keinen Code. VBA nimmt das einfach so hin und fährt mit der `Else` Zeile fort.

Um die berechneten Daten in das aktuelle Arbeitsblatt zu schreiben, benutzen wir die `Cells (i,j) =`Anweisung. So schreibt `Cells(3,5)=Mt` die Gesamtmasse

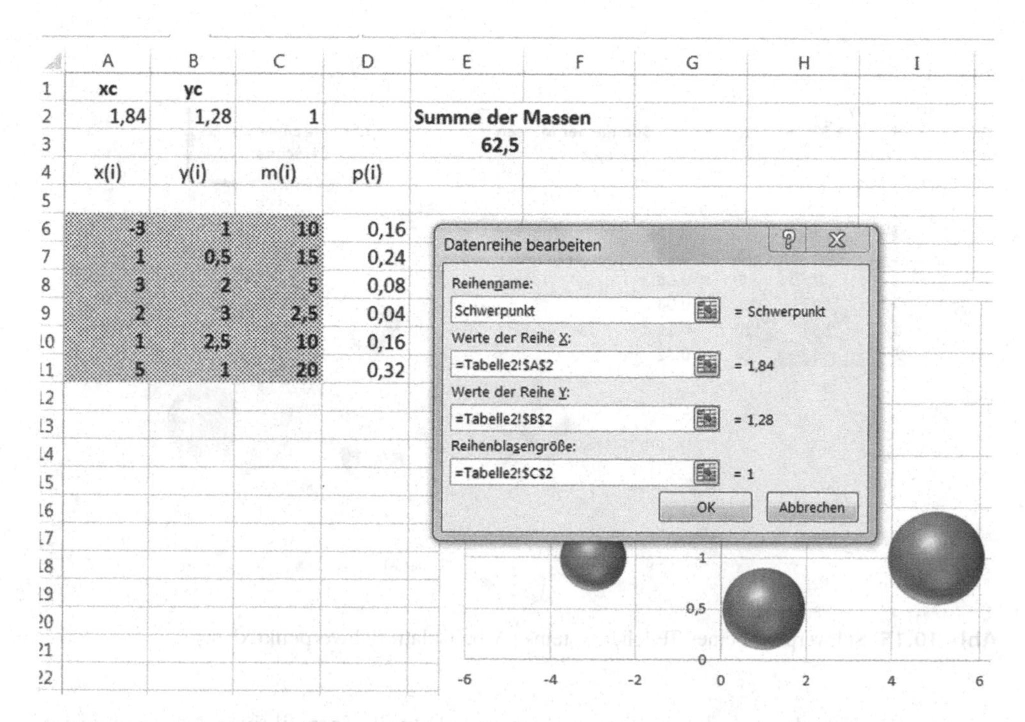

Abb. 10.14 Datenreihe hinzufügen

des Systems in der Zeile 3 der Spalte 5 (E3), vgl. Abschn. 6.2. Die Anweisung `Cells(3,5).Value=Mt`, würde das Gleiche bewirken.

Die Subroutine wird aufgerufen mithilfe eines *ActiveX-CommandButtons*, den wir "Schwerpunkt berechnen" genannt haben: *ENTWICKLERTOOLS > ActiveX-Steuerelemente > Befehlsschaltfläche einfügen,* zweimal auf den *CommandButton* rechtsklicken und den Code schreiben:

```
Private Sub CommandButton1_Click()
Call Schwerpunkt
End Sub
```

Man braucht selbstverständlich kein Makro, um C zu berechnen. Es wäre leicht, alles im Arbeitsblatt zu erledigen, indem man die Produkte x(i)*p(i) und y(i)*p(i) mit `SUMME` addiert. Aber wir haben wieder neue VBA-Methoden kennen lernen wollen, und im nächsten Kapitel (vgl. Abschn. 11.3) wird unser Programm erneut nützlich sein. Es ist außerdem wichtig, sich mit den Möglichkeiten von Warnungen und Fehlerhinweisen in VBA vertraut zu machen.

Es fehlt nur zu zeigen, wie wir den Schwerpunkt ins Diagramm eingetragen haben:

1. Rechtsklicken auf das Diagramm und *Daten auswählen* wählen. *Hinzufügen* drücken und die entsprechenden Daten ins Dialogfenster *Datenreihe bearbeiten* eintragen (vgl. Abb. 10.14). Zweimal *OK* drücken (beachte, dass diese zweite Datenreihe nur

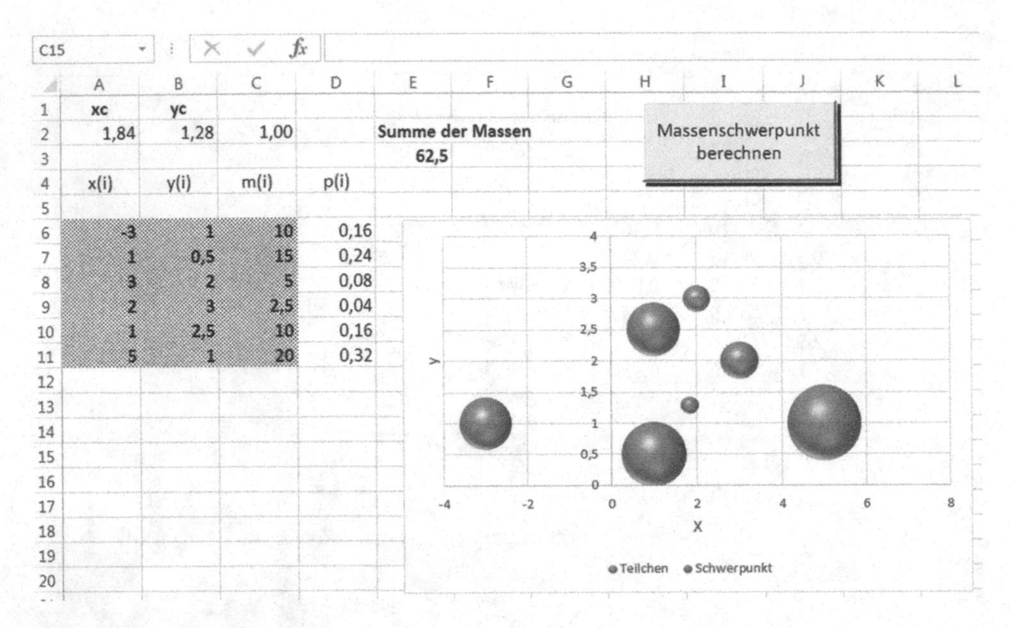

Abb. 10.15 Schwerpunkt eines Teilchensystems [Arbeitsblatt: Schwerpunkt.xlsm]

aus den Koordinaten des Schwerpunktes besteht und einer fiktiven Masse, die der Schwerpunktblase einen passenden Durchmesser gibt).

2. Schaltfläche *Diagrammelemente* (rechts vom Diagramm) drücken und *Legende > Unten* wählen.

Und nun steht das fertige Diagramm (Siehe Abb. 10.15.).

10.3 Lineare Gleichungssysteme mit Matrizen

Matrizen und Vektoren werden auch benutzt, um ein System aus m linearen Gleichungen mit n Unbekannten zu lösen (kurz: *lineares System*). Ein Spezialfall ist m = n. Die Matrix der Koeffizienten ist in diesem Fall quadratisch. Aber es gibt zahllose Anwendungen, bei denen m ≠ n.

Sei $\begin{aligned} 3x - y + z &= 2 \\ 9x - y &= 7 \\ 6x + 2y - 2z &= 8 \end{aligned}$ ein lineares System mit $A = \begin{pmatrix} 3 & -1 & 1 \\ 9; & -1 & 0 \\ 6 & 2 & -2 \end{pmatrix}$.

In abgekürzter Schreibweise schreibt man meist $\mathbf{A} \cdot \mathbf{x} = \mathbf{b}$ und schreibt die Lösung als $\mathbf{x} = \mathbf{A}^{-1} \cdot \mathbf{b}$.

x und **b** sind Vektoren, und $\mathbf{A}^{-1}$ ist die inverse Matrix von **A**. Im alten BASIC gab es die Funktionen "MAT" und “INV”, mit denen es leicht war, ein lineares System zu lösen:

```
5       OPTION BASE 1
10      DIM A[3,3], I[3,3],X[3,1],B[3,1]
20      MAT   READ A,B
30      MAT   I=INV(A)
40      MAT   X=I*B
50      MAT   PRINT  X
100     DATA  3,-1,1
110     DATA  9,-1,0
120     DATA  6,2,-2
130     DATA  2,7,8
200     END
```

Der Lösungsvektor ist $\begin{pmatrix} 1 \\ 2 \\ 1 \end{pmatrix}$.

Und wie machen wir das in Excel? Beispielsweise wie in Abb. 10.16.

Die Abb. 10.17 zeigt die Tabelle mit allen Formeln (*FORMELN>Formelüberwachung>Formeln anzeigen*).

Mit `=MINV` berechnen wir die Inverse $\mathbf{A}^{-1}$ in dem Bereich (A10:C12) und mit `=MMULT((A10:C12);(E4:E6))` berechnen wir die Lösung x.

Nicht vergessen: Bereich markieren, Funktion eingeben und statt *OK*, *Ctrl+Shift+Enter* drücken.

Im Fall einer 2 × 2-Matrix gibt es einfache Formeln zur Berechnung der Koeffizienten der Inversen. Die folgende Funktion enthält diese Formeln:

```
Function inverse2(matrixA As Variant) As Variant

    Dim a As Double, b As Double, c As Double, d As Double
    Dim e As Double
    Dim inv(1 To 2, 1 To 2) As Variant

      a = matrixA(1)
      b = matrixA(2)
      c = matrixA(3)
      d = matrixA(4)
      e = a * d - b * c
      inv(1, 1) = d / e
      inv(1, 2) = -b / e
      inv(2, 1) = -c / e
      inv(2, 2) = a / e

      inverse2 = inv

End Function
```

E9 | {=MMULT((A9:C11);(E3:E5))}

	A	B	C	D	E	F
1						
2		A			b	
3	3	-1	1		2	
4	9	-1	0		7	
5	6	2	-2		8	
6						
7		A^{-1}			$x= A^{-1}*b$	
8						
9	0,16667	-2,4672E-17	0,08333		1	
10	1,5	-1	0,75		2	
11	2	-1	0,5		1	
12						

Abb. 10.16 Lösung eines linearen Gleichungssystems [Arbeitsmappe: Gleichungssystem.xlsm; Blatt: Lineares System]

F11

	A	B	C	D	E
1					
2		A			b
3	3	-1	1		2
4	9	-1	0		7
5	6	2	-2		8
6					
7		A^{-1}			$x= A^{-1}*b$
8					
9	=MINV((A3:C5))	=MINV((A3:C5))	=MINV((A3:C5))		=MMULT((A9:C11);(E3:E5))
10	=MINV((A3:C5))	=MINV((A3:C5))	=MINV((A3:C5))		=MMULT((A9:C11);(E3:E5))
11	=MINV((A3:C5))	=MINV((A3:C5))	=MINV((A3:C5))		=MMULT((A9:C11);(E3:E5))
12					

Abb. 10.17 Formeln für die Lösung eines linearen Gleichungssystems [Arbeitsmappe: Gleichungssystem.xlsm; Blatt: Lineares System]

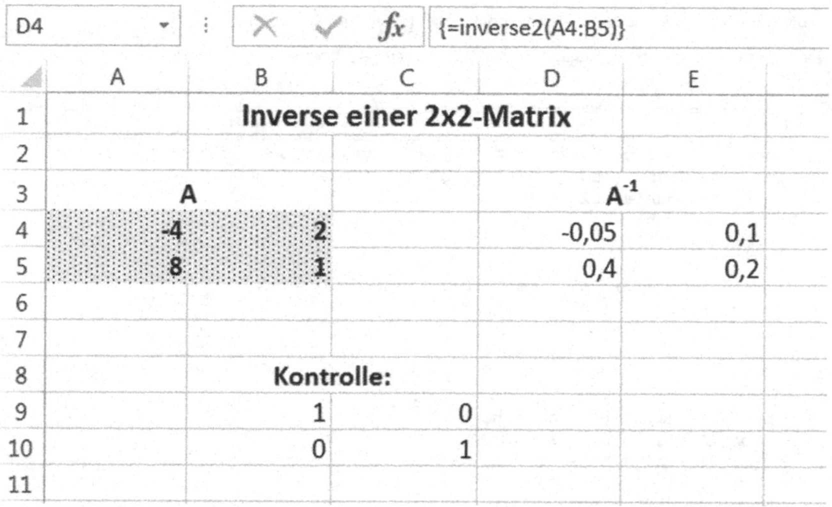

D4		fx	{=inverse2(A4:B5)}	
	A	B	C	D	E

	A	B	C	D	E
1		Inverse einer 2x2-Matrix			
2					
3		A			A^{-1}
4	-4	2		-0,05	0,1
5	8	1		0,4	0,2
6					
7					
8		Kontrolle:			
9		1	0		
10		0	1		
11					

Abb. 10.18 Inverse einer 2×2 Matrix [Arbeitsmappe: Gleichungssystem.xlsm; Blatt: Inverse 2×2]

Beachte die Deklaration der Inversen: `Dim inv(1 To 2, 1 To 2) As Variant`.

Wir schreiben in vier Zellen die Elemente der Matrix **A**, z. B. in (A4:B5). Danach markieren wir beliebig vier Zellen für die Inverse aus. Wir klicken auf f_x und rufen die benutzerdefinierte Funktion "inverse2". In dem *Funktionsargumente*-Fenster wählen wir den Bereich der "MatrixA" und drücken *Ctrl+Shift+Enter* (nicht *OK* anklicken!).

Wir haben eine einfache Methode, um das Ergebnis zu kontrollieren, denn das Produkt $\mathbf{A}^{-1} \cdot \mathbf{A}$ muss gleich sein der Einheitsmatrix der Ordnung 2. Mithilfe der Funktion `MMULT`, die wir schon oben benutzten, ist diese Kontrolle schnell gemacht (siehe Abb. 10.18).

10.4 Vektorprodukt im R³

Wir benutzen die Gelegenheit und machen aus dem vorigen Programm eine Funktion für das **Vektorprodukt** zweier Vektoren (vgl. Abb. 10.19).

In der Abb. 10.20 sehen wir die Vektoren $\mathbf{a} = (2,1,2)$ und $\mathbf{b} = (3,-1,-3)$ sowie ihr Produktvektor $\mathbf{c} = (-1,12,-5)$, d. h. $\mathbf{c} = -i + 12\mathbf{j} - 5\mathbf{k}$ (im R^3): Bereich für das Vektorprodukt (Zeilenvektor) vorher markieren, benutzerdefinierte Funktion "Vektorprodukt" wählen, Vektoren angeben und nicht *OK* anklicken, sondern *Ctrl+Shift+Enter* drücken!

Das nächste Programm (vgl. Abb. 10.21) benutzt den generischen Datentyp `Object`, der alle Arten definierter VBA-Objekte zulässt. Dieser allgemeine Datentyp ist nicht so effizient wie eine spezifische Deklaration der Art: `Dim a As Workbook`, `Dim b As Chart` usw. Aber man sollte diesen Typ einmal gesehen haben (auch wenn wir `As`

Microsoft Visual Basic for Applications - Vektorprodukt.xlsm - [Modul1 (Code)]

Datei Bearbeiten Ansicht Einfügen Format Debuggen Ausführen Extras Add-Ins Fenster ?

Z 1, S 1

(Allgemein) | Vektorprodukt

```
Function Vektorprodukt(vektorA As Variant, vektorB As Variant) As Variant
    Dim a1 As Double, a2 As Double, a3 As Double
    Dim b1 As Double, b2 As Double, b3 As Double
    Dim c1 As Double, c2 As Double, c3 As Double
    Dim prod(1 To 3) As Variant

      a1 = vektorA(1): b1 = vektorB(1)
      a2 = vektorA(2): b2 = vektorB(2)
      a3 = vektorA(3): b3 = vektorB(3)

      'c1 = a2 * b3 - a3 * b2: c2 = a3 * b1 - a1 * b3: c3 = a1 * b2 - a2 * b1

      prod(1) = a2 * b3 - a3 * b2
      prod(2) = a3 * b1 - a1 * b3
      prod(3) = a1 * b2 - a2 * b1

      Vektorprodukt = prod

End Function
```

Abb. 10.19 Funktion "Vektorprodukt" [Arbeitsmappe: Vektorprodukt.xlsm; Modul1]

D4 | {=Vektorprodukt(((A4:A6));((B4:B6)))}

	A	B	C	D	E	F
1			Vektorprodukt			
2						
3	Vektor a	Vektor b		Vektor c = a x b		
4	2	3		-1	12	-5
5	1	-1				
6	2	-3				
7						

Abb. 10.20 Vektorprodukt [Arbeitsmappe: Vektorprodukt.xlsm]

`Variant` statt `As Object` hätten wählen können). Das Vektorprodukt (vgl. Abb. 10.22) erscheint als Spaltenvektor (vorher auswählen), hier in (D7:D9).

▶ Eine ausführlich erklärte Version des Programms "Prodvekt" finden Sie in der Microsoft Visual Basic for Applications-Hilfe von **Excel 2013** unter "Visual Basic-Funktion zur Berechnung von Cross-Produkt".

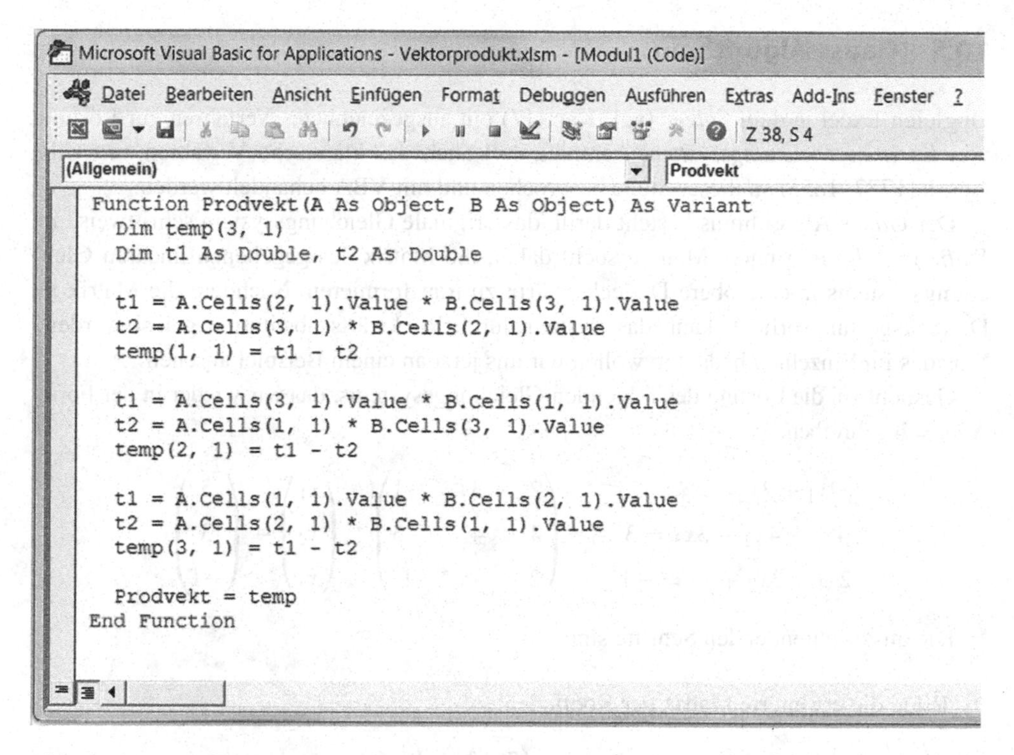

```
Function Prodvekt(A As Object, B As Object) As Variant
  Dim temp(3, 1)
  Dim t1 As Double, t2 As Double

  t1 = A.Cells(2, 1).Value * B.Cells(3, 1).Value
  t2 = A.Cells(3, 1) * B.Cells(2, 1).Value
  temp(1, 1) = t1 - t2

  t1 = A.Cells(3, 1).Value * B.Cells(1, 1).Value
  t2 = A.Cells(1, 1) * B.Cells(3, 1).Value
  temp(2, 1) = t1 - t2

  t1 = A.Cells(1, 1).Value * B.Cells(2, 1).Value
  t2 = A.Cells(2, 1) * B.Cells(1, 1).Value
  temp(3, 1) = t1 - t2

  Prodvekt = temp
End Function
```

Abb. 10.21 Funktion "Prodvekt" [Arbeitsmappe: Vektorprodukt.xlsm; Modul1]

D7 {=prodvekt(A4:A6;B4:B6)}

	A	B	C	D	E	F
1			**Vektorprodukt**			
2						
3	Vektor **a**	Vektor **b**		Vektor **c** = **a** x **b** (mit "Vektorprodukt")		
4	2	3		-1	12	-5
5	1	-1				
6	2	-3		Vektor **c** = **a** x **b** (mit "Prodvekt")		
7				-1		
8				12		
9				-5		

Abb. 10.22 Ergebnis von "Prodvekt" [Arbeitsmappe: Vektorprodukt.xlsm]

10.5 Gauss-Algorithmus

Obgleich Excel in dem *Solver* (vgl. Kap. 17) ein ausgezeichnetes Verfahren zur Lösung von *linearen Gleichungssystemen* enthält, soll auch das klassische Verfahren von C.F. Gauss (1777–1855) an dieser Stelle besprochen und mit VBA behandelt werden.

Der *Gauss*-Algorithmus besteht darin, das originale Gleichungssystem schrittweise in *Staffelgestalt* zu bringen. Man versucht dabei, die Matrix des gegebenen linearen Gleichungssystems in eine obere Dreiecksmatrix zu transformieren. Nachdem die Matrix in Dreiecksgestalt vorliegt, kann das System durch Rückwärtssubstitution gelöst werden. Was das im Einzelnen bedeutet, wollen wir uns jetzt an einem Beispiel ansehen.

Gesucht sei die Lösung des folgenden Gleichungssystems, das wir wieder in der Form $\mathbf{A} \cdot \mathbf{x} = \mathbf{b}$ schreiben:

$$\begin{array}{l} 2x_1 + 3x_2 - x_3 = 5 \\ 4x_1 + 4x_2 - 3x_3 = 3 \\ 2x_1 - 3x_2 + x_3 = -1 \end{array} \Rightarrow \begin{pmatrix} 2 & 3 & -1 \\ 4 & 4 & -3 \\ 2 & -3 & 1 \end{pmatrix} * \begin{pmatrix} x_1 \\ x_2 \\ x_3 \end{pmatrix} = \begin{pmatrix} 5 \\ 3 \\ -1 \end{pmatrix}$$

Die auszuführendenden Schritte sind:

1. Bilde die erweiterte Matrix der Koeffizienten:

$$B_0 = (A \,|b) = \left(\begin{array}{ccc|c} 2 & 3 & -1 & 5 \\ 4 & 4 & -3 & 3 \\ 2 & -3 & 1 & -1 \end{array}\right)$$

2. Wir betrachten die erste Zeile als **Pivot** (Bezugszeile, Drehpunkt, engl. = Angelpunkt), $L_1{}^0 = (2, 3, -1, 5)$, für den Eliminationsvorgang.
3. Unsere Absicht ist es, alle Koeffizienten unterhalb der Hauptdiagonalen zu annullieren. Zu diesem Zweck berechnen wir den Faktor $m_{21}{}^0 = -(a_{21}{}^0/a_{11}{}^0) = -4/2 = -2$.
4. Wir multiplizieren die 1. Zeile mit $m_{21}{}^0 = -2$ und addieren das Ergebnis zur 2. Zeile. Das verändert nicht die Lösung des Systems. Es entsteht eine neue 2. Zeile: $L_2{}^1 = (0, -2, -1, -7)$ mit $a_{21}{}^1 = 0$. Die *Pivot*-Zeile (die 1. Zeile) erleidet keine Änderung.
5. Jetzt annullieren wir $a_{31}{}^0 = 2$ in B_0. Dazu verfahren wir ähnlich wie vorhin: $m_{31}{}^0 = -(a_{31}{}^0/a_{11}{}^0) = -2/2 = -1$. Jetzt wird die 1. Zeile mit $m_{31}{}^0 = -1$ multipliziert und das Ergebnis zur 3. Zeile addiert. Die neue 3. Zeile heißt $L_3{}^1 = (0, -6, 2, -6)$ mit $a_{31}{}^1 = 0$. Die Matrix B_1 hat die Form

$$B_1 = \left(\begin{array}{ccc|c} 2 & 3 & -1 & 5 \\ 0 & -2 & -1 & -7 \\ 0 & -6 & 2 & -6 \end{array}\right)$$

6. Nun muss $a_{32}^1 = -6$ annulliert werden. Wir bestimmen $m_{32}^1 = -(a_{32}^1/a_{22}^1) = -(-6/-2) = -3$ usw.
7. Wir erhalten eine neue erweiterte Matrix, nämlich B_2.

$$B_2 = \left(\begin{array}{ccc|c} 2 & 3 & -1 & 5 \\ 0 & -2 & -1 & -7 \\ 0 & 0 & 5 & 15 \end{array}\right)$$

Man sieht, dass das ursprüngliche Gleichungssystem jetzt in gestaffelter Form vorliegt, ohne dass an der Lösung etwas geändert wurde:

$$\begin{aligned} 2x_1 + 3x_2 - x_3 &= 5 \\ -2x_2 - x_3 &= -7 \\ 5x_3 &= 15 \end{aligned}$$

Die folgenden Schritte sind fast trivial: $x_3 = 3$; $x_2 = 2$; $x_1 = 1$. Wir verstehen jetzt auch den Begriff "Rückwärtssubstitution". Hätte sich bei der letzten Gleichung "$0 \times_3$ = rechte Seite nicht 0" ergeben, so wäre das System nicht lösbar.

Die VBA-Version dieses Schemas haben wir in der benutzerdefinierten Funktion "Gauss_Alg" implementiert. Sie liest zu Beginn die Werte von A, b und von n (Anzahl der Variablen) und bildet selbst die erweiterte Koeffizientenmatrix B.

```
Function Gauss_Alg(matA, vektb, n)
Dim B(100, 100), x()
Dim i As Integer, j As Integer, k As Integer, p As Integer, q As Integer
Dim m As Double

'Matrix erweitert
For p = 1 To n Step 1
  For q = 1 To n Step 1
     B(p, q) = matA(p, q)
  Next q
     B(p, n + 1) = vektb(p)
Next p

'Herstellung der Dreiecksform
For k = 1 To n - 1 Step 1
    For i = k + 1 To n + 1 Step 1
        m = B(i, k) / B(k, k)
        For j = k To n + 1 Step 1
            B(i, j) - B(i, j) - m * B(k, j)
        Next j
      Next i
 Next k
```

```
'Rücksubstitution
ReDim x(1 To n)
x(n) = B(n, n + 1) / B(n, n)
For i = n - 1 To 1 Step -1
    Sum = 0
    For j = i + 1 To n Step 1
        Sum = Sum + B(i, j) * x(j)
    Next j
    x(i) = (B(i, n + 1) - Sum) / B(i, i)
Next i
Gauss_A = x
'Der Lösungsvektor ist eine 1xn Matrix

End Function
```

Die folgende Abb. 10.23 zeigt die Matrix **A**, und den Vektor **b**. Der Lösungsvektor wurde mit der benutzerdefinierten Funktion "Gauss_Alg" berechnet.

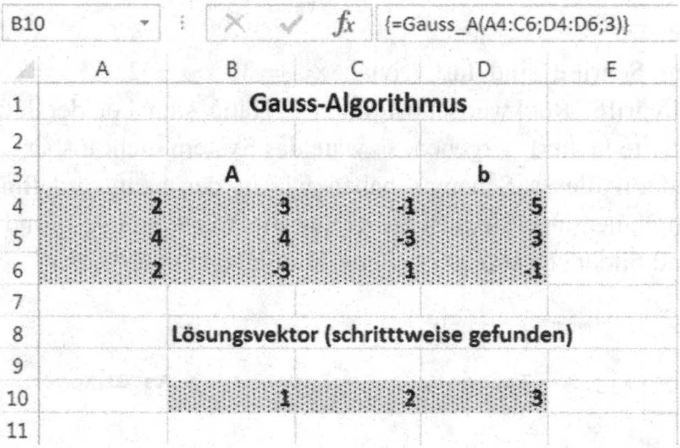

B10 | fx | {=Gauss_A(A4:C6;D4:D6;3)}

	A	B	C	D	E
1		Gauss-Algorithmus			
2					
3		A		b	
4	2	3	-1	5	
5	4	4	-3	3	
6	2	-3	1	-1	
7					
8		Lösungsvektor (schritttweise gefunden)			
9					
10		1	2	3	
11					

Abb. 10.23 Gauss-Algorithmus [Arbeitsmappe: Gauss.xlsm]

Integration, Fourier-Reihen, Interpolation 11

Zusammenfassung

Die meisten Integrale, denen man im der Praxis begegnet, lassen sich nicht in geschlossener Form berechnen. Wir sind daher auf numerische Näherungsmethoden angewiesen. Wir entwickeln Programme und Arbeitsblätter für die bekanntesten Lösungsverfahren: Trapezregeln, *Simpsonsche*-Regeln, Tangentenmethode. Eine wichtige Anwendung ist die Berechnung von *Fourier*-Reihen, die bei zahlreichen technischen und physikalischen Problemen benutzt werden. Mithilfe von Interpolatiosmethoden, wie die von *Newton* oder *Lagrange*, lassen sich experimentelle Daten als Polynome darstellen.

11.1 Näherungsmethoden für bestimmte Integrale

Es ist bekannt, dass bestimmte Integrale nur numerisch, d. h. mithilfe von Näherungsmethoden berechnet werden können, wenn sich keine Stammfunktionen finden lassen. In diesem Kapitel werden wir uns mit einigen numerischen Methoden beschäftigen, die unter der Bezeichnung *Newton-Côtes* bekannt sind. Sie benutzen die Funktionswerte f(x) von gleichabständigen x-Werten. Zwei einfache und bekannte Methoden aus dieser Gruppe sind die **Trapezregel** und die ***Simpsonsche*** **Regel**.

11.1.1 Trapezregel

Um die allgemeine Regel zu erhalten, teilen wir die Fläche unterhalb der Kurve von $y = f(x)$ zwischen $x = a = x_0$ und $x = b = x_n$ in n Streifen der Breite $h = (b - a)/n$. Das Integral wird angenähert durch die folgende "Trapezsumme":

F. J. Mehr, M. T. Mehr, *Excel und VBA*, DOI 10.1007/978-3-658-08886-6_11

```
(Allgemein)
Function Trapez_Regel(a As Double, b As Double, n As Integer) As Double
    Dim i As Integer, h As Double, s As Double
    h = (b - a) / n                  ' Streifenbreite
    summe = (f(a) + f(b)) / 2
    For i = 1 To n - 1 Step 1        ' n = Anzahl der Streifen
      summe = summe + f(a + i * h)
    Next i
    Trapez_Regel = h * summe

End Function
Function f(x) As Double
' hierhin schreibt man die Funktion, für die
' das bestimmte Integral berechnet werden soll

    f = Log(x) / (1 + x * x)

End Function
```

Abb. 11.1 Code der Funktion "Trapez_Regel" [Arbeitsmappe: Integrale.xlsm; Modul1]

$$\int_a^b f(x)dx = \frac{h}{2}(f(x_0) + f(x_1)) + \frac{h}{2}(f(x_1) + f(x_2)) + \ldots$$

$$\frac{h}{2}(f(x_{n-1}) + f(x_n)) =$$

$$\frac{h}{2}(f(x_0) + f(x_n)) + h(f(x_1) + f(x_2) + \ldots + f(x_{n-1}))$$

Der letzte Ausdruck ist die zusammengesetzte Trapezregel. Wir haben eine VBA-Funktion geschrieben, um diese Regel auszuwerten (vgl. Abb. 11.1).

Unter `Function f(x)` schreibt man die Funktion, für die das bestimmte Integral berechnet werden soll. Die Funktion "Trapez_Regel" ruft f(x) auf und hat a, b und n als Parameter.

Als Beispiel benutzen wir diese Funktion, um das bestimmte Integral $\int_1^2 \frac{\ln(x)}{(1+x^2)}$ für verschiedene Werte von n zu berechnen. Natürlich erhalten wir genauere Ergebnisse, wenn wir n groß wählen (siehe Abb. 11.2).

D6 =Trapez_Regel(1;2;C6)

	A	B	C	D	E	F	G	H
1				**Trapez-Regel**				
2								
3								
4			**n**	**Wert des Integrals von**	**f(x) = Log(x) / (1 + x^2)**			**zwischen a unb b**
5				=Flächeninhalt, den der Graph von f(x) mit der x-Achse zwischen a und b einschließt				
6			10	0,106942				
7			100	0,107363				
8			1000	0,107367				
9			10000	0,107367				
10								

f(x) = Log(x) / (1 + x^2)

a

b

0,08
0,06
0,04
0,02
0
-0,02
-0,04

0 0,5 1 1,5 2 2,5 3

Abb. 11.2 Trapezregel [Arbeitsmappe: Integrale.xlsm; Blatt: Trapez]

11.1.2 Simpsonsche Regel

Wie bei der Trapezregel wird das Integrationsintervall [a, b] in n gleiche Teilintervalle der Breite h unterteilt. Bei der *Simpsonschen* Regel (T. Simpson, 1710–1661) muss man allerdings immer eine gerade Anzahl von Teilintervallen verwenden. Bei dieser Regel wird die gegebene Kurve nicht durch Strecken, sondern durch Parabelbögen angenähert. Dieses Verfahren ist genauer als die Trapezregel. Die (zusammengesetzte) *Simpson*-Formel lautet

$$\int_a^b f(x)dx \approx \frac{h}{3}(y_0 + 4y_1 + 2y_2 + 4y_3 + 2y_4 + \ldots + 2y_{n-2} + 4y_{n-1} + y_n)$$

mit $y_i = f(a + ih)$ für $i = 0 \ldots n$.

Es folgen zwei VBA-Implementationen dieser Regel. Die erste, “Simpson1”, unterscheidet zwischen geraden und ungeraden Termen. Das zweite Makro "Simpson2" ist etwas kürzer. Es benutzt eine Hilfsvariable w, die im Programm nur die Werte 2, 4, 2, 4 ... annehmen kann. Sie beginnt mit `w = 4`. Das Programm arbeitet mit nur einer Summe und nur einer `For...To`-Schleife. Wie bei der Trapezregel, schreibt man unter `Function f(x)` die Funktion, für die das bestimmte Integral berechnet werden soll.

```
Function Simpson1(a As Double, b As Double, n As Integer) As Double
    Dim i As Integer, h As Double
    Dim sumger As Double, sumunger As Double
    h = (b - a) / n                    ' h= Streifenbreite ; n= Streifenzahl

    sumunger = f(a) + f(b)             ' f(a)+f(b)= y0 + yn

    For i = 1 To n - 1 Step 2              ' Summe der geraden Terme
      sumunger = sumunger + 4 * f(a + i * h)
    Next i
     sumger = 0

    For i = 2 To n - 2 Step 2              ' Summe der ungeraden Terme
      sumger = sumger + 2 * f(a + i * h)
    Next i
    Simpson1 = h * (sumger + sumunger) / 3

End Function
-----------------------------------------------------------------------
Function Simpson2(a As Double, b As Double, n As Integer) As Double
  Dim i As Integer, w As Integer, h As Double
  Dim summe As Double
  h = (b - a) / n                    ' Streifenbreite
  summe = f(a) + f(b):
  w = 4
  For i = 1 To n - 1 Step 1
 '  mit w =6-w wird die Folge der Koeffizienten 4,2,4,2,4,...erzeugt

     summe = summe + w * f(a + i * h)
     w = 6 - w

  Next i
  Simpson2 = h * summe / 3

End Function
-----------------------------------------------------------------------
Function f(x) As Double
' hierhin schreibt man die Funktion, für die
' das bestimmte Integral berechnet werden soll

    f = Sin(x) / x

End Function
```

Das Ergebnis für das Integral $\int_1^2 \frac{\sin(x)}{x}$ sehen Sie in Abb. 11.3.

Beispiel

Berechne das folgende elliptische Integral:

$$I = \int_0^{48} \sqrt{1+\cos^2 x} dx$$

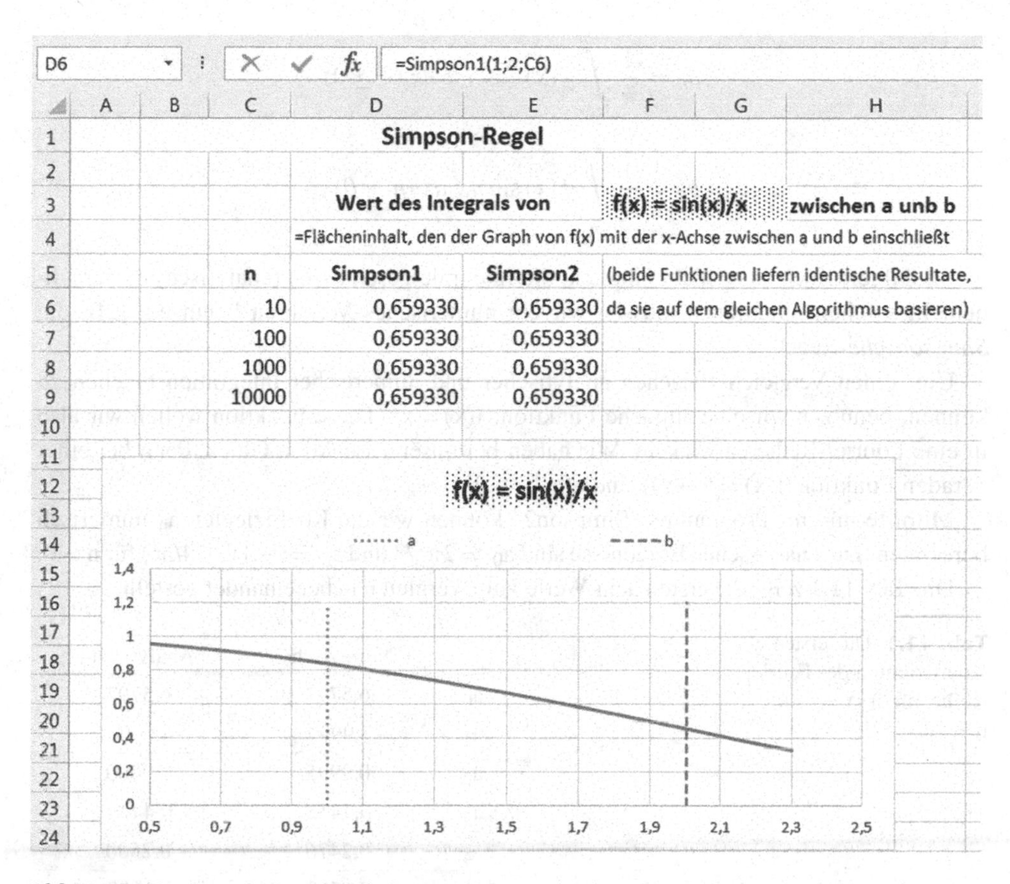

Abb. 11.3 *Simpsonsche*-Regel [Arbeitsmappe: Integrale.xlsm; Blatt: Simpson; Modul2]

Ergebnisse

Mit n = 100 ergibt "Trapez_Regel" $I = 58{,}4624$ und "Simpson2" $I = 58{,}4708$.

11.1.3 *Fourier-Reihen*

Eine wichtige Anwendung der *Simpsonschen*-Regel ist die Berechnung von *Fourier*-Reihen (J. Fourier, 1768–1830). Die *Fourierreihe* ist ein nützliches mathematisches Werkzeug, das in zahlreichen technischen und physikalischen Gebieten eingesetzt wird.

Jede auf dem Intervall [− π, π] definierte stückweise stetige und beschränkte Funktion f(x) kann als *Fourier*-Reihe in der Form $f(x) = \frac{a_0}{2} + \sum_{n=1}^{\infty} (a_n \cos nx + b_n \sin nx)$ geschrieben werden.

Die **Fourierkoeffizienten** a_n und b_n lassen sich wie folgt berechnen:

$$a_0 = \frac{1}{\pi} \int_{-\pi}^{+\pi} f(x) dx$$

$$a_n = \frac{1}{\pi} \int_{-\pi}^{+\pi} f(x) \cos\, nx\; dx \; (n \geq 0)$$

$$b_n = \frac{1}{\pi} \int_{-\pi}^{+\pi} f(x) \sin nx\; dx \; (n > 0)$$

Im Allgemeinen ist es nicht möglich, die Integrale geschlossen (analytisch) zu berechnen. In solchen Situationen müssen wir ein numerisches Verfahren benutzen, z. B. die *Simpsonsche*-Regel.

Um einen Vergleich zwischen analytischer und numerischer Integration machen zu können, benutzen wir eine einfache Funktion: $f(x) = x^2$. Diese Funktion wollen wir also in eine Fourier-Reihe entwickeln. Wir haben bei unserer Funktion Glück, denn bei einer geraden Funktion ($f(x) = f(-x)$) sind alle b_n null.

Mithilfe unseres Programms "Simpson2" können wir die Koeffizienten a_n numerisch berechnen. Die analytischen Ergebnisse sind $a_0 = 2\pi^2/3$ und $a_n = (-1)^n \cdot (4/n^2)$ für $n > 0$.

Die Tab. 11.1 zeigt die ersten acht Werte zum Vergleich nebeneinander gestellt.

Tab. 11.1 Die ersten Koeffizienten der Fourier-Reihe für $f(x) = x^2$ für $n = 30$

	Numerisch	Analytisch
a_0	6,5797	6,5797
a_1	– 3,9999	– 4,0000
a_2	0,9995	1,0000
a_3	– 0,4432	– 0,4444
a_4	0,2476	0,2500
a_5	– 0,1560	– 0,1600
a_6	0,1046	0,1111
a_7	– 0,0715	– 0,0816

Diese Werte wurden mithilfe folgender Subroutine "Fourier_Koeffizienten" berechnet. Die Subroutine liest die Werte von a, b, n und k (= Anzahl der Koeffizienten) ein und gibt die Werte der Koeffizienten a_k und b_k in Tabellenform aus. Die entsprechenden Integrale werden mit der *Simpsonschen* Regel berechnet, wie bei der Subroutine "Simpson2" (siehe oben).

```
Sub Fourier_Koeffizienten()
    Dim a As Double, b As Double, n As Integer
    Dim i As Integer, w As Integer, r As Integer, j As Integer
    Dim summea As Double, h As Double, Pi As Double

    Pi = Application.Pi()

    a = Cells(4, 1)
    b = Cells(4, 2)
    n = Cells(4, 3)
    k = Cells(4, 4)

    For j = 0 To k      'es werden k Fourierkoffizienten bestimmt
                        'summea bildet das Simpsonsche Integral für jedes aj
                        'summeb bildet das Simpsonsche Integral für jedes bj
      h = (b - a) / n
      w = 4
      summea = fa(j, a) + fa(j, b)

    If j = 0 Then
      summeb = 0
    Else
      summeb = (fb(j, a) + fb(j, b)) / Pi
    End If

    For i = 1 To n - 1 Step 1
      summea = summea + w * fa(j, a + i * h)
      summeb = summeb + w * fb(j, a + i * h)
      w = 6 - w
    Next i
    Cells(8 + j, 1) = j
    Cells(8 + j, 2) = (h * summea / 3) / Pi
    Cells(8 + j, 3) = (h * summeb / 3) / Pi

     Next j
End Sub
--------------------------------------------------------------------------
Function f(x As Double) As Double
' hierhin schreibt man die Funktion, für die
' das bestimmte Integral berechnet werden soll

     f = x ^ 2

End Function
--------------------------------------------------------------------------
Function fa(k As Integer, x As Double) As Double

     fa = f(x) * Cos(k * x)

End Function
--------------------------------------------------------------------------
Function fb(k As Integer, x As Double) As Double

fb = f(x) * Sin(k * x)

End Function
```

Abbildung 11.4 zeigt die Werte der Fourierkoeffizienten für $f(x) = x^2$, die mit dem Makro "Fourier" berechnet wurden.

I10

	A	B	C	D
1		Fourier-Reihen		
2				
3	**a**	**b**	**n**	**Anzahl der Koeffizienten**
4	-3,1415927	3,14159265	30	7
5				
6	**Beispiel für f(x) = x^2**		Makro mit *Strg.+f* aufrufen	
7				
8				
9	**k**	**a_k**	**b_k**	
10	0	6,5797	0,0000	
11	1	-3,9999	0,0000	
12	2	0,9995	0,0000	
13	3	-0,4432	0,0000	
14	4	0,2476	0,0000	
15	5	-0,1560	0,0000	
16	6	0,1046	0,0000	
17	7	-0,0715	0,0000	
18				
19				

Abb. 11.4 Fourierkoeffizienten für f(x) = x2 [Arbeitsmappe: Fourier.xlsm]

Die Entwicklung der Funktion $f(x) = x^2$ in eine Fourier-Reihe mit cos-Gliedern im Intervall $(-\pi, +\pi)$ können wir dann folgendermaßen schreiben:

$$f(x) = x^2 \approx 6{,}5797/2 - 3{,}9999 \cdot \cos(x) + 0{,}9995 \cdot \cos(2x) - 0{,}4432 \cdot \cos(3x) + \\ + 0{,}2477 \cdot \cos(4x) - 0{,}1560 \cdot \cos(5x) + 0{,}1046 \cdot \cos(6x) - 0{,}0715 \cdot \cos(7x)$$

Der eingerahmte Bereich rechts zeigt die ersten sieben Terme der Fourier-Reihe für $f(x) = x^2$ und deren Summe an der Stelle $x = \pi/2$ (vgl. Abb. 11.5).

1	**Fourier-Reihen**						
2							
3	**a**	**b**	**n**	**Anzahl der Koeffizienten**			
4	-3,1415927	3,14159265	30	7			
5							
6	**Beispiel für f(x) = x^2**		Makro mit *Strg.+f* aufrufen			**x**	**f(x)**
7						1,570796327	2,4674
8							
9	**k**	**a_k**	**b_k**			**Terme der Fourier-Reihe**	
10	0	6,5797	0,0000			3,289868134	
11	1	-3,9999	0,0000			2,28673E-16	
12	2	0,9995	0,0000			-0,999468564	
13	3	-0,4432	0,0000			6,34091E-16	
14	4	0,2476	0,0000			0,247629325	
15	5	-0,1560	0,0000			2,68027E-16	
16	6	0,1046	0,0000			-0,104623912	
17	7	-0,0715	0,0000			-1,27241E-16	
18						**Summe**	
19						2,4334	

Abb. 11.5 Fourier Entwicklung für $f(x) = x^2$ [Arbeitsmappe: Fourier.xlsm]

11.1.4 Vergleich verschiedener Integrationsmethoden

Es ist wünschenswert, die besprochenen Integrationsregeln in einem Arbeitsblatt zu haben. Dazu besprechen wir kurz die zugrunde liegenden theoretischen Überlegungen (*Riemann*-Summen). Die beiden Diagramme in Abb. 11.6 zeigen die Riemann-Summen von der Parabel $f(x) = x^2$ (wir haben sie mit MuPAD[1] angefertigt).

In der oberen Abbildung sind die Rechtecke gezeichnet, die die Parabel von unten her berühren. Die Summe dieser Flächen (*Riemannsche* Untersumme) ist

$$S_u = (y_0 + y_1 + y_2 + \ldots + y_{n-1}) \cdot h$$

In der Figur haben wir $n = 10$, $x_0 = 0$ und $x_{10} = 1{,}0$ gewählt. Man erhält für S_u 0,28 Flächeneinheiten.

Die Obersumme ist durch die folgende Formel gegeben

$$S_o = (y_1 + y_2 + y_3 + \ldots + y_n) \cdot h$$

Man errechnet, dass $S_o = 0{,}38$ FE.

[1] **MuPAD®** (***M****ulti* ***P****rocessing* ***A****lgebra* ***D****ata* ***T****ool*) ist ein Computeralgerbrasystem ursprünglich von der MuPAD-Forschungsgruppe an der Universität Paderborn entwickelt. Seit 2008 ist der MuPad Kernel nur als Bestandteil von MATHLAB® oder Scientific WorkPlace® erhältlich.

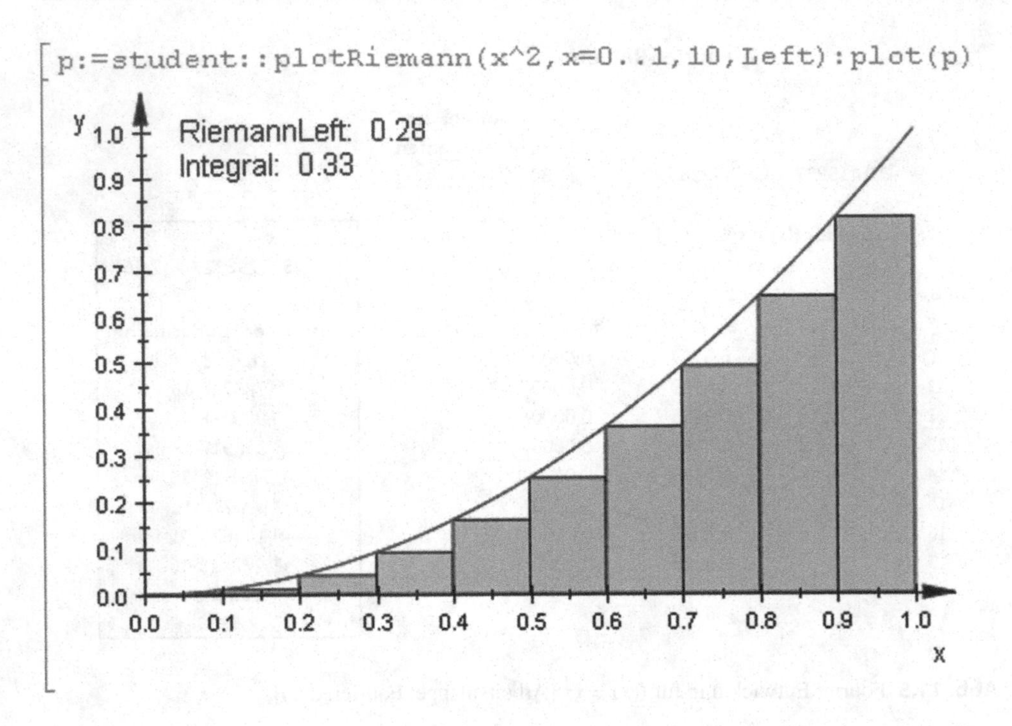

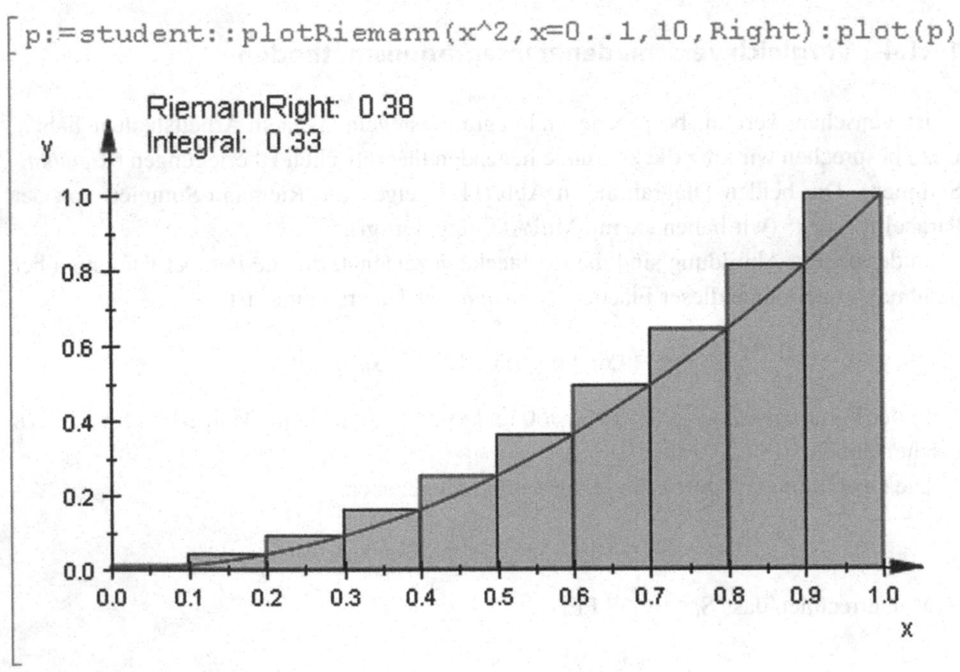

Abb. 11.6 *Riemann*-Summen für $f(x) = x^2$

H7 | f_x | Verbesserte Methoden

	A	B	C	D	E	F	G	H	I
1			**Eingabe**	a=	0,00				
2				b=	1,00			h=	0,10
3				n=	10				
4									
5				**Funktion in B10 eintragen**					
6									
7								**Verbesserte Methoden**	
8	x	$Y_0...Y_n$		**Ergebnis:**		$Y_1,Y_3,Y_5,...$		**Ergebnis:**	
9				**Trapez**				**Tangenten:**	**0,3300000**
10	0,00	0,0000000		**0,3350000**		0		**Simpson:**	**0,3333333**
11	0,10	0,0100000				0,0100000			
12	0,20	0,0400000				0			
13	0,30	0,0900000				0,0900000			
14	0,40	0,1600000				0			
15	0,50	0,2500000				0,2500000			
16	0,60	0,3600000				0			
17	0,70	0,4900000				0,4900000			
18	0,80	0,6400000				0			
19	0,90	0,8100000				0,8100000			
20	1,00	1,0000000				0			
21									
22									
23									

Abb. 11.7 Vergleich der verschiedenen Integrationsmethoden [Arbeitsmappe: Integrale.xlsm; Blatt: Vergleich_T_S_T]

Der genaue Integralwert ist 1/3, und das Mittel $S_m = (S_o + S_u)/2 = 0{,}335$ ist ziemlich nahe am exakten Wert. Man kann leicht zeigen, dass dieser Mittelwert mit dem Wert der Trapezformel übereinstimmt. Eine Verbesserung der Annäherung kann man durch eine feinere Unterteilung erhalten oder durch die Wahl von Trapezen, deren obere Seiten Tangenten an die Parabel sind. Die bekannte "Tangentenformel" lautet

$$S_t = 2 \cdot h \cdot (y_1 + y_3 + y_5 + \ldots + y_{n-1})$$

Die *Simpsonsche* Formel kann man durch die folgende Formel darstellen

$$S_{imp} = (2 \cdot S_m + S_t)/3$$

In der Tabelle der Abb. 11.7 sind die verschiedenen Methoden zusammengestellt. Die Funktion $y = x^2$ (=A10*A10) befindet sich in B10.

In Zelle D10 haben wir =I$2*(SUMME(B10:B20) – (B10+B20)/2). In I9 ist = 2*I$2*SUMME(F10:F20), in I10 haben wir = (2*D10+I10)/3.

Ein Problem liegt in der Tatsache, dass das Arbeitsblatt für jedes n angepasst werden muss. Im Fall n = 20 müssen wir die Formeln bis zur 30. Zeile kopieren, und die Funktionen in den Zellen D10, I10 müssen B30 enthalten statt B20 und F30 anstelle von F20.

In diesen Fällen ist es vorzuziehen, eines der obigen Makros zu benutzen.

Beispiel
Berechne mithilfe des Arbeitsblatts das folgende elliptische Integral.

$$I = \int_0^{48} \sqrt{1 + \cos^2 x} dx$$

Wähle n = 100, kopiere bis Zeile 110.

Ergebnisse
Trapez: 58,46239; Tangente: 58,487679; Simpson: 58,4708211

Es gibt bessere Methoden als die, die wir besprochen haben, z. B. das Romberg-Verfahren, das das vorige Integral mit 5 gültigen Dezimalziffern berechnet: I ≈ 58,47047.

11.1.5 Herleitung der *Simpsonschen*-Regel

Die *Simpsonsche*-Regel ist von großer Bedeutung in der numerischen Mathematik. Für die Herleitung der Regel benutzen wir ein Bild aus der Physik (siehe Abb. 11.8).

Ein Teilchen bewegt sich in Δt Sekunden von einem Punkt x(0) nach x(Δt). Die Skizze zeigt drei Geschwindigkeitswerte für die Zeiten: 0, Δt/2 und Δt. Die wirkliche Geschwindigkeitskurve kennen wir nicht. Wir ersetzen sie daher durch ein Parabelstück, das durch die Punkte P1, P2, P3 geht. Die Gleichung der Parabel lautet

$$v(t) = At^2 + Bt + C$$

Wir müssen die drei Koeffizienten A, B, C bestimmen.

Für t = 0 haben wir $\quad v(0) = C$

Für t = Δt/2 gilt $\quad v(\Delta t/2 = A \cdot (\Delta t/2)2 + B \cdot \Delta t/2 + v(0)$

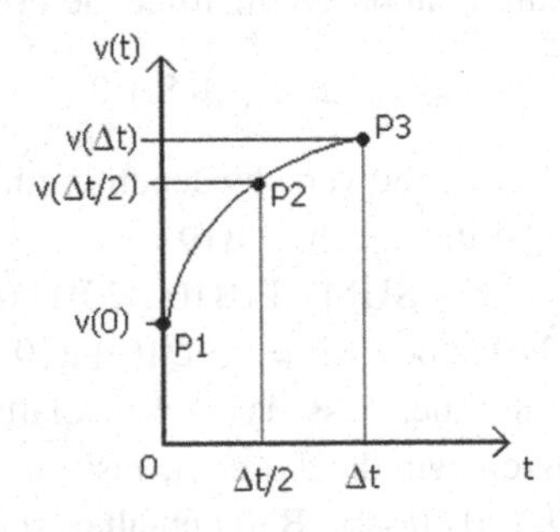

Abb. 11.8 Beschleunigter Bewegung eines Teilchens

Für $t = \Delta t$ ist $$v(\Delta t) = A \cdot (\Delta t)2 + B \cdot \Delta t + v(0)$$

Die folgende Funktion wird sich als nützlich erweisen; wir definieren sie durch den Ausdruck

$$D := v(0) + 4v(\Delta t/2) + v(\Delta t) = 6C + 2A \cdot (\Delta t)2 + 3B \cdot \Delta t \quad (11.1)$$

woraus folgt

$$\Delta t \cdot D/6 = C \cdot \Delta t + A \cdot (\Delta t)3/3 + B \cdot (\Delta t)2/2 \quad (11.2)$$

Andererseits haben wir

$$\int_0^{\Delta t} v(t)dt = \int_0^{\Delta t} (At^2 + Bt + C)dt = A(\Delta t)^3/3 + B(\Delta t)^2/2 + C(\Delta t)$$

Mit Gl. 11.1 und 11.2 ergibt sich

$$\int_0^{\Delta t} v(t)dt = x(\Delta t) - x(0) = \Delta t[V(0) + 4v(\Delta t)/2) + v(\Delta t)]/6 \quad (11.3)$$

Das ist die **erste** Regel von Simpson, auch bekannt als 1/6-Regel. Manchmal spricht man von der 1/3-Regel, denn wenn man $h = \Delta t/2$ als Breite eines Teilintervalls verwendet, ergibt sich

$$\int_0^{\Delta t} v(t)dt = h[v(0) + 4v(0) + v(\Delta t)]/6.$$

Die *Simpsonsche* Regel, die wir im Abschn. 11.1.2 benutzten, ist die zusammengesetzte Regel, denn man unterteilt das Integrationsintervall [a, b] in n gleiche Teilintervalle der Breite h, und auf jedes Paar von Teilintervallen wendet man die erste Regel (Gl. 11.3) an. Da diese Regel auf Intervallpaare angewandt wird, muss die Zahl n der Teilintervalle immer gerade sein (d. h. durch 2 ohne Rest teilbar sein).

11.1.6 Wahrscheinlichkeitsintegral

Für eine normalverteilte Zufallsgröße X wollen wir die Wahrscheinlichkeit des Ereignisses "$-x <= X <= x$" berechnen, das folgendermaßen definiert ist:

$$P(-x \le X \le x) = \int_{-x}^{x} f(z)dz \text{ mit } f(z) = \frac{1}{\sqrt{2\pi}} e^{\frac{-z^2}{2}}$$

$P(-x <= X <= x)$ ist die Wahrscheinlichkeit dafür, dass die Zufallsvariable Werte zwischen $-x$ und x annimmt (sie heißt auch **statistische Sicherheit**). Geometrisch gesehen ist sie die Fläche unter der Kurve der Standardnormalverteilung zwischen $-x$ und x (vgl. Abschn. 13.2.3).

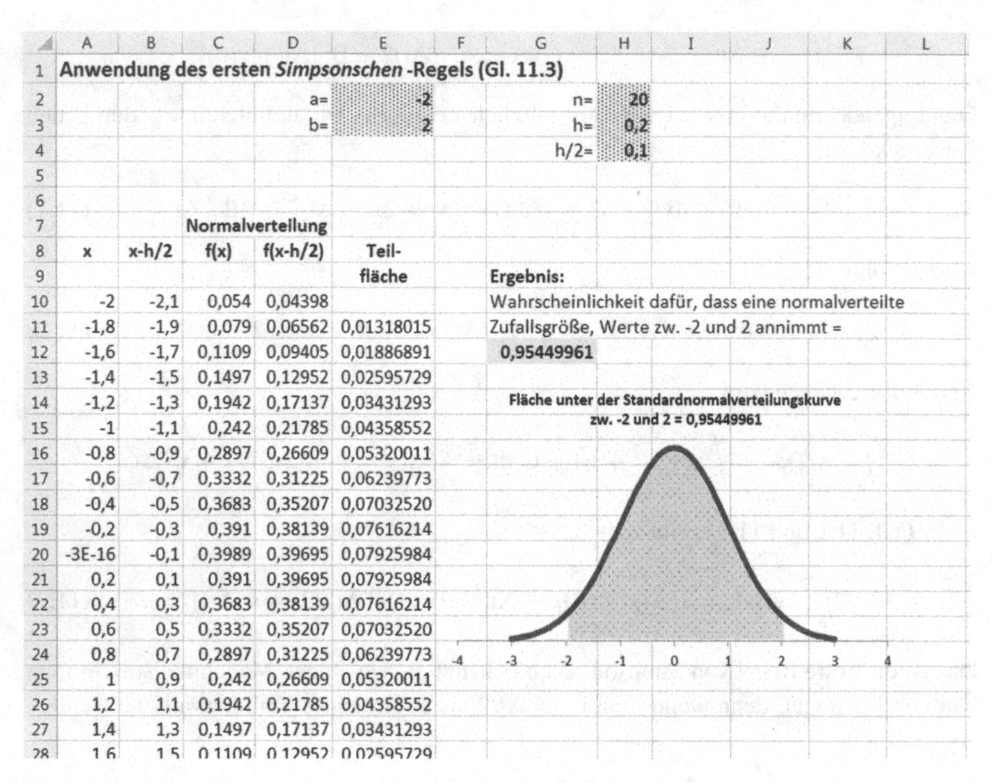

	A	B	C	D	E	F	G	H
1	Anwendung des ersten *Simpsonschen* -Regels (Gl. 11.3)							
2				a=	-2		n=	20
3				b=	2		h=	0,2
4							h/2=	0,1
5								
6								
7			Normalverteilung					
8	x	x-h/2	f(x)	f(x-h/2)	Teil-			
9					fläche		Ergebnis:	
10	-2	-2,1	0,054	0,04398			Wahrscheinlichkeit dafür, dass eine normalverteilte	
11	-1,8	-1,9	0,079	0,06562	0,01318015		Zufallsgröße, Werte zw. -2 und 2 annimmt =	
12	-1,6	-1,7	0,1109	0,09405	0,01886891		0,95449961	
13	-1,4	-1,5	0,1497	0,12952	0,02595729			
14	-1,2	-1,3	0,1942	0,17137	0,03431293			
15	-1	-1,1	0,242	0,21785	0,04358552			
16	-0,8	-0,9	0,2897	0,26609	0,05320011			
17	-0,6	-0,7	0,3332	0,31225	0,06239773			
18	-0,4	-0,5	0,3683	0,35207	0,07032520			
19	-0,2	-0,3	0,391	0,38139	0,07616214			
20	-3E-16	-0,1	0,3989	0,39695	0,07925984			
21	0,2	0,1	0,391	0,39695	0,07925984			
22	0,4	0,3	0,3683	0,38139	0,07616214			
23	0,6	0,5	0,3332	0,35207	0,07032520			
24	0,8	0,7	0,2897	0,31225	0,06239773			
25	1	0,9	0,242	0,26609	0,05320011			
26	1,2	1,1	0,1942	0,21785	0,04358552			
27	1,4	1,3	0,1497	0,17137	0,03431293			
28	1,6	1,5	0,1109	0,12952	0,02595729			

Abb. 11.9 Statistische Sicherheit eines Ereignisses [Arbeitsmappe: Fläche unter der SNV-Kurve.xlsx]

Lösung

Um das Integral der statistischen Sicherheit zu berechnen, benutzen wir wiederholt Gl. 11.3.

Wir fertigen eine Excel-Tabelle (vgl. Abb. 11.9) mit den folgenden Einträgen an:

Die 1/6-Formel steht in E11: `=H$3*(C10+4*D11+C11)/6`, kopieren bis E30.

Das Ergebnis in G12 berechnen wir mit `=SUMME(E11:E30)`. Ferner haben wir

B10: `=A10-H$4` ; B11: `=B10+H$3`, bis B30 kopieren

C10: `=1/WURZEL(2*PI())*EXP(-A10 *A10/2)`, bis C30 kopieren

D10: `=1/WURZEL(2*PI())*EXP(-B10*B10/2)`, bis D30 kopieren

Selbstverständlich erhalten wir das gleiche Ergebnis mit dem VBA-Programm "Simpson2" bei $n = 40$.

11.2 Interpolation nach Newton

Wir nehmen an, dass ein gewisses Experiment die Ergebnisse der Tab. (11.2) geliefert hat.

Nun möchten wir für ein x, das sich nicht in der Tabelle befindet, den zugehörigen y-Wert wissen. Das ***Newton*–Verfahren** (I. Newton, 1643–1727) löst dieses Problem, indem es ein Polynom p(x) bestimmt, das durch die gegebenen Punkte geht und für die x-Werte dazwischen ungefähre y-Werte liefert.

> Wir müssen unterscheiden zwischen **Interpolation** und **Regression**. Wenn wir später über statistische Methoden reden, werden wir einige Techniken sehen, die für die Analyse von Daten wichtig sind. Natürlich wird die **Regression** eine dieser Techniken sein (vgl. Kap. 14). Unter den mathematischen Techniken, die Probleme der Regression lösen, ist vielleicht die bekannteste die Methode der kleinsten Quadrate von *Lagrange* und *Gauss*. Bei dieser Methode wird nicht verlangt, dass die gesuchte Funktion genau durch die Messpunkte geht, sondern nur "so nahe wie möglich". Wenn man einen linearen Zusammenhang zwischen den x- und y-Werten einer Messreihe vermutet, besteht die Aufgabe der Regression im Aufsuchen einer Ausgleichsgeraden $y = ax + b$.

Kommen wir zurück auf unser Interpolationsproblem, für das wir ein interpolierendes Polynom suchen. Newton, Lagrange, Bernstein u. a. haben verschiedene Verfahren entwickelt, um ein derartiges Polynom zu finden.

Das Verfahren von *Newton* eignet sich besonders gut zur Implementation in einem Arbeitsblatt, weshalb wir es hier genauer betrachten wollen.

Wir stellen uns eine Tabelle mit $n+1$ Punkten vor: (x_0,y_0), (x_1,y_1), …,(x_n,y_n) und stellen uns die Aufgabe, ein Polynom der folgenden Form zu bestimmen:

$$p(x) = a_0 + a_1(x - x_0) + a_2(x - x_0)(x - x_1) + \ldots + a_n(x - x_0)(x - x_1)\ldots(x - x_{n-1})$$

Gesucht sind die Koeffizienten $a_0, a_1, \ldots, a_n$.

Das Polynom für die obige kleine Tab. (11.2) hat, wie wir noch sehen werden, die Gestalt: $p(x) = -2 + (25x + 38x^2 - 7x^3 - 8x^4)/6$. Für ein Programm wie MuPAD ist es kein Problem, ein derartiges Polynom zu berechnen. In MuPAD sieht das Programm wie in Abb. 11.10 aus.

Die *Newton*-Methode hat das Schema der Abb. 11.11.

Die Ausdrücke in eckigen Klammern auf der rechten Seite stehen für die sogenannten "dividierten Differenzen":

$$a_0 = y_0$$
$$a_1 = (y_1 - y_0)/(x_1 - x_0) := [x_0, x_1, y]$$

Tab. 11.2 Beispielwerte für die Interpolation

x	−2	−1	0	1	2
y	3	0	−2	6	1

```
xList := [-2,-1,0,1, 2]:
yList := [3,0,-2,6,1]:
P := interpolate(xList, yList, X)
```

$$\text{poly}\left(-\frac{4\cdot X^4}{3}-\frac{7\cdot X^3}{6}+\frac{19\cdot X^2}{3}+\frac{25\cdot X}{6}-2,\ [X]\right)$$

Abb. 11.10 MuPad-Programm für Interpolation

Interpolation nach Newton									
				x_i	y_i				
				x0	y0 = a0				
			x1-x0			[x0,x1,y]=a1			
		x2-x0		x1	y1		[x0,x1,x2,y]=a2		
	x3-x0		x2-x1			[x1,x2,y]		[x0,x1,x2,x3,y]=a3	
x4-x0		x3-x1		x2	y2		[x1,x2,x3,y]		[x0,x1,x2,x3,x4,y]=a4
	x4-x1		x3-x2			[x2,x3,y]		[x1,x2,x3,x4,y]	
		x4-x2		x3	y3		[x2,x3,x4,y]		
			x4-x3			[x3,x4,y]			
				x4	y4				

Abb. 11.11 Schema der *Newton*-Methode [Arbeitsmappe: Newton_Interpol.xlsx; Blatt: Schema]

$$a_2 = ((y_2 - y_1)/(x_2 - x_1) - (y_1 - y_0)/(x_1 - x_0))/(x_2 - x_0) := [x_0, x_1, x_2, y]$$

....

$$a_n = [x_0, x_1, \ldots, x_n, y]$$

Nun fertigen wir ein Arbeitsblatt für das Beispiel in der Tab. 11.2 nach diesem Schema an (siehe Abb. 11.12).

Die Zellbelegungen entnehmen Sie der Abb. 11.13, in der wir die Formeln sichtbar gemacht haben (*FORMEL > Formelüberwachung > Formeln anzeigen*).

Auf der rechten Seite (Spalten H, I, J und K) stehen die "dividierten Differenzen":

H5: `=(G6-G4)/E5` (= a_1) ; H7: `=(G8-G6)/E7`

I6: `=(H7-H5)/D6` (= a_2) ; I8: `=(H9-H7)/D8`

J7: `=(I8-I6)/C7` (= a_3) ; J9: `=(I10-I8)/C9`

K8: `=(J9-J7)/B8` (= a_4)

In den Zählern der Brüche haben wir die Differenzen der Werte aus der vorhergehenden Spalte, in den Nennern haben wir Differenzen von x-Werten, die wir links an entsprechender Stelle finden (z. B. entspricht Zelle E5 der Zelle H5).

Das gesuchte Polynom hatte MuPAD ja schon angegeben, hier ist es nochmals:

	A	B	C	D	E	F	G	H	I	J	K	L	M
1							**Interpolation nach Newton**						
2													
3							x_i	y_i					
4													
5	**Gegebene Werte**						-2	3	$= a_0$				
6	x_i	y_i				1			-3	$= a_1$			
7	-2	3			2		-1	0		0,5	$= a_2$		
8	-1	0		3		1			-2		1,5	$= a_3$	
9	0	-2	4		2		0	-2		5		-1,3	$= a_4$
10	1	6		3		1			8		-3,8		
11	2	1			2		1	6		-6,5			
12						1			-5				
13							2	1					
14													
15													

Abb. 11.12 Excel-Tabelle für die Interpolation nach *Newton* [Arbeitsmappe: Newton_Interpol.xlsx; Blatt: Newton1]

	A	B	C	D	E	F	G	H	I	J	K	L	M
1								**Interpolation nach Newton**					
2													
3							x_i	y_i					
4													
5	**Gegebene Werte**						=A7	=B7	$= a_0$				
6	x_i	y_i				=G7-G5			=(H7-H5)/F6	$= a_1$			
7	-2	3			=G9-G5		=A8	=B8		=(I8-I6)/E7	$= a_2$		
8	-1	0		=G11-G5		=G9-G7			=(H9-H7)/F8		=(J9-J7)/D8	$= a_3$	
9	0	-2	=G13-G5		=G11-G7		=A9	=B9		=(I10-I8)/E9		=(K10-K8)/C9	$= a_4$
10	1	6		=G13-G7		=G11-G9			=(H11-H9)/F10		=(J11-J9)/D10		
11	2	1			=G13-G9		=A10	=B10		=(I12-I10)/E11			
12						=G13-G11			=(H13-H11)/F12				
13							=A11	=B11					

Abb. 11.13 Formeln für die Interpolation nach *Newton* [Arbeitsmappe: Newton_Interpol.xlsx; Blatt: Newton1]

$$\begin{aligned} p(x) &= \mathbf{3} - \mathbf{3}(x+2) + \mathbf{0.5}(x+2)(x+1) + \mathbf{1.5}(x+2)(x+1)(x) \\ &\quad - \mathbf{4/3} \cdot (x+2)(x+1)(x)(x-1) \\ p(x) &= -2 + (25x + 38x^2 - 7x^3 - 8x^4)/6 \end{aligned}$$

Weiter unten werden wir auch noch den Graphen dieser Funktion zeichnen.

In Wirklichkeit können wir auf die linke Seite des Schemas verzichten und ein einfacheres, gestaffeltes Schema benutzen. Die abgebildete Tabelle (siehe Abb. 11.14) kann bis zu 8 Wertepaare aufnehmen (C4:D11). Selbstverständlich ist sie erweiterbar durch Kopieren der Formeln nach rechts und nach unten dem Schema entsprechend.

	A	B	C	D	E	F	G	H	I	J	K	L
1												
2			Gegebene Werte		dividierte Differenzen							
3		i	x_i	y_i	a_1	a_2	a_3	a_4	a_5	a_6	a_7	
4		0	-2,000	3,000	-3,000	0,500	1,500	-1,333				
5		1	-1,000	0,000	-2,000	5,000	-3,833					
6		2	0,000	-2,000	8,000	-6,500						
7		3	1,000	6,000	-5,000							
8		4	2,000	1,000								
9		5										
10		6										
11		7										
12												

Abb. 11.14 Gestaffeltes Schema für die Interpolation nach *Newton* [Arbeitsmappe: Newton_Interpol.xlsx; Blatt: Newton2]

In der E-Spalte haben wir:

E4: `=(D5-D4)/(C5-C4)`

E5: `=WENN(ANZAHL($C$4:$C$11)>=3;(D6-D5)/(C6-C5);" ")`

Die Funktion **ANZAHL** zählt, wie viele Zellen Werte enthalten. Hier gilt **ANZAHL(C4:C11)** = 5, also kommt in die Zelle E5 das Resultat der Rechnung (D6-D5)/(C6-C5) = (-2-0)/(0-(-1))= -2.

E6: `= WENN(ANZAHL($C$4:$C$11)>=4;(D7-D6)/(C7-C6);" ")`
E7: `= WENN(ANZAHL($C$4:$C$11)>=5;(D8-D7)/(C8-C7);" ")`

Wir schreiben nichts in Zelle E8, denn **ANZAHL($C$4:$C$11)>=6** ist falsch. In Zelle E10 haben wir die letzte Formel dieser Spalte:
E10: `= WENN(ANZAHL ($C$4:$C$11)>=8; (D11-D10)/(C11-C10);" "))`

F4: `= WENN(ANZAHL($C$4:$C$11)>=3;(E5-E4)/(C6-C4);" ")`
F5: `= WENN(ANZAHL($C$4:$C$11)>=4;(E6-E5)/(C7-C5);" ")`

Jetzt kann man bereits das Schema hinter den Formeln erkennen. Es ist nur nötig, sie bis unten zu kopieren und die Werte in den Beziehungen >= "von Hand" zu vergrößern.

Die letzte Formel steckt in K4 und lautet

`=WENN(ANZAHL($C$4:$C$11)=8;(J5-J4)/ (C11-C4);" ")`

Bei nur 3 Wertepaaren vereinfacht sich das Schema beträchtlich. Man hat nur die alten Wertepaare zu löschen und die drei neuen einzutragen (vgl. Abb. 11.15).

Es wäre sehr wünschenswert, ein VBA-Makro zur Verfügung zu haben, mit dem sich der Aufwand mit der Tabellengestaltung praktisch aufhebt. Das folgende Programm stützt sich auf eine Veröffentlichung von R. Pfeifer aus dem Internet [12].

Das Programm (vgl. Abb. 11.16) richtet sich nach dem vorhin beschriebenen Schema und arbeitet mit zwei Arrays für die x-und y-Werte der gegebenen "Punkte" (als Beispiel, die Werte der Tab. 11.2). z ist derjenige x-Wert, zu dem das interpolierte y gesucht

	A	B	C	D	E	F	G	H	I	J	K	L
1												
2			Gegebene Werte		dividierte Differenzen							
3		i	x_i	y_i	a_1	a_2	a_3	a_4	a_5	a_6	a_7	
4		0	1,000	3,000	-1,000	2,000						
5		1	3,000	1,000	5,000							
6		2	4,000	6,000								
7		3										
8		4										
9		5										
10		6										
11		7										
12												

Abb. 11.15 Gestaffeltes Schema für die Interpolation nach *Newton* [Arbeitsmappe: Newton_Interpol.xlsx; Blatt: Newton2]

wird, z= −2,5 bis z=2,4. Die Sub-Routine "Interpol" enthält alle nötigen Daten und gibt sie an die Funktion "InterNewton" weiter. Für jeden x-Wert, zu dem ein y gesucht wird, berechnet InterNewton zunächst das Polynom, und mit dem *Horner*-Verfahren (vgl. Abschn. 9.2) wird das gewünschte y berechnet.

Das Polynom p(x)= −2 (25x+38x2 − 7x3 − 8x4)/6 selbst wurde nicht benötigt.

Die Funktionen `LBound` bzw, `Ubound` werden benutzt, um die Dimension eines Arrays zu bestimmen. Sie liefern den unteren bzw. den oberen Index für die angegebene Dimension eines Arrays zurück. In diesem Fall hat `LBound` den Wert 0 und `Ubound` den Wert 5.

Um das Makro aufzurufen, haben wir die Tastenkombination *Strg + i* definiert (*ENTWICKLERTOOLS > Makros > Optionen...Tastenkombination*). Um das Diagramm zu erstellen, klicken wir auf A5 und benutzen (zur Übung) die *F8 F5*-Technik (vgl. Abschn. 4.4), um nacheinander die Spalten A und B (bis Zeile 51) zu markieren (auszuwählen). Mit *EINFÜGEN > Diagramme* wählen wir *Punkt(X Y)- Punkte mit interpolierten Linien.* Man kann dann natürlich noch weiteren Schmuck am Graphen anbringen. Das Ergebnis können Sie in der Abb. 11.17 sehen.

```
(Allgemein)
Sub InterPol()
 Dim x, y
 Dim k As Integer, z As Double
 x = Array(-2, -1, 0, 1, 2)
 y = Array(3, 0, -2, 6, 1)
    z = -2.5
    k = 0
   Do While z >= -2.5 And z <= 2.5

      Cells(5 + k, 1) = z
      Cells(5 + k, 2) = InterNewton(x, y, z)
      k = k + 1
      z = z + 0.1
     Loop
End Sub
Function InterNewton(x, y, z)
    Dim i As Long, j As Long
    Dim xx, yy
    xx = x
    yy = y
    For i = LBound(yy) To UBound(yy)     'im Array y werden nach dem
    'gestaffelten Newton Schema die Koeffs berechnet
       For j = UBound(yy) To i + 1 Step -1
          yy(j) = (yy(j) - yy(j - 1)) / (xx(j) - xx(j - i - 1))
       Next j
    Next i

    InterNewton = 0 ' hier beginnt das Horner Verfahren,
                    ' um den Wert des Polynoms an der Stelle z zu berechnen
    For i = UBound(yy) To LBound(yy) Step -1
         InterNewton = InterNewton * (z - xx(i)) + yy(i)
    Next i

End Function
```

Abb. 11.16 Code für die Subroutine "Interpol" und die Funktion "InterNewton" [Arbeitsmappe: Newton_Interpol(VBA).xlsm; Modul1]

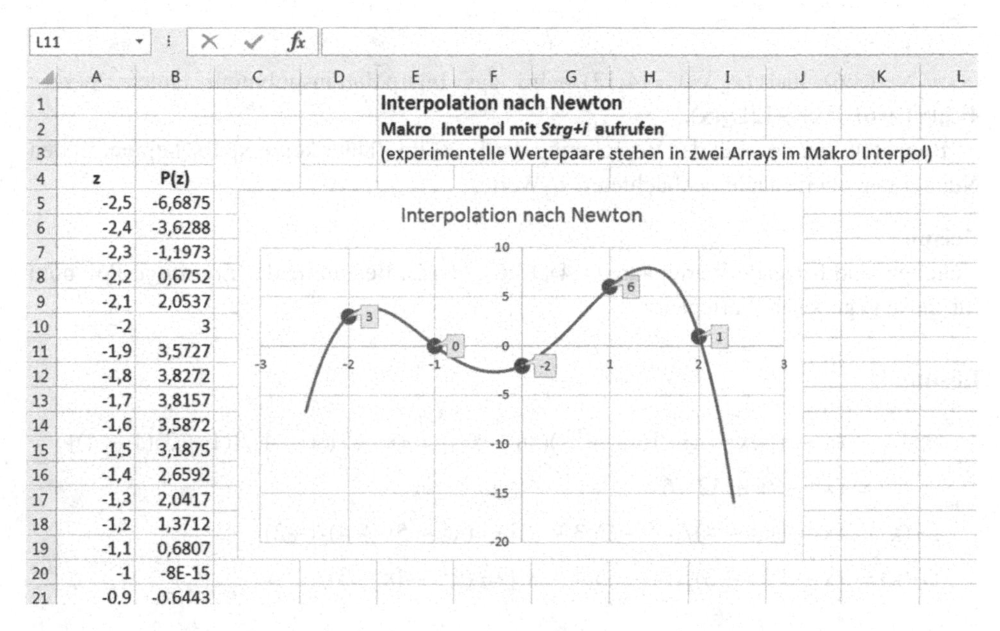

z	P(z)
-2,5	-6,6875
-2,4	-3,6288
-2,3	-1,1973
-2,2	0,6752
-2,1	2,0537
-2	3
-1,9	3,5727
-1,8	3,8272
-1,7	3,8157
-1,6	3,5872
-1,5	3,1875
-1,4	2,6592
-1,3	2,0417
-1,2	1,3712
-1,1	0,6807
-1	-8E-15
-0,9	-0,6443

Abb. 11.17 Interpolation nach *Newton* mit VBA [Arbeitsmappe: Newton_Interpol(VBA).xlsm]

11.3 Interpolation nach *Lagrange*

Man kann zeigen, dass immer ein Polynom p(x) existiert, das die unbekannte Funktion f(x) in $x_0, x_1, \ldots, x_n$ interpoliert und dass es eindeutig ist. Aber es gibt verschiedene Möglichkeiten, p(x) zu bestimmen. Neben der Newtonschen Methode ist das Interpolationsverfahren von *Lagrange* (J-L. Lagrange, 1736–1813) sehr bekannt, das aus einer Summe von speziellen Polynomen (Lagrangepolynome) besteht.

Wir suchen also ein Polynom der Art

$$p(x) = y_0 L_0(x) + y_1 L_1(x) + \ldots + y_n L_n(x)$$

Die *Lagrangeschen* Polynome Li(x) berechnet man mit der folgenden Formel:

$$L_i(x) = \frac{(x - x_0)(x - x_1)\ldots(x - x_{i-1})(x - x_{i+1})\ldots(x - x_n)}{(x_i - x_0)(x_i - x_1)\ldots(x_i - x_{i-1})(x_i - x_{i+1})\ldots(x_i - x_n)}$$

Man kann dies schreiben als

$$L_i(x) = \prod_{k=0}^{n} \frac{(x - x_k)}{(x_i - x_k)};\ k \neq i \text{ für } i = 0, \ldots, n.$$

Im Arbeitsblatt (siehe Abb. 11.18) benutzen wir für jedes $L_i(x)$ eine neue Spalte, und die Koeffizienten von p(x) sind die y_j-Werte der gegebenen Wertepaare. Für die drei Paare

$(x_0;y_0)=(1;4)$,
$(x_1;y_1)=(3;6)$ und $(x_2;y_2)=(4;12)$ wird das Interpolationspolynom lauten: $\mathbf{p(x)=4L_0(x)+6L_1(x)+12L_2(x)}$.

Beachten Sie, dass bei der Berechnung der $L_i(x)$ im Zähler keine x_i erscheinen. In den Nennern erscheinen alle beobachteten x_i-Werte.

Beispiel
Gegeben sind folgende Wertepaare (1;4), (3;6), (4;12). Bestimme das *Lagrange*-Polynom für diese gegebenen Wertepaare.

Lösung

$$L_0 = (x-x_1)(x-x_2)/[(x_0-x_1)(x_0-x_2)] = (x-3)(x-4)/[(1-3)(1-4)]$$
$$= (x^2-7x+12)/6$$
$$L_1(x) = (x-1)(x-4)/[(3-1)(3-4)] = (x^2-5x+4)/(-2)$$
$$L_2(x) = (x-1)(x-3)/[(4-1)(4-3)] = (x^2-4x+3)/3$$

Also lautet das Polynom: $\mathbf{p(x)=4L_0+6L_1+12L_2 = 5x^2/3-17x/3+8}$

Das Arbeitsblatt (siehe Abb. 11.18) hat in der A-Spalte die x-Werte, für die wir die $y=f(x)$-Werte berechnen wollen ($A6=1$, $A7=A6+0{,}2$). Wir kopieren A7 bis A21, und in der B-Spalte tragen wir an den entsprechenden Stellen die gegebenen y-Werte ein (z. B. In B6 steht $y_0=4$).

C6: `=($A6-3)*($A61-4)/((1-3)*(1-4))` ($=L_0$).

Diese Formel kopieren wir nach D1 und E1 und editieren sie anschließend:

D6: `=($A6-1)*($A6-4)/((3-1)*(3-4))`

E6: `=($A6-1)*($A61-3)/((4-1)*(4-3))`

F6: `=4*C6+6*D6+12*E6` (= p(x))

Die grafische Darstellung muss die 3 Beobachtungswerte enthalten und alle berechneten Werte der F-Spalte. Wir wählen also die Daten der Spalten A, B und F aus, und mit *EINFÜGEN > Diagramme*, wählen wir *Punkt(XY) > Punkte mit interpolierten Linien.*

Nun wollen wir ein VBA-Programm für die *Lagrange*-Interpolation schreiben und dabei den ersten Teil des Programms "Schwerpunkt" aus Abschn. 10.2 als "Einleseroutine" anwenden (jetzt sehen Sie, warum wir uns damals so viel Mühe gegeben haben!). Den entsprechenden VBA-Code finden Sie dann in der Abb. 11.19.

Mit den 3 Punkten (1;4), (3;6), (4;12) erhalten wir das Arbeitsblatt der Abb. 11.20.

Wenn man viele experimentelle Daten hat, ist es vorteilhafter, sie in einer Tabelle zu haben, und für die Interpolation eine benutzerdefinierte Funktion benutzen. Für den Code der Funktion haben wir uns von E. J. Billo inspirieren lassen [13].

Für das Arbeitsblatt (siehe Abb. 11.21), tragen wir die Beobachtungswerte ein, z. B. in den Spalten A und B. In die Spalte C kommen die x_Werte für die Interpolation:

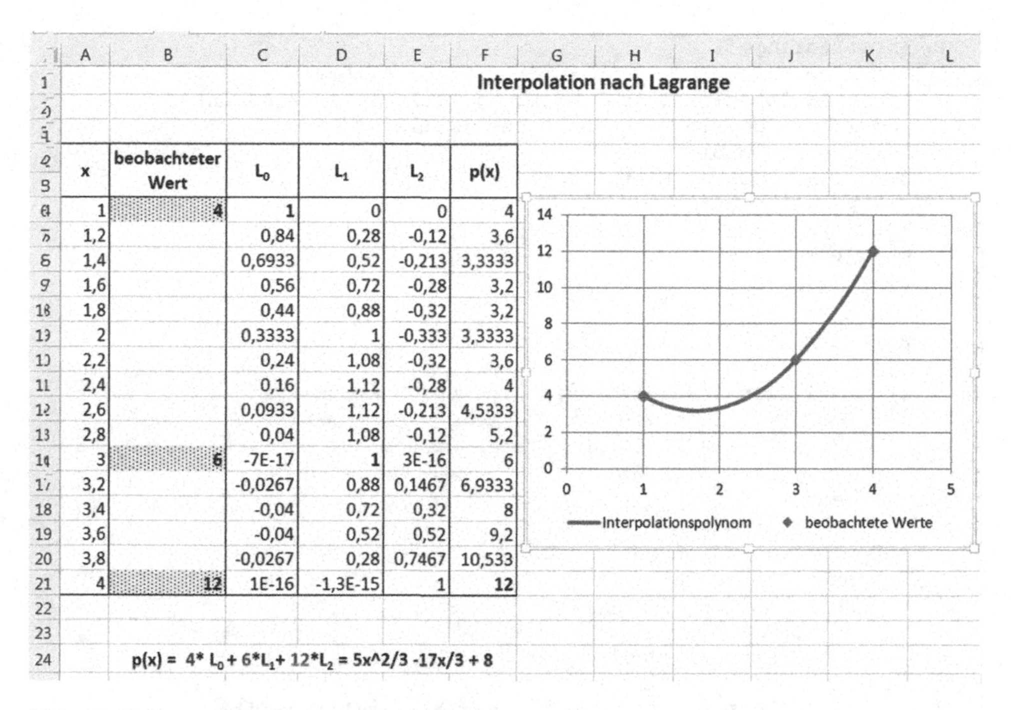

Interpolation nach Lagrange

x	beobachteter Wert	L0	L1	L2	p(x)
1	4	1	0	0	4
1,2		0,84	0,28	-0,12	3,6
1,4		0,6933	0,52	-0,213	3,3333
1,6		0,56	0,72	-0,28	3,2
1,8		0,44	0,88	-0,32	3,2
2		0,3333	1	-0,333	3,3333
2,2		0,24	1,08	-0,32	3,6
2,4		0,16	1,12	-0,28	4
2,6		0,0933	1,12	-0,213	4,5333
2,8		0,04	1,08	-0,12	5,2
3	6	-7E-17	1	3E-16	6
3,2		-0,0267	0,88	0,1467	6,9333
3,4		-0,04	0,72	0,32	8
3,6		-0,04	0,52	0,52	9,2
3,8		-0,0267	0,28	0,7467	10,533
4	12	1E-16	-1,3E-15	1	12

p(x) = 4* L0 + 6*L1+ 12*L2 = 5x^2/3 -17x/3 + 8

Abb. 11.18 Interpolation nach *Lagrange* [Arbeitsmappe: Lagrange_Interpol.xlsx]

C6: = `A6`; C7: = `C6+0, 25`, nach unten kopieren. In D6: `=Lagrange(C6;A$6:A$12;B$6:B$12)`, nach unten kopieren.

Das Dialogfenster für die Funktion sehen Sie in Abb. 11.22.

Der VBA-Code (vgl. Abb. 11.23) benutzt die VBA Funktion `Match` (entspricht `VERGLEICH` in Excel).

Die Syntax der Funktion `VERGLEICH` ist der von `VERWEIS` ähnlich:

`=VERGLEICH`(Suchkriterium; Suchmatrix; Vergleichstyp) (vgl Abschn. 1.5).

Das Suchkriterium kann ein Wert sein (Zahl, Text oder logischer Wert) oder eine Referenz. In unserem Fall ist das Suchkriterium in E3.

Die Suchmatrix ist der Zellbereich, in dem der gesuchte Wert liegen könnte. Die Suchmatrix ist in unserem Fall A3:A9. Wenn der Vergleichstyp, der – 1, 0 oder 1 sein kann, den Wert 1 hat (= voreingestellter Wert), so muss die Suchmatrix in aufsteigender Folge angeordnet sein. Wird kein passender Wert gefunden, dann wird der nächstkleinere gewählt.

Um `Match` in einem VBA-Makro benutzen zu können, muss man wieder den Hinweis auf Excel machen. Dies geschieht -wie schon in Abschn. 7.1, gezeigt- mit dem Objekt `Application`.

Ganz oben steht `Option Explicit`. Dies erzwingt die explizite Deklaration aller Variablen.

```
Sub InterLagrange()
    Dim R As Range '= Objekt (hier die ausgewählten Zellen)
    Dim n As Integer, i As Integer, j As Integer, k As Integer
    Dim x() As Double    ' dynamische Matrix
    Dim y() As Double
    Dim px As Double, L As Double
    Set R = Selection
    n = R.Rows.Count       ' Zeilenzahl
    MsgBox "n= " & n
    ReDim x(n)
    ReDim y(n)
    x_wert = Cells(2, 3)

    If n > 1 Then  'alles OK! Zellen wurden ausgewählt
        For i = 1 To n
            x(i) = R(i, 1) 'die Daten werden aus den Zellen gelesen
            y(i) = R(i, 2)
        Next i

        'Interpolation nach Lagrange:
        px = 0
        For k = 1 To n
            L = 1
            For j = 1 To n
               If j <> k Then
                 L = L * (x_wert - x(j)) / (x(k) - x(j))
               End If
            Next j
            px = px + L * y(k)
        Next k
        Cells(2, 5) = px ' p(x_Wert) in D5

    Else   'Warnung: Daten auswählen!
        MsgBox ("Die Daten auswählen - oder es fehlen Daten")
        Exit Sub  ' ohne Daten endet die Routine
    End If
End Sub
```

Abb. 11.19 Code für *Lagrange*-Interpolation mit "Einleseroutine" [Arbeitsmappe: Lagrange_Interpol(VBA); Makro: InterLagrange]

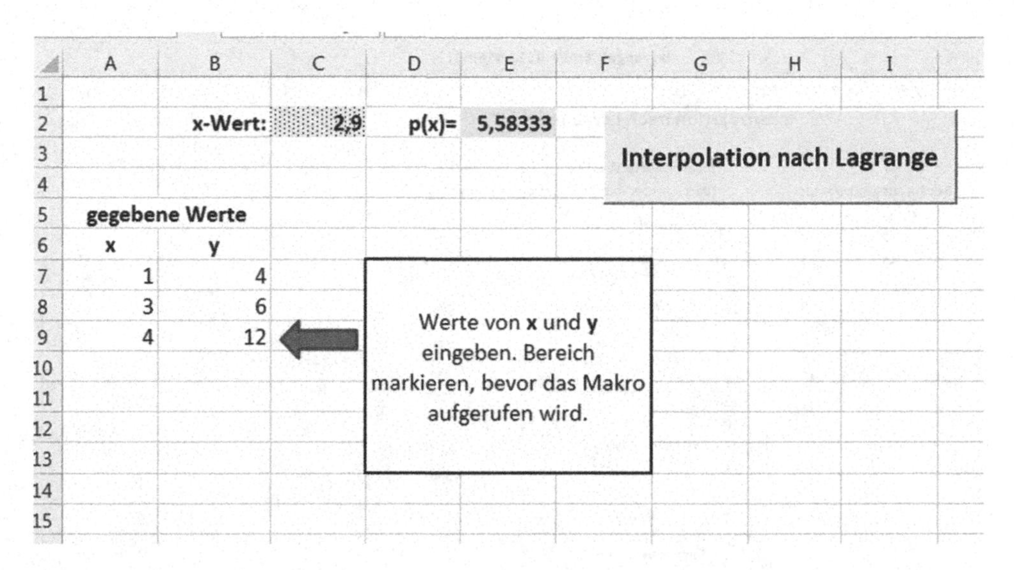

Abb. 11.20 Ergebnisse der Subroutine "InterLagrange" [Arbeitsmappe: Arbeitsmappe: Lagrange_ Interpol(VBA)]

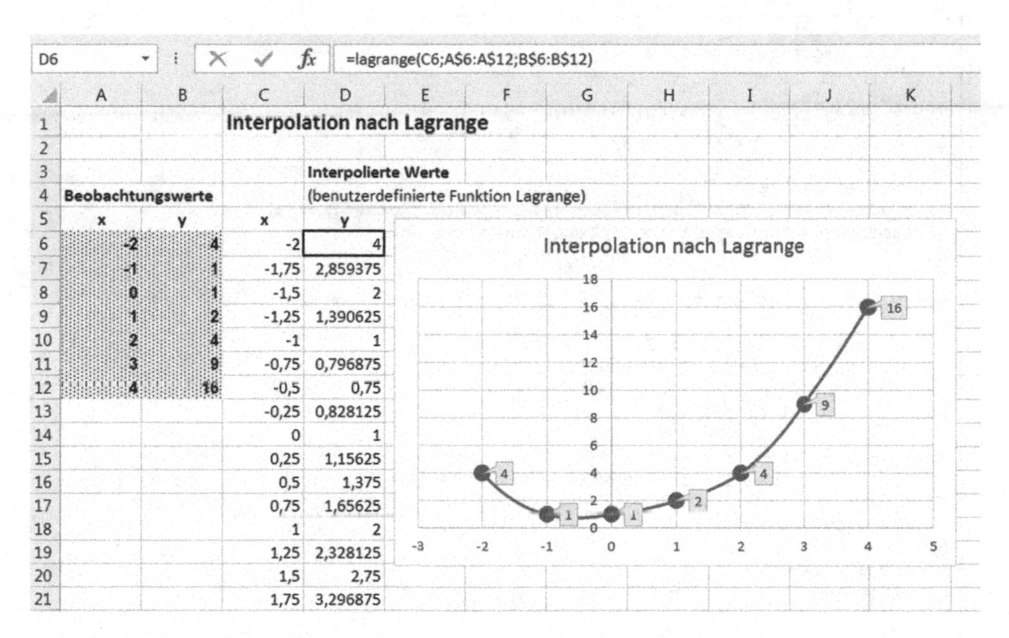

Abb. 11.21 Interpolation nach *Lagrange* mit benutzerdefinierter Funktion [Arbeitsmappe: Lagrange_Funktion.xlsm; Modul1]

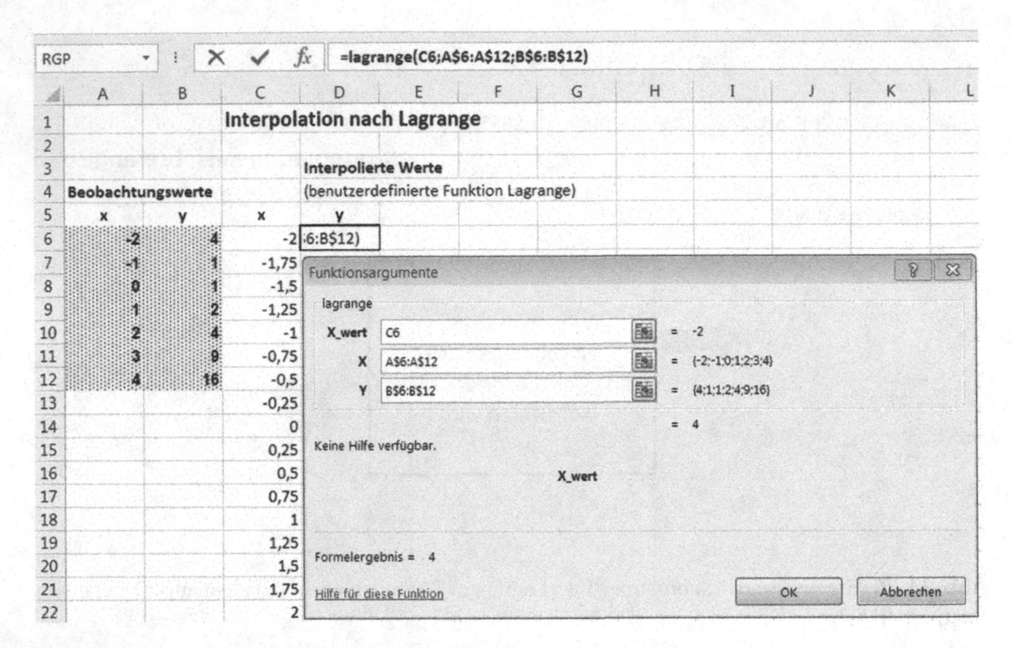

Abb. 11.22 Dialogfenster der Funktion “Lagrange”

```
Option Explicit
Function Lagrange(x_wert, x, y)

Dim pos As Integer
Dim i As Integer, j As Integer
Dim l As Double, px As Double

'Vermeidet Extrapolation
If x_wert < Application.Min(x) Or x_wert > Application.Max(x) Then
   Lagrange = "Extrapolation": Exit Function
End If

pos = Application.Match(x_wert, x, 1) ' rel. Lage des x_Wertes im Array x

    If pos < 2 Then pos = 2
    If pos > x.Count - 2 Then pos = x.Count - 2

For i = pos - 1 To pos + 2
    l = 1
For j = pos - 1 To pos + 2
    If i <> j Then l = l * (x_wert - x(j)) / (x(i) - x(j)) ' Lagrange-Polynom
Next j
    px = px + l * y(i)
Next i
Lagrange = px
End Function
```

Abb. 11.23 VBA-Code für die Funktion “Lagrange” [Arbeitsmappe: Lagrange_Funktion.xlsm; Modul1]

Parametrische Kurven und Oberflächen 12

Zusammenfassung

Die erworbenen Kenntnisse über die Erstellung von Graphen in Excel aus Kap. 4 werden hier erweitert. Wir betrachten 2D und 3D-Darstellungen parametrischer Kurven sowie die Repräsentation von 3D-Oberflächen mit Excel. Als konkrete Beispiele behandeln wir in Natur und Technik gängige Graphen wie die *Lissajous*-Figuren, Spiralbahnen geladener Teilchen in elektromagnetischen Feldern (Zyklotron). Die theoretischen Grundlagen einer 3D-Darstellung werden anhand der Drehung eines Würfels erklärt und auf 3D-*Lissajous*-Figuren angewandt.

12.1 *Lissajous*-Figuren

Lissajous-Figuren (J. A. Lissajous, 1822–1880) sind parametrische Kurven, die durch folgende Gleichungen definiert werden

$$x = a\ sin(\omega_1 t)$$
$$y = b\ sin(\omega_2 t + \varphi)$$

Man kann eine *Lissajous*-Kurve sehr leicht auf einem Oszillografen beobachten, indem man die x-Komponente an den horizontalen Kanal legt und die y-Komponente an den vertikalen.

Geschlossene Kurven sieht man nur, wenn das Frequenzverhältnis eine rationale Zahl ist, d. h. wenn ω_1 und ω_2 keinen gemeinsamen Teiler haben. In diesem Fall gilt $\omega_1 : \omega_2 = n_1 : n_2$, worin n_1 und n_2 ganze Zahlen ohne gemeinsamen Teiler sind.

Wenn das Verhältnis der Frequenzen irrational ist, ergeben sich nichtperiodische Schwingungen, und die Kurve ist offen. Nach einiger Zeit wird der Punkt, der die Kurve zeichnet, durch alle Punkte des Rechtecks gegangen sein, das von $x = \pm a$ und

F. J. Mehr, M. T. Mehr, *Excel und VBA*, DOI 10.1007/978-3-658-08886-6_12

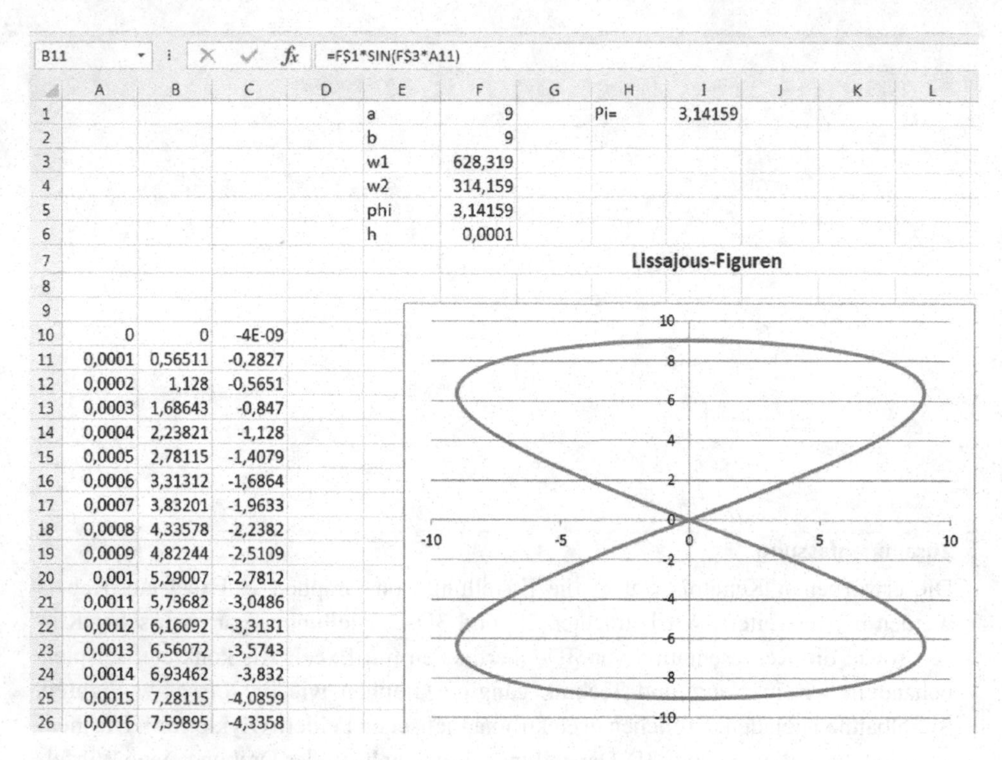

B11 =F$1*SIN(F$3*A11)

	A	B	C	D	E	F	G	H	I
1					a	9		Pi=	3,14159
2					b	9			
3					w1	628,319			
4					w2	314,159			
5					phi	3,14159			
6					h	0,0001			
7									
8									
9									
10	0	0	-4E-09						
11	0,0001	0,56511	-0,2827						
12	0,0002	1,128	-0,5651						
13	0,0003	1,68643	-0,847						
14	0,0004	2,23821	-1,128						
15	0,0005	2,78115	-1,4079						
16	0,0006	3,31312	-1,6864						
17	0,0007	3,83201	-1,9633						
18	0,0008	4,33578	-2,2382						
19	0,0009	4,82244	-2,5109						
20	0,001	5,29007	-2,7812						
21	0,0011	5,73682	-3,0486						
22	0,0012	6,16092	-3,3131						
23	0,0013	6,56072	-3,5743						
24	0,0014	6,93462	-3,832						
25	0,0015	7,28115	-4,0859						
26	0,0016	7,59895	-4,3358						

Abb. 12.1 *Lissajous*-Kurve [Arbeitsmappe: Kurven2D.xlsx; Blatt: Lissajous 1]

y = ±b begrenzt wird. Er geht nie zweimal mit derselben Geschwindigkeit durch denselben Punkt.

Für die erste Abbildung (siehe Abb. 12.1) wurden die folgenden Parameter gewählt: $a = b = 9$; $\omega_1 = 200\pi$; $\omega_2 = \omega_1/2$, $\varphi = \pi$ sowie $h = 0{,}0001$.

Einträge im Arbeitsblatt

1. Die Amplituden stehen in F1 und F2. ω_1 in F3 und ω_2 in F4. φ befindet sich in F5.
2. Das Zeitinkrement h = 0,0001 steht in F6. Da wir 300 Punkte nehmen, werden wir t zwischen 0 und 0,03 variieren.
3. In Zeile 10 beginnen wir mit den Berechnungen:
   A10: 0
   B10: `=F$1*SIN(F$3*A10)` (=x)
   C10: `=F$2*SIN(F$4*A10+F$5)` (=y)
   A11: `=A10+F$6` (t = t+h)
4. Alles bis Zeile 310 kopieren.

Zum Zeichnen der Daten, wählen wir den Bereich B10:C310 (damit Sie nicht lange mit der Maus ziehen müssen, erinnern Sie sich an die *F8-F5* Methode in Abschn. 4.2:

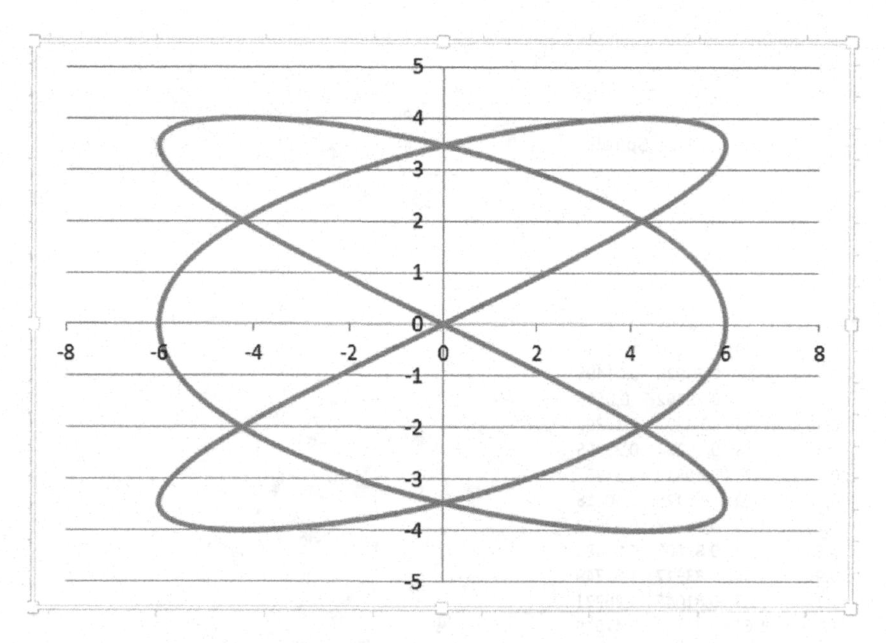

Abb. 12.2 Lissajous-Kurve [Arbeitsmappe: Kurven2D.xlsx; Blatt: Lissajous 2]

Cursor auf B10 → *F8* + *F5 Verweis* C310, *OK* → *Shift* + *F8*
F5 Verweis E5, OK. EINFÜGEN > Diagramme > Punkt(XY) > Punkte mit interpolierenden Linien).

Jetzt können wir mit Hingabe Lissajous-Figuren zeichnen, indem wir an den Parametern "drehen".

Beispiel
$a = 6$; $b = 4$; $\omega_1 = 3$; $\omega_2 = 2$; $\varphi = 0$ und $h = 0{,}05$ erzeugen die Figur in Abb. 12.2.

Interessante Figuren erhält man schon, wenn man nur φ verändert. Zum Beispiel: $\pi/8$ und $\pi/2$.

12.2 Spiralen in Natur und Technik

Spiralen zählen zu den Grundfiguren in Wissenschaft, Technik und Natur. Man denke an Galaxien mit Spiralarmen oder, im Bereich kleinerer Dimensionen, an Spiralen bei Schnecken und Sonnenblumen. Oder an die für alles Leben verantwortlichen Doppel-Spiralen der DNA, die von James Watson und Francis Crick entdeckt wurden.

► Ein berühmtes Beispiel in der Physik ist das **Zyklotron**:

Wenn ein sich gleichförmig bewegendes geladenes Teilchen, z. B. Elektron, Proton in ein zur Bewegungsrichtung senkrechtes und homogenes Magnetfeld

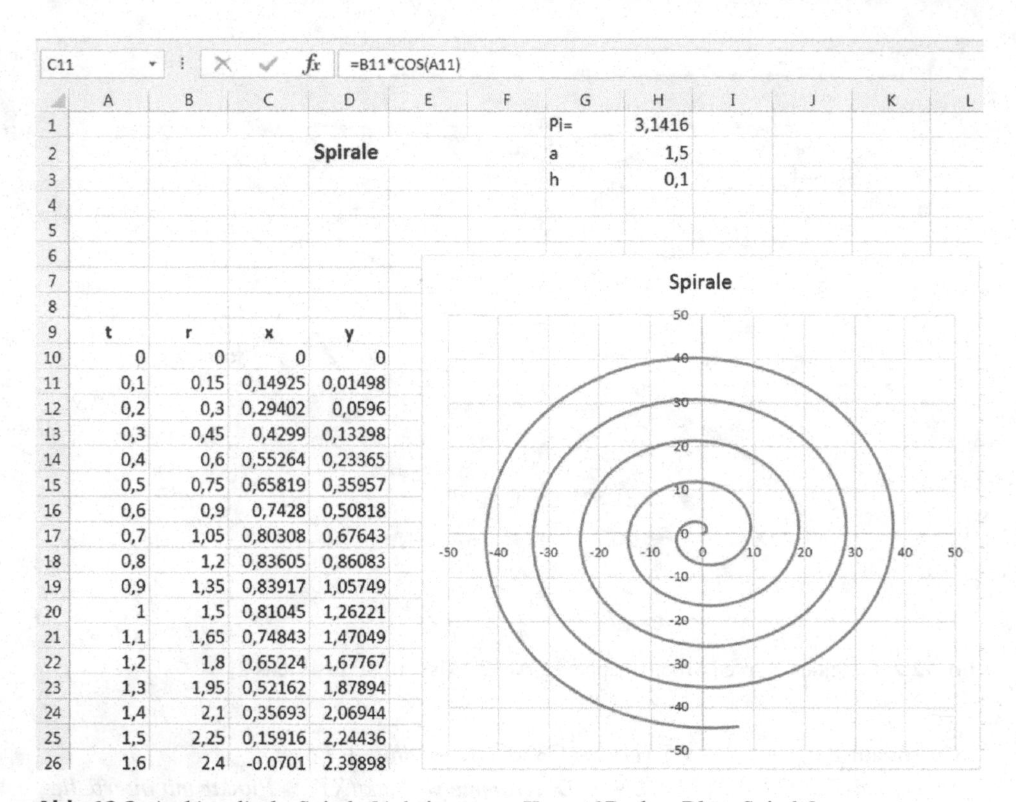
C11 =B11*COS(A11)

	G	H
1	Pi=	3,1416
2	a	1,5
3	h	0,1

Spirale

	t	r	x	y
10	0	0	0	0
11	0,1	0,15	0,14925	0,01498
12	0,2	0,3	0,29402	0,0596
13	0,3	0,45	0,4299	0,13298
14	0,4	0,6	0,55264	0,23365
15	0,5	0,75	0,65819	0,35957
16	0,6	0,9	0,7428	0,50818
17	0,7	1,05	0,80308	0,67643
18	0,8	1,2	0,83605	0,86083
19	0,9	1,35	0,83917	1,05749
20	1	1,5	0,81045	1,26221
21	1,1	1,65	0,74843	1,47049
22	1,2	1,8	0,65224	1,67767
23	1,3	1,95	0,52162	1,87894
24	1,4	2,1	0,35693	2,06944
25	1,5	2,25	0,15916	2,24436
26	1.6	2.4	-0.0701	2.39898

Abb. 12.3 *Archimedische* Spirale [Arbeitsmappe: Kurven2D.xlsx; Blatt: Spirale]

eintritt, wird es unter dem Einfluss der magnetischen Kräfte eine gekrümmte Bahn beschreiben. Mithilfe eines zusätzlich wirkenden hochfrequenten elektrischen Feldes zwingt man die Teilchen auf Spiralbahnen und erhält – nach vielen Umläufen – am Ausgang des Zyklotrons Strahlen hochenergetischer geladener Teilchen, mit denen man dann, z. B. auch in der Medizin, weiter experimentieren kann. Vgl. auch Abschn. 12.5.

Um die Gleichungen zu erhalten, die eine Spirale beschreiben, gehen wir von den Parametergleichungen eines Kreises aus

$$x = r\cos(t)$$
$$y = r\sin(t); -\infty < \mathrm{t} < \infty$$

Daraus erhalten wir eine Spirale, wenn wir den Radius in geeigneter Weise vom Parameter t abhängig sein lassen. Die ***archimedische*** **Spirale** ergibt sich z. B. mit dem Ansatz $r^m = a^m t$. Die bekannteste entsteht mit m = 1, d. h. mit r = a · t. Die Abb. 12.3 wurde mit a = 1,5 erstellt. Die Spalte B enthält die r-Werte, z. B. steht in B10: `=F$5*A10`.

C11 =B11*COS(A11)

	A	B	C	D	E	F	G	H	I
1								Pi=	3,14159
2					a	0,1			
3					h	0,1			
4									
5									
6									
7									
8									
9	t	r	x	y					
10	0	1	1	0					
11	0,1	1,01005	1,005	0,10084					
12	0,2	1,0202	0,99987	0,20268					
13	0,3	1,03045	0,98443	0,30452					
14	0,4	1,04081	0,95865	0,40531					
15	0,5	1,05127	0,92258	0,50401					
16	0,6	1,06184	0,87637	0,59956					
17	0,7	1,07251	0,8203	0,69093					
18	0,8	1,08329	0,75473	0,7771					
19	0,9	1,09417	0,68015	0,8571					
20	1	1,10517	0,59713	0,92997					
21	1,1	1,11628	0,50634	0,99484					
22	1,2	1,1275	0,40856	1,05087					
23	1,3	1,13883	0,30464	1,09733					
24	1,4	1,15027	0,19551	1,13354					
25	1,5	1,16183	0,08218	1,15892					
26	1,6	1,17351	-0,0343	1,17301					
27	1,7	1,1853	-0,1527	1,17543					
28	1,8	1,19722	-0,272	1,16591					

Logarithmische Spirale

Abb. 12.4 Logarithmische Spirale [Arbeitsmappe: Kurven2D.xlsx; Blatt: log Spirale]

Die **logarithmische Spirale** mit $r = e^{at}$ war die Favoritin von Jakob Bernoulli (1654–1705), der sich als erster ausführlich mit Polarkoordinaten befasste. Im Zeitalter Bernoullis wurde die Exponentialfunktion noch nicht als eine unabhängige Funktion angesehen, denn die Zahl *e* hatte noch kein besonderes Symbol, und Jakob benutzte die Gleichung $\ln(r) = a \cdot \theta$. So erklärt sich der Name logarithmische Spirale. Unsere Spirale hat $a = 0{,}1$ (vgl. Abb. 12.4).

▶ Eine Eigenschaft der logarithmischen Spirale ist besonders interessant: In jedem Punkt der Kurve bilden Ortsvektor und Tangentialvektor denselben Winkel φ.

Es gilt die Formel $a = \cot(\varphi)$. Wenn wir die Beziehung $\operatorname{arccot}(x) = \arctan(1/x)$ benutzen, erhalten wir $\varphi = \arctan(1/0{,}1) = 1{,}4711 \text{ rad} = 84{,}29°$. Das bedeutet auch, dass die Spirale die x-Achse immer unter 84,29° schneidet. Unter diesem Winkel wird auch jede Ursprungsgerade von der Spirale geschnitten.

12.3 Zykloiden

Im Jahr 1696 schlug Johann Bernoulli (1667–1748), jüngerer Bruder von Jakob, der wissenschaftlichen Welt ein interessantes Problem aus der Mechanik vor: Ein Teilchen gleite ohne Reibung eine Kurve hinab. Welche Form hat die Kurve, auf der die "Gleit"-Zeit am kürzesten ist? Dieses berühmte Problem ist unter dem Namen "Problem der *Brachistochrone*" bekannt geworden. Eine Internetseite der *School of Mathematics and Statistics of the University of St Andrews Scotland* gibt interessante Auskunft hierüber [14].

Angeblich wurden fünf korrekte Lösungen eingereicht, und zwar von Newton, Leibniz, L'Hospital und von den beiden Bernouilli-Brüdern.

Es stellte sich heraus, dass die gesuchte Kurve eine Zykloide ist, die von einem Punkt P beschrieben wird, der am Rand eines Rades befestigt ist, das ohne zu gleiten auf einer horizontalen Ebene rollt (vgl. Abb. 12.5). Eine ausführliche Darstellung findet man bei [15].

Im allgemeinen Fall kann P im Innern oder Äußeren des Kreises mit dem Radius a liegen. Die Entfernung vom Kreismittelpunkt ist b (Abb. 12.6).

Die Parametergleichungen der Zykloide lauten:

$$x = at - bsin(t)$$
$$y = a - b\cos(t); \quad -\infty < t < \infty$$

Wobei t = Rollwinkel.

Wir müssen drei Fälle unterscheiden: P auf dem Kreis (a = b), P im Innern des Kreises (b < a) und P außerhalb des Kreises (b > a).

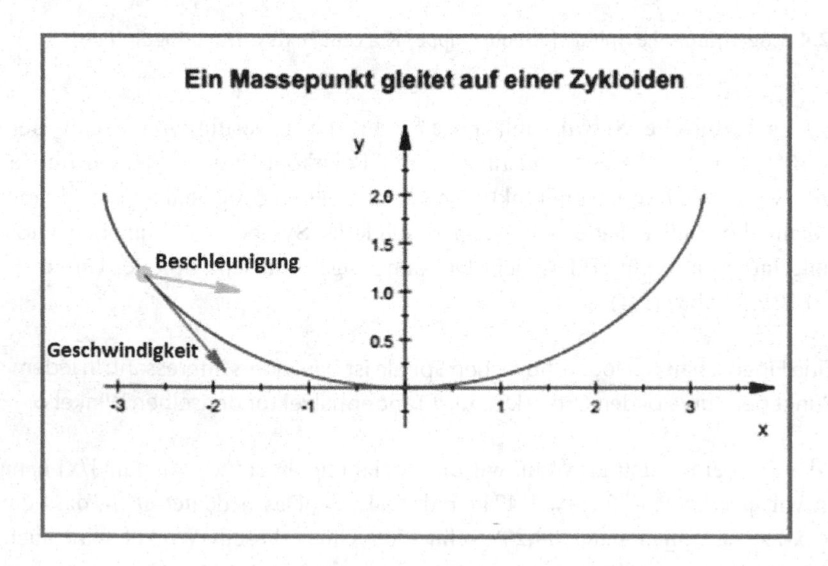

Abb. 12.5 Massepunkt auf der Zykloide

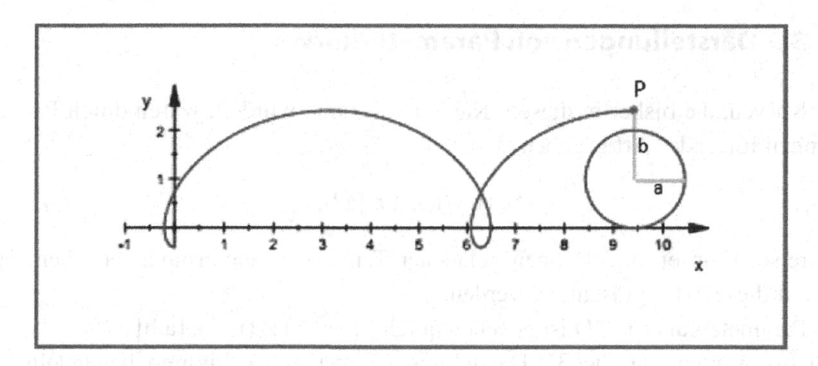

Abb. 12.6 Entstehung einer Zykloide mit b > a

In der Abb. 12.7 ist a = 1 (F2), b = 2 (F3), h = 0,1 (F4). Der Anfangswert für t ist − 15 (A10).

B10: `=EXP(F$3*A10)`; C10: `=A10*F$2-F$3*SIN(A10)`
D10: `=F$2-F$3*COS(A10)`, kopieren bis D310.

Die *Bernoulli'sche* Zykloide hat a = b (= 1).

	A	B	C	D	E	F	G	H	I	J
1								Pi=	3,14159	
2					a	1				
3					b	2				
4					h	0,1				
5										
6										
7							Zykloide			
8										
9	t	r	x	y						
10	-15	9E-14	-13,699	2,5194						
11	-14,9	1E-13	-13,454	2,3819						
12	-14,8	1E-13	-13,223	2,2307						
13	-14,7	2E-13	-13,009	2,0672						
14	-14,6	2E-13	-12,81	1,893						
15	-14,5	3E-13	-12,63	1,7098						
16	-14,4	3E-13	-12,469	1,5196						
17	-14,3	4E-13	-12,326	1,3242						
18	-14,2	5E-13	-12,204	1,1256						
19	-14,1	6E-13	-12,101	0,9257						
20	-14	7E-13	-12,019	0,7265						
21	-13,9	8E-13	-11,956	0,5301						
22	-13,8	1E-12	-11,913	0,3384						

Abb. 12.7 Zykloide [Arbeitsmappe: Kurven2D.xlsx; Blatt: Zykloide]

12.4 3D-Darstellungen von Parameterkurven

Die 2D-Kurven, die bisher in diesem Kapitel behandelt wurden, waren durch Parametergleichungen folgender Art gegeben:

$$(x(t), y(t)), \ t\,\varepsilon\,[a,b]$$

Auch Kreise, Ellipsen und Bahnen geladener Teilchen in elektromagnetischen Feldern können auf diese Art repräsentiert werden.

Eine Parameterkurve in 3D ist gegeben durch (x(t),y(t),z(t)), t ε [a,b].

Zunächst werden wir die 3D-Darstellung geometrischer Figuren behandeln, später betrachten wir einige Beispiele aus der Physik.

12.4.1 Drehung eines Würfels

Wenn wir ein geometrisches Objekt (z. B. einen **Würfel**) perspektivisch darstellen wollen, müssen wir drei Schritte beachten:

1. Der Körper muss in einem dreidimensionalen, rechtwinkligen Koordinatensystem (X,Y,Z) beschrieben sein. Jeder seiner Punkte hat drei Koordinaten (x,y,z).
2. Der Körper wird um drei Achsen gedreht. Die Gleichungen, die die Drehungen beschreiben, hängen von der Reihenfolge und dem Drehsinn der Bewegungen ab. (Drehungen sind nicht kommutativ!). Die Punktkoordinaten x,y,z gehen bei der Drehung in x',y',z' über.
3. Der Körper muss auf eine Fläche projiziert werden (z. B. auf die Bildschirmfläche des Computers). Zu jedem "gedrehten" Punkt mit den Koordinaten x',y',z' gehört auf der Projektionsfläche ein Punkt mit den Koordinaten x_S,y_S.

Die X-Achse zeigt nach rechts, die Y-Achse nach oben, und die Z-Achse zeigt auf den Betrachter. Zunächst drehen wir den Körper mit dem Winkel Beta (β) um die Y-Achse, dann mit Alpha (α) um die X-Achse und schließlich mit Gamma (γ) um die Z-Achse. Die Drehungen um die Y-und Z-Achse sind gegen den Uhrzeigersinn, die um die X-Achse ist im Uhrzeigersinn.

Die Transformationsgleichungen sind:

$$\begin{aligned}
x' &= [\cos(\gamma)\cos(\beta) - \sin(\beta)\sin(\alpha)\sin(\gamma)]\cdot x\\
&\quad - [\cos(\gamma)\sin(\beta) + \sin(\alpha)\cos(\beta)\sin(\gamma)]\cdot z\\
&\quad + [\cos(\alpha)\sin(\gamma)]\cdot y\\
y' &= [-\cos(\beta)\sin(\gamma) - \sin(\beta)\sin(\alpha)\cos(\gamma)]\cdot x\\
&\quad + [\sin(\beta)\sin(\gamma) - \sin(\alpha)\cos(\beta)\cos(\gamma)]\cdot z\\
&\quad + [\cos(\alpha)\cos(\gamma)]\cdot y\\
z' &= [\sin(\beta)\cos(\alpha)]\cdot x + [\cos(\alpha)\cos(\beta)]\cdot z + [\sin(\alpha)]\cdot y
\end{aligned}$$

Die perspektivische Projektion berechnen wir mithilfe ähnlicher Dreiecke. Die Gleichungen sind:

$$x_s = x_a + (x_a - x')z_a/(z' - z_a)$$
$$y_s = y_a + (y_a - y')z_a/(z' - z_a)$$

Die Koordinaten (x_a, y_a, z_a) sind die Raumkoordinaten ("Welt"-Koordinaten) des Projektionszentrums (Augenpunkt). Als Projektionszentrum wählen wir einen Punkt auf der Z-Achse mit $z_a := D =$ Distanz des Beobachters von der Projektionsebene (Augenabstand). Mit dieser Vereinfachung erhalten wir die folgenden Projektionsformeln:

$$x_s = D \cdot x'/(D - z')$$
$$y_s = D \cdot y'/(D - z')$$

Die Praxis zeigt, dass Blickwinkel zwischen 40 und 60° recht realistische Seheindrücke liefern. Wenn die Entfernung des Beobachters von der Projektionsfläche zu groß wird, verengt sich das Blickfeld, und die perspektivische Projektion ist nicht besonders ausgeprägt. Mithilfe des Arbeitsblattes, das wir jetzt entwerfen werden, können wir diese Aussagen überprüfen.

Um nicht immer wieder die Faktoren von sin und cos neu berechnen zu müssen, schreiben wir sie als Festwerte in die Zellen J1 zwei Datenreihen findenwillbis J6. Diese werden für die folgenden drei Formeln in H22, F22, G22 benötigt:

```
J1:  =SIN(B8*I1) ;    J2:  =COS(B8*I1) ;    J3:  =SIN(B9*I1)
J4:  =COS(B9*I1) ;    J5:  =SIN(B10*I1);    J6:  =COS(B10*I1)

H22:  =J$3*J$2*B22+J$2*J$4*D22+J$1*C22 (=z')

F22: =((J$6*J$4-J$3*J$1*J$5)*B22-(J$6*J$3+J$1*J$4*J$5)*D22 +
     J$2*J$5*C22)/(B$11-H22)*B$11+H$8+H$10   (= xs)

G22: =((-J$4*J$5-J$3*J$1*J$6)*B22+(J$3*J$5-J$1*J$4*J$6)*D22 +
     J$2*J$6*C22)/(B$11-H22)*B$11+H$9+H$11   (=ys)
```

▶ Um die Abbildung immer in optimaler Lage auf dem Bildschirm zu sehen, wurden zu den x_s und y_s-Werten (F22, G22) zwei geeignete Konstanten addiert:

Zu x_s: + H$8 + H$10 (y-Achse nach links + Bildverschiebung nach rechts)
Zu y_s: + H$9 + H$11 (x-Achse nach unten + Bildverschiebung nach oben)

Wir kopieren alle Formeln bis Zeile 38 (mit *F8 + F5*).
Jetzt müssen wir die Raumkoordinaten der Würfelecken eingeben:

B22 bis D22 : -1; -1; 1
B23 " D23 : 1; -1; 1
B24 " D24 : 1; -1; -1
B25 " D25 : -1; -1; -1
B26 " D26 : -1; 1; -1
B27 " D27 : -1; 1; 1
B28 " D28 : 1; 1; 1
B29 " D29 : 1; 1; -1
B30 " D30 : -1; 1; -1
B31 " D31 : -1; 1; 1
B32 " D32 : -1; -1; 1
B33 " D33 : 1; 1; 1
B34 " D34 : 1; -1; 1
B35 " D35 : 1; 1; -1
B36 " D36 : 1; -1; -1
B37 " D37 : -1; -1; 1
B38 " D38 : -1; -1; -1

Nun brauchen wir nur noch die Spalten F und G (F22:G38) zu markieren und *EINFÜGEN > Diagramm > Punkt(XY) > Punkte mit geraden Linien* auszuwählen -und fertig ist das Diagramm (siehe Abb. 12.8).

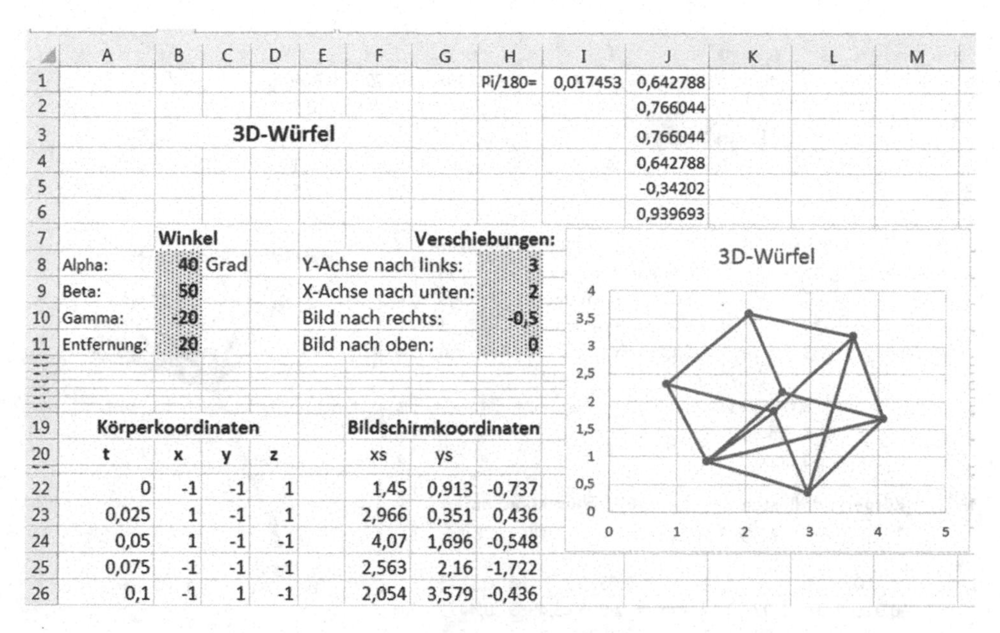

Abb. 12.8 3D-Würfel [Arbeitsmappe: Kurven3D.xlsx; Blatt: 3D-Würfel]

12.4.2 Zeichnung einer Lotusblüte

Bei dem vorigen Arbeitsblatt mussten wir die Körperkoordinaten von Hand eingeben, was recht mühsam und fehleranfällig war. Dieses Mal berechnen wir die Raumkoordinaten und erzeugen eine dreidimensionale *Lissajous*-Figur.

Wir verwenden dazu die folgenden Gleichungen:

$$x = asin(\omega_1 t)\cos(\omega_2 t)$$
$$y = bsin(\omega_1 t)sin(\omega_2 t + \varphi)$$
$$z = ce^{-(x^2+y^2)}$$

Wir benutzen wieder das vorige Arbeitsblatt (vgl. Abb. 12.8), nur mit den nötigen Änderungen.

B8: 60 ; B9: 45 ; B10: -30 ; B11: 3
H8: 0 ; H9: 2 ; H10: 3 ; H11: 0

B13: 8 (= ω1) ; B14: 3 (= ω2) ; B15: 0 (= φ)

B22: `=1,5*SIN(B$13*A22)*COS(B$14*A22)` (= x_s)

C22: `=1,5*SIN(B$13*A22)*SIN(B$14*A22+B$15)` (= y_s)

D22: `=EXP(-(B22^2+C22^2))`

A22: 0

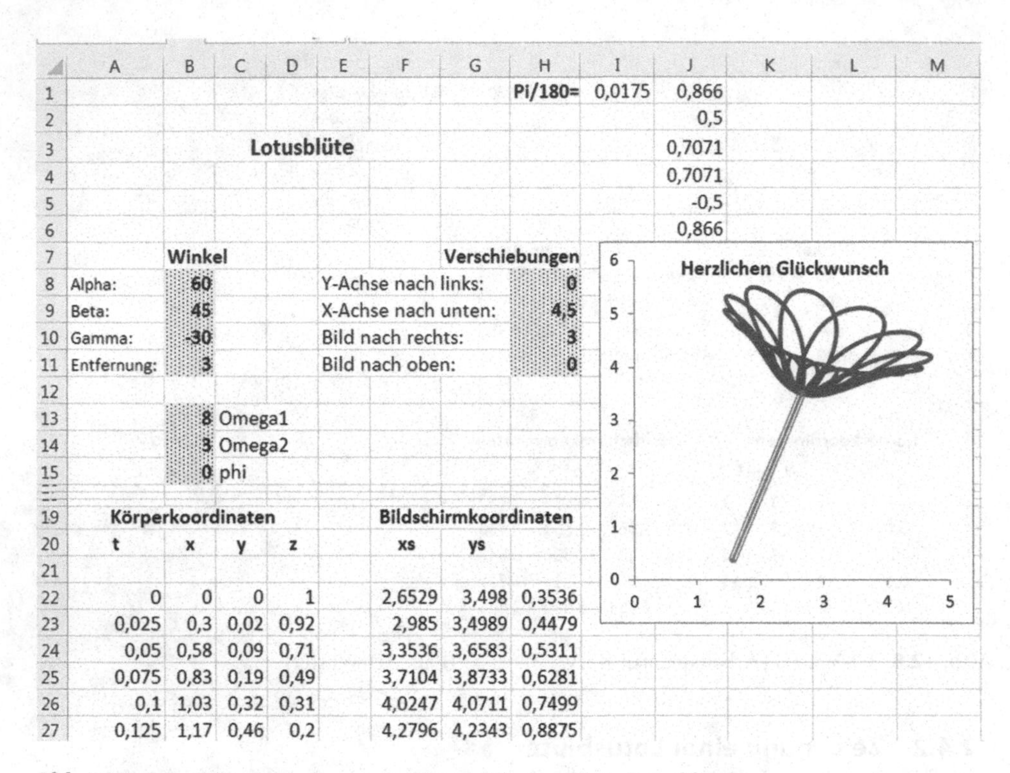

Abb. 12.9 Lotusblüte [Arbeitsmappe: Kurven3D.xlsx; Blatt: Lotusblüte]

Kopiere die Formeln in B22,C22,D22 bis Zeile 422 (Cursor auf B22→*F8*+*F5 Verweis* D422 > *Shift* > *OK*; *START* > *Bearbeiten* > *Füllbereich* > *Unten*). In A23 haben wir `=A22+0,025`; bis A422 kopieren.

Die Gleichungen von x_s und y_s aus der vorigen Tabelle, müssen bis Zeile 425 kopiert werden (danach F423:H423 löschen).

F22:G425 auswählen und wieder *EINFÜGEN* > *Diagramm* > *Punkt(XY)* > *Punkte mit interpolierten Linien.*

Der "Stengel" wird als neue Datenreihe zum Diagramm hinzugefügt:

Wir lassen Zeile 423 leer und fügen hinzu: B424: 0; C424: 0; D424: 1; B425: 0; C425: 0 und D425: 3. Dann rechtsklicken auf das Diagramm und *Daten auswählen* > *Hinzufügen.* In dem Dialogfenster *Datenreihe bearbeiten*, die Zellen F424:F425 als x-Werte und G424:G425 als y-Werte eingeben.

Die Lotusblüte steht in Abb. 12.9.

▶ Die Werte von ω_1 und ω_2 bestimmen die Zahl der "Blätter" und die Form der "Blume". Der Phasenwinkel φ zerstört im Allgemeinen die Harmonie der Form. Kleine Werte von D (B11), z. B. 1; 1,3 usw. sind für die Form nicht günstig.

12.5 Geladene Teilchen in einem elektromagnetischen Feld

Ein Elektron in einem Oszillografen erfährt eine Ablenkung, wenn ein magnetisches Feld (z. B. das eines Stabmagneten) die Röhre des Oszillografen durchdringt. Wir wollen annehmen, dass das Elektron in ein homogenes Magnetfeld **B** hineinfliegt, und zwar unter einem Winkel α gegen die magnetischen Feldlinien. Die Trajektorie des Elektrons wird eine Schraubenbahn mit konstanter Hubhöhe ("pitch") s sein.

Der Wert dieser Konstanten folgt aus der folgenden Gleichung:

$$s = \frac{2\pi v sin(\alpha)}{\frac{e}{m}B} = T v sin(\alpha)$$

Der Faktor sin(α) ist eine Konstante, und die Umlaufzeit T ist unabhängig von α. Für α = 0° beschreibt das Elektron eine Kreisbahn um die Feldlinien des homogenen Magnetfeldes **B**. v ist die Geschwindigkeit des Elektrons.

1922 entwickelte Hans Busch auf der Grundlage unserer Formel eine Methode zur Bestimmung der spezifischen Ladung (e/m) des Elektrons. Der heutige Wert des Verhältnisses e/m ist [16]

$$-1{,}758820088 \times 10^{11} \mathrm{C\,kg}^{-1}$$

Mithilfe der folgenden parametrischen Gleichungen können wir mit Excel die Elektronenbahn aufzeichnen:

$$x = r\sin(\omega t)$$
$$y = r\cos(\omega t)$$
$$z = vt\sin(\alpha)$$

Die Bahn der Abb. 12.10 wurde mit folgenden Daten angefertigt: ω = 1; v = 1; r = 0,5; sin(α) = 0,1; h = 0,2; Winkel: 1; 40; 0 und D = 100; Verschiebungen 7, 1, 0, 0. Mit v = 0 ergibt sich ein Kreis. Das Stück der z-Achse wurde mit folgenden Eingaben gezeichnet: Nullen in den Zeilen 424 und 425; in D425 = 9. Sie wird genauso wie der Stängel der Lotusblüte als neue Datenreihe zum fertigen Diagramm hinzugefügt (vgl. Abschn. 12.4.2).

Wenn ein Elektron sich durch ein Feld bewegt, das aus der Überlagerung paralleler **E**- und **B**-Felder besteht, so resultiert seine Bahn aus der Überlagerung einer gleichförmigen Kreisbewegung in einer zu den Feldern senkrechten Ebene und einer beschleunigten Bewegung in Richtung der Feldlinien.

Wieder können wir unser Arbeitsblatt benutzen, wenn wir die nötigen Anpassungen vornehmen. Die Gleichung für die z-Koordinate lautet $z = kt^2$. In den folgenden Abbildungen ist k = 0,01; r = 1,5 und ω = 1. Das Zeitinkrement war h = 0,07. Für das z-Achsensegment werden folgende Einträge in den Zeilen 424 und 425 gemacht: Nullen in den Zeilen 424 und 425; in D425 = 10.

In der ersten Abb. (12.11) sind die Winkel 0. Die Entfernung D ist groß, nämlich D = 1000. Für die Verschiebungen wurden die Werte 10, 5, – 5, 0 gewählt. Die Projektion der Bahn auf die XY-Ebene ist ein Kreis.

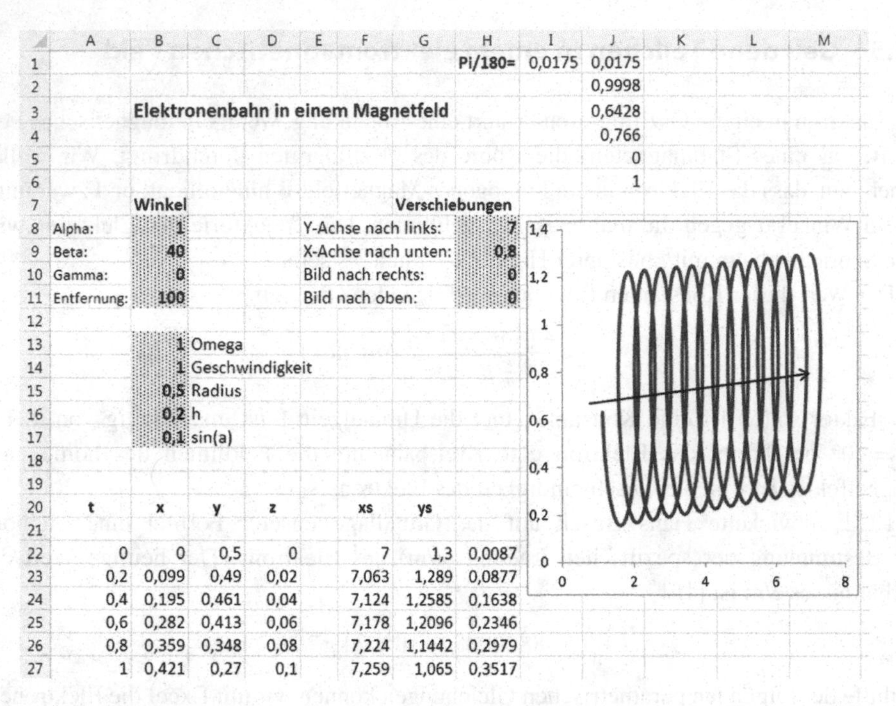

	A	B	C	D	E	F	G	H	I	J
1								Pi/180=	0,0175	0,0175
2										0,9998
3		Elektronenbahn in einem Magnetfeld								0,6428
4										0,766
5										0
6										1
7		Winkel						Verschiebungen		
8	Alpha:	1				Y-Achse nach links:		7		
9	Beta:	40				X-Achse nach unten:		0,8		
10	Gamma:	0				Bild nach rechts:		0		
11	Entfernung:	100				Bild nach oben:		0		
12										
13		1	Omega							
14		1	Geschwindigkeit							
15		0,5	Radius							
16		0,2	h							
17		0,1	sin(a)							
18										
19										
20	t	x	y	z		xs	ys			
21										
22	0	0	0,5	0		7	1,3	0,0087		
23	0,2	0,099	0,49	0,02		7,063	1,289	0,0877		
24	0,4	0,195	0,461	0,04		7,124	1,2585	0,1638		
25	0,6	0,282	0,413	0,06		7,178	1,2096	0,2346		
26	0,8	0,359	0,348	0,08		7,224	1,1442	0,2979		
27	1	0,421	0,27	0,1		7,259	1,065	0,3517		

Abb. 12.10 Elektronenbahn in einem Magnetfeld [Arbeitsmappe: Kurven3D.xlsx; Blatt: Helix 1]

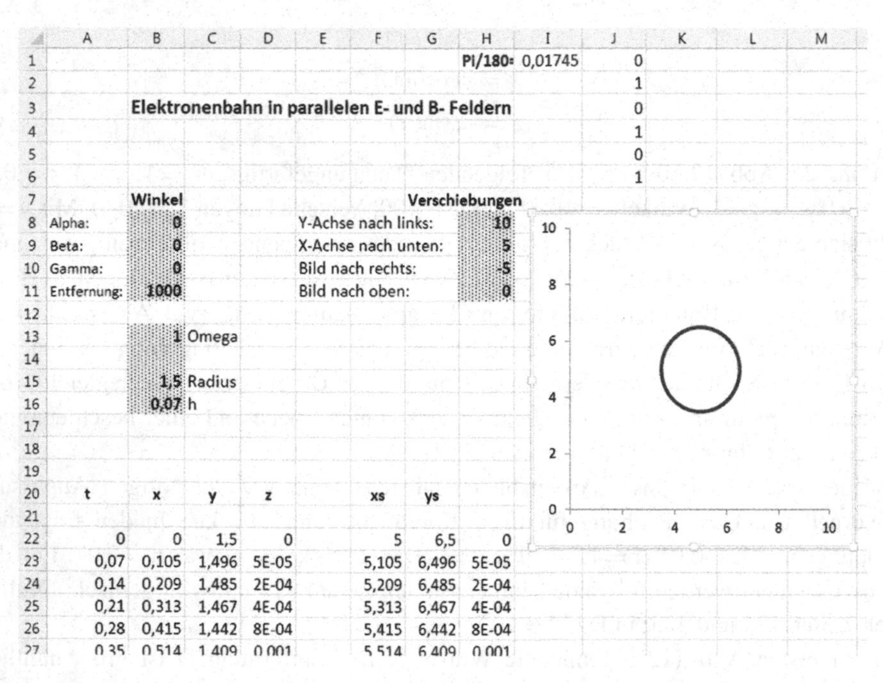

	A	B	C	D	E	F	G	H	I	J
1								Pi/180=	0,01745	0
2										1
3		Elektronenbahn in parallelen E- und B- Feldern								0
4										1
5										0
6										1
7		Winkel						Verschiebungen		
8	Alpha:	0				Y-Achse nach links:		10		
9	Beta:	0				X-Achse nach unten:		5		
10	Gamma:	0				Bild nach rechts:		-5		
11	Entfernung:	1000				Bild nach oben:		0		
12										
13		1	Omega							
14										
15		1,5	Radius							
16		0,07	h							
17										
18										
19										
20	t	x	y	z		xs	ys			
21										
22	0	0	1,5	0		5	6,5	0		
23	0,07	0,105	1,496	5E-05		5,105	6,496	5E-05		
24	0,14	0,209	1,485	2E-04		5,209	6,485	2E-04		
25	0,21	0,313	1,467	4E-04		5,313	6,467	4E-04		
26	0,28	0,415	1,442	8E-04		5,415	6,442	8E-04		
27	0,35	0,514	1,409	0,001		5,514	6,409	0,001		

Abb. 12.11 Elektronenbahn in parallelen E- und B- Feldern [Arbeitsmappe: Kurven3D.xlsx; Blatt: Helix 2]

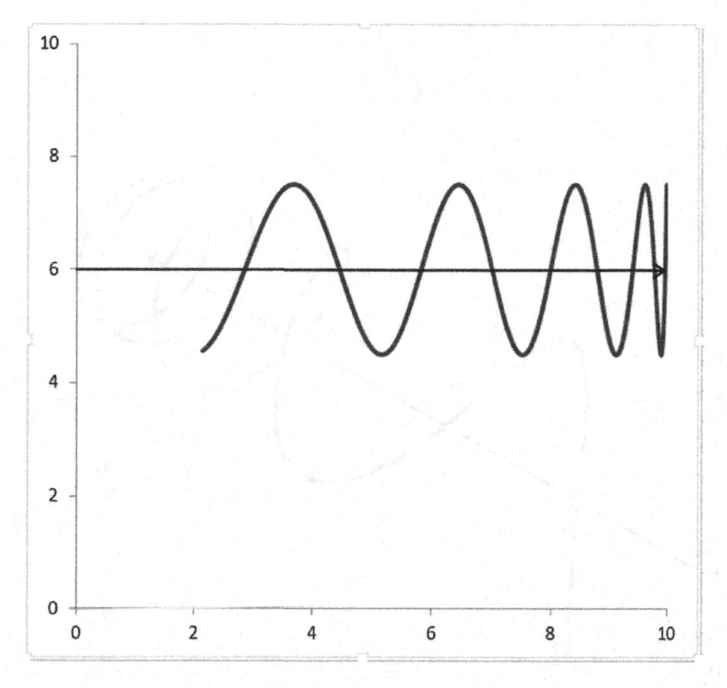

Abb. 12.12 Elektronenbahn in parallelen E- und B-Feldern [Arbeitsmappe: Kurven3D.xlsx; Blatt: Helix 2]

Die zweite Abb. (12.12) zeigt eine Seitenansicht mit 0, 90, 0 und D = 1000. Die Verschiebungen sind 10, 6, 0, 0.

Schließlich sehen wir in der dritten Abb. (12.13) eine perspektivische Darstellung mit 30, 40, 0 und D = 10. Die Verschiebungen sind: 10, 8, 0, 0.

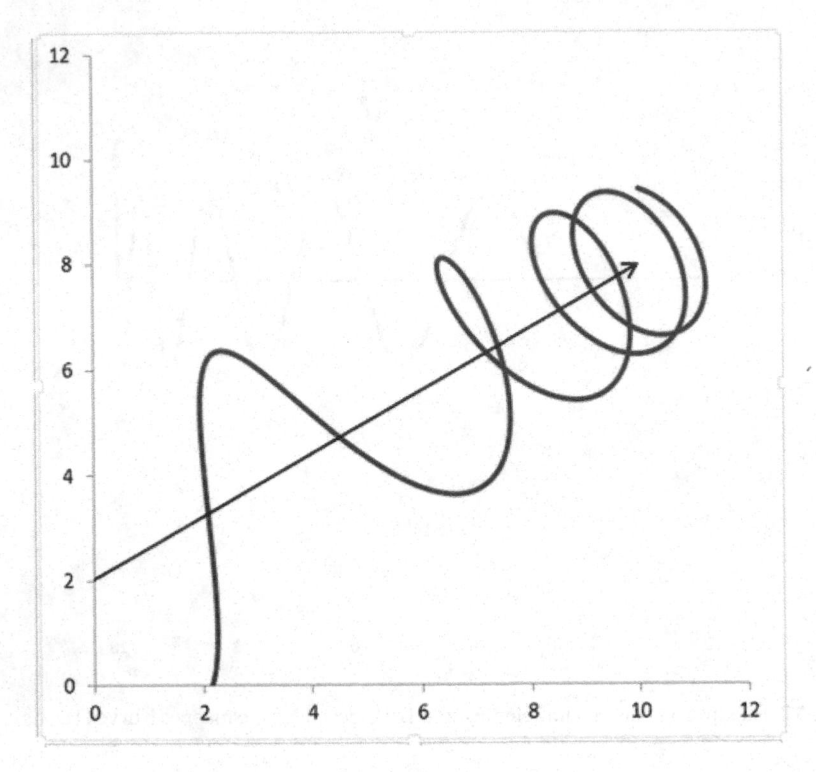

Abb. 12.13 Elektronenbahn in parallelen E- und B-Feldern [Arbeitsmappe: Kurven3D.xlsx; Blatt: Helix 2]

12.6 3D-Oberfächen mit Excel

Ein 3D-Oberflächendiagramm ist dann nützlich, wenn man die besten Kombinationen aus zwei Datenreihen finden will. Wir wählen als Datenreihen die x-y-Koordinaten einer Funktion $z = f(x,y)$. Der Bereich der (x,y)-Paare ist gegeben durch $[x_{min}, x_{max}] \cdot [y_{min}, y_{max}]$.

Im folgenden **Beispiel** zeichnen wir die Funktion $z = f(x,y) = (x^2 + y^2)/2$ über dem Bereich $[-3,3] \cdot [-3,3]$ (siehe Abb. 12.14). Die Formel in C3 lautet `=(C$2^2 + $B3^2)/2`. Diese bis C9 kopieren. Anschließend C3:C9 bis I3:I9 kopieren. (C9: `=(C$2^2 + $B9^2)/2`; I9: `=(I$2^2 + $B9^2)/2`)

Die Daten für das Diagramm, die Funktionswerte z, befinden sich im Intervall C3:I9. Zu jedem Punkt in diesem Intervall gehören zwei Koordinaten. Die x-Koordinaten stehen in C2:I2; die y-Koordinaten, die die Tiefe des Diagramms festlegen, befinden sich in B3:B9. Die Funktionswerte messen die Entfernung zwischen der x-y-Ebene und der gefärbten Oberfläche.

	A	B	C	D	E	F	G	H	I	J
1			x-Koordinaten							
2			-3	-2	-1	0	1	2	3	
3	y-Koordinaten	-3	9	6,5	5	4,5	5	6,5	9	
4		-2	6,5	4	2,5	2	2,5	4	6,5	
5		-1	5	2,5	1	0,5	1	2,5	5	
6		0	4,5	2	0,5	0	0,5	2	4,5	
7		1	5	2,5	1	0,5	1	2,5	5	
8		2	6,5	4	2,5	2	2,5	4	6,5	
9		3	9	6,5	5	4,5	5	6,5	9	

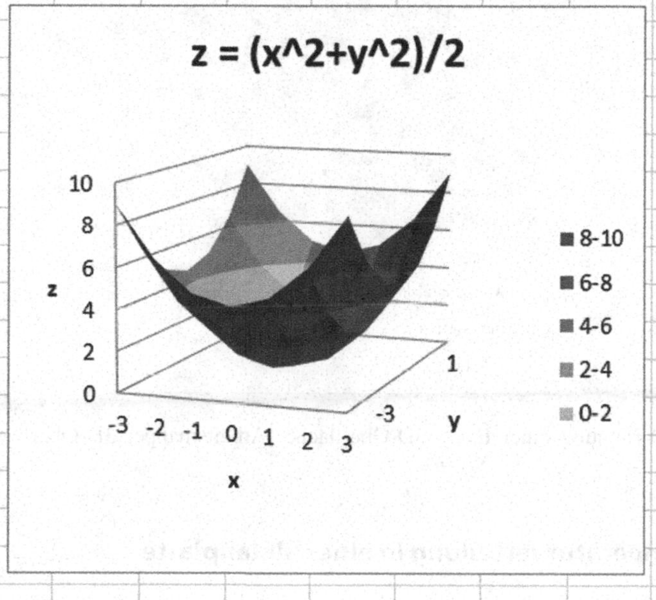

Abb. 12.14 3D-Oberfläche für $z = f(x,y) = (x^2 + y^2)/2$ [Arbeitsmappe: 3D-Oberfläche.xlsx; Blatt: Paraboloid]

Um diesen Grafen in Excel zu erzeugen, markieren wir den Bereich B2:I9, anschließend *EINFÜGEN > Diagramme > Alle Diagramme > Oberfläche > 3D-Oberfläche.*

Man kann den Grafen auf die übliche Art editieren. Am einfachsten ist es jedoch, *DIAGRAMMTOOLS* anzuklicken und dort z. B. *Schnelllayout* auszuwählen.

Auch das Menü *3D-Drehung* (siehe Abb. 12.15), das man mit doppeltem Rechtsklick auf das Diagramm erhält, ist sehr interessant (vgl. Abschn. 12.4).

Abb. 12.15 3D-Drehung einer Excel 3D-Oberfläche [Arbeitsmappe: 3D-Oberfläche.xlsx; Blatt: Paraboloid]

12.6.1 Temperaturverteilung in einer Metallplatte

Wir können jetzt die Temperaturverteilung in einer Metallplatte (vgl. Abschn. 8.6) auch als 3D-Oberfläche darstellen. Dafür brauchen wir nur die x- und y-Koordinaten in der Tabelle hinzuzufügen (siehe Abb. 12.16).

Das Diagramm wurde gedreht mit *X-Drehung: 250°; Y-Drehung: 10°; Perspektive: 5°.*

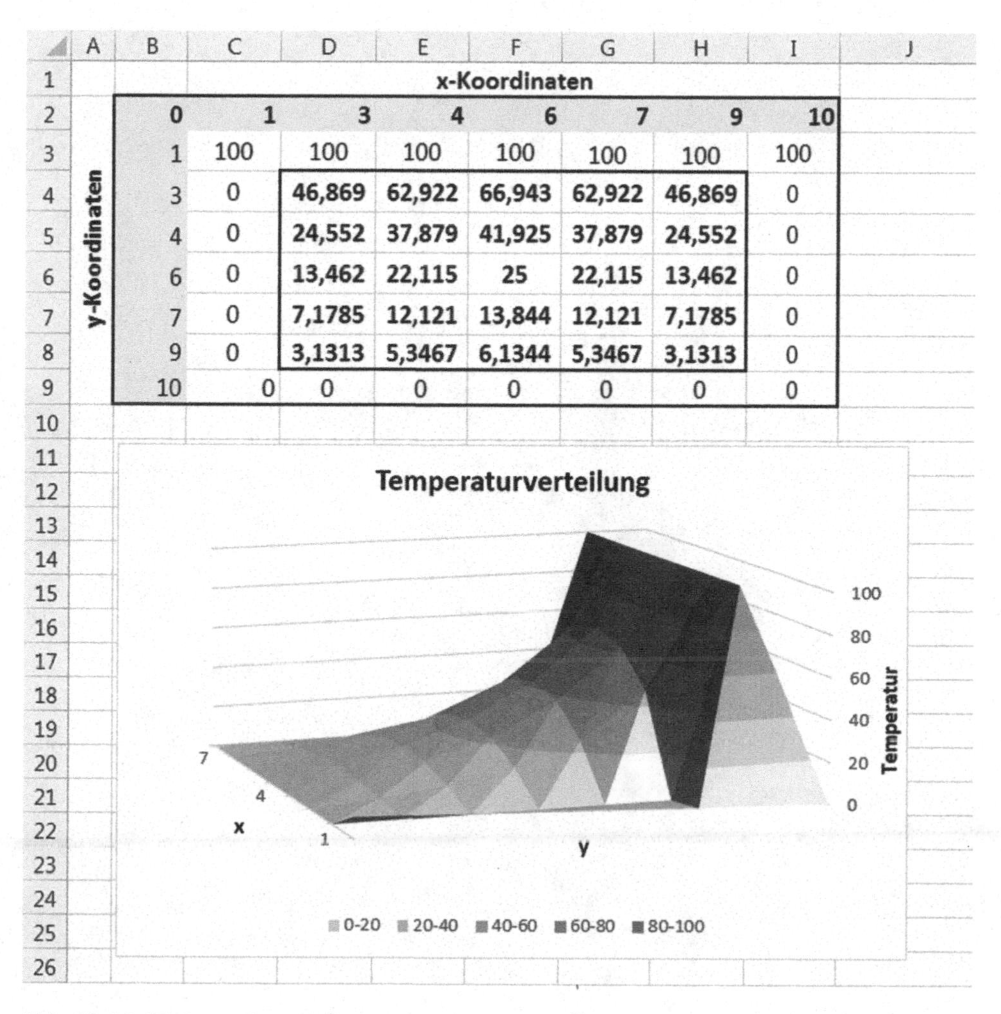

x-Koordinaten / y-Koordinaten

	A	B	C	D	E	F	G	H	I	J
1					x-Koordinaten					
2		0	1	3	4	6	7	9	10	
3	y-Koordinaten	1	100	100	100	100	100	100	100	
4		3	0	46,869	62,922	66,943	62,922	46,869	0	
5		4	0	24,552	37,879	41,925	37,879	24,552	0	
6		6	0	13,462	22,115	25	22,115	13,462	0	
7		7	0	7,1785	12,121	13,844	12,121	7,1785	0	
8		9	0	3,1313	5,3467	6,1344	5,3467	3,1313	0	
9		10	0	0	0	0	0	0	0	

Abb. 12.16 3D-Darstellung der Temperaturverteilung [Arbeitsmappe: Temperaturverteilung.xlsx]

Statistische Datenanalyse 13

Zusammenfassung

Anhand von Beispielen aus der industriellen Praxis und aus der Wissenschaft, werden Grundkenntnisse der Statistik benutzt, um mit Excel-Funktionen die entsprechenden Daten darzustellen und zu analysieren. In der schließenden Statistik wird man feststellen, wie nützlich Excel-Tabellen sind, um Zusammenhänge, z. B. beim Testen von Hypothesen, zu veranschaulichen.

13.1 Kennwerte einer Stichprobe

Um eine Stichprobe zu beschreiben, benutzt man die Statistikfunktionen **Häufigkeit**, **Mittelwert**, **Standardabweichung** und **Stichprobenvarianz**.

Diese Funktionen **schätzen** den wahren Mittelwert, die wahre Standardabweichung und Varianz einer Grundgesamtheit. Man nennt diese wahren, aber unbekannten Werte **Parameter** und bezeichnet sie mit griechischen Buchstaben. Mit lateinischen Buchstaben bezeichnet man Stichprobenwerte (Statistiken oder Kennwerte der Stichprobe). Die grundsätzliche Frage lautet: Wie können wir Schätzwerte für die Parameter mithilfe der Statistik erhalten – und wie genau sind solche Schätzungen?

Für das folgende Beispiel brauchen wir die Definitionen:

$$\bar{x} = \frac{1}{n}\sum_{i=1}^{n} x_i = \frac{1}{n}\sum_{i=1}^{m} f_i x_i \quad \text{Mittelwert einer Stichprobe: =MITTELWERT}$$

$$S^2 = \frac{1}{n-1}\sum_{i=1}^{n}(x_i - \bar{x}) = \frac{1}{n-1}\left(\sum_{i=1}^{m} f_i x_i^2 - n\bar{x}^2\right) \quad \text{Stichprobenvarianz: =VAR.S}$$

$$s = \sqrt{s^2} \quad \text{Standardabweichung der Stichprobe: =STABW.S}$$

F. J. Mehr, M. T. Mehr, *Excel und VBA*, DOI 10.1007/978-3-658-08886-6_13

Wenn die Einzelwerte x_i in m Klassen gruppiert sind, dann sind:

f_i abs. Häufigkeit: `=HÄUFIGKEIT`,
$F_i := f_i/n$ relative Häufigkeit.

13.1.1 Analyse der Daten einer Befragung

Wir haben eine Stichprobe mit 35 Einzelwerten (Kinder pro Familie), die so notiert wurden, wie sie bei der Befragung anfielen, d. h. ohne sie zu sortieren. Wir wollen die statischen Kennwerte bestimmen.

Im Arbeitsblatt der Abb. 13.1 stehen in A5:C16 die Stichprobenwerte. Daneben in D5:D10 haben wir eine Klassenliste (es gab 0, 1, 2, . . .,5 Kinder pro Familie).

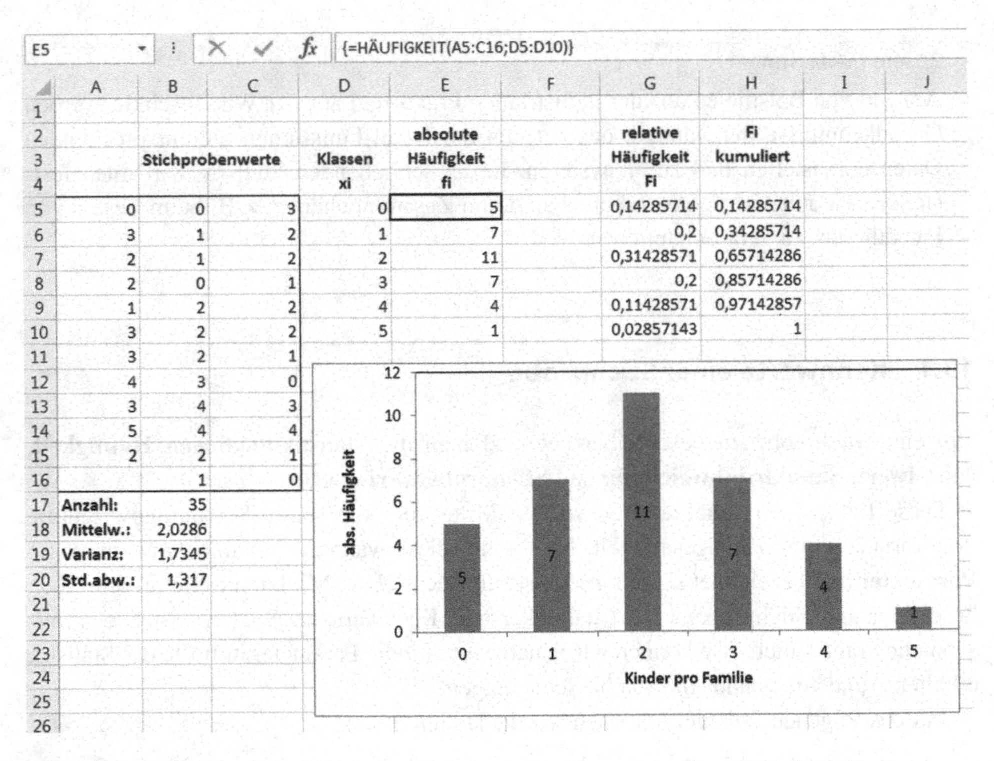
E5 {=HÄUFIGKEIT(A5:C16;D5:D10)}

	A	B	C	D	E	F	G	H
1								
2					absolute		relative	Fi
3		Stichprobenwerte		Klassen	Häufigkeit		Häufigkeit	kumuliert
4				xi	fi		Fi	
5	0	0	3	0	5		0,14285714	0,14285714
6	3	1	2	1	7		0,2	0,34285714
7	2	1	2	2	11		0,31428571	0,65714286
8	2	0	1	3	7		0,2	0,85714286
9	1	2	2	4	4		0,11428571	0,97142857
10	3	2	2	5	1		0,02857143	1
11	3	2	1					
12	4	3	0					
13	3	4	3					
14	5	4	4					
15	2	2	1					
16		1	0					
17	Anzahl:	35						
18	Mittelw.:	2,0286						
19	Varianz:	1,7345						
20	Std.abw.:	1,317						

Abb. 13.1 Statistiken einer Stichprobe. [Arbeitsmappe: Kennwerte.xlsx; Blatt: Statistiken]

E5: Markieren Sie E5:E10, und schreiben Sie in die Bearbeitungszeile
`=HÄUFIGKEIT(A5:C16;D5:D10)`, *Ctrl + Shift + Enter*

(Am häufigsten waren die Familien mit 2 Kindern, nämlich fi = 11).

B17: `=ANZAHL(A5:C16)` (Anzahl n der Stichprobenelemente)

B18: `=MITTELWERT(A5:C16)`

B19: `=VAR.S(A5:C16)`

B20: `=STABW.S(A5:C16)` ; G5: `=E5/B$17`, bis G10 kopieren

In der Spalte H berechnen wir die empirische Verteilungsfunktion F_i (rel. Summenhäufigkeit oder kumulierte Verteilungsfunktion).

H5: `=G5` ; H6: `=G6+H5`, bis H10 kopieren. Letzter Wert ist 1.

Für den Graphen wählen wir, wie von Excel empfohlen, den Diagrammtyp *Gruppierte Säulen* (siehe Abb. 13.2).

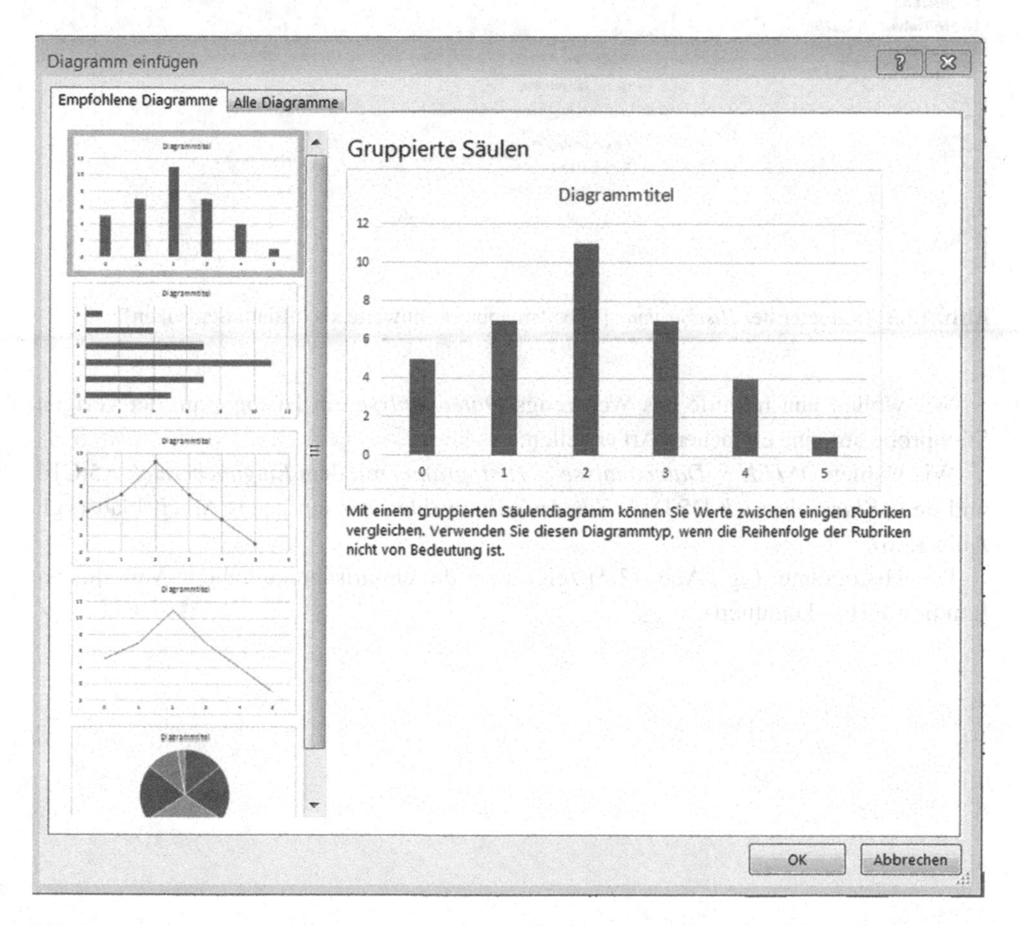

Abb. 13.2 Dialogfenster *Diagramm einfügen*

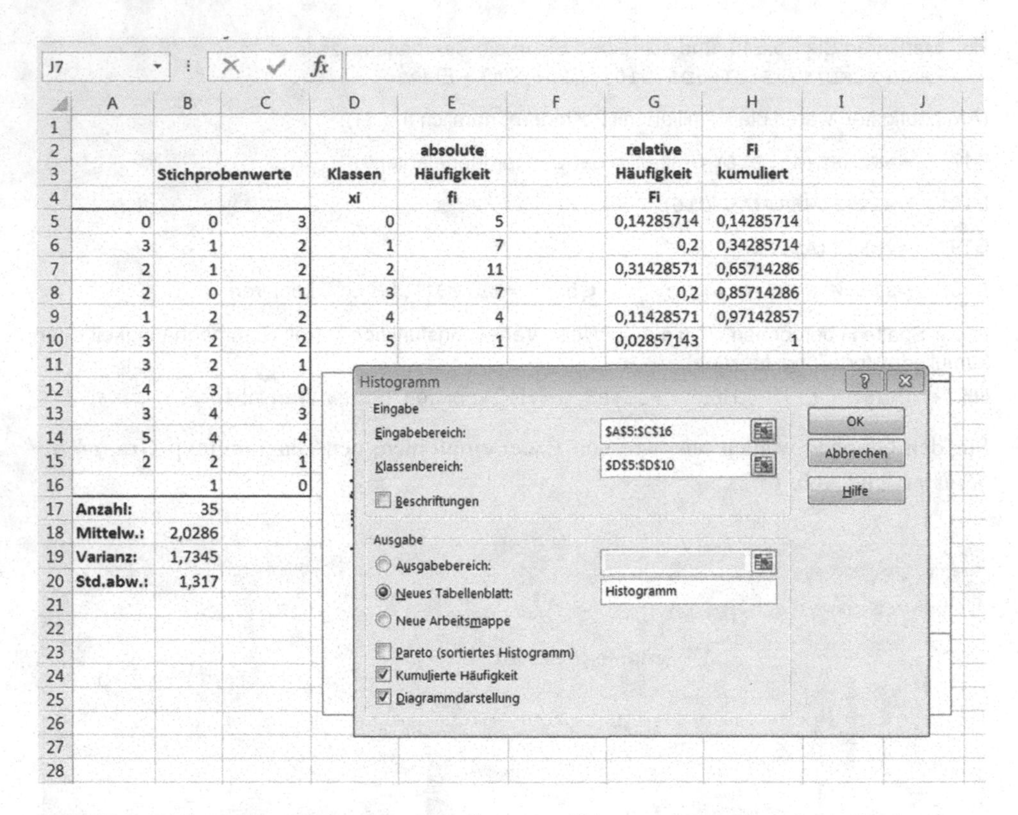

Abb. 13.3 Dialogfenster *Histogramm*. [Arbeitsmappe: Kennwerte.xlsx; Blatt: Statistiken]

Wir wollen nun mithilfe des Werkzeugs *Datenanalyse* ein Histogramm der vorigen Stichprobe auf eine einfachere Art erstellen:

Wie wählen *DATEN* > *Datenanalyse* > *Histogramm* mit dem *Eingabebereich* A5:C16 und dem *Klassenbereich* D5:D10. Zur *Ausgabe* wählen wir ein neues Arbeitsblatt (vgl. Abb. 13.3).

Das Histogramm (vgl. Abb. 13.4) zeigt auch die empirische kumulierte Verteilungsfunktion F (F_i – kumuliert).

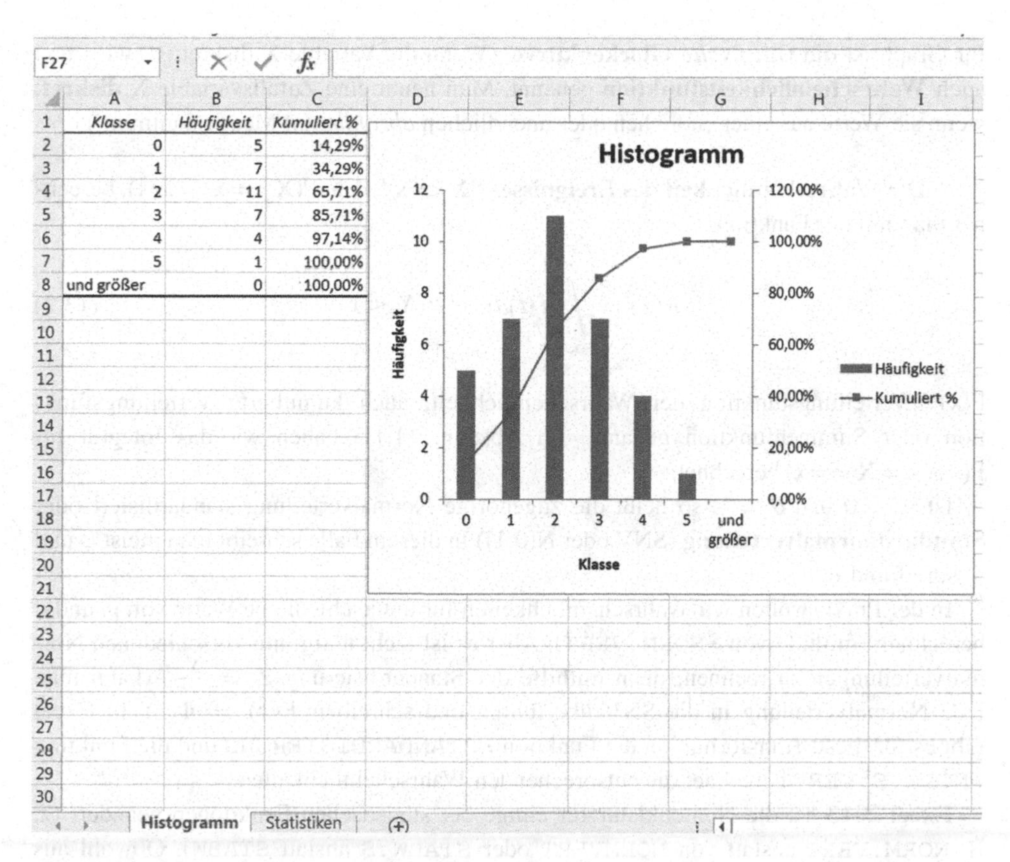

Klasse	Häufigkeit	Kumuliert %
0	5	14,29%
1	7	34,29%
2	11	65,71%
3	7	85,71%
4	4	97,14%
5	1	100,00%
und größer	0	100,00%

Abb. 13.4 Histogramm aus Datenanalyse [Arbeitsmappe: Kennwerte.xlsx; Blatt: Histogramm]

13.2 Die Normalverteilung

In diesem Abschnitt beschäftigen wir uns mit einer speziellen stetigen Verteilung: die **Normalverteilung**. In vielen praktischen Fällen können wir annehmen, dass die Daten einer Normalverteilung gehorchen.

In der Statistik spielt die Normalverteilung unter allen Verteilungen eine hervorragende Rolle. Sie wird von zwei Parametern bestimmt: **Erwartungswert** μ und **Standardabweichung** σ (*Varianz* $= \sigma^2$).

▶ Eine Zufallsgröße X heißt **normalverteilt**, wenn ihre **Wahrscheinlichkeitsdichte** folgendermaßen definiert ist:

$$f(x) = \frac{1}{\sigma\sqrt{2\pi}} e^{-\frac{1}{2}\left(\frac{x-\mu}{\sigma}\right)^2} \qquad (13.1)$$

Ihr Graph ist die ***Gaußsche*** **Glockenkurve**. (Wenn die Variable X diskret ist, wird f(x) auch **Wahrscheinlichkeitsfunktion** genannt. Man nennt eine Zufallsvariable X **diskret**, wenn sie Werte aus einer endlichen oder unendlichen *abzählbaren* Menge annimmt.)

▶ Die **Wahrscheinlichkeit des Ereignisses "X<=x"**, d. h. P(X <= x) = F(x), berechnet man mit der Funktion

$$F(x) = \int_{-\infty}^{x} f(t)dt = P(X \leq x) \tag{13.2}$$

F(x) = Verteilungsfunktion der Wahrscheinlichkeit, auch kumulierte Verteilungsfunktion oder Summenfunktion genannt. Im Abschn. 11.1.5 haben wir das Integral für P(−x <= X <= x) berechnet.

Ist $\mu = 0$ und $\sigma = 1$, so heißt die zugehörige Normalverteilung standardisiert oder **Standardnormalverteilung** (SNV oder N(0;1)) In diesem Falle schreibt man meist φ und Φ statt f und F.

In der Praxis wollen wir Wahrscheinlichkeiten für unterschiedliche Werte von μ und σ berechnen (mithilfe von `=NORM.VERT`). Aber es ist nicht nötig, mit verschiedenen Normalverteilungen zu rechnen, denn mithilfe der Standardisierung $Z = \frac{X-\mu}{\sigma}$ kann man jede Normalverteilung in die SNV überführen und schreiben $F(x) = \Phi(z)$. In Excel gibt es für diese Transformation die Funktion `=STANDARDISIERUNG` und die Funktion `=NORM.S.VERT` berechnet die entsprechenden Wahrscheinlichkeiten.

Excel 2013 hat die Nomenklatur für einige der statistischen Funktionen geändert (z. B. `NORM.VERT` anstatt von `NORMVERT` oder `STABW.S` anstatt `STABW`). Obwohl aus Kompatibilitätsgründen das Benutzen der alten Funktionen noch erlaubt ist, verwenden wir hier die neuen Bezeichnungen.

13.2.1 Analyse von Daten aus der industriellen Fertigung (1)

Wir nehmen an, dass die Dicke von Brettern **normalverteilt** ist mit dem Erwartungswert $\mu = 1{,}4$ cm und der Standardabweichung $\sigma = 0{,}05$ cm. Wir sagen dann, dass die Zufallsvariable X = Bretterdicke stetig variiert und dass eine stetige Verteilung vorliegt. Wir nehmen das arithmetische Mittel $\bar{x}$ und die Streuung s (Standardabweichung der Stichprobe, vgl. Abschn. 13.1) als Schätzwerte für μ und σ.

Rein zufällig entnehmen wir der Produktion ein Brett und fragen uns:

1. Wie groß ist die Wahrscheinlichkeit, dass seine Dicke zwischen 1,36 und 1,48 cm liegt?
2. Wie groß ist die Wahrscheinlichkeit, dass die Dicke größer als 1,48 cm ist?
3. Wie groß ist die Wahrscheinlichkeit, dass die Dicke im Intervall von ± 2 Standardabweichungen um den Erwartungswert liegt (d. h. zwischen 1,3 und 1,5 cm)?

	A	B	C	D	E	F	G	H	I
1									
2						Normalverteilung			
3									
4				Verteilungsfunktion und Dichte an den Stellen x1 und x2					
5	Erw.-Wert:	5							
6	Stand.Abw.:	2		F(x1)=	0,0343795	f(x1)=	0,038072		
7	x1:	1,36		F(x2)=	0,0392039	f(x2)=	0,042388		
8	x2:	1,48							
9									
10					P(x1<=X<=x2)=	0,48%			
11	Abweichung	P(|X-u|<=c)=	95,45%						
12	vom Erw.-Wert	P(|X-u|>c)=	4,55%	P(X>x2)=	96,08%	P(X<=x2)=	3,92%		
13						(=Verteilungsfunktion)			
14		c=2*sigma							
15									
16									
17									

Abb. 13.5 Wahrscheinlichkeiten aus der Normalverteilung. [Arbeitsmappe: Normalverteilung.xlsx; Blatt: Wahrscheinlichkeiten]

Lösung Bei bekanntem f(x), Gl. 13.1, kann die Wahrscheinlichkeit, dass X im Intervall (x_1,x_2) liegt mithilfe der Gl. 13.2 berechnet werden:

$$P(x_1 <= X <= x_2) = F(x_2) - F(x_1).$$

F(x) berechnen wir mit `=NORM.VERT (x;μ;σ;1)`. Mit dem Parameter `0` erhält man f(x). Die rechte Seite von Gl. 13.2 ist die Wahrscheinlichkeit, dass die Zufallsvariable X einen Wert <= x annimmt.

Die Ergebnisse sind in Abb. 13.5 zusammengefasst.

Einträge im Arbeitsblatt

Werte in B5:B8

E6: `=NORM.VERT($B$7;$B$5;$B$6;1)` (= $F(x_1)$)

E7: `=NORM.VERT($B$8;$B$5;$B$6;1)` (= $F(x_2)$)

G6: `=NORM.VERT($B$7;$B$5;$B$6;0)` (= $f(x_1)$)

G7: `=NORM.VERT($B$8;$B$5;$B$6;0)` (= $f(x_2)$)

F9: `= E7-E6` (Wahrscheinlichkeit dafür, dass die Bretter eine Dicke zwischen 1,36 cm und 1,48 cm haben)

E11: `=1-E7` (Wahrscheinlichkeit dafür, dass die Dicke größer als 1,48 cm ist)

G11: `=E7` (Wahrscheinlichkeit dafür, dass die Dicke kleiner oder gleich 1,48 cm ist)

A17: 1 ; A18: 2 ; A19: 3

B17: `=2*NORM.S.VERT(A17;1)-1` bis B19 kopieren[1] (P(|X- μ |<=c*σ)

C17: `=2*(1-NORM.S.VERT(A17;1))` bis C19 kopieren (P(|X- μ |>c*σ)

[1] Die Funktion `NORM.S.VERT` liefert direkt die Wahrscheinlichkeiten für die SNV.

Tab. 13.1 Wahrscheinlichkeiten für Abweichung vom Mittelwert

Intervall	Wahrscheinlichkeit (%)
$\mu \pm \sigma$	68,27
$\mu \pm 2\sigma$	95,45
$\mu \pm 3\sigma$	99,73

Für die Normalverteilung gilt, dass der Teil der Werte, der in ein, zwei oder drei Standardabweichungen vom Erwartungswert liegt, durch die Prozente gegeben ist, die in der Tab. 13.1) gezeigt werden.

Im Klartext:

- Etwa 68 % ($\approx 2/3$) aller Werte liegen zwischen $\mu - \sigma$ und $\mu + \sigma$.
- Etwa 95 % aller Werte liegen zwischen $\mu - 2\sigma$ und $\mu + 2\sigma$.
- Mehr als 99,7 % aller Werte liegen zwischen $\mu - 3\sigma$ und $\mu + 3\sigma$.

Die Antworten auf die oben gestellten Fragen lauten:

1. Die Wahrscheinlichkeit, dass die Dicke zwischen 1,36 und 1,48 cm liegt, ist 73,33 %.
2. Die Wahrscheinlichkeit, dass die Dicke größer als 1,48 cm ist, beträgt 5,48 %.
3. Es ist zu erwarten, dass 95,5% aller Bretter eine Dicke haben, die zwischen 1,3 und 1,5 cm liegt. Nur 4,55 % weichen um mehr als 0,1 cm vom Erwartungswert ab.

▶ Die Ungleichung von *Tschebyschew*, die für beliebige Verteilungen gilt, $P(|X - \mu| <= k\sigma) > 1 - 1/k^2$, ergibt mit $k = 2$ die Wahrscheinlichkeit $P > 0,75$. Diese Herabsetzung der Grenze auf nur 75 % ist der "Preis" für die Allgemeingültigkeit dieser Ungleichung.

13.2.2 Graphische Darstellung der Normalverteilung

Um die Graphen der Verteilungsfunktion und Verteilungsdichte einer Normalverteilung zu erzeugen, brauchen wir eine Tabelle mit den Werten von x, F(x) und f(x). Wir werden zunächst diese Tabelle mithilfe der Funktion *Datentabelle*, die wir in *DATEN > Was-wäre-wenn-Analyse* finden (vgl. Abschn. 8.7) erstellen. Vorher machen wir folgende Einträge in das Arbeitsblatt (siehe Abb. 13.6).

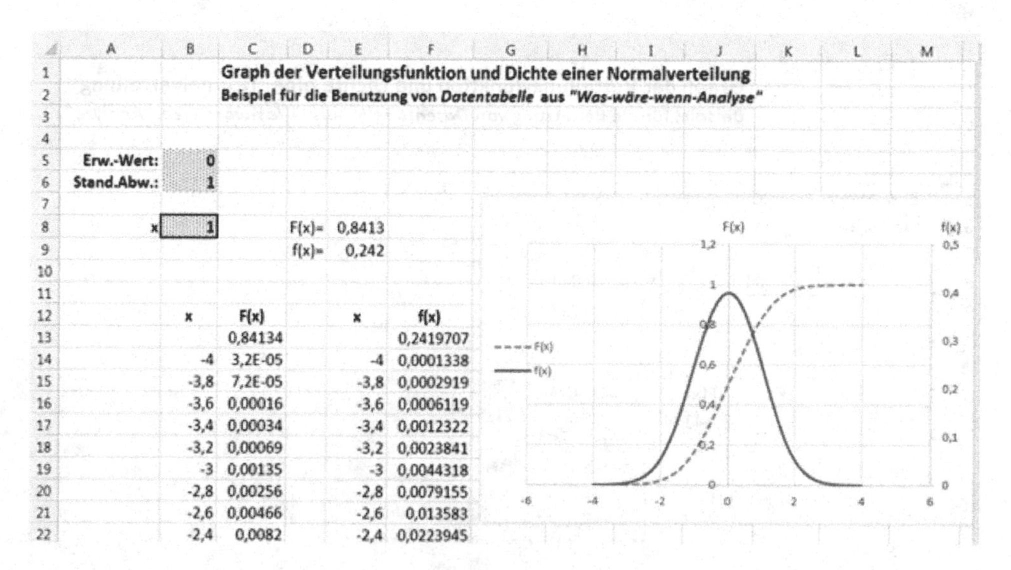

x	F(x)	x	f(x)
	0,84134		0,2419707
-4	3,2E-05	-4	0,0001338
-3,8	7,2E-05	-3,8	0,0002919
-3,6	0,00016	-3,6	0,0006119
-3,4	0,00034	-3,4	0,0012322
-3,2	0,00069	-3,2	0,0023841
-3	0,00135	-3	0,0044318
-2,8	0,00256	-2,8	0,0079155
-2,6	0,00466	-2,6	0,013583
-2,4	0,0082	-2,4	0,0223945

Abb. 13.6 Graphen von F(x) und f(x) der Normalverteilung. [Arbeitsmappe: Normalverteilung.xlsx; Blatt: Graph]

B5: 0 ; B6: 1 (zunächst sind dieses die Parameter einer SNV)

E8: `=NORM.VERT($B$8;$B$5;$B$6;1)`

E9: `=NORM.VERT($B$8;$B$5;$B$6;0)`

B14: -4 ; B15: `=B14+0,2`, bis B54 kopieren

E14: -4 ; E15: `=E14+0,2`, bis E54 kopieren

C13: `=E8` ; F13: `=E9`

B13:C54 auswählen und unter Was-wäre-wenn-Analyse das Dialogfenster Datentabelle wie in Abb. 13.7 ausfüllen (kein Eintrag in Werte aus Zeile).

Der Wert in Zelle B8 (1) wird dann ersetzt durch die Werte im Bereich B14:B54. Dabei schreibt Excel in alle Zellen von C44 bis C54 die Matrixfunktion `{=MEHRFACHOPERATION(;B8)}`.

Das Gleiche wiederhohlen wir, um die Datentabelle für x und f(x) (Spalte F) auszufüllen.

Anschließend erzeugen wir noch den Graphen der Verteilungsfunktion und der Dichte mit den Werten aus = B12:C54; F12:F54 (siehe Abb. 13.6).

Die beiden Wendepunkte der Dichtefunktion liegen symmetrisch zum Erwartungswert, und zwar bei $x = \mu + \sigma$ und $x = \mu - \sigma$. Bei N(0;1) liegen sie bei ± 1. Die Form der Kurven ändert sich bei verschiedenen Werten von μ und σ.

Das Maximum der Verteilungsfunktion hat die Koordinaten $(\mu; \frac{1}{\sigma\sqrt{2\pi}})$. Bei N(0;1) haben wir (0;0,399), und, z. B. bei N(2;0,5) gilt (2; 0,797884561).

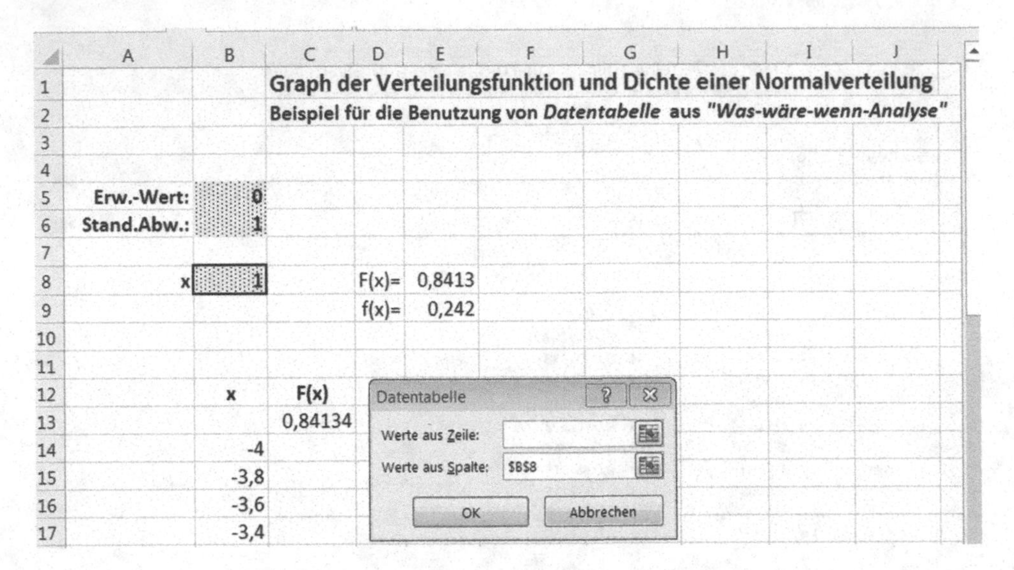

Abb. 13.7 Dialogfenster *Datentabelle*. [Arbeitsmappe: Normalverteilung.xlsx; Blatt: Graph]

Natürlich können wir die Graphen von F(x) und f(x) auch ohne *Was-wäre-wenn* anfertigen, denn wir haben die Funktion `NORM.VERT` und hätten lediglich die Einträge:

B14: `=NORM.VERT(B14;B$5;B$6;1)` bis B54 kopieren
F14: `=NORM.VERT(B14;$B$5;$B$6;0)` bis F54 kopieren

machen können. Uns ging es aber hier um das Üben der Funktion *Datentabelle*.

13.2.3 Umkehrung von $\Phi(z)$

Zur Berechnung von **Konfidenzintervallen** und zum **Testen von Hypothesen** benötigen wir zu einem gegebenen Wert der Verteilungsfunktion $\Phi(z)$ der Standardnormalverteilung das zugehörige z, d. h. wir müssen die Gleichung $\Phi(z) = 1 - \alpha$ nach z auflösen (d. h. $\Phi(z)$ umkehren). α = Irrtumswahrscheinlichkeit und $p = 1 - \alpha$ = statistische Sicherheit oder Konfidenz. Man kann dies jedoch nicht in geschlossener Form durchführen. Es gibt aber verschiedene numerische Verfahren für diese Aufgabe. Die Funktion `NORM.S.INV (p)`, verwendet eine dieser Näherungsmethoden und liefert die gesuchte Umkehrung der kumulierten Standardnormalverteilung, d. h. die Zahl z_p, bei der die Funktion Φ der Wahrscheinlichkeitsverteilung dem p-Wert in der Gleichung $P(\Phi <= z_p) = \Phi(z_p) = p$ entspricht (z_p heißt **p-Quantil** oder **100p-Perzentil**).

Geometrisch ist z_p die obere Grenze der Fläche p unter dem Graphen der Funktion $\Phi(z)$ (einseitige Betrachtung). D. h. z_p ist der Wert, unter dem p % der Werte liegen. Wenn

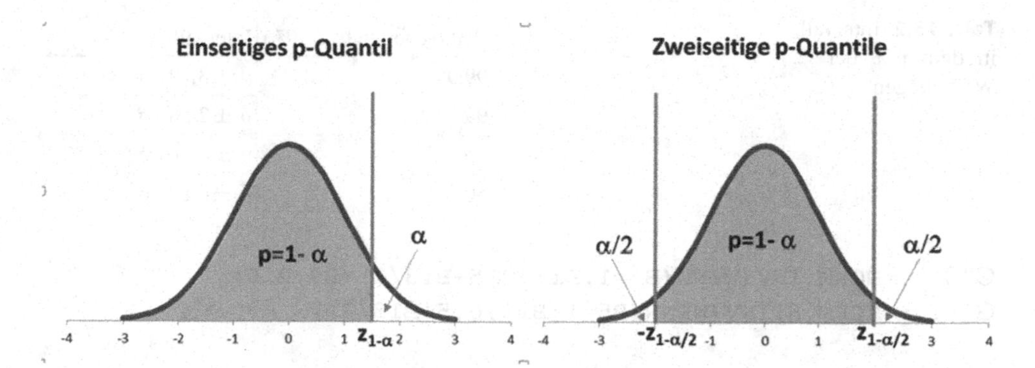

Abb. 13.8 Schwellenwerte für einseitige und zweiseitige Wahrscheinlichkeitsbetrachtungen

H23 fx

	A	B	C	D	E	F	G	H	I	J
1			**Normalverteilung**							
2										
3			**Umkehrung der Summenfunktion**							
4										
5	einseitig?	0	("ja" liefert den oberen Schwellenwert)							
6	(ja = 1; nein = 0)		("nein" liefert zweiseitige Schwellenwerte für							
7			eine eingeschlossene Fläche)							
8										
9	Erwartungswert μ:	5,2								
10	Standardabweichung σ:	1,25		x_p -Wert der N(μ,σ)-Vert.:			7,64995			
11										
12	α:	0,05		z_p-Wert der N(0,1)-Vert.:			1,95996			
13	p=1-α:	0,95								
14										
15		**Schwellenwerte für verschiedene Wahrscheinlichkeiten (zweiseitig)**					**Schwellenwerte für verschiedene Wahrscheinlichkeiten (einseitig)**			
16		α	p=1-α	z_p	x_p		α	p=1-α	z_p	x_p
17		0,001	0,999	3,29053	9,3131584		0,001	0,999	3,09023	9,06279
18		0,01	0,99	2,57583	8,4197866		0,01	0,99	2,32635	8,10793
19		0,05	0,95	1,95996	7,649955		0,05	0,95	1,64485	7,25607
20		0,5	0,5	0,67449	6,0431122		0,5	0,5	0	5,2
21										

Abb. 13.9 Schwellenwerte für normalverteilte Daten. [Arbeitsmappe: Normalverteilung.xlsx; Blatt: Umkehrung]

wir aber den Schwellenwert z_p dafür wissen wollen, dass $p\,\%$ der Werte innerhalb des Intervalls $[-z_p, z_p]$ liegen, dann sprechen wir von einer zweiseitigen Betrachtung (siehe Abb. 13.8).

Das Arbeitsblatt der Abb. 13.9 berechnet die Schwellenwerte mit

Tab. 13.2 Intervall, in dem p % der Werte liegen

Wahrscheinlichkeit (%)	Intervall
99,9	$\mu \pm 3{,}29 \cdot \sigma$
99	$\mu \pm 2{,}58 \cdot \sigma$
95	$\mu \pm 1{,}96 \cdot \sigma$
50	$\mu \pm 0{,}67 \cdot \sigma$

G10: `=NORM.INV(WENN(B5=1;B13;0,5+B13/2);B9;B10)`
G12: `=NORM.S.INV(WENN(B5=1;B13;0,5+B13/2))`

(Man vergleiche auch die später folgenden Erklärungen zur t-Verteilung Abschn. 13.3)

Oder in tabellarischer Form für verschiedene Werte von α:

B17:B20 Werte von α

C17: `=1-B17`, bis C20 kopieren

D17: `=NORM.S.INV(WENN(B$5=1;C17;0,5+C17/2))`, bis D20 kopieren

E17: `=NORM.INV(WENN(B$5=1;C17;0,5+C17/2);B$9;B$10)`, bis E20 kopieren

Ähnlich wird verfahren, um die Tabelle für die einseitigen Schwellenwerte zu erstellen.

Die Fläche unter der Normalverteilungskurve hat den Wert 1 (100 % Wahrscheinlichkeit). Für eine beliebige Wahrscheinlichkeit können wir die Werte x_p berechnen, die die Fläche unter F(x) abgrenzen. Die Tab. 13.2 zeigt diese Werte für verschiedene Wahrscheinlichkeiten.

13.3 t-Verteilung

1908 schlug W.S. Gosset die „Student"-Verteilung vor. Sie wird auch **t-Verteilung** genannt und strebt mit wachsendem n ($n > 30$) gegen die Normalverteilung.

Gosset wies nach, dass der Quotient $\frac{\bar{x}-\mu}{s/\sqrt{n}}$ der t-Verteilung mit $f = n - 1$ Freiheitsgraden folgt.

Vorausgesetzt wird hierbei, dass die Einzelbeobachtungen x_i unabhängig und näherungsweise normalverteilt sind.

Die t-Verteilung ist der Normalverteilung sehr ähnlich (stetig, symmetrisch und glockenförmig), sie ist jedoch von μ und σ unabhängig. Je kleiner der Freiheitsgrad ist, desto niedriger und breiter ist sie als die Normalverteilung (siehe Abb. 13.10).

Für das Arbeitsblatt aus Abb. 13.10 haben wir die Wahrscheinlichkeitsdichtefunktionen benutzt:

B3: `=NORM.S.VERT(A3;FALSCH)`

D3: `=T.VERT(A3;10;FALSCH)`

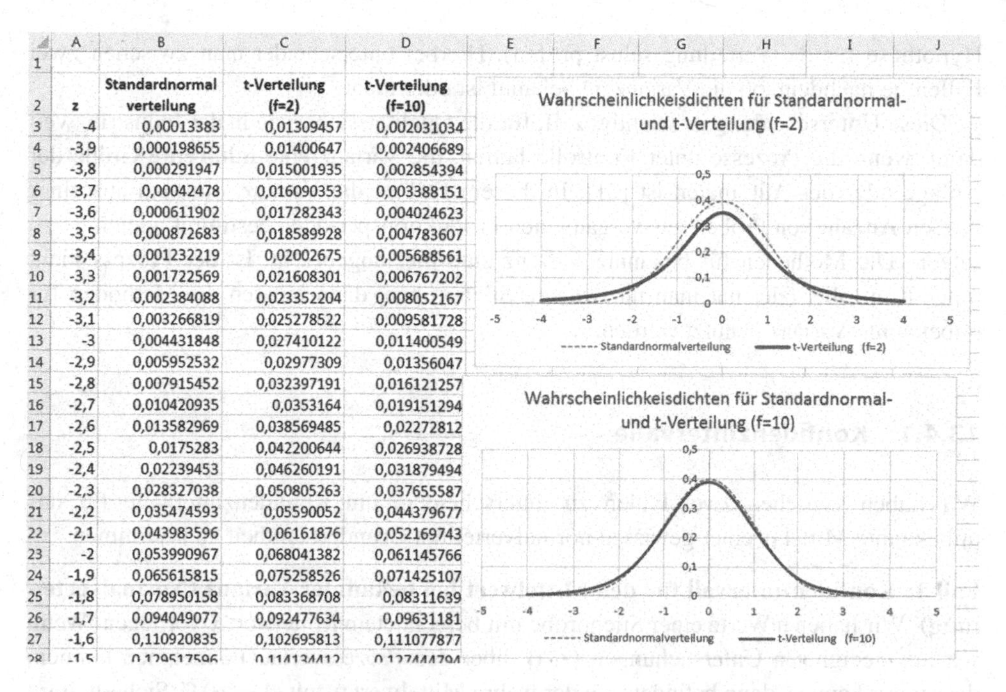

	A	B	C	D
1				
2	z	Standardnormal verteilung	t-Verteilung (f=2)	t-Verteilung (f=10)
3	-4	0,00013383	0,01309457	0,002031034
4	-3,9	0,000198655	0,01400647	0,002406689
5	-3,8	0,000291947	0,015001935	0,002854394
6	-3,7	0,00042478	0,016090353	0,003388151
7	-3,6	0,000611902	0,017282343	0,004024623
8	-3,5	0,000872683	0,018589928	0,004783607
9	-3,4	0,001232219	0,02002675	0,005688561
10	-3,3	0,001722569	0,021608301	0,006767202
11	-3,2	0,002384088	0,023352204	0,008052167
12	-3,1	0,003266819	0,025278522	0,009581728
13	-3	0,004431848	0,027410122	0,011400549
14	-2,9	0,005952532	0,02977309	0,01356047
15	-2,8	0,007915452	0,032397191	0,016121257
16	-2,7	0,010420935	0,0353164	0,019151294
17	-2,6	0,013582969	0,038569485	0,02272812
18	-2,5	0,0175283	0,042200644	0,026938728
19	-2,4	0,02239453	0,046260191	0,031879494
20	-2,3	0,028327038	0,050805263	0,037655587
21	-2,2	0,035474593	0,05590052	0,044379677
22	-2,1	0,043983596	0,06161876	0,052169743
23	-2	0,053990967	0,068041382	0,061145766
24	-1,9	0,065615815	0,075258526	0,071425107
25	-1,8	0,078950158	0,083368708	0,08311639
26	-1,7	0,094049077	0,092477634	0,09631181
27	-1,6	0,110920835	0,102695813	0,111077877
28	-1,5	0,129517596	0,114134412	0,127444794

Abb. 13.10 Vergleich zwischen Standardnormal- und t-Verteilung. [Arbeitsmappe: SNV und t-Vert.xlsx]

Die gleichen Funktionen mit Parameter `WAHR` (oder 1) ergeben die entsprechenden kumulativen Verteilungsfunktionen.

13.4 Schluss von Kennwerten auf Parameter

Bereits im Abschn. 13.1 haben wir gesehen, dass die ermittelten Kennwerte einer Stichprobe (z. B. der Mittelwert $\bar{x}$ oder die Standardabweichung s) den wahren Mittelwert μ und die wahre Standardabweichung σ einer Population schätzen. Die zwei wesentlichen Fragen sind:

- Wie sicher ist diese Schätzung?
- Wie sicher sind Annahmen über die Parameter der Verteilung?

Um die erste Frage beantworten zu können, brauchen wir sogenannte **Konfidenzintervalle**. Die zweite Frage führt uns zu den **Hypothesentests**. Die Theorie dafür befindet sich z. B. in [19] oder [20].

In diesem Abschnitt werden wir lediglich Konfidenzintervalle für $\bar{x}$ und Hypothesentests für μ behandeln (im Abschn. 13.4.8 und im Abschn. 18.10 werden wir eine

Hypothese für die Verteilung selbst prüfen). Hierbei unterscheidet man zwischen zwei Fällen, je nachdem, ob die Varianz σ^2 bekannt ist oder nicht.

Diese Unterscheidung ist wichtig, z. B. für die Qualitätssicherung in der Industrie, weil dann, wenn die Prozesse unter Kontrolle laufen, die Varianz eine **inhärente** Größe der Anlage oder des Automaten ist [21]. In diesem Fall ist die Varianz, die man aus einer großen Anzahl von Proben aus vergangenen Produktionsperioden bestimmt, gleich σ^2 zu setzen. Die Methoden für bekannte Varianz sind hier angebracht. Ist der Prozess nicht unter Kontrolle, oder hat man nur wenige Stichproben, dann müssen die Methoden für unbekannte Varianz benutzt werden.

13.4.1 Konfidenzintervalle

Wir haben zwischen zwei Fällen zu unterscheiden, um Konfidenzintervalle für das unbekannte Mittel μ einer gewissen normalverteilten Grundgesamtheit zu bestimmen.

Fall 1: Konfidenzintervall für den Mittelwert bei bekannter Varianz (Normalverteilung) Wir haben n Werte einer Stichprobe mit berechnetem Mittelwert $\bar{x}$ vorliegen. Wenn wir aus geeigneten Untersuchungen (z. B. über den Prozessverlauf) annehmen können, dass wir σ kennen, dann befindet sich der wahre Mittelwert μ mit $(1 - \alpha)$ % Sicherheit im Intervall:

$$\begin{aligned} \bar{x} - a_n < \mu < \bar{x} - a_n, \text{ mit} \\ a_n = z_{1-\alpha/2} \frac{\sigma}{\sqrt{n}} \end{aligned} \tag{13.3}$$

Dabei ist $z_{1-\alpha/2}$ das $(1 - \alpha/2)$-Quantil der Standardnormalverteilung.

Man nennt den Wert $z_{1-\alpha/2}\frac{\sigma}{\sqrt{n}}$ **Stichprobenfehler**. Die Funktion KONFIDENZ.NORM, die wir gleich benutzen werden, berechnet diesen Wert.

13.4.2 Analyse von Daten aus der industriellen Fertigung (2)

Als Beispiel nehmen wir eine Probe von 20 Batterien aus der Produktion, bei denen die Lebensdauer gemessen wurde. Wir wissen, dass $\sigma = 2{,}1$ ist.

Im Arbeitsblatt der Abb. 13.11 haben wir die Stichprobenwerte in B6:B25 und die bekannte Standardabweichung σ in E6. Der Mittelwert und die Anzahl der Daten der Stichprobe erscheinen in E6 und E7.

F14 =KONFIDENZ.NORM(D14;E$6;E$9)

	A	B	C	D	E	F	G	H	I
1									
2				**Konfidenzintervall für den Mittelwert**					
3					bei bekannter Varianz				
4		**Stichprobenwerte**			(Normalverteilung)				
5		**x**							
6		**237**		**Sigma=**	**21**				
7		**209**							
8		**202**		**Mittelw.=**	229				
9		**231**		**n=**	20				
10		**235**							
11		**248**							
12		**206**					**Konfidenzintervall**		
13		**223**		**α**	**p=1-α**	**a_n**	**Mittelw. - a_n**	**Mittelw. + a_n**	**Breite des KI's**
14		**229**		0,05	0,95	9,20349	220	238	18
15		**245**		0,1	0,9	7,72381	221	236	15
16		**208**							
17		**224**		Berechnung von a_n aus der Formel (Gl. 13.3)					
18		**197**							
19		**222**		**α**	**p=1-α**	**a_n**			
20		**226**		0,05	0,95	9,20349			
21		**262**		0,1	0,9	7,72381			
22		**204**							
23		**280**							
24		**238**							
25		**247**							

Abb. 13.11 Konfidenzintervall (bekannte Varianz). [Arbeitsmappe: Konfidenzintervall.xlsx; Blatt: KI-Sigma bekannt]

Wir berechnen für zwei Werte vom Signifikanzniveau α (D14 und D15: 0,05 und 0,1) den Stichprobenfehler und das entsprechende Konfidenzintervall mit dessen Breite:

F14: `=KONFIDENZ.NORM(D14;E$6;E$9)` auf F15 kopieren.

G14: `=E$8-F14` auf G15 kopieren; H14: `=E$8+F14` auf H15 kopieren

I14: `=H14-G14` auf I15 kopieren.

Wie erwartet, ist das Konfidenzintervall für 95 % Sicherheit breiter als das für 90 % Sicherheit. Mit anderen Worten:

Sichere Aussagen sind unscharf; scharfe Aussagen sind unsicher [19].

Zur "Kontrolle" berechnen wir den Stichprobenfehler mithilfe von Gl. 13.3:

F20: `=NORM.S.INV(1-D20/2)*E$6/WURZEL(E$9)` auf F21 kopieren.

Fall 2: Konfidenzintervall für den Mittelwert bei unbekannter Varianz (t-Verteilung)
Jetzt lassen wir die Annahme über das Vorwissen von σ^2 fallen. Wir haben die n Werte einer Stichprobe aus denen $\bar{x}$ und s berechnet werden. Das gesuchte Konfidenzintervall, in dem sich μ mit $(1 - \alpha)$ % Sicherheit befindet, können wir folgendermaßen schreiben:

$$\bar{x} - \frac{s}{\sqrt{n}} t_{1-\alpha/2;f} < \mu < \bar{x} + \frac{s}{\sqrt{n}} t_{1-\alpha/2;f} \tag{13.4}$$

Dabei ist $t_{1-\alpha/2;f}$ der $(1 - \alpha/2)$-Quantil der t-Verteilung mit $f = n - 1$ Freiheitsgraden. Der Stichprobenfehler a_n ist in diesem Fall $\frac{s}{\sqrt{n}} t_{1-\alpha/2;f}$.

Da mit wachsendem n, die t-Verteilung in die Standardnormalverteilung übergeht, nennt man oft Fall 1 "Konfidenzintervall für große Stichproben" und Fall 2 "Konfidenzintervall für kleine Stichproben".

13.4.3 Analyse von Laboruntersuchungen (1)

An einem gewissen Widerstandsdraht wurden 10 Messungen des elektrischen Widerstandes durchgeführt (= Stichprobe). $x_1, \ldots, x_{10}$ sind die Messergebnisse (in Ohm) mit $\bar{x} = 10{,}30$ Ohm und $s = 1{,}47$ Ohm. Wir nehmen an, dass X einer $N(\mu,\sigma)$-Verteilung gehorcht. Wir suchen ein Konfidenzintervall für den Erwartungswert μ mit dem Konfidenzkoeffizienten $p = 0{,}90$, d. h. $\alpha = 0{,}10$.

Das Arbeitsblatt (vgl. Abb. 13.12) wird ähnlich aufgebaut wie das in Abb. 13.11. Der Unterschied ist, dass E6: `=STABW.S(B6:B25)` ist und für den Stichprobenfehler `KONFIDENZ.T` statt `KONFIDENZ.NORM` benutzt wird:

F14: **`=KONFIDENZ.T(D14;E$6;E$9)`** auf F15 kopieren.

Wir berechnen hier auch den Stichprobenfehler mithilfe von Gl. 13.4:

F20: **`=T.INV(1-D20/2;E$9-1)*E$6/WURZEL(E$9)`** auf F21 kopieren.

Wenn wir behaupten, dass (9,44; 11,15) ein 90 %-Konfidenzintervall für μ ist, wollen wir nicht sagen, dass bei 90 % aller Messungen das Stichprobenmittel in dieses Intervall fällt. Bei einer erneuten Durchführung von 10 Messungen wird $\bar{x}$ vermutlich anders ausfallen, und dann wird sich auch ein anderes Konfidenzintervall ergeben. Was wir sagen wollen ist, dass μ in 90 % der berechneten Konfidenzintervalle aus Zufallsstichproben liegen wird.

Wenn Sie jetzt zur Übung die gleichen Stichprobenwerte aus der Produktion von Batterien, die wir bei Abb. 13.11 benutzten nehmen, diesmal aber unter der Annahme, dass σ^2 unbekannt ist, werden Sie sehen, dass das Konfidenzintervall breiter ist: Die Breite bei $\alpha = 0{,}05$ ist 20,04 und bei $\alpha = 0{,}1$ ist sie 16,55. Dies ist der "Preis" dafür, dass wir **weniger** wissen (ohne Fleiß kein Preis!).

F14 | f_x | =KONFIDENZ.T(D14;E$6;E$9)

	A	B	C	D	E	F	G	H	I
1									
2				**Konfidenzintervall für den Mittelwert**					
3					bei unbekannter Varianz				
4		**Stichprobenwerte**			(t-Verteilung)				
5		**x**							
6		8,88928		**s=**	1,47				
7		9,96632							
8		7,72904		**Mittelw.=**	10,30				
9		12,1759		**n=**	10				
10		10,1511							
11		11,2776							
12		12,1046					**Konfidenzintervall**		
13		11,071		α	**p=1-α**	**a_n**	**Mittelw. - a_n**	**Mittelw. + a_n**	**Breite des KI's**
14		8,80714		0,05	0,95	1,05371	9,24	11,35	2,11
15		10,7893		0,1	0,9	0,85386	9,44	11,15	1,71
16									
17				Berechnung von a_n aus der Formel (Gl. 13.4)					
18									
19				α	**p=1-α**	**a_n**			
20				0,05	0,95	1,05371			
21				0,1	0,9	0,85386			
22									
23									
24									

Abb. 13.12 Konfidenzintervall (unbekannte Varianz). [Arbeitsmappe: Konfidenzintervall.xlsx; Blatt: KI-Sigma unbekannt]

13.4.4 Testen von Hypothesen

In diesem Abschnitt stoßen wir auf eine andere Art, Aussagen über einen unbekannten Parameter zu machen. Wir werden dazu zwei Beispiele untersuchen.

Beispiel 1: Aus dem Blickwinkel von Kunden und Lieferanten
Ein Lieferant erklärt, dass die mittlere Lebensdauer μ der N = 3000 geschickten Batterien mindestens 230 h betrage (**Nullhypothese**). Der Lieferant und der Käufer entschließen sich, diese Nullhypothese H_0: $\mu \geq 230$ gegen die **Alternativhypothese** H_a: $\mu < 230$ zu testen ($\mu_o = 230$). Sie untersuchen eine Stichprobe von n = 5 Batterien und finden eine mittlere Lebensdauer von $\bar{x} = 223$h. Der Schätzwert für die Standardabweichung beträgt s = 21 Stdn.

Unter der Annahme, dass die Lebensdauer der Batterien näherungsweise normalverteilt ist, ist die Größe $t = \frac{\bar{x}-\mu}{s/\sqrt{n}}$ t-verteilt. Der Hypothese H_0: $\mu \geq \mu_o$ steht die Gegenhypothese entgegen, dass H_a: $\mu < \mu_o$ ist. Wir wollen dies auf einem Signifikanzniveau α prüfen. Dafür wird die *Prüfgröße* $t = \frac{|\bar{x}-\mu_0|}{s/\sqrt{n}}$ berechnet und mit $t_{1-\alpha;f}$ (das (1 − α)-Quantil der t-Verteilung mit f = n − 1 Freiheitsgraden) verglichen:

Tab. 13.3 Verfahren beim Hypothesentest für den Erwartungswert

H_0	H_a	Test
H_0: $\mu \geq \mu_o$	H_a: $\mu < \mu_o$	$t < t_{1-\alpha;f}$ => H_0 annehmen
H_0: $\mu \leq \mu_o$	H_a: $\mu > \mu_o$	$t < t_{1-\alpha;f}$ => H_0 annehmen
H_0: $\mu = \mu_o$	H_a: $\mu \neq \mu_o$	$t < t_{1-\alpha/2;f}$, => H_0 annehmen

Ist $t \geq t_{1-\alpha;f}$, dann wird H_0 zugunsten von H_a abgelehnt, sonst wird H_0 angenommen (einseitiger Test).

Die gleiche Prozedur wird im Falle H_0: $\mu \leq \mu_o$ und H_a: $\mu > \mu_o$ angewandt. Für den Fall H_0: $\mu = \mu_o$ und H_a: $\mu \neq \mu_o$ ist der Test zweiseitig zu führen:

Ist $t \geq t_{1-\alpha/2;f}$, dann wird H_0 zugunsten von H_a abgelehnt. Tabelle 13.3 fasst dies zusammen und die Abb. 13.13 veranschaulicht den Test.

Falls σ **bekannt** ist, so ist $z = \frac{|\bar{x}-\mu|}{\sigma/\sqrt{n}}$ standardnormalverteilt, und wir setzen z anstatt von t.

Nun genug von der Theorie. Wir legen zuerst ein Arbeitsblatt, das die t-Test durchführt an, siehe Abb. 13.14.

Einträge im Arbeitsblatt

B6:B8 Stichprobenkennzahlen (s = 0,01; Mittelw. = 223 ; n = 5)

B10: 230 (= μ_o); B11: 0,05 (Signifikanzniveau α)

B14: `=ABS(B7-B10)*WURZEL(B8)/B6` (Prüfgröße)

B15: `=T.INV(1-B11;B8-1)` ($t_{1-\alpha;f}$ für den einseitigen Test)

B16: `=T.INV.2S(B11;B8-1)` ($t_{1-\alpha/2;f}$ für den zweiseitigen Test)

G7 =G8: `=WENN(B14<B15;"annehmen";"ablehnen")`

G9: `=WENN(B14<B16;"annehmen";"ablehnen")`

Beachte, dass in B16 die Funktion `T.INV.2S`, die die zweiseitige Quantile der t-Verteilung zurückgibt, α als erstes Argument verlangt.

Wir sehen, dass Lieferant und Käufer glücklich sein können: Die Nullhypothese H_0: $\mu \geq 230$ kann angenommen werden!

Für den Fall, dass σ **unbekannt** ist, brauchen wir nur `T.INV` mit `NORM.INV` zu vertauschen. In der Abb. 13.15 haben wir das entsprechende Arbeitsblatt erstellt und folgendes Beispiel berechnet:

Beispiel 2: Rezeptur für Bio-Futter

Bio-Futter für Junghennen besteht aus Weizen, Mais und Sonnenblumenöl. Eine neue Rezeptur ergibt eine mittlere Gewichtszunahme von 260,1 g pro Woche pro Henne bei einer Stichprobe von 7 Tieren. Die alte Rezeptur ergab eine Gewichtszunahme von 240 g mit $\sigma = 15{,}5$ g. Kann man annehmen, dass die neue Rezeptur viel versprechender ist

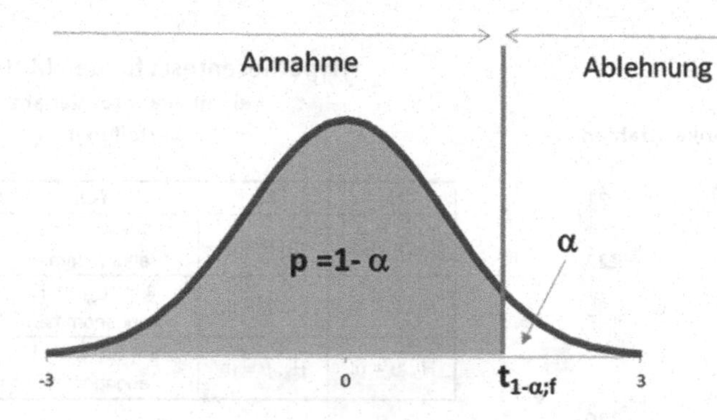

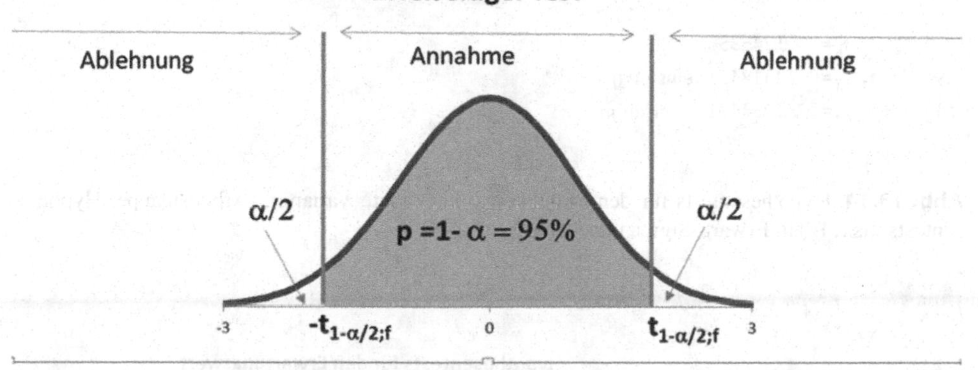

Abb. 13.13 Veranschaulichung des t-Tests

als die alte? Das Ergebnis zeigt, dass die Nullhypothese H_0: $\mu \geq \mu_o$ mit 95 % Sicherheit zugunsten der Alternativhypothese verworfen werden kann. D. h.: Die neue Rezeptur bringt keine signifikant besseren Ergebnisse.

B16 | =T.INV.2S(B11;B8-1)

	A	B	C	D	E	F	G
1							
2				**Hypothesentests für den Mittelwert**			
3				**bei unbekannter Varianz**			
4	**Stichprobenkennzahlen**			(t-Verteilung)			
5							
6	s =	21		**H_0**	**H_a**	**Test**	**Ergebnis**
7	Mittelw. =	223		H_0: $\mu \geq \mu_0$	H_a: $\mu < \mu_0$	$t_k < t_{1-\alpha;f}$ => H_0 angenommen	**annehmen**
8	n =	5		H_0: $\mu \leq \mu_0$	H_a: $\mu > \mu_0$	$t_k < t_{1-\alpha;f}$ => H_0 angenommen	
9				H_0: $\mu = \mu_0$	H_a: $\mu \neq \mu_0$	$t_k < t_{1-\alpha/2;f}$, => H_0 angenommen	**annehmen**
10	μ_0=	230					
11	α=	0,05					
12							
13							
14	t_k =	0,745356					
15	$t_{1-\alpha;f}$ =	2,1318468	(einseitig)				
16	$t_{1-\alpha/2;f}$ =	2,7764451	(zweiseitig)				
17							

Abb. 13.14 Hypothesentests für den Mittelwert (unbekannte Varianz). [Arbeitsmappe: Hypothesentests.xlsx; Blatt: Erwart.-Sigma unbekannt]

H18 |

	A	B	C	D	E	F	G	H
2				**Hypothesentests für den Erwartungswert**				
3	σ =	15,5		**bei bekannter Varianz**				
4	**Stichprobenkennzahlen**			(Nomalverteilung)				
5								
6				**H_0**	**H_a**	**Test**	**Ergebnis**	
7	Mittelw. =	260,1		H_0: $\mu \geq \mu_0$	H_a: $\mu < \mu_0$	$z < z_{1-\alpha;f}$ => H_0 annehmen	**ablehnen**	
8	n =	7		H_0: $\mu \leq \mu_0$	H_a: $\mu > \mu_0$	$z < z_{1-\alpha;f}$ => H_0 annehmen		
9				H_0: $\mu = \mu_0$	H_a: $\mu \neq \mu_0$	$z < z_{1-\alpha/2;f}$, => H_0 annehmen	**ablehnen**	
10	μ_0=	240						
11	α=	0,05						
12								
13								
14	z =	3,430942						
15	$z_{1-\alpha;f}$ =	1,6448536	(einseitig)					
16	$z_{1-\alpha/2;f}$ =	1,959964	(zweiseitig)					
17								
18								
19								
20								

Abb. 13.15 Hypothesentests für den Erwartungswert (bekannte Varianz). [Arbeitsmappe: Hypothesentests.xlsx; Blatt: Erwart.-Sigma bekannt]

13.4.5 Test auf Gleichheit zweier Erwartungswerte

Oft will man wissen, ob Stichproben aus denselben oder aus verschiedenen Grundgesamtheiten stammen.

Wir betrachten hier zwei Grundgesamtheiten und stellen uns die Frage, ob deren Erwartungswerte μ_1 und μ_2 signifikant verschieden oder gleich sind.

Um dies prüfen zu können, müssen wir zuerst wissen, ob beide Grundgesamtheiten gleiche Varianzen haben (F-Test, [19]). Das ist der Fall, wenn der Quotient $s^2{}_1/s^2{}_2$ kleiner ist als der zugehörige Wert $F_{1-\alpha;f_1;f_2}$ der F-Verteilung, den man in Excel mit `F.INV.RE` erhält.

Sind die Varianzen gleich, so ist die Prüfgröße y für die Differenz $d = \bar{x}_1 - \bar{x}_2$ der beiden Mittelwerte t-verteilt:

$$y = \frac{d}{s}\sqrt{\frac{n_1 n_2}{n_1 + n_2}}.$$

Dabei ist s die Wurzel aus der Gesamtvarianz (= pooled variance)

$$s^2 = \frac{(n_1 - 1)s_1^2 + (n_2 - 1)s_2^2}{n_1 + n_2 - 2}.$$

Die Nullhypothese lautet H_0: $\mu_1 = \mu_2$, und Gegenhypothesen sind H_a: $\mu_1 < \mu_2$; $\mu_1 > \mu_2$; $\mu_1 \# \mu_2$.

Im Fall $\mu_1 > \mu_2$ verwerfen wir H_0, wenn $y > t_{1-\alpha;f}$ ist. (Den t-Wert erhalten wir wieder mit der Funktion `T.INV`). Wenn wir $\mu_1 < \mu_2$ wählen, so lautet das Kriterium zur Ablehnung von H_0: $y < -t_{1-\alpha;f}$.

Für die Wahl $\mu_1 \# \mu_2$ werden wir H_0 ablehnen, falls $|y| > t_{1-\alpha/2;f}$ eintritt. In der Tab. 13.4 haben wir dies zusammengefasst.

Das Konfidenzintervall für die Differenz d der Mittelwerte lautet: $(d - t \cdot d/y; d + t \cdot d/y)$.

Den Fall verschiedener Varianzen werden wir hier nicht untersuchen.

Tab. 13.4 Verfahren beim Vergleich zweier Erwartungswerte

H_0	H_a	Test
H_0: $\mu_1 = \mu_2$	H_a: $\mu_1 < \mu_2$	$abs(y) < t_{1-\alpha;f}$ => H_0 annehmen
	H_a: $\mu_1 > \mu_2$	
	H_a: $\mu_1 \neq \mu_2$	$abs(y) < t_{1-\alpha/2;f}$ => H_0 annehmen

13.4.6 Analyse von Laboruntersuchungen (2)

Wir stellen uns vor, dass zwei Messinstrumente benutzt werden, um die elektrische Stromstärke zu messen. Gerät 1 liefert bei 8 Messungen das arithmetische Mittel $\bar{x}_1 = 1{,}486$ Ampère (A), Gerät 2 ergibt mit 13 Messungen $\bar{x}_2 = 1{,}492$ A. Die Standardabweichungen der beiden Stichproben sind $s_1 = 0{,}026$ und $s_2 = 0{,}021$. Die Frage ist, sind die Anzeigen beider Geräte signifikant verschieden voneinander?

D. h. wir müssen statistisch testen, ob die Erwartungswerte $\mu 1$ und $\mu 2$ der zugrundliegenden Grundgesamtheiten gleich sind oder nicht.

Einträge im Arbeitsblatt: In B7:C9 befinden sich die Kennzahlen beider Stichproben, und in B11 ist das gewünschte Signifikanzniveau des Tests.

B13: `=B9-1`; C13: `=C9-1`; B14: `=B9+C9-2` (Freiheitsgrade)

B15: `=B7-C7` (Differenz der Mittelwerte)

B17: `=(B13*B8^2+C13*C8^2)/(B13+C13)` (Gesamtvarianz)

B18: `=(B9+C9)/(B9*C9)`; B19: `=B15/(B17*B18)^0,5` (Prüfgröße y)

B20: `=T.INV(1-B11;B14)` (1-α)-Quantil der t-Verteilung mit f Freiheitsgraden

B21: `=T.INV.2S(B11;B14)` (1-α/2)-Quantil der t-Verteilung mit f Freiheitsgraden

In B24 und B25 führen wir den F-Test auf Gleichheit der Varianzen aus: In unserem Fall ist die Prüfgröße $(s_1/s_2)^2 = 1{,}53$ (in B24) kleiner als der F-Wert für $\alpha = 0{,}05$: `F.INV.RE(B11;B9−1;C9−1))` = 2,913 (in B25), d. h. mit 95% Sicherheit sind die Varianzen nicht signifikant verschieden voneinander, und wir dürfen die Hypothese H_0: $\mu_1 = \mu_2$ wie oben beschrieben prüfen.

H7,H8: `=WENN(ABS(B19)<B20;"annehmen";"ablehnen")`

H9: `=WENN(ABS(B19)<B21;"annehmen";"ablehnen")`

E13: `=B15-B21*B15/B19` (Untere Grenze des KI für d)

F13: `=B15+B21*B15/B19` (Obere Grenze der KI für d)

Schlussfolgerung: Der Test (vgl. Abb. 13.16) kann H_0 nicht ablehnen. Mit 95 % Sicherheit kann man annehmen, dass beide Grundgesamtheiten gleiche Erwartungswerte haben. Oder: Die Anzeige von Gerät 1 ist mit 95 % Sicherheit nicht signifikant verschieden von der Anzeige des Gerätes 2.

Unter *DATEN > Datenanalyse* bietet Excel vier Module zu t-Tests an (vgl. Abb. 13.17).

	A	B	C	D	E	F	G	H
1								
2					**Test auf Gleichheit zweier Erwartungswerte**			
3						(Stichproben gleicher Varianz)		
4	**Stichprobenkennzahlen**							
5								
6		**Probe 1**	**Probe 2**		H_0	H_a	Test	**Ergebnis**
7	**Mittelw.:**	1,486	1,492		H_0: $\mu_1 = \mu_2$	H_a: $\mu_1 < \mu_2$	abs(y) < $t_{1-\alpha;f}$ => H_0 annehmen	**annehmen**
8	**s:**	0,026	0,021			H_a: $\mu_1 > \mu_2$		
9	**n:**	8	13			H_a: $\mu_1 \neq \mu_2$	abs(y) < $t_{1-\alpha/2;f}$ => H_0 annehmen	**annehmen**
10								
11	α=	0,05			**Konfidenzintervall für die Differenz d der beiden Mittelwerte:**			
12					K_u	K_o		
13	**n-1:**	7	12		-0,0276028	0,0156028		
14	**Freiheitsgrade:**	19						
15	**d :**	-0,006						
16								
17	**s^2:**	0,00053	(Gesamtvarianz)					
18	B=	0,20192						
19	**Prüfgröße y:**	-0,58132						
20	$t_{1-\alpha;f}$=	1,729132812	(einseitig)					
21	$t_{1-\alpha/2;f}$=	2,093024054	(zweiseitig)					
22								
23	**F-Test auf Gleichheit der Varianzen:**							
24	s_1^2/s_2^2=	1,532879819						
25	$F_{1-\alpha;f1,f2}$=	2,913358179	OK!					

Abb. 13.16 Vergleich zweier Erwartungswerte. [Arbeitsmappe: Hypothesentests.xlsx; Blatt: Vergleich 1]

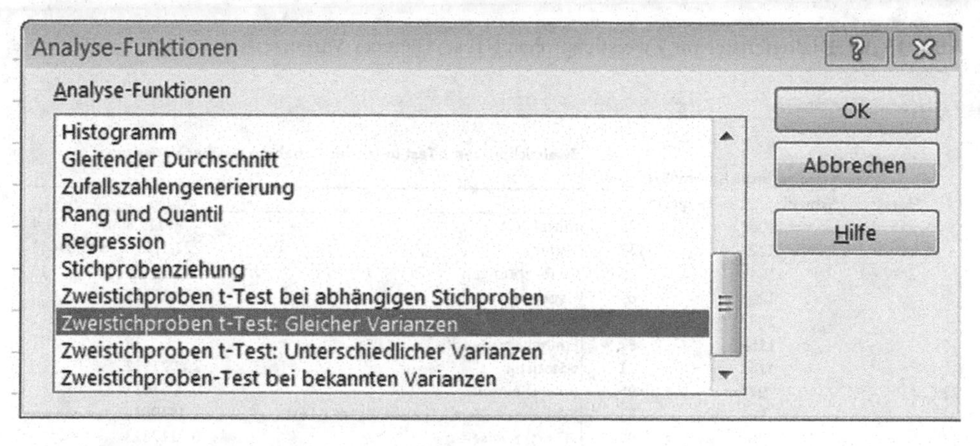

Abb. 13.17 t-Tests bei *DATEN > Datenanalyse*

13.4.7 Sauerstoffverbrauch von Forellen

Wir wollen den *Zweistichproben t-Test: Gleicher Varianzen* benutzen, um das folgende klassische Beispiel aus der Literatur [22] zu behandeln:

Verbrauchen Forellen in schnell fließendem Wasser mehr Sauerstoff [mm^3 pro Stunde und pro Gramm Lebendgewicht] als in langsam fließendem?

Wir kopieren die experimentellen Daten in ein Arbeitsblatt, wählen den *Zweistichproben t-Test: Gleicher Varianzen* aus dem *Datenanalyse*-Modul (vgl. Abb. 13.18) und erhalten das Ergebnis aus der Abb. 13.19.

Aus der Tabelle rechts können wir entnehmen, dass **t-Statistik** (= Prüfgröße) > **Kritischer t-Wert bei einseitigem t-Test** (= $t_{1-\alpha;f}$), und somit verwerfen wir mit 95 %

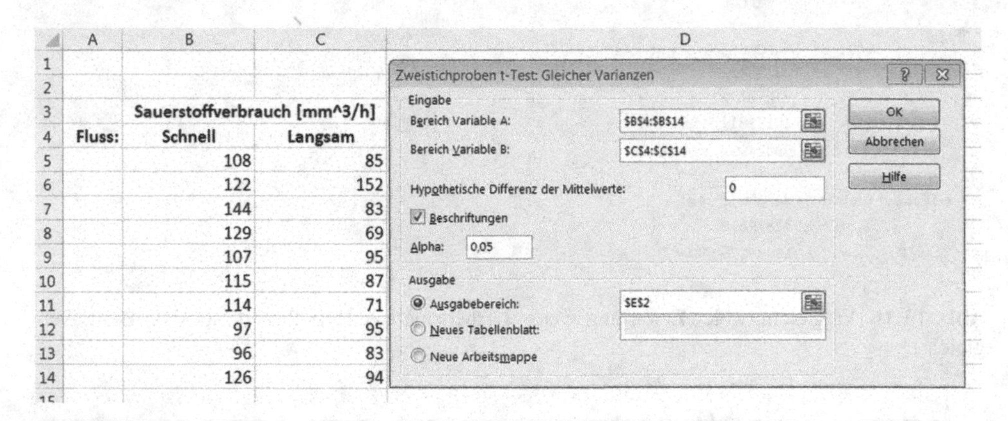

Abb. 13.18 Dialogfenster für Zweistichproben t-Test: Gleicher Varianzen

	A	B	C	D	E	F	G
1							
2					**Zweistichproben t-Test unter der Annahme gleicher Varianzen**		
3		**Sauerstoffverbrauch [mm^3/h*g]**					
4	**Fluss:**	**Schnell**	**Langsam**			*Schnell*	*Langsam*
5		108	85		Mittelwert	115,8	91,4
6		122	152		Varianz	222,17778	536,04444
7		144	83		Beobachtungen	10	10
8		129	69		Gepoolte Varianz	379,11111	
9		107	95		Hypothetische Differenz der Mittelwerte	0	
10		115	87		Freiheitsgrade (df)	18	
11		114	71		**t-Statistik**	**2,8021512**	
12		97	95		P(T<=t) einseitig	0,0058911	
13		96	83		**Kritischer t-Wert bei einseitigem t-Test**	**1,7340636**	
14		126	94		P(T<=t) zweiseitig	0,0117823	
15					Kritischer t-Wert bei zweiseitigem t-Test	2,100922	
16							

Abb. 13.19 Sauerstoffkonsum von Forellen. [Arbeitsmappe: Hypothesentests.xlsx; Blatt Vergleich 2]

Sicherheit die H_0 Hypothese (in beiden Fällen verbrauchen die Forellen gleiche Sauerstoffmengen) zugunsten der Alternativhypothese, dass die Fische **mehr** Sauerstoff im schnell fließenden Wasser verbrauchen.

13.4.8 CHI-Quadrat-Test

Bei den bisherigen Tests hatten wir den Fall, dass die Verteilung bekannt war und die Hypothesen sich auf die Parameter bezogen. Beim CHI-Quadrat-Test (χ^2;χ = griechischer Buchstabe) ist die Verteilung der Zufallsvariablen X, die untersucht wird, nicht bekannt. Man will die Hypothese prüfen, dass X einer bestimmten Verteilung folgt, z. B. einer Normalverteilung. Der Test ist besonders wichtig in allen empirischen Wissenschaften, denn er wird als **Anpassungstest** benutzt, um experimentelle Daten mit theoretischen zu vergleichen.

Beispiel: Körpergewicht von neugeborenen Mädchen
Man möchte auf einem Signifikanzniveau von $\alpha = 0{,}05$ überprüfen, ob das Körpergewicht von neugeborenen Mädchen normalverteilt ist. In einer Klinik wurden $n = 140$ neugeborene Mädchen gewogen, und man ordnete die Gewichte in 11 Klassen an, je mit einer Breite von 200 g.

Wir benötigen die folgenden Informationen:

1. Die Klassenmitten x_i' und die beobachteten absoluten Häufigkeiten $f_{o,i}$.
2. Die Formel zur Berechnung des Erwartungswertes bei klassifizierten Daten mit k Klassen und n Beobachtungen:

$$\bar{x} = \frac{1}{n}\sum_{i=1}^{k} x'_i f_i.$$

3. Die Formel für die Varianz:

$$s^2 = \frac{1}{n}\sum_{i=1}^{k} (x'_i - \bar{x})^2 f_i.$$

4. Die Formel für die Prüfgröße : $\chi^2 = \sum_{i=1}^{k} \frac{(f_{o,i} - f_{e,i})^2}{f_{e,i}}$; f_e = erwartete Häufigkeit (in diesem Fall die Wahrscheinlichkeitsfunktion F(x) der Normalverteilung). Diese Größe ist χ^2-verteilt mit f Freiheitsgrade (f = Klassenzahl − 2).
5. Die Funktion F(x) = `(NORM.VERT(x; x̄;s;1)`.
6. Die Funktion `=CHIQU.INV (α;f)` zur Bestimmung des kritischen χ^2 (CHI^2)-Wertes.
7. Die Freiheitsgrade = k − 1 − a, wobei a = Anzahl der Parameter, die geschätzt werden (a = 2 für Anpassung an eine Normalverteilung und a = 1 für Anpassung an eine *Poisson*-Verteilung – dies wird im Abschn. 18.10 benutzt).

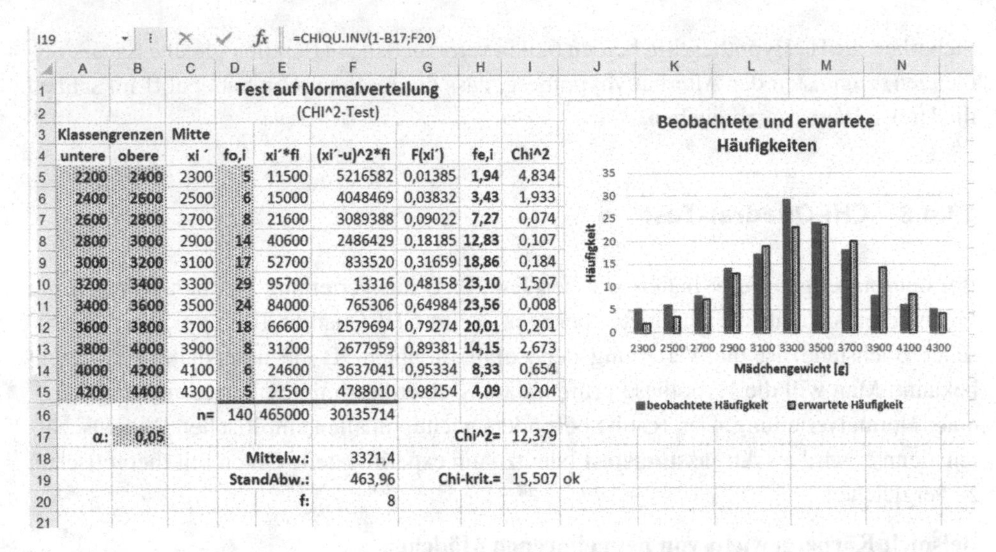

I19 =CHIQU.INV(1-B17;F20)

	A	B	C	D	E	F	G	H	I	J
1					Test auf Normalverteilung					
2					(CHI^2-Test)					
3	Klassengrenzen		Mitte							
4	untere	obere	xi´	fo,i	xi´*fi	(xi´-u)^2*fi	F(xi´)	fe,i	Chi^2	
5	2200	2400	2300	5	11500	5216582	0,01385	1,94	4,834	
6	2400	2600	2500	6	15000	4048469	0,03832	3,43	1,933	
7	2600	2800	2700	8	21600	3089388	0,09022	7,27	0,074	
8	2800	3000	2900	14	40600	2486429	0,18185	12,83	0,107	
9	3000	3200	3100	17	52700	833520	0,31659	18,86	0,184	
10	3200	3400	3300	29	95700	13316	0,48158	23,10	1,507	
11	3400	3600	3500	24	84000	765306	0,64984	23,56	0,008	
12	3600	3800	3700	18	66600	2579694	0,79274	20,01	0,201	
13	3800	4000	3900	8	31200	2677959	0,89381	14,15	2,673	
14	4000	4200	4100	6	24600	3637041	0,95334	8,33	0,654	
15	4200	4400	4300	5	21500	4788010	0,98254	4,09	0,204	
16			n=	140	465000	30135714				
17	α:	0,05						Chi^2=	12,379	
18					Mittelw.:	3321,4				
19					StandAbw.:	463,96		Chi-krit.=	15,507	ok
20					f:	8				
21										

Abb. 13.20 Test auf Normalverteilung. [Arbeitsmappe: Test auf Normalverteilung.xlsx; Blatt: Chi-Quadrat]

Einträge im Arbeitsblatt

Die Spalten A, B und D enthalten die beobachteten Werte (Klassengrenzen und Häufigkeiten $f_{o,i}$) und B17 enthält das gewünschte Signifikanzniveau des Tests.

C5: `=(A5+B5)/2`, bis C15 kopieren ; E5: `=C5*D5`, bis E15 kopieren

F5: `=(C5-F$18)^2*D5`, bis F15 kopieren

D16: `=SUMME(D5:D15` ; E16: `=SUMME(E5:E15)`

F18: `=E16/D16` (=Mittelwert)

F19: `=WURZEL(F16/D16)` (StandAbw.)

F20: `=ANZAHL(D5:D15)-1-2` (Freiheitsgrade)

F5: `=(C5-F$18)^2*D5`, bis F15 kopieren

G5: `=NORM.VERT(C5;F$18;F$19;1)`, bis G15 kopieren

H5: `=G5*D$16`, bis H15 kopieren (erwartete Häufigkeiten)

I5: `=(D5-H5)^2/H5`, bis I15 kopieren

I17: `=SUMME(I5:I15)` (Prüfgröße χ^2)

I19: `=CHIQU.INV(1-B17;F20)` (kritischer χ^2-Wert = $\chi^2_k(1-\alpha;f)$)

Das Arbeitsblatt wird in Abb. 13.20 gezeigt.

Die Prüfgröße χ^2 istkleinerals der kritische Wert der CHI^2-Verteilung (12,379 < 15,507), also wird die Hypothese, dass das Gewicht neugeborener Mädchen normalverteilt sei, mit 96 % Sicherheit angenommen.

Auch aus dem Histogramm sehen wir, dass die berechneten Werte (schraffiert) befriedigend mit den gemessenen (gefüllt) übereinstimmen.

13.4.9 Graphischer Test auf Normalität

Es gibt eine **graphische Methode**, mit der man eine Datenreihe auf Normalität testen kann. Man betrachtet dazu die experimentellen kumulierten Häufigkeiten als kumulierte Wahrscheinlichkeiten $P(Z \leq z)$ einer standardisierten Zufallsgröße Z, in unserem Fall $Z = (G - \mu)/\sigma$, worin G das Gewicht der Babys bedeutet.

Wenn man die z-Werte gegen G aufträgt, sollte sich eine Gerade mit der Steigung $b = 1/\sigma$ und Achsenabschnitt $a = -\mu/\sigma$ ergeben, denn

$$Z = (G - \mu)/\sigma = 1/\sigma \cdot G - \mu/\sigma.$$

Im Arbeitsblatt (vgl. Abb. 13.21) stehen in der A-Spalte die beobachteten Gewichte G, und in der B-Spalte tragen wir die relativen Häufigkeiten ein. In C berechnen wir die kumulierten Häufigkeiten: C7 = B7; C8 = B8 + C7, bis C17 kopieren.

D7: `=NORM.S.INV(C7)`, bis D17 kopieren.

Mit den Daten aus A7:A17 und D7:D17 erstellen wir ein Diagramm (*Punkt mit geraden Linien und Datenpunkten*) und fügen eine *Trendlinie* hinzu (vgl. Abschn. 14.1.1).Wir sehen, dass die Datenpunkte tatsächlich in der Nähe einer Geraden liegen. Die Regressionsgerade ist y = 0,0021 x – 6,6013 und das Bestimmtheitsmaß der Regression beträgt $R^2 = 0{,}9975$, was vermuten lässt, dass die Gewichte weiblicher Babys normalverteilt sind.

Im Kap. 14 werden wir die Excel-Funktion `RGP` kennenlernen, die alle Regressionsinformationen ausgibt.

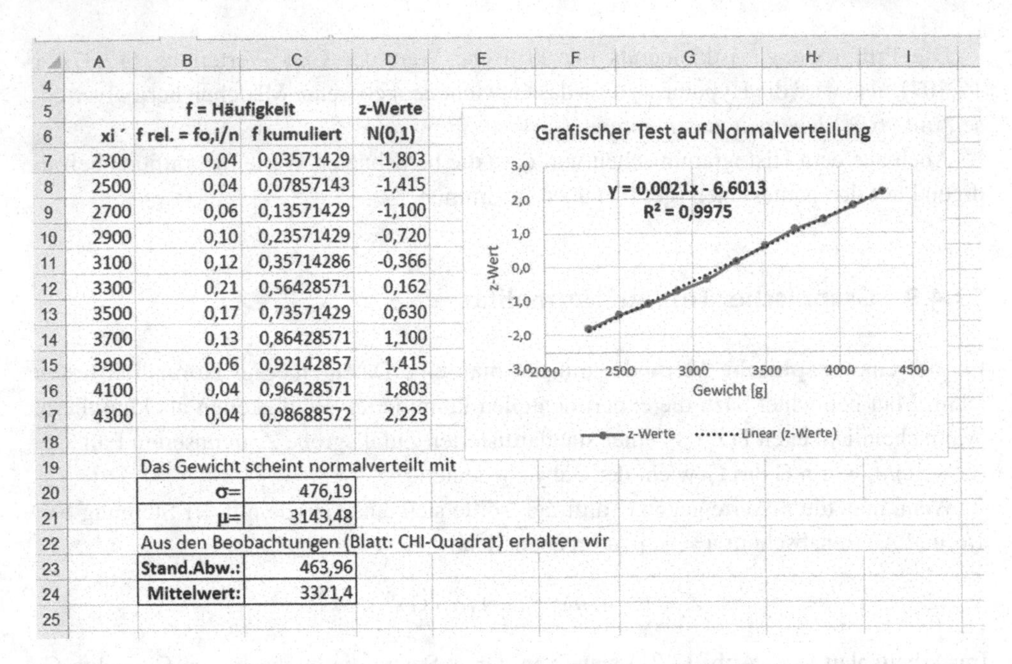

	A	B	C	D
4				
5		f = Häufigkeit		z-Werte
6	xi ´	f rel. = fo,i/n	f kumuliert	N(0,1)
7	2300	0,04	0,03571429	-1,803
8	2500	0,04	0,07857143	-1,415
9	2700	0,06	0,13571429	-1,100
10	2900	0,10	0,23571429	-0,720
11	3100	0,12	0,35714286	-0,366
12	3300	0,21	0,56428571	0,162
13	3500	0,17	0,73571429	0,630
14	3700	0,13	0,86428571	1,100
15	3900	0,06	0,92142857	1,415
16	4100	0,04	0,96428571	1,803
17	4300	0,04	0,98688572	2,223
18				
19		Das Gewicht scheint normalverteilt mit		
20		σ=	476,19	
21		μ=	3143,48	
22		Aus den Beobachtungen (Blatt: CHI-Quadrat) erhalten wir		
23		Stand.Abw.:	463,96	
24		Mittelwert:	3321,4	
25				

Abb. 13.21 Grafischer Test auf Normalität. [Arbeitsmappe: Test auf Normalverteilung.xlsx; Blatt: graphische Methode]

13.5 Numerische Näherung für die t-Verteilung

Um Vertrauensintervalle zu berechnen und um Hypothesen zu testen, brauchen wir die t-Werte (t-Quantilen). D. h. wir benötigen die Lösung der Integralgleichung $\Phi_s(t_{1-\alpha};f) = 1 - \alpha$.

Im folgenden Arbeitsblatt (vgl. Abb. 13.22) berechnen wir t-Werte *auf zwei Arten.* Zunächst mithilfe der Excel-Funktion `T.INV(p;f)` und dann unter Benutzung der ursprünglichen Näherungsformeln zum Vergleich (vgl. [23]).

Die Einträge in das Arbeitsblatt sind recht umfangreich, aber gleich zu Beginn in G6 haben wir den t-Wert den Excel mit `T.INV` liefert: 1,7531.

```
G6:   =WENN(B16<=0,5;-T.INV(E8;E13);T.INV(E8;E13))
```

Für die Rechnungen ist es sinnvoll, mit dem *Namens-Manager* (*Formeln > Namen definieren*) kurze Variablennamen festzulegen, z. B. F für E13; A für J6; T für J12; ZA für J13 usw. Die weiteren Schritte sehen dann folgendermaßen aus:

```
E7:   =WENN(B7=1;1-B16;0,5+B16/2)
E8:   =WENN(E7<=0,5;2*E7;2*(1-E7))
```

	A	B	C	D	E	F	G	H	I	J	K	L
2				"Student" t-Verteilung								
3												
4									Berechnungen:			
5												
6						t_Excel=	1,7531		A=	4,744E+09		
7	einseitig?	1		g1:	0,05				B=	81275280		
8	(ja=1; nein=0)			g od. 1-g	0,1				C_=	1149882	(Excel erlaubt C nicht als Namen	
9									D=	11576	deswegen C_ stattC)	
10									E=	79		
11												
12				Freiheitsgrade:					T=	2,44774683		
13	Umfang:	16		f=	15				ZA=	4,54257773		
14									NE=	5,66028338		
15				g1=	0,95				ZQ=	1,64521144		
16	Gamma:	0,95		g od. 1-g	0,95	t_Formeln=	1,7535		RG=	4665600000		
17									H=	2,70672068		
18									TQ=	1,75346786		
19												

Abb. 13.22 Numerische Berechnung der t-Verteilung. [Arbeitsmappe: t-Verteilung.xlsx]

Die in J6:J18 benutzte Formel für **t** lautet:

$$t \approx (\mathrm{au} + \mathrm{bu}^3 + \mathrm{cu}^5 + \mathrm{du}^7 + \mathrm{eu}^9)/(92160 f^4)$$

Die hier auftretenden Konstanten sind wie folgt definiert:

$a = 92160 \cdot f^4 + 23040 \cdot f^3 + 2880 \cdot f^2 - 3600 \cdot f - 945$ (wird A genannt)
$b = 23040 \cdot f^3 + 15360 \cdot f^2 + 4080 \cdot f - 1920$ (=B)
$c = 4800 \cdot f^2 + 4560 \cdot f + 1482$ (=C_)
$d = 720 \cdot f + 776$ (=D)
$e = 79$ (=E)
u = Quantile der N(0;1)-Verteilung

Zur Berechnung der Quantile der Normalverteilung kann man sich des folgenden Algorithmus bedienen: Für $0{,}5 <= \gamma := 1 - \alpha < 1$ gilt angenähert (auf 3 Stellen genau) $Z_y \approx t - \frac{a+bt+ct^2}{1+dt+et^2+ft^a}$ mit $t = \sqrt{-2\ln(1-\gamma)}$ und den Konstanten a = 2,515517; b = 0,802853; c = 0,010328; d = 1,432788; e = 0,189269; f = 0,001308. (Hier sind a, b, c, d, e, f neue Konstanten.)

Die z_γ – Quantile der Werte $0 < \gamma <= 0{,}5$ erhält man mit $z_\gamma = -z_{1-\gamma}$. Aus diesen z_γ – Quantilen der Standardnormalverteilung erhält man schließlich mit $x_\gamma = \mu + \sigma z_\gamma$ die x_γ-Quantile der N(μ;σ)-Verteilung.

Hier sind die Einträge für die Berechnung von t:

```
J6 (=A):    =92160*F^4+23040*F^3+2880*F^2-3600*F-945
J7 (=B):    =23040*F^3+15360*F^2+4080*F-1920
J8 (=C_):   =4800*F^2+4560*F+1482
J9 (=D):    =720*F+776
```

Jetzt folgt die Berechnung der Quantile der N(0;1)-Verteilung

```
J12 (T):    =WURZEL(-2*LN(1-Q)); (Q = E16)
J13 (ZA):   =2,515517+T*(0,802853+0,010328*T)
J14 (NE):   =1+T*(1,432788+T*(0,189269+0,001308*T))
J15 (ZQ):   =T-ZA/NE
J16 (RG):   =92160*F^4
J17 (H):    =ZQ^2
J18 (TQ):   =ZQ*(A+H*(B+H*(C_+H*(D+79*H))))/RG
```

```
G16:  =WENN(B16<=0,5;-TQ;TQ)
E15:  =WENN(B7=1;B16;0,5+B16/2)
E16:  =WENN(E15<=0,5;1-E15;E15)
```

Der Aufwand bei diesen Rechnungen "von unten her" ist beträchtlich und wird hier nur informativ mitgeteilt. Diese ausführliche Rechnung liefert mit 1,7535 ein dem Excel-Wert (1,7531) recht nahes Ergebnis.

Dies lässt vermuten, dass hinter der Excel-Formel `T.INV` eine ähnliche Berechnung steckt. Im Übrigen ist es gut, sich zu erinnern, dass sich die t-Verteilung bei großen Stichproben ($n > 30$) einer Normalverteilung annähert.

Regression

14

Zusammenfassung

In diesem Kapitel wenden wir weitere statistische Methoden an. Wir werden die Methode der kleinsten Quadrate benutzen, um experimentelle Daten durch Geraden bzw. durch Polynome anzunähern (auszugleichen). Wir zeigen, was Excel auf diesem Gebiet alles leisten kann, zeigen aber auch, wie sich VBA einsetzen lässt.

14.1 Simple lineare Regression

14.1.1 Zusammenhang zwischen Dichte und Temperatur

Die Tab. 14.1 zeigt die Dichte (g/cm^3) von Natrium in Abhängigkeit von der Temperatur (°C).

Wenn wir diese Daten grafisch darstellen (vgl. Abb. 14.1) hat man den Eindruck, als ob sie auf einer Geraden lägen, die man nach Augenmaß mit einem Lineal zeichnen könnte. Aber diese Augenmaßmethode ist selten genau – und außerdem ist es nötig, die Punkte zunächst in ein Diagramm einzutragen, was bei einer größeren Datenmenge recht aufwendig sein kann.

Unser Anliegen ist es, die Gleichung **y = a + bx** dieser "Ausgleichsgeraden" mit mathematischen Methoden zu finden. Die bekannte **Methode der kleinsten Quadrate** (*C.F. Gauss* 1777–1855) liefert die folgenden Formeln für die gesuchten Faktoren **a, b** (**a** = y-Achsenabschnitt, **b** = Steigung der Geraden):

$$b = \frac{\sum_{i=1}^{n} (x_i - \bar{x})(y_i - \bar{y})}{S_{xx}}$$

$$a = \bar{y} - b\bar{x}$$

F. J. Mehr, M. T. Mehr, *Excel und VBA*, DOI 10.1007/978-3-658-08886-6_14

Tab. 14.1 Dichte in Abhängigkeit von der Temperatur

Temperatur (°C)	Dichte (g/cm^3)
100	0,998
200	0,972
300	0,930
400	0,863
500	0,900
600	0,834
700	0,783
800	0,757

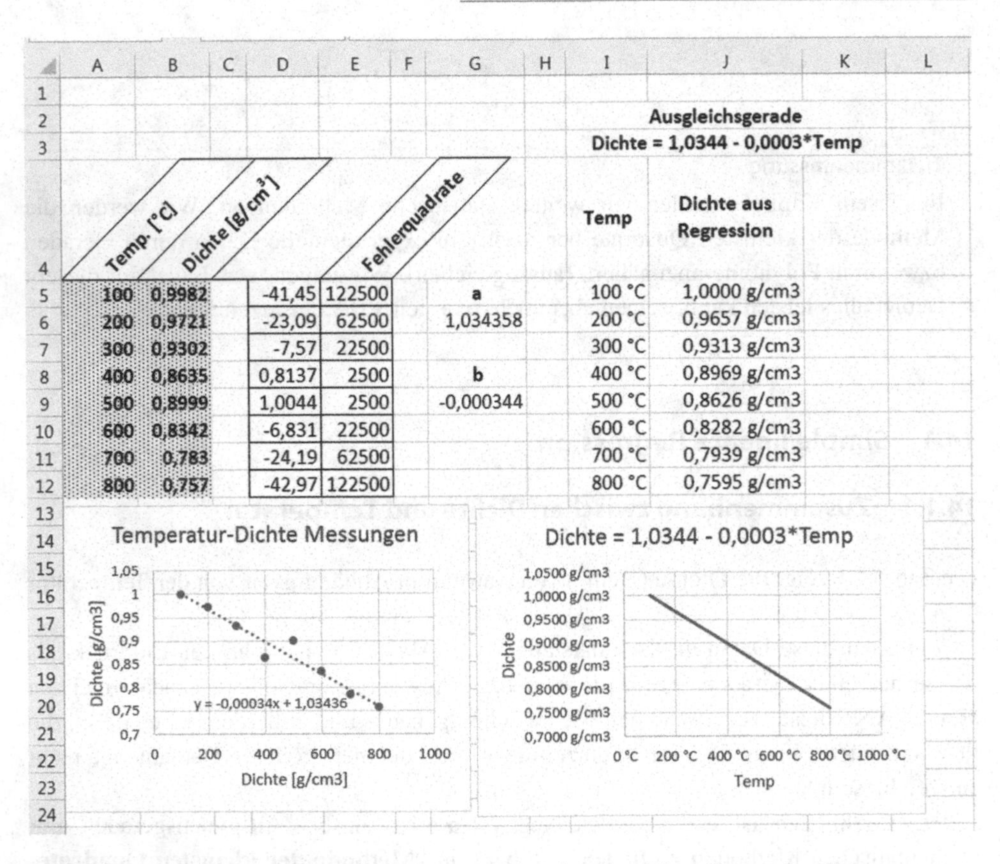

Abb. 14.1 Lineare Regression [Arbeitsmappe: Regression.xlsx; Blatt: Regression 1]

Die Mittelwerte von x und y sind folgendermaßen definiert:

$$\bar{x} = \frac{1}{n}\sum_{i=1}^{n} x_i;\quad \bar{y} = \frac{1}{n}\sum_{i=1}^{n} y_i$$

S_{xx} heißt Summe der Fehlerquadrate: $S_{xx} = \sum_{i=1}^{n} (x_i - \overline{x})^2$

Wenden wir diese Formeln auf unser Beispiel an:

D5: `=(A5-MITTELWERT(A$5:A$12))*(B5-MITTELWERT(B$5:B$12))`
E5: `=(A5-MITTELWERT(A$5:A$12))^2` (=Fehlerquadrate), bis Zeile 12 kopieren

G6: `=MITTELWERT(B5:B12)-G9*MITTELWERT(A5:A12)` (=a)

G8: `=SUMME(D5:D12)/SUMME(E5:E12)` (=b)

In Spalte I kopieren wir die Temperaturwerte der Spalte A. In Spalte J befinden sich die y-Werte der Regressionsgeraden: J5:`=G$6+G$9*A5`, bis J12 kopieren.

Wir möchten nun Temperatur und Dichte in den Spalten I und J so formatieren, dass die Werte die Einheiten °C bzw. g/cm3 zeigen. Dafür I5:I12 markieren, rechtsklicken und *Zellen formatieren... > Zahlen > Benutzerdefiniert*. Bei *Typ:* 0 "°C" eintragen. Für die Dichte machen wir dasselbe, aber mit *Typ:* 0,0000 "g/cm3" (vgl. Abschn. 2.1).

Um den Graphen zu zeichnen, den Bereich I5:J12 markieren und *EINFÜGEN > Diagramme > Punkt(XY) > Punkt(XY)* wählen (siehe Abb. 14.1). Wir gestalten den Graphen mithilfe von *DIAGRAMMTOOLS*.

In Excel finden wir ein fertiges Werkzeug, mit dem wir die vorige Arbeit ohne besonderen Aufwand erledigen können. Wir klicken mit der rechten Maustaste einen Datenpunkt an. In dem sich öffnenden Fenster wählen wir den Punkt *Trendlinie hinzufügen* aus. Die *Trendlinienoptionen* zeigen bereits "linear" an. Hier können wir auch *Formel im Diagramm anzeigen* anhaken. Es empfiehlt sich, die y-Achse anzuklicken, um das Minimum (*Achsenoptionen*) auf einen Wert zu setzen, der den experimentellen Daten besser entspricht als die vorgegebene Null. Für die Abbildung wurde 0,7 gewählt. Mit *Trendlinienbeschriftung* (Formel mit rechter Maustaste anklicken) kann man die Zahl der Dezimalstellen festlegen (hier 4 als Beispiel). Selbstverständlich stimmt die Formel der Trendlinie mit unserer Ausgleichsgeraden überein (siehe Abb. 14.2).

Unter *FORMELN > Mehr Funktionen > Statistisch* finden wir eine große Sammlung statistischer Funktionen. Sie beginnt mit `ACHSENABSCHNITT`. Wenn wir diese Funktion wählen, erhalten wir das schon bekannte Ergebnis: **a** = 1,034358 (siehe Abb. 14.3).

Ein Klick auf die Funktion `STEIGUNG` liefert dann auch den **b**-Wert (siehe Abb. 14.4).

Weiter unten in der Liste der statistischen Funktionen finden wir die Regressionsfunktion `RGP`, die uns nicht nur **a** und **b**, sondern noch weitere Information ausgibt. Es handelt sich um eine Matrixformel, die wir mit *Ctrl + Shift + Enter* eingeben müssen.

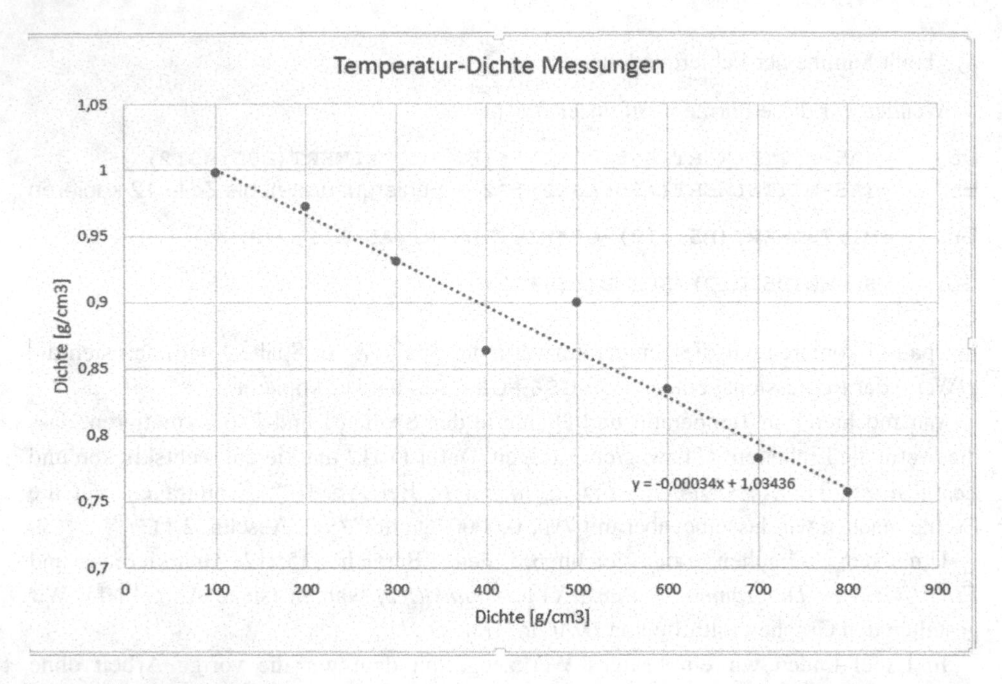

Abb. 14.2 Grafische Regression (Trendlinie) [Arbeitsmappe: Regression.xlsx; Blatt: Regression 1]

D6 =ACHSENABSCHNITT(B5:B12;A5:A12)

	A	B	C	D	E	F
1						
2						
3						
4	Temp. [°C]	Dichte [g/cm³]				
5	100	0,998		a		
6	200	0,972		1,034358		
7	300	0,930				
8	400	0,863				
9	500	0,900				
10	600	0,834				
11	700	0,783				
12	800	0,757				
13						

Abb. 14.3 Funktion ACHSENABSCHNITT [Arbeitsmappe: Regression.xlsx; Blatt: Regression 2]

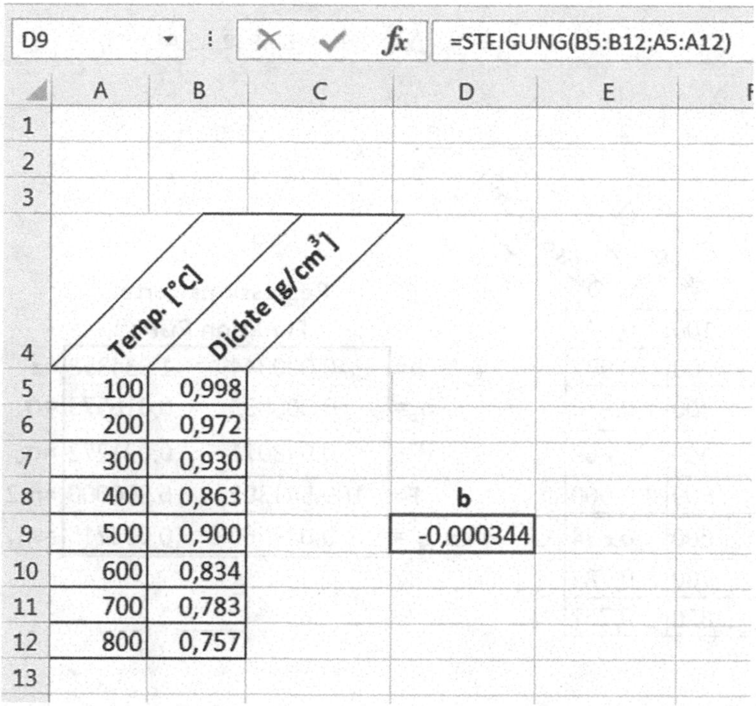

D9 | =STEIGUNG(B5:B12;A5:A12)

	A	B	C	D	E
1					
2					
3					
4	Temp. [°C]	Dichte [g/cm³]			
5	100	0,998			
6	200	0,972			
7	300	0,930			
8	400	0,863		b	
9	500	0,900		-0,000344	
10	600	0,834			
11	700	0,783			
12	800	0,757			
13					

Abb. 14.4 Funktion STEIGUNG [Arbeitsmappe: Regression.xlsx; Blatt: Regression 2]

Wenn wir D6:E10 für die Matrixformel `=RGP(B5:B12;A5:A12;;1)` reservieren, erhalten wir die kleine Tabelle der Abb. 14.5.

In D6 und E6 haben wir die Konstanten **b** und **a** der Regressionsgeraden. D7 und E7 enthalten die Standardabweichungen von **b** und **a**. (**a** und **b** hängen ab von den experimentellen y_i-Werten, die mit einem Zufallsfehler behaftet sind. Wegen der Fehlerfortpflanzung beeinflussen die Unsicherheiten in den y_i auch die Werte von **a** und **b**. Wir nehmen an, dass die Unsicherheiten in den x-Werten vernachlässigt werden können.)

In D8 befindet sich der R^2-Wert (**Bestimmtheitsmaß**). R ist der **Korrelationskoeffizient**. Wenn R gleich 1 wäre, läge eine perfekte Korrelation vor, d. h. es gäbe keinen Unterschied zwischen den geschätzten und den wirklichen y-Werten.

In E8 steht der Standardfehler der Regressionsschätzung von y (Standardfehler der Residuen). Diesen Parameter berechnet man mit

$$\sigma_y^2 = \frac{1}{n-2} \sum_{i=1}^{n} (y_i - a - bx_i)^2$$

In unserem Fall ergibt sich $\sigma_y = \sqrt{\sigma_y^2} = \sqrt{0{,}000452} = 0{,}0213$

Den Parameter $\sigma_b = \sqrt{\sigma_b^2}$ in D7 berechnen wir mit

D6 | f_x {=RGP(B5:B12;A5:A12;;1)}

	A	B	C	D	E	F
3						
4	Temp. [°C]	Dichte [g/cm³]		**Regressionswerte**		
5	100	0,998		**Funktion *RGP***		
6	200	0,972	**b=**	-0,000344	1,034358	**=a**
7	300	0,930	**σ_b=**	0,000033	0,016575	**=σ_a**
8	400	0,863	**R^2=**	0,948071	0,021272	**=σ_y**
9	500	0,900	**F=**	109,541302	6,000000	**=n-2**
10	600	0,834	**$s_{reg}{}^2$=**	0,049566	0,002715	**=$s_{res}{}^2$**
11	700	0,783				
12	800	0,757				
13						

Abb. 14.5 Funktion RGP [Arbeitsmappe: Regression.xlsx; Blatt: Regression 2]

$$\sigma_b^2 = \frac{n\sigma_y^2}{n\sum\limits_{i=1}^{n} x_i^2 - \left(\sum\limits_{i=1}^{n} x_i\right)^2}$$

Hier ergibt sich $\sigma_b = \sqrt{1{,}0774\mathrm{E}-09} = 3{,}2823\mathrm{E}-05$.

Der Wert von σ_a in Zelle E7 ist gegeben durch

$$\sigma_a = \sigma_b \sqrt{\frac{1}{n}\sum_{i=1}^{n} x_i^2}$$

In D9 erscheint der F-Wert (F-Test). Mit ihm können wir feststellen, ob die beobachtete Beziehung zwischen abhängigen und unabhängigen Variablen zufällig ist oder nicht. In E9 stehen die Freiheitsgrade **f** (Zahl der experimentellen Daten – Zahl der Konstanten, d. h. **f** = 8 – 2 = 6).

D10 enthält $s_{reg}{}^2$ = Quadratsumme der Regression, und in E10 steht s_{res}^2 = Quadratsumme der Residuen:

$$s_{reg}{}^2 = \sum_{i=1}^{n} (y_i - \bar{y})^2 \quad \text{und} \quad s_{res}{}^2 = \sum_{i=1}^{n} (y_i - y_i')^2.$$

$\bar{y}$ ist das Mittel der experimentellen Daten, und y′ ist ein berechneter y-Wert, d. h. **y′ = a + bx**. Wenn wir diese Formeln mit σ_y vergleichen, sehen wir, dass $\sigma_y = \sqrt{}(s_{res}^2/(n-2))$.

Im vorigen Beispiel ist das Bestimmtheitsmaß $R^2 = 0{,}948$, was anzeigt, dass eine strenge Beziehung zwischen unabhängigen Variablen (Temperaturen) und Dichten besteht: Die Dichte fällt mit steigender Temperatur.

R^2 ist definiert als $R^2 = 1 - s_{res}^2/s_{reg}^2$, was $1 - 0{,}00271495/0{,}04956646 = 0{,}94807052$ ergibt.

Also: Je größer R^2, desto besser ist die Anpassung der Regression an die beobachteten Werte.

Nun stellen wir uns die Frage nach der **statistischen Sicherheit** der Regression. Dafür müssen wir das sogenannte Konfidenzintervall (oder Vertrauensbereich) für die Regressionsgerade kennen (im Abschn. 13.4.1 haben wir das Thema Konfidenzintervalle ausführlich behandelt). Man kann beweisen (siehe z. B. [17]), dass das 95 %-Konfidenzintervall für die Regressionsgerade gegeben ist durch:

$$y' \pm t_{0,025;f} \sqrt{\frac{s_{res}^2}{n-2}\left(\frac{1}{n} + \frac{(x-\overline{x})^2}{S_{xx}}\right)}$$

D. h., ein gemessener Wert y′ wird sich mit 95 % Wahrscheinlichkeit im Intervall

$$y' - t_{0,025;f} \sqrt{\frac{s_{res}^2}{n-2}\left(\frac{1}{n} + \frac{(x-\overline{x})^2}{S_{xx}}\right)} \leq y \leq y' + t_{0,025;f} \sqrt{\frac{s_{res}^2}{n-2}\left(\frac{1}{n} + \frac{(x-\overline{x})^2}{S_{xx}}\right)}$$

befinden. Wichtig ist zu bemerken, dass die Konfidenzgrenzen breiter werden, je größer $|x - \overline{x}|$ ist. Die **y′** können als Prognosewerte interpretiert werden.

Den Wert $t_{0,025;f}$ (Perzentil der zweiseitigen t-Verteilung) berechnen wir in Excel mit der Funktion `T.INV.2S(0,025;f)` (vgl. Abschn. 13.3).

14.1.2 Ideales Gas

Ein Student erhöhte die Temperatur eines quasi idealen Gases bei konstantem Volumen. Für fünf verschiedene Temperaturen (°C) hat er den Druck in mmHg gemessen. Er erhielt die Ergebnisse der Tab. 14.2.

Tab. 14.2 Druck und Temperatur eines idealen Gases bei konstantem Volumen

Druck in mmHg	Temperatur in °C
65	−21
75	17
85	42
95	94
105	130

	A	B	C	D	E	F	G	H	I	J	K
1			Ideales Gas				Regressionswerte				
2							Funktion RGP				
3	Druck [mmHg]	Temp [°C]		Fehlerquadrate		b=	3,79	-269,75	=a		
4	x	y	x^2	(x-m(x))^2		σ_b=	0,21378	18,4207	=σ_a		
5	65	-21	4225	400		R^2=	0,99055	6,76018	=σ_y		
6	75	17	5625	100		F=	314,313	3	=n-2 = f		
7	85	42	19600	0		s_{reg}^2=	14364,1	137,1	=s_{res}^2		
8	95	94	25600	100		Mittelwert (x)=	85				
9	105	130	11025	400		$t_{0,025;3}$=	4,17653				
10						Sxx=	1000				
11											
12			Prognose								
13	x	y´	Obere Kg	Untere Kg							
14	0	-269,8	-192,815269	-346,6847308							
15	20	-194	-134,557604	-253,3423961							
16	40	-118,2	-76,0347661	-160,2652339							
17	60	-42,35	-16,7050897	-67,99491025							
18	80	33,45	46,84261759	20,05738241							
19	100	109,25	127,6563923	90,84360769							
20	120	185,05	218,7540152	151,3459848							
21	140	260,85	311,5536319	210,1463681							
22	160	336,65	404,7931451	268,5068549							
23	180	412,45	498,2045943	326,6954057							
24	200	488,25	591,7002052	384,7997948							
25	220	564,05	685,2431176	442,8568824							

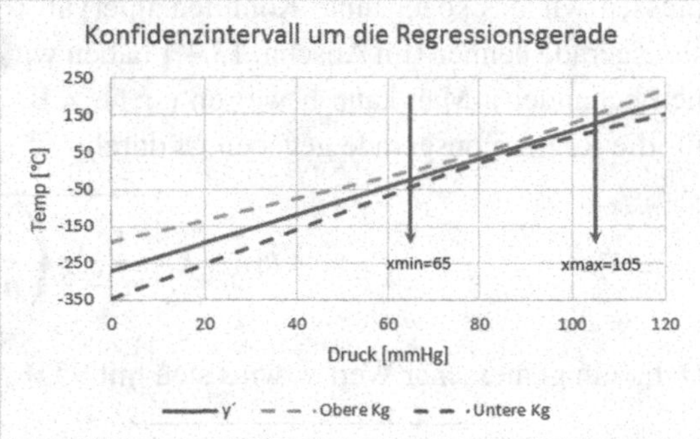

Abb. 14.6 Ideales Gas [Arbeitsmappe: Regression.xlsx; Blatt: Ideales Gas]

Es soll die Regressionsgerade und ihr Konfidenzbereich berechnet werden (siehe Abb. 14.6).

Wir richten dafür eine Excel-Tabelle wie folgt ein:

A5:A9 =Druckwerte, x ; B5:B9 =Temperaturwerte, y

C5:C9 =x^2 ; D5:D9 = Fehlerquadrate

Nun berechnen wir die **Regressionswerte** mit der Funktion `RGP`:

G3:H7 markieren, *fx>Statistik>RGP>OK*. Argumente der Funktion eingeben (`=RGP(B5:B9;A5:A9;1;1)`) und mit *Ctrl+Shift+Enter* abschließen.

G8: `=MITTELWERT(A5:A9)` (=Mittelwert von x) ; G9: `=T.INV.2S(0,025;f)`

G10: `=SUMME(D5:D9)` (=Fehlerquadratsumme=S_{xx})

Die Einträge für das Konfidenzintervall sind:

x-Werte: A14: 0 ; A15: `=A14+20` (bis A25 kopieren)

y´-Werte: B14: `=a+b*A14` (Regressionsgerade)

Obere Konfidenzgrenze: C14: `=B14+tWert*WURZEL(Sres2/f*(1/5+(A14-mx)^2/Sxx)`

Untere Konfidenzgrenze: D14: `=B14-tWert*WURZEL(Sres2/f*(1/5+(A14-mx)^2/Sxx)`

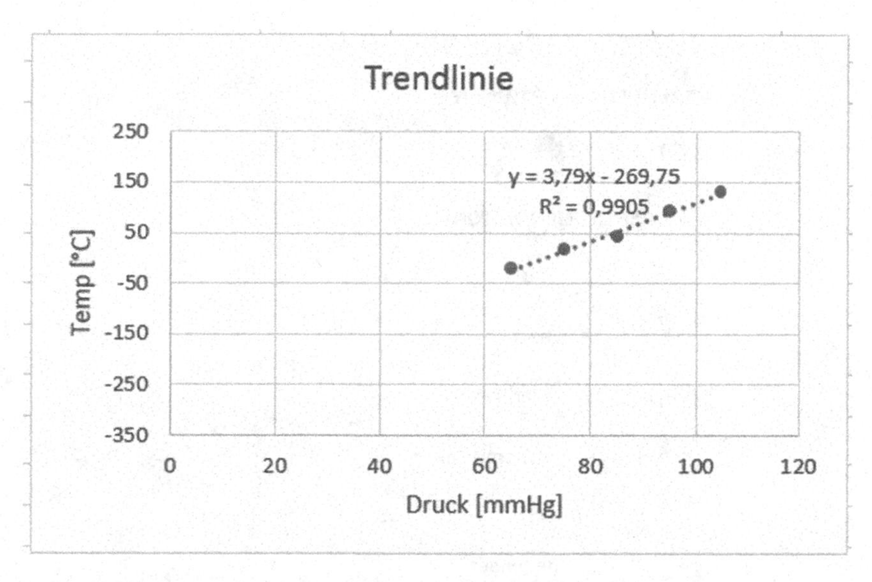

Abb. 14.7 Trendlinie [Arbeitsmappe: Regression.xlsx; Blatt: Ideales Gas]

Wie Sie sehen, haben wir Namen für die Werte der Zellen H6 ($= n - 2 = f$), H7 ($= {s_{res}}^2$), G8 (= Mittelwert (x)), G9 ($= t_{0,025;3}$) und G10 ($= S_{xx}$) definiert (Rechtsklick auf die Zelle und *Namen definieren...* wählen).

Der Block A14:D25 enthält nun die zu zeichnenden Werte. Den Graphen zeichnen wir mit *EINFÜGEN > Diagramme > Punkt (XY) > Punkt(XY) mit interpolierten Linien.* Alle "Verschönerungen" werden mithilfe von *DIAGRAMMTOOLS* ausgeführt.

Wir sehen, dass der Korrelationskoeffizient $R^2 = 0{,}99055$ beträgt. Also ist die Anpassung der gemessenen Werte an die Regressionsgerade gut. Mit anderen Worten, das lineare Modell $\mathbf{y} = \mathbf{ax} + \mathbf{b}$ erklärt in befriedigender Weise das Verhalten der Messwerte.

Im Diagramm können wir sehen, wie das Konfidenzintervall sich verbreitet, je weiter x sich vom Mittelwert befindet. Insbesondere, für $x = 0$, ist das Konfidenzintervall für $y'(0) = [-192{,}815; -346{,}685]$ sehr breit, aber es enthält den absoluten Nullpunkt $-273{,}15\,°C$.

Trotzdem muss man sehr vorsichtig sein, denn in der Regel eignen sich Regressionsmodelle nicht für Extrapolationen! Der Grund hierfür ist, dass die Validität des Modells (hier eine lineare Abhängigkeit der Form $\mathbf{y} = \mathbf{ax} + \mathbf{b}$) nur innerhalb der gemessenen Werte gilt, hier also nur zwischen $x_{min} = 65$ und $x_{max} = 105$.

Betrachten wir jetzt die Eigenschaften der Excel-*Trendlinie* (siehe Abb. 14.7), die wir schon oben kennengelernt hatten.

Wir sehen, dass die Trendlinie mit unserer Regressionsgeraden übereinstimmt ($y = 3{,}79x - 269{,}75$). Wenn wir auf die Trendlinie klicken und *Trendlinie formatieren ...* wählen, können wir in dem Dialogfenster die Option *Schnittpunkt* ankreuzen und den Wert $-273{,}15$ eintragen (vgl. Abb. 14.8). Die neue Grafik (siehe Abb. 14.9) zeigt eine neue

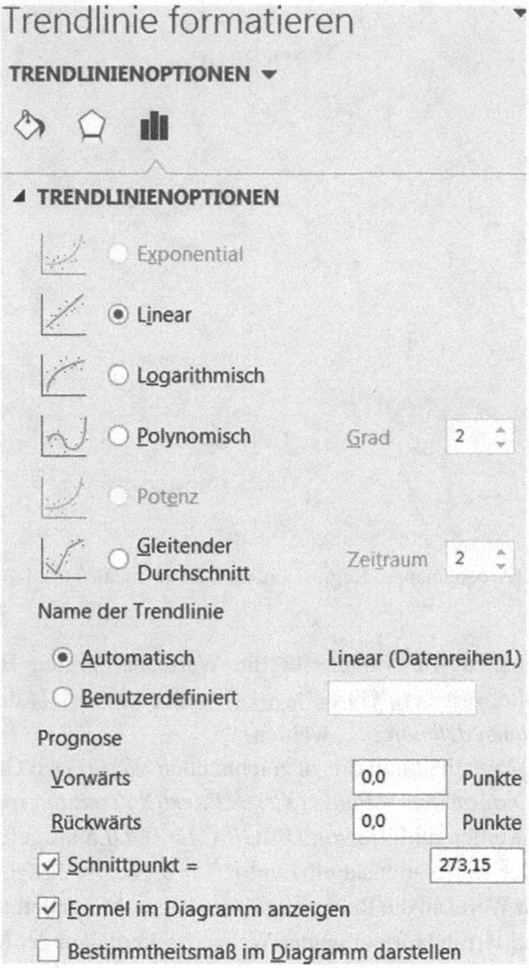

Trendlinie formatieren

TRENDLINIENOPTIONEN

TRENDLINIENOPTIONEN

Exponential

Linear

Logarithmisch

Polynomisch Grad 2

Potenz

Gleitender Durchschnitt Zeitraum 2

Name der Trendlinie

Automatisch Linear (Datenreihen1)

Benutzerdefiniert

Prognose

Vorwärts 0,0 Punkte

Rückwärts 0,0 Punkte

Schnittpunkt = 273,15

Formel im Diagramm anzeigen

Bestimmtheitsmaß im Diagramm darstellen

Abb. 14.8 Dialogfenster Trendlinie formatieren. . .

Trendlinie y = 3,82x – 273,15 mit erzwungenem Achsenabschnitt von – 273,15 und größerer Steigung. Trotzdem ist Excel vorsichtig genug und belässt die Trendlinie im Intervall $x_{min} = 65$, $x_{max} = 105$: es macht mit der Trendlinie keine Extrapolation!

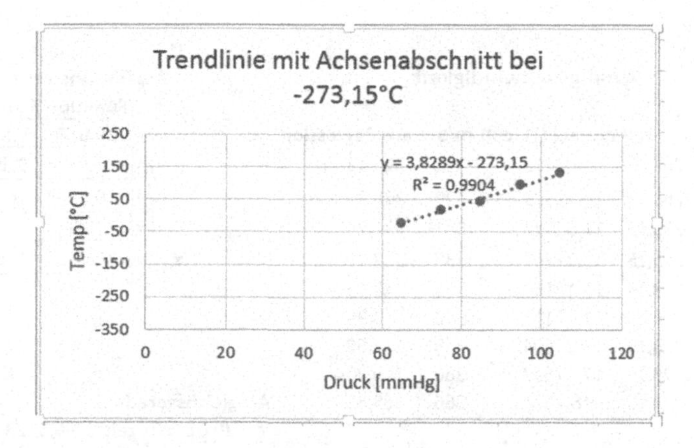

Abb. 14.9 Trendlinie mit erzwungenem Achsenabschnitt [Arbeitsmappe: Regression.xlsx; Blatt: Ideales Gas]

14.1.3 Schallgeschwindigkeit

In der Tab. 14.3 sehen wir die experimentell bestimmten *Schallgeschwindigkeiten* c (m/s) in trockener Luft in Abhängigkeit von der Temperatur θ (°C).

Aus thermodynamischen Überlegungen weiß man, dass c proportional $\sqrt{T}$ ist (vgl. z. B. [18]). Dabei ist T die Temperatur in Kelvin. D. h., $\mathbf{c} = \mathbf{a}\sqrt{T} + \mathbf{b}$. Es besteht also eine **lineare** Abhängigkeit zwischen **c** und $\sqrt{T}$.

Um die Koeffizienten **a** und **b** zu bestimmen, fertigen wir eine Tabelle wie in Abb. 14.10 an. Die Temperaturen in Kelvin können wir mithilfe der Funktion UMWANDELN bestimmen.

In A4:A12 stehen die Temperaturwerte in °C. Weiter sind:

B4: `=UMWANDELN(A4;"C";"K")`; C4: `=WURZEL(B4)`, beide bis Zeile 12 kopieren.

Tab. 14.3 Schallgeschwindigkeit in trockener Luft

θ in °C	c in m/s
– 10	325
– 5	329
0	331
10	337
20	343
30	349
40	355
50	360
60	366

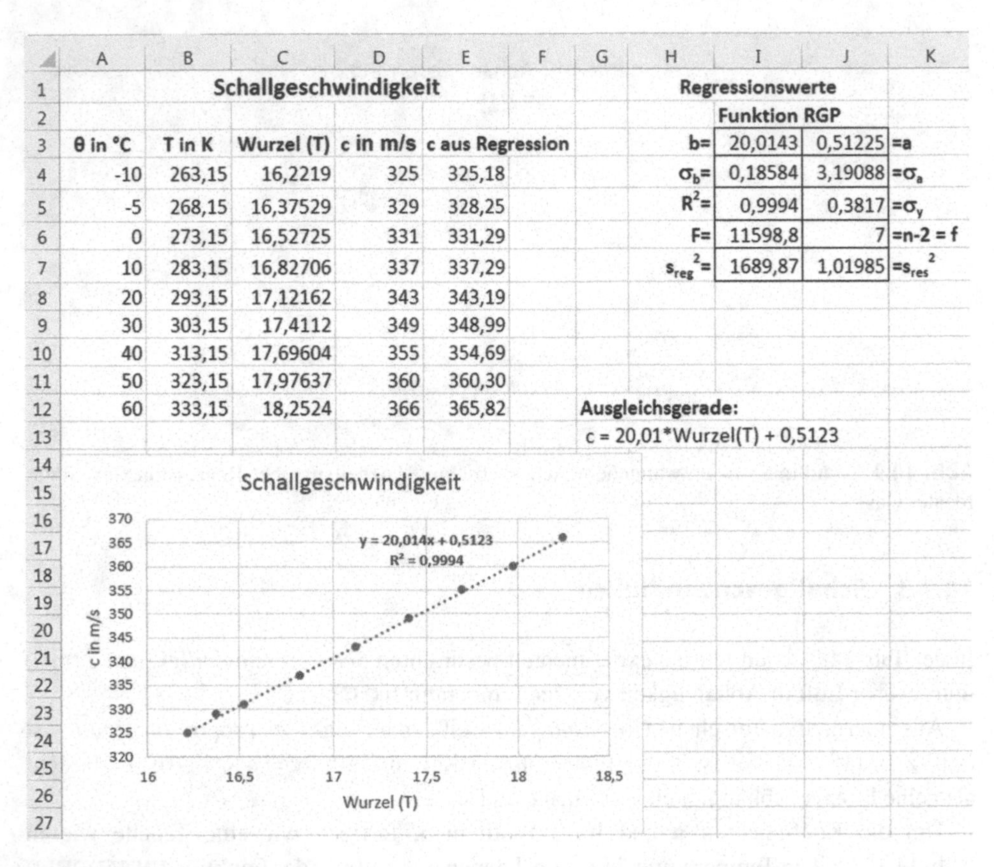

	A	B	C	D	E	F	G	H	I	J	K
1		Schallgeschwindigkeit						Regressionswerte			
2									Funktion RGP		
3	θ in °C	T in K	Wurzel (T)	c in m/s	c aus Regression			b=	20,0143	0,51225	=a
4	-10	263,15	16,2219	325	325,18			σ_b=	0,18584	3,19088	=σ_a
5	-5	268,15	16,37529	329	328,25			R^2=	0,9994	0,3817	=σ_y
6	0	273,15	16,52725	331	331,29			F=	11598,8	7	=n-2 = f
7	10	283,15	16,82706	337	337,29			s_{reg}^2=	1689,87	1,01985	=s_{res}^2
8	20	293,15	17,12162	343	343,19						
9	30	303,15	17,4112	349	348,99						
10	40	313,15	17,69604	355	354,69						
11	50	323,15	17,97637	360	360,30						
12	60	333,15	18,2524	366	365,82		Ausgleichsgerade:				
13							c = 20,01*Wurzel(T) + 0,5123				

Abb. 14.10 Schallgeschwindigkeit in trockener Luft [Arbeitsmappe: Regression.xlsx; Blatt: Schallgeschwindigkeit]

In D4:D12 stehen die gemessenen Werte der Schallgeschwindigkeit.

Das *Punkt(XY)-Diagramm* erstellen wir aus den Daten in C4:D12 und fügen eine lineare Trendlinie mit Formel und Bestimmtheitsmaß ein.

Die Ausgleichsgerade lautet $c = 20{,}01\sqrt{T} + 0{,}5123$.

Noch einmal benutzen wir die Funktion `RGP`, um nicht nur die Koeffizienten, sondern alle anderen Regressionswerte zu bestimmen.

14.2 Polynomische Regression

Genauso wie bei der simplen linearen Regression im vorhergehenden Abschnitt, können wir die *Gausssche* Methode der kleinsten Quadrate für den Ausgleich von Messdaten für ein Polynom vom Grad **n** anwenden. Es folgen einige praktische Anwendungen.

14.2.1 Gefrierpunkt einer Flüssigkeit

In der Tabelle (14.4) sehen wir die experimentell bestimmten Gefrierpunkte (in °C) einer Glykol-Wasser-Lösung in Abhängigkeit von der Konzentration des Gemisches (in % vol).

Gesucht ist die Gleichung derjenigen **Parabel**, die die Daten im Sinne der kleinsten Quadrate am besten beschreibt.

Die Gleichung wird drei Parameter **a, b, c** besitzen und von der allgemeinen Form $\mathbf{y = a + bx + cx^2}$ sein.

Mithilfe der *Trendlinien-* Funktion von Excel erhalten wir den Graphen der Abb. 14.11. Wir brauchen dazu nur die Messwerte in eine Tabelle einzutragen, das entsprechende Diagramm anfertigen und mit *Trendlinie hinzufügen...* die Regressionsgerade zeichnen. Weiter im Dialogfenster die Schaltfläche *Polynomisch Grad 2* wählen und die Optionen *Formel im Diagramm anzeigen* und *Bestimmtheitsmaß im Diagramm darstellen* ankreuzen.

Wenn wir die Koeffizienten des Polynoms unabhängig bestimmen wollen, können wir eine Rechnung mithilfe der Normalgleichungen durchführen.

Tab. 14.4 Gefrierpunkt einer Glykol-Wasser-Lösung in Abhängigkeit der Konzentration

Konzentration in % vol	Gefrierpunkt in °C
0	0,00
5	− 1,44
10	− 3,22
15	− 5,44
20	− 7,83
25	− 10,72
30	− 14,05
35	− 17,89
40	− 22,27
45	− 27,50
50	− 33,83
55	− 41,11
60	− 48,27

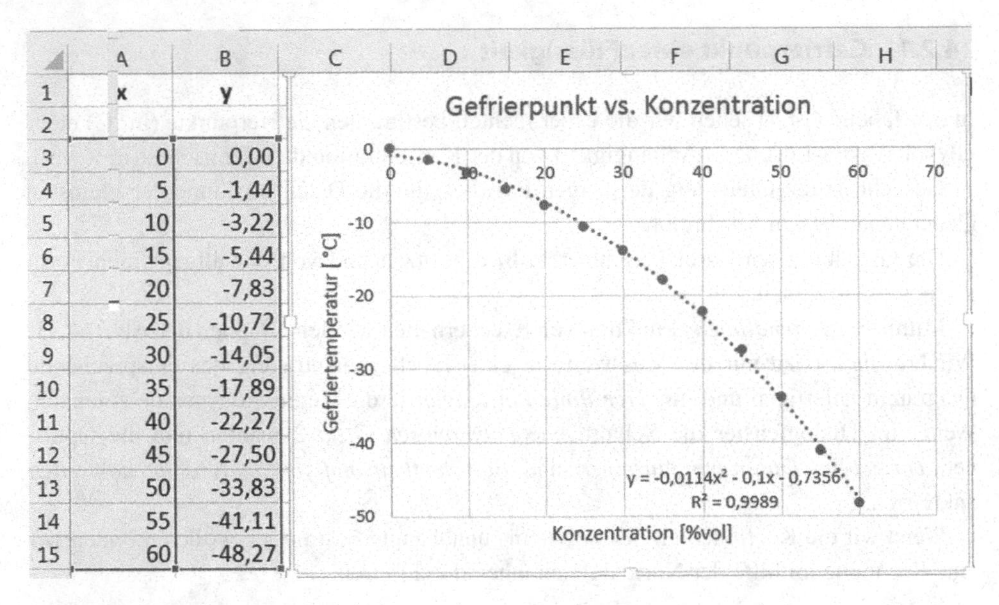

	A	B
1	x	y
2		
3	0	0,00
4	5	-1,44
5	10	-3,22
6	15	-5,44
7	20	-7,83
8	25	-10,72
9	30	-14,05
10	35	-17,89
11	40	-22,27
12	45	-27,50
13	50	-33,83
14	55	-41,11
15	60	-48,27

Abb. 14.11 Parabolische Regression für den Gefrierpunkt eines Glykol-Wasser-Gemisches [Arbeitsmappe: Poly_Regression.xlsm; Blatt: Gefrierpunkt]

14.2.2 Direkt mit den Normalgleichungen arbeiten

Die Regressionstheorie mithilfe der kleinsten Quadrate zeigt, dass man die Parameter a, b, c in der Gleichung $y = a + bx + cx^2$ (oder $y = a_1 + a_2x + a_3 x^2$) finden kann, indem man die folgenden Gleichungen (Normalgleichungen) nach den Unbekannten a_1, a_2, a_3 auflöst, (n = Anzahl der Messwerte).

$$a_1 n + a_2 \sum x + a_3 \sum x^2 = \sum y$$
$$a_1 \sum x + a_2 \sum x^2 + a_3 \sum x^3 = \sum xy$$
$$a_1 \sum x^2 + a_2 \sum x^3 + a_3 \sum x^4 = \sum x^2 y$$

Die Lösung dieses Systems ist einfach, denn wir können es in Matrixform schreiben: $\mathbf{M} \cdot \mathbf{A} = \mathbf{B}$ mit der Lösung $\mathbf{A} = \mathbf{M}^{-1}\mathbf{B}$. Hier ist $\mathbf{M}^{-1}$ die Inverse der Matrix **M**. **A** ist der Vektor der Unbekannten, und **B** ist der Vektor der rechten Seiten:

$$A = \begin{bmatrix} a_1 \\ a_2 \\ a_3 \end{bmatrix} \quad \text{und} \quad B = \begin{bmatrix} \sum y \\ \sum xy \\ \sum x^2 y \end{bmatrix} := \begin{bmatrix} Sy \\ Sxy \\ Sx^2y \end{bmatrix}$$

M ist eine quadratische Matrix der Ordnung m = 3, gegeben durch

$$M = \begin{bmatrix} n & Sx & Sx^2 \\ Sx & Sx^2 & Sx^3 \\ Sx^2 & Sx^3 & Sx^4 \end{bmatrix}$$

	A	B	C	D	E	F	G	H	I	J	K
1		**Polynomiale Regression**									
2											
3											
4	**x**	**y**	**x^2**	**x^3**	**x^4**	**xy**	**x^2y**		**Polynomwert in x:**		
5											
6	0	0,00	0	0	0	0	0		-0,74		
7	5	-1,44	25	125	625	-7,21364	-36,0682		-1,52		
8	10	-3,22	100	1000	10000	-32,1946	-321,946		-2,87		
9	15	-5,44	225	3375	50625	-81,659	-1224,89		-4,80		
10	20	-7,83	400	8000	160000	-156,501	-3130,02		-7,29		
11	25	-10,72	625	15625	390625	-267,905	-6697,61		-10,35		
12	30	-14,05	900	27000	810000	-421,416	-12642,5		-13,98		
13	35	-17,89	1225	42875	1500625	-626,034	-21911,2		-18,18		
14	40	-22,27	1600	64000	2560000	-890,963	-35638,5		-22,95		
15	45	-27,50	2025	91125	4100625	-1237,46	-55685,8		-28,29		
16	50	-33,83	2500	125000	6250000	-1691,42	-84571,2		-34,20		
17	55	-41,11	3025	166375	9150625	-2260,82	-124345		-40,67		
18	60	-48,27	3600	216000	12960000	-2896,12	-173767		-47,72		
19	**Summen:**										
20	390	-233,557	16250	760500	37943750	-10569,7	-519972				
21	**Matrix M:**						**Invertierte Matrix :**				**Lösungen:**
22	13	390	16250	-233,5573			0,51648	-0,033	0,00043956	**a=**	-0,7356406
23	390	16250	760500	-10569,71			-0,03297	0,003	-4,7952E-05	**b=**	-0,0999569
24	16250	760500	37943750	-519971,7			0,00044	-5E-05	7,992E-07	**c=**	-0,0113853
25											

Abb. 14.12 Regression mit Normalgleichungen [Arbeitsmappe: Poly_Regression.xlsm; Blatt: Gefrierpunkt]

Wir bestimmen die Inverse der Matrix mit `MINV`, wie bereits im Abschn. 10.3 ausführlich dargestellt wurde.

Als konkretes Beispiel benutzen wir wieder die Werte für den Gefrierpunkt y einer Glykol-Wasser-Lösung in Abhängigkeit von der Konzentration x des Glykols.

Das Arbeitsblatt der Abb. 14.12 enthält die Matrix **M** in A22:D24.

Die Inverse $\mathbf{M}^{-1}$ steht in G22:I24. Der **Lösungsvektor** erscheint in K22:K24. Er wurde mit *MMULT* als Matrizenprodukt berechnet: `=MMULT (G22:I24;D22:D24)` (Eingabe mit *Ctrl* + *Shift* + *Enter*!)

A22: = ANZAHL(A1:A15) ; A23: =A20 ; A24: =C20
B22: =A20 ; B23: =C20 ; B24: =D20
C22: =C20 ; C23: =D20 ; C24: =E20
D22: =B20 ; D23: =F20 ; D24: =G20

Als Anwendung berechnen wir in der Spalte I den y-Wert für den entsprechenden x-Wert in der Spalte A mithilfe der benutzerdefinierten VBA-Funktion "Horner" (siehe Abb. 14.13). Diese Funktion benutzt das *Horner*-Verfahren zur Polynomberechnung, vgl. Abschn. 9.2. Die Koeffizienten des Polynoms sind die Elemente a, b und c des Lösungsvektors:

I6: `=Horner(K$22:K$24;A6)` bis I18 kopieren.

```
(Allgemein)                                                          Horner
Function Horner(A As Variant, x As Double) As Double ' a = Vektor a(i)der Koeffizienten
Dim p As Double ' Polynomwert
Dim Polgrad As Integer ' Grad des Polynoms
Dim i
Polgrad = A.Count - 1 ' Pol.grad = Zahl der Koeffizienten - 1
p = A(Polgrad + 1)
  For i = Polgrad To 1 Step -1
   p = p * x + A(i)
  Next i
Horner = p ' gibt den Polynomwert aus
End Function
```

Abb. 14.13 Code der Funktion Horner [Arbeitsmappe: Poly_Regression.xlsm; Blatt: Gefrierpunkt; Modul1]

14.2.3 Spezifische Wärmekapazität

Im Beispiel der Tab. 14.5 wurde die spezifische Wärmekapazität c (in kJ/(kg · K) von Wasser in Abhängigkeit von der Temperatur (in °C) bestimmt.

Wir wollen einen kubischen Ausgleich mit der Gleichung $y = \mathbf{a} + \mathbf{b}x + \mathbf{c}x^2 + \mathbf{d}x^3$ finden. ($n = 21$ Messwerte mit $f = 21 - 4 = 17$ Freiheitsgraden.)

Dieses Mal ergibt sich der Graph aus Abb. 14.14, dem wir eine Trendlinie zur Anpassung hinzugefügt haben (im Dialogfenster *Trendlinie formatieren* Schaltfläche *Polynomisch Grad 3* wählen).

Es ist nicht sehr schwierig, ein VBA-Programm für die polynomiale Regression zu schreiben, zum Beispiel als Funktion:

```
Function RegressPoli(x, y, n) ' Regression polynomial

Dim nx As Integer ' Zahl der Wertepaare
Dim Sx() ' dynamische Summenmatrix der x
Dim Sxy() ' dynamische Summenmatrix der xy
Dim M() As Variant
Dim Inv As Variant
Dim B() ' dynamische Matrix für den Vektor B der Konstanten
Dim A() ' dynamische Matrix für die Koeff. ao,..,an des Polynoms
Dim i As Integer, j As Integer, k As Integer

nx = x.Count
ReDim Sx(2 * n)
ReDim Sxy(n)
For i = 0 To 2 * n ' Berechnung der Summen Sx
    Sx(i) = 0
    For k = 1 To nx
        Sx(i) = Sx(i) + x(k) ^ i
    Next k
Next i

For i = 0 To n 'Berechnung der Summen Sxy
    Sxy(i) = 0
    For k = 1 To nx
        Sxy(i) = Sxy(i) + x(k) ^ i * y(k)
    Next k
Next i

ReDim M(1 To n + 1, 1 To n + 1)
ReDim Inv(1 To n + 1, 1 To n + 1)
ReDim B(1 To n + 1)
ReDim A(0 To n)

For i = 0 To n ' Aufbau der Matrizen M und B
    For j= 0 To i
        M(i+ 1, j + 1) = Sx(i + j)
        M(j + 1, i + 1) = Sx(i + j)
    Next j
B(i + 1) = Sxy(i)
Next i
' Lösung des Systems  M * A = B mithilfe Matrixinversion
Inv = Application.MInverse(M)
For i = 1 To n + 1 'Multiplikation der Matrizen: A = M-1 * B
A(i - 1) = 0
    For j = 1 To n + 1
        A(i - 1) = A(i - 1) + Inv(i, j) * B(j)
    Next j
Next i
RegressPoli = A 'Vektor A
End Function
```

Tab. 14.5 Spezifische Wärmekapazität von Wasser in Abhängigkeit von der Temperatur

Temperatur in °C	c in kJ/(kg · K)
0	4,218
5	4,205
10	4,194
15	4,186
20	4,183
25	4,183
30	4,180
35	4,179
40	4,180
45	4,183
50	4,182
55	4,183
60	4,188
65	4,187
70	4,191
75	4,196
80	4,199
85	4,203
90	4,206
95	4,211
100	4,218

Wir dimensionieren jede Matrix als **dynamisch**. Das ist eine Matrix, die sich der Anzahl der Daten anpasst und die wir eventuell verkleinern oder vergrößern können. Wir nennen die Funktion der polynomialen Regression "RegressPoli". Sie muss mit *Ctrl + Shift + Enter* benutzt werden, denn sie ist eine Matrixfunktion (Array-Funktion). Wir haben im Arbeitsblatt ein Polynom bis $n = 5$ vorgesehen, was sehr selten ist. Das Programm akzeptiert aber Polynome beliebigen Grades. Das Ergebnis sehen wir in Abb. 14.15.

Wir können auch für die polynomiale Regression die Excel-Funktion `RGP` benutzen. Dafür muss man aber explizit die Potenzen von x eingeben:

N5: `=A5` (x-Werte); O5: `=N5^2` (=x^2); P5: `=N5^3` (=x^3)

Q5: `=B5` (y-Werte), alles bis Zeile 25 kopieren.

Ein Gebiet von $n + 1$ Spalten und 5 Zeilen markieren (z. B. G11:J15), die Funktion `RGP` aufrufen und mit *Ctrl + Shift + Enter* abschließen.

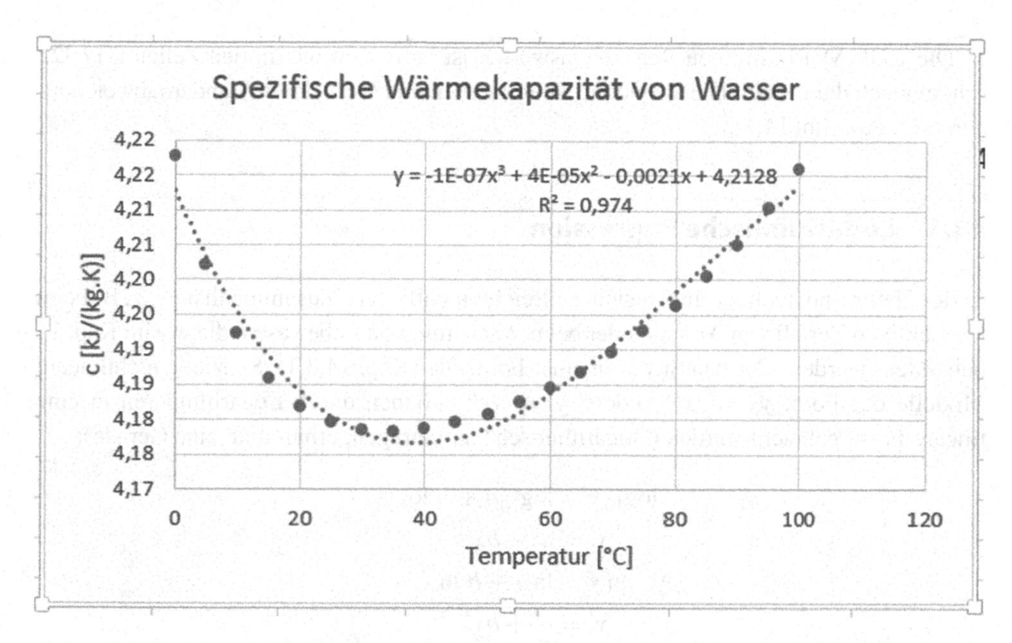

Abb. 14.14 Spezifische Wärmekapazität von Wasser [Arbeitsmappe: Poly_Regression.xlsm; Blatt: Wärmekapazität]

	A	B	C	D	E	F	G	H	I	J
1		**Polynomiale Regression**								
2										
3	**Spezifische Wärmekapazität von Wasser**									
4	**Temperatur [°C]**	**c [kJ/(kg.K)]**			**a1**	**a2**	**a3**	**a4**	**a5**	**a6**
5	**0**	**4,2177**		**Koeffizienten:**	4,212776	-0,00209	3,54E-05	-1,4E-07	#NV	#NV
6	**5**	**4,2022**								
7	**10**	**4,1922**		**Grad des Polynoms:**		**3**				
8	**15**	**4,1858**								
9	**20**	**4,1819**				**Funktion RGP**				
10	**25**	**4,1796**								
11	**30**	**4,1785**			-1,4E-07	3,54E-05	-0,00209	4,212776		
12	**35**	**4,1782**			2,26E-08	3,44E-06	0,000146	0,001642		
13	**40**	**4,1786**			0,974026	0,002227	#NV	#NV		
14	**45**	**4,1795**			212,4974	17	#NV	#NV		
15	**50**	**4,1807**			0,00316	8,43E-05	#NV	#NV		
16	**55**	**4,1824**								
17	**60**	**4,1844**			**a4**	**a3**	**a2**	**a1**		
18	**65**	**4,1868**			**s4**	**s3**	**s2**	**s1**		
19	**70**	**4,1896**			**R^2**	**σ_y**				
20	**75**	**4,1928**			**F**	**n-2 = f**				
21	**80**	**4,1964**			**s_{reg}^2**	**s_{res}^2**				
22	**85**	**4,2005**								
23	**90**	**4,2051**								
24	**95**	**4,2103**								
25	**100**	**4,216**								

Abb. 14.15 Benutzerdefinierte Funktion "RegressPoli" [Arbeitsmappe: Poly_Regression.xlsm; Blatt: Wärmekapazität; Modul 2]

Die RGP-Matrix mit den Regressionswerten ist aufgebaut wie in den Zellen G17:J22 schematisch dargestellt. Die a_i sind die Koeffizienten und die s_i deren Standardabweichungen (vgl. Abschn. 14.1).

14.3 Logarithmische Regression

In der Natur und Technik finden sich zahlreiche nichtlineare Zusammenhänge, z. B. beim radioaktiven Zerfall von Atomen oder beim Wachstum von Lebewesen, die wir im Kap. 15 behandeln werden oder den Strom in einer Fotozelle (Kap. 14.3.1). Spezielle nichtlineare Modelle der Form $y = ax^b$ oder $y = ae^{bx}$ können durch Logarithmieren in eine lineare Form gebracht werden ("logarithmisch" aufgetragen, erhält man eine Gerade):

$$\log_{10} y = \log_{10} a + b \log_{10} x$$
$$y' = a' + bx'$$
$$\ln y = \ln a + b \ln x$$
$$y' = a' + bx'$$

14.3.1 Fotostrom

Das Arbeitsblatt (vgl. Abb. 14.16) zeigt den Strom I (in µA) einer Fotozelle in Abhängigkeit von der Entfernung d (in m) zwischen Lampe und Fotozelle. Das erste Diagramm scheint eine hyperbolische Abhängigkeit zwischen I und d zu zeigen.

Der Graph der Logarithmen zeigt eine lineare Abhängigkeit mit der Gleichung $\log y = \log a + b \cdot \log x$ oder $\log y = 1{,}036 - 1{,}919 \cdot \log x$ (vgl. die RGP-Werte in C13:D13). Das rechte Diagramm wurde mit *Trendlinie* einfügen erzeugt.

Die Rücktransformation der Logarithmen auf die ursprünglichen Einheiten liefert uns eine Potenzfunktion: $\mathbf{y = a \cdot x^b = 10{,}86 \cdot x^{-1{,}92}\ \mu A \approx 10{,}9 \cdot x^{-2}\ \mu A}$, denn $a = 10^{1{,}036} = 10{,}87$. Physikalisch macht dies Sinn, weil sich die Lichtintensität auf eine Kugeloberfläche verteilt und demnach mit dem Quadrat der Radius abnimmt.

14.4 Signifikanz der Parameter bei einer Regression

Die Funktion RPG kann auch bei einer multiplen Regression angewandt werden (vgl. Abschn. 14.2.3). Wir werden dies auch hier tun und werden mittels Hypothesen-Tests prüfen, ob mit einer gegebenen statistischen Sicherheit behauptet werden kann, dass die errechneten Parameter von Null verschieden sind.

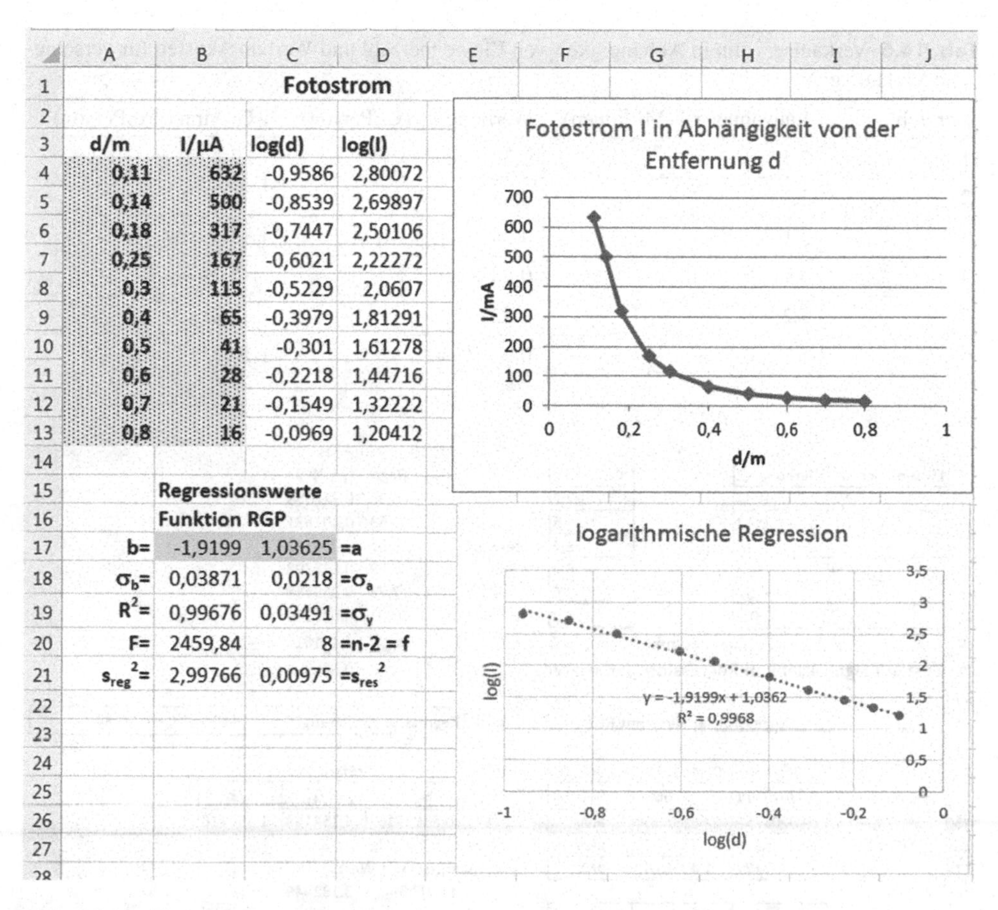

Fotostrom

d/m	I/µA	log(d)	log(I)
0,11	632	-0,9586	2,80072
0,14	500	-0,8539	2,69897
0,18	317	-0,7447	2,50106
0,25	167	-0,6021	2,22272
0,3	115	-0,5229	2,0607
0,4	65	-0,3979	1,81291
0,5	41	-0,301	1,61278
0,6	28	-0,2218	1,44716
0,7	21	-0,1549	1,32222
0,8	16	-0,0969	1,20412

Regressionswerte
Funktion RGP

b=	-1,9199	1,03625	=a
σ_b=	0,03871	0,0218	=σ_a
R^2=	0,99676	0,03491	=σ_y
F=	2459,84	8	=n-2 = f
s_{reg}^2=	2,99766	0,00975	=s_{res}^2

Abb. 14.16 Strom in einer Fotozelle [Arbeitsmappe: Regression.xlsx; Blatt: Fotostrom]

14.4.1 Wirkung von Werbung

Die Geschäftsleitung eines Kosmetikunternehmens vermutet, dass der Verkaufsgewinn y (pro Person) des Spitzenproduktes "Goldduft" nicht nur von der Einwohnerzahl x_1 eines Verkaufsgebietes abhängt, sondern auch von den pro Person gezahlten Werbungskosten x_2. Die Daten der Tab. 14.6 sollen auf einen möglichen Zusammenhang hin untersucht werden.

Gesucht ist eine Regressionsfunktion der Form $\hat{y}; = a + b_1 x_1 + b_2 x_2$. x_1 und x_2 sind die Werte der beiden unabhängigen Variablen. a ist der y-Achsenabschnitt. (Wir haben es jetzt nicht mit einer Ausgleichsgeraden zu tun, sondern mit einer Ausgleichsebenen.) $\hat{y}$ ist ein Schätzwert für den Gewinn y. Die Werte von a, b_1, b_2 sollen mithilfe der Methode der kleinsten Fehlerquadratsumme berechnet werden (vgl. Abb. 14.17).

Die G-Spalte wird die Werte enthalten, die sich aus der Regressionsfunktion ergeben. In der H-Spalte erscheinen die berechneten Abweichungsquadrate $(y - \hat{y})^2$. Die Werte der

Tab. 14.6 Verkaufsgewinn in Abhängigkeit von Einwohnerzahl und Werbungskosten für verschiedene Verkaufsgebiete

Bereich	Einwohner x_1 (Millionen)	Werbung x_2 (€ /Person)	Gewinn (pro Person)
1	2,4	0,32	7,2
2	1,3	0,42	5,0
3	5,1	0,24	8,4
4	4,9	0,28	8,2
5	3,2	0,52	8,0
6	6,7	0,2	10,2

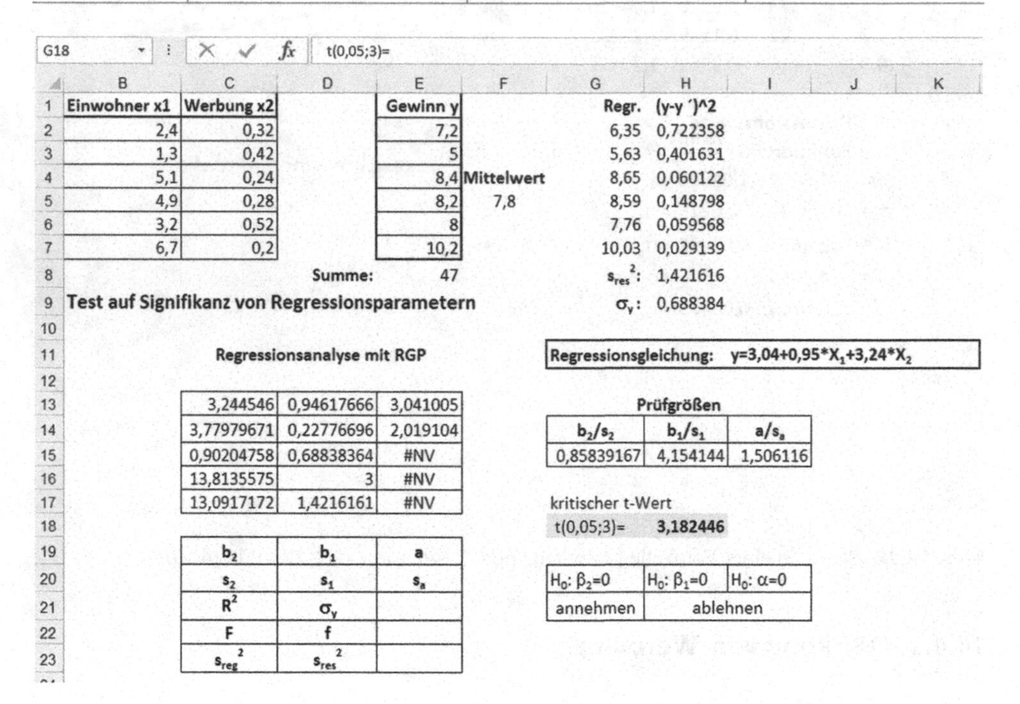

G18 t(0,05;3)=

	B	C	D	E	F	G	H
1	Einwohner x1	Werbung x2		Gewinn y		Regr.	(y-y´)^2
2	2,4	0,32		7,2		6,35	0,722358
3	1,3	0,42		5		5,63	0,401631
4	5,1	0,24		8,4	Mittelwert	8,65	0,060122
5	4,9	0,28		8,2	7,8	8,59	0,148798
6	3,2	0,52		8		7,76	0,059568
7	6,7	0,2		10,2		10,03	0,029139
8			Summe:	47		s_{res}^2:	1,421616
9	Test auf Signifikanz von Regressionsparametern					σ_y:	0,688384

Regressionsanalyse mit RGP

	C	D	E
13	3,244546	0,94617666	3,041005
14	3,77979671	0,22776696	2,019104
15	0,90204758	0,68838364	#NV
16	13,8135575	3	#NV
17	13,0917172	1,4216161	#NV
19	b_2	b_1	a
20	s_2	s_1	s_a
21	R^2	σ_y	
22	F	f	
23	s_{reg}^2	s_{res}^2	

Regressionsgleichung: $y=3{,}04+0{,}95*X_1+3{,}24*X_2$

Prüfgrößen

b_2/s_2	b_1/s_1	a/s_a
0,85839167	4,154144	1,506116

kritischer t-Wert
t(0,05;3)= 3,182446

H_0: β_2=0	H_0: β_1=0	H_0: α=0
annehmen	ablehnen	

Abb. 14.17 Regression für Goldduft [Arbeitsmappe: Signifikanztests für Regressionsparameter.xlsx]

abhängigen Variablen y befinden sich in E2:E7 (E8 enthält ihre Summe), die der unabhängigen Variablen x_1 und x_2 befinden sich in B2:C7. Wir markieren den Bereich C13:E17 zur Aufnahme der *Array-Formel* `=RGP(E2:E7;B2:C7;1;1)`.

Die erste Reihe der Tabelle, die `RGP` zurückgibt, enthält die Koeffizienten b_1, b_2 und a. Die zweite Reihe enthält die entsprechenden Standardabweichungen. Der *Standardfehler* von y (= Standardfehler der Regressionsschätzung) steht in D15 und H9:

$$\sigma_y^2 = \frac{\sum (y - \hat{y})^2}{n - k - 1}$$

Die Zahl der Freiheitsgrade (in D16) steht in ist $f = n - k - 1$, wobei n = Anzahl der Beobachtungen, hier 6; k = Anzahl der unabhängigen Variablen, hier 2.

In C16 steht das Bestimmtheitsmaß $R^2 = 0{,}902$. Dies bedeutet, dass sich 90,2 % der Variation der y-Werte durch lineare Regression erklären lassen.

$s_2 = 3{,}78$ ist die Standardabweichung von b_2 und ist ungewöhnlich groß. Da $t = b_2/s_2 = 3{,}245/3{,}78 = 0{,}858 < t_{0,05;3} = 3{,}182$ (`=T.INV(0,05;3)`), folgt, dass b_2 mit 95 % Sicherheit nicht signifikant von Null verschieden ist. Daraus ergibt sich, dass die Werbung wenig bewirkte. Tatsächlich ergibt eine einfache Regression, in der nur x_1 benutzt wird, einen Standardfehler von 0,665. Die neue Regressionsfunktion $\hat{y} = a + b_1 x_1 = 4{,}676 + 0{,}803 \cdot x_1$ ist für die Gewinne ein befriedigendes Modell. Man hat also ungeheure Werbungskosten umsonst ausgegeben!

Lineare und nichtlineare Differenzialgleichungen erster Ordnung

15

Zusammenfassung

In diesem Kapitel behandeln wir einige der wichtigsten numerischen Methoden zur Lösung von Differenzialgleichungen erster Ordnung. In Natur und Technik begegnet man alltäglich dynamischen Systemen, die durch Differenzialgleichungen oder Systeme von gekoppelten Differenzialgleichungen beschrieben werden können. Obwohl die numerischen Lösungsverfahren oft kompliziert sind, lassen sie sich dennoch einfach in VBA programmieren. Wir zeigen anhand dieser Methoden, wie Populationen wachsen, Atome zerfallen und wie lange Räuber von ihrer Beute leben können.

15.1 Numerische Lösung von Differentialgleichungen

Um **Simulationen** studieren zu können, die man in Physik, Ingenieurwissenschaften, Biomathematik usw. benutzt, werden wir in diesem Kapitel einige Methoden besprechen, mit denen wir gewöhnliche Differentialgleichungen erster und zweiter Ordnung mit Excel und VBA lösen können.

Die Lösung einer Differentialgleichung ist eine **Funktion**, die der Differentialgleichung über einem gewissen offenen Intervall genügt. Eine **gewöhnliche** Differentialgleichung hat die allgemeine Form

$$\varphi(x, y, y', y'', y''', \ldots, d^n y/dx^n) = 0 \tag{15.1}$$

Diese Gleichung ist von n-ter Ordnung und hat nur eine unabhängige Variable x.

Die Funktion $y = F(x)$ ist eine Lösung von Gl. 15.1, wenn sie n mal differenzierbar ist und Gl. 15.1 genügt.

Die Gleichungen $y' := dy/dx = x + y$; $y'' + (1 - y^2)y' + y = 0$ sind Beispiele gewöhnlicher Differentialgleichungen.

F. J. Mehr, M. T. Mehr, *Excel und VBA*, DOI 10.1007/978-3-658-08886-6_15

Eine Differentialgleichung erster Ordnung $\varphi(x, y(x), dy/dx) = 0$ kann folgendermaßen geschrieben werden

$$dy/dx = y' = f(x,y).$$

Die gewöhnlichen Differentialgleichungen haben verschiedene Lösungen. Um eine bestimmte Lösung auszuwählen, sind zusätzliche Informationen nötig, normalerweise n für eine Differentialgleichung n-ter Ordnung. Wenn alle n Zusatzbedingungen für ein bestimmtes $x = x_o$ gegeben sind, so haben wir ein **Anfangswertproblem** (**AWP**). Falls sich die n Zusatzbedingungen auf mehr als ein x beziehen, so liegt ein **Randwertproblem** (**RWP**) vor.

Der Graph der Lösung einer Differentialgleichung heißt **Lösungskurve**. Eine Lösungskurve ist auch eine Integralkurve.

Es gibt graphische und numerische Methoden, mit denen man sich eine Vorstellung über die Form der Lösung bilden kann und auf die man sich beziehen kann, falls keine explizite Lösungsformel existiert oder falls diese zu kompliziert ist, um nützlich zu sein.

Bei Anwendungen in den Naturwissenschaften brauchen wir oft numerische Methoden, die sich der exakten Lösung mit praktisch beliebiger Genauigkeit annähern. Das einfachste numerische Lösungsverfahren einer Differentialgleichung der Form $y' = f(x, y)$ ist die *Euler*-Methode.

15.2 *Euler*-Methode für $y' = f(x, y)$

Wir betrachten zunächst eine gewöhnliche Differentialgleichung erster Ordnung $y' = f(x, y)$ mit einer Anfangsbedingung $y(x_o) = y_0$. Unsere Absicht ist es, numerisch eine Lösung y(x) zu finden, die die Differentialgleichung und die Anfangsbedingung erfüllt. Das nach L. Euler (1707–1783) benannte Verfahren stützt sich auf die Idee, die Werte von y(x) durch die Werte der in x_0 an die Lösungskurve gezeichneten Tangente anzunähern.

In der Abb. 15.1 sehen wir den Graphen einer Funktion $y = f(x)$ in der vergrößerten Umgebung des Punktes mit $x = a$ zusammen mit der Tangente an die glatte Kurve in diesem Punkt.

In der Nähe des Berührungspunktes sind die wahren Funktionswerte kaum von denen der Tangente zu unterscheiden. Die Tangente geht durch den Punkt (a, f (a)) und hat die Steigung $f'(a)$. Ihre Gleichung lautet

$$y = f(a) + f'(a)(x - a)$$

Wir können näherungsweise die Werte von f durch die y-Werte der Tangenten ersetzen. Für x-Werte in der Nähe von a können wir für den wahren Funktionswert f(x) der Funktion f an der Stelle x schreiben

$$f(x) \approx f(a) + f'(a)(x - a)$$

Abb. 15.1 Funktion $y = f(x)$

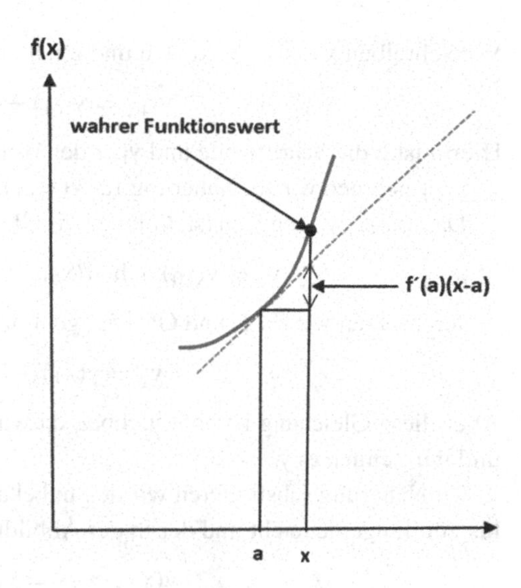

In der folgenden Abb. 15.2 ist der Zusammenhang noch ausführlicher dargestellt.

Die *Euler*-Methode stützt sich also auf die Annahme, dass die Tangente an die Lösungskurve von $y' = f(x, y)$ mit $y(x_0) = y_0$ in $(x_i, y(x_i))$ diese über dem Intervall $[x_i, x_{i+1}]$ annähert. Die Steigung der Lösungskurve in $(x_i, y(x_i))$ ist $y'(x_i) = f(x_i, y(x_i))$ und die Gleichung der Tangente an die Lösungskurve in $(x_i, y(x_i))$ ist

$$y = y(x_i) + f(x_i, y(x_i))(x - x_i) \text{ (Tangente)}$$

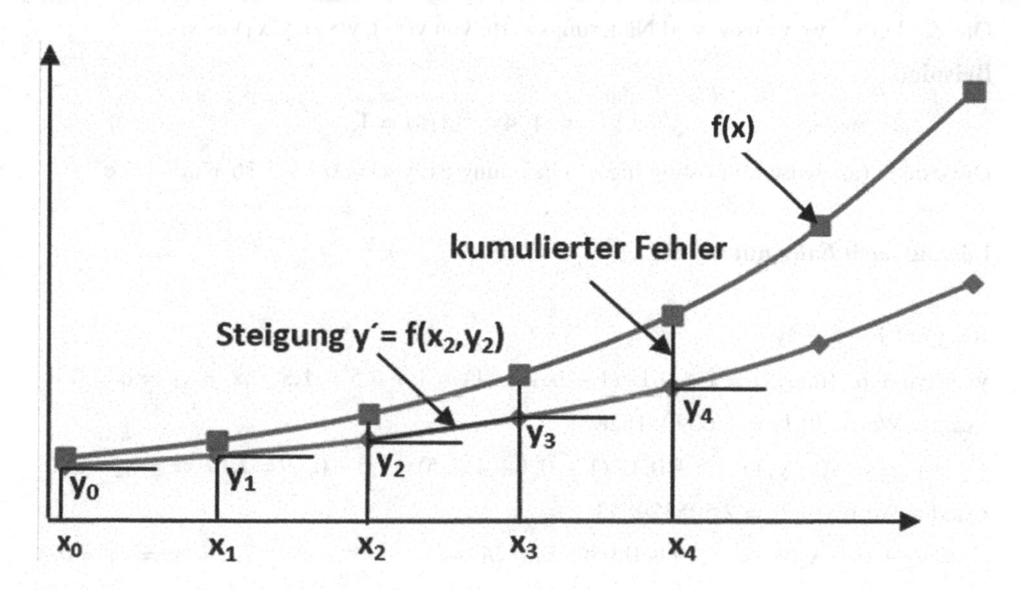

Abb. 15.2 Tangenten-Näherung für f(x)

Wir schreiben $x = x_{i+1} = x_i + h$ und erhalten

$$y_{i+1} = y(x_i) + h \cdot f(x_i,\ y(x_i)) \tag{15.2}$$

Hierin ist h die Schrittweite und y_{i+1} der Wert von y bis zur Tangente im Punkt x_{i+1}.

y_{i+1} nehmen wir als Näherung für $y(x_{i+1})$.

Da $y(x_0) = y_0$ gegeben ist, können wir Gl. 15.2 mit $i = 0$ benutzen, um y_1 zu berechnen

$$y_1 = y(x_0) + h \cdot f(x_0,\ y(x_0)) = y_0 + h \cdot f(x_0,\ y_0)$$

Jetzt setzen wir $i = 1$, und Gl. 15.2 geht über in

$$y_2 = y(x_1) + h \cdot f(x_1, y(x_1))$$

Aber diese Gleichung ist unbrauchbar, da wir $y(x_1)$ nicht kennen. (Nur $y(x_0)$ ist bekannt, und wir nennen es y_0.)

Zu Näherung substituieren wir den unbekannten Wert $y(x_1)$ durch den Wert y_1, der nur bis zur Tangente reicht und der in der Abbildung deutlich kleiner ist als y(x) in x_1:

$$y(x_2) \approx y_2 = y_1 + h \cdot f(x_1, y_1)$$

Im nächsten Schritt ersetzen wir $y(x_2)$ durch y_2:

$$y_3 = y_2 + h \cdot f(x_2, y_2)$$

Wir können den Prozess wiederholen bis der gewünschte x-Wert erreicht ist. Allgemein beginnt die *Euler*-Methode mit dem gegebenen Wert $y(x_0) = y_0$ und erzeugt $y_1, y_2, \ldots y_n$ mithilfe der Rekursionsformel

$$\mathbf{y_{i+1} = y_i + h \cdot f(x_i, y_i)}, \quad 0 <= i <= n - 1$$

Die Zahlen y_1, y_2, y_3 usw. sind Näherungswerte von $y(x_1), y(x_2), y(x_3)$ usw.

Beispiel

$$\mathbf{y' = 1 - x + 4y, \quad y(0) = 1.}$$

Die exakte (analytische) Lösung dieser Gleichung ist: $y(x) = x/4 - 3/16 + (19/16) \cdot e^{4x}$

Lösung nach *Euler* mit h = 0.1

$f(x,y) = 1 - x + 4y$

$y_1 = y_0 + h \cdot f(x_0,y_0) = 1 + 0.1 \cdot (1 - 0 + 4 \cdot 1) = 1 + 0,5 = \mathbf{1,5}$;$x = x_1 = h = 0.1$

exakter Wert: $y(0,1) = 1,609041828$

$y_2 = y_1 + h \cdot f(x_1,y_1) = 1,5 + 0,1 \cdot (1 - 0,1 + 4 \cdot 1,5) = 1,5 + 0,69 = \mathbf{2,19}$;$x = x_2 = 0,2$

exakter Wert: $y(0,2) = 2.505329853$

$y_3 = y_2 + h \cdot f(x_2,y_2) = 2,19 + 0,956 = \mathbf{3,146}$;$x = x_3 = 0,3$

exakter Wert: $y(0,3) = 3,830138846$

Ein VBA-Programm zur *Euler*-Methode lautet:

```
Sub Euler1()
 Range("A10:D200").Clear
 x = Cells(1, 2).Value                    'x0
 y = Cells(2, 2).Value                    'y0
 h = Cells(3, 2).Value                    'Schrittweite
 imax = Cells(4, 2).Value                 'Anzahl der Schritte

 Cells(10, 1).Value = 0
 Cells(10, 2).Value = x
 Cells(10, 3).Value = y
 Cells(10, 4).Value = F0(x, y)            'analytisch

For i = 1 To imax Step 1
   y = y + h * F(x, y)
   x = x + h
   Cells(10 + i, 1).Value = i
   Cells(10 + i, 2).Value = x
   Cells(10 + i, 3).Value = y
   Cells(10 + i, 4).Value = F0(x, y) 'analytisch
Next i

End Sub
```

Das Programm setzt voraus, dass die Werte für x_0, y_0, h und i_{max} (Anzahl der Schritte) sich in den Zellen B1, B2, B3 und B4 befinden. Um den Vergleich zwischen der *Eulerschen*-Lösung und der exakten (analytische Lösung) durchzuführen, lassen wir die Funktion F0 aufrufen. Sollte F0 nicht bekannt sein, muss man die zwei Programmzeilen, die sie aufrufen, löschen.

Die beiden Funktionen F und F0 sehen in unserem Fall folgendermaßen aus:

```
Function F(x, y)
'Differenzial Gleichung erster Ordnung
 F = 1 - x + 4 * y
End Function
------------------------------------------------------------
Function F0(x, y) 'analytisch
 F0 = x / 4 - 3 / 16 + (19 / 16) * Exp(4 * x)
End Function
```

Im folgenden Arbeitsblatt (siehe Abb. 15.3) sehen wir die vorigen Rechnungen bis x = 1. Mittels einer “Schaltfläche” (Abschn. 3.3.2), die wir "Euler" genannt haben, wird das Makro aufgerufen.

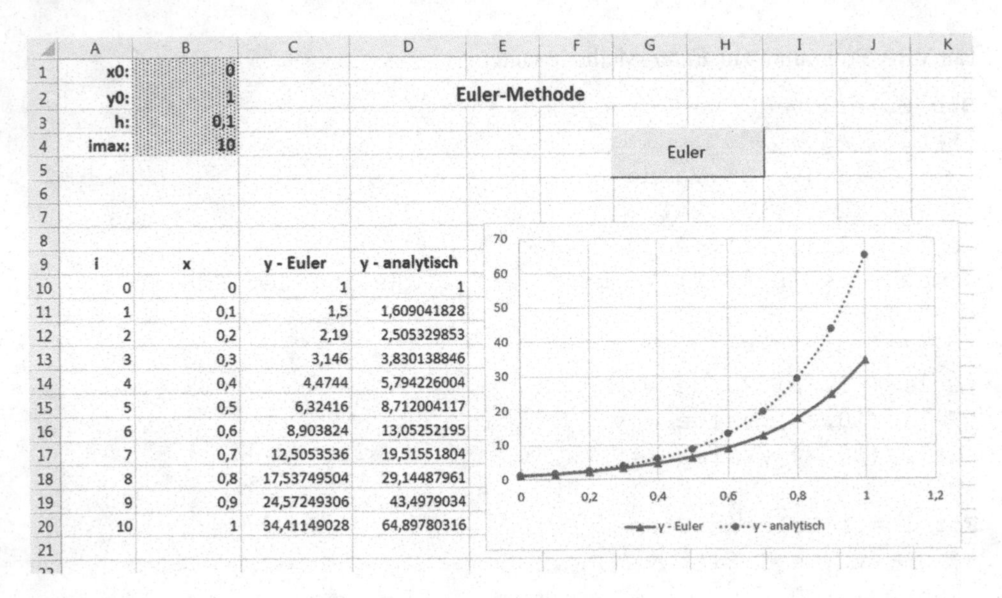

x0:	0
y0:	1
h:	0,1
imax:	10

Euler-Methode

Euler

i	x	y - Euler	y - analytisch
0	0	1	1
1	0,1	1,5	1,609041828
2	0,2	2,19	2,505329853
3	0,3	3,146	3,830138846
4	0,4	4,4744	5,794226004
5	0,5	6,32416	8,712004117
6	0,6	8,903824	13,05252195
7	0,7	12,5053536	19,51551804
8	0,8	17,53749504	29,14487961
9	0,9	24,57249306	43,4979034
10	1	34,41149028	64,89780316

Abb. 15.3 *Euler*-Methode [Arbeitsmappe: Euler.xlsm; Modul 1]

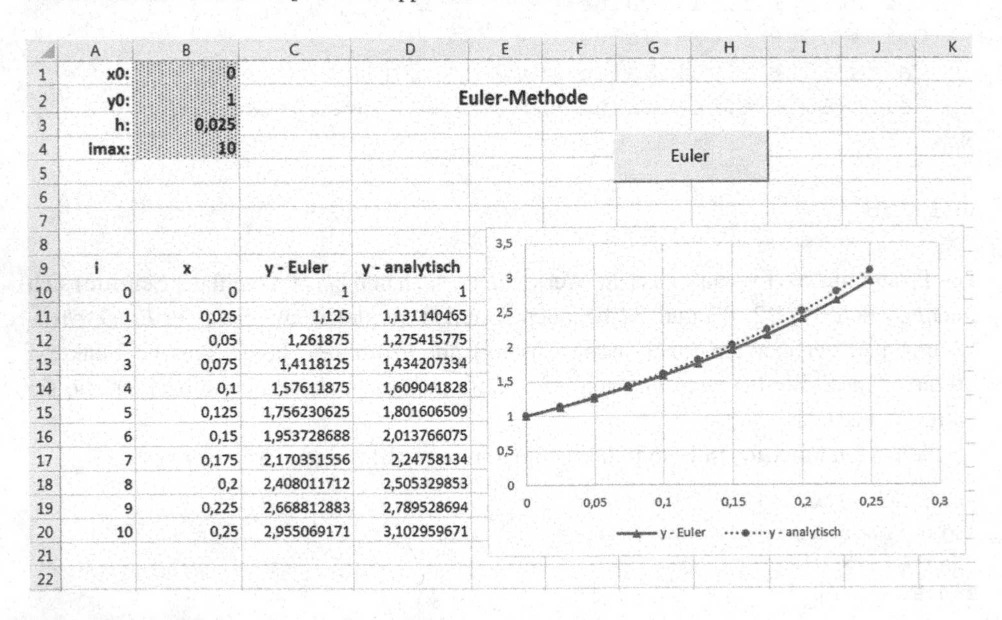

x0:	0
y0:	1
h:	0,025
imax:	10

Euler-Methode

Euler

i	x	y - Euler	y - analytisch
0	0	1	1
1	0,025	1,125	1,131140465
2	0,05	1,261875	1,275415775
3	0,075	1,4118125	1,434207334
4	0,1	1,57611875	1,609041828
5	0,125	1,756230625	1,801606509
6	0,15	1,953728688	2,013766075
7	0,175	2,170351556	2,24758134
8	0,2	2,408011712	2,505329853
9	0,225	2,668812883	2,789528694
10	0,25	2,955069171	3,102959671

Abb. 15.4 Auswirkung der Schrittweite [Arbeitsmappe: Euler.xlsm; Modul 1]

Von einer guten Übereinstimmung zwischen *Euler*-Lösung und analytischer Lösung kann man allerdings nicht sprechen. Das ändert sich aber, wenn wir eine kleinere Schrittweite h wählen. Die Abb. 15.4 gilt für h = 0,025 und zeigt eine deutliche Verbesserung.

15.2.1 Modell des logistischen Wachstums

Bei vielen Anwendungen liefert die *Euler*-Methode eine erste (grobe) Vorstellung von der Lösung eines Problems. Dieses Beispiel handelt vom Wachstum einer Population von Hefepilzen, Wasserflöhen, Bäumen, Tieren oder Menschen.

N_0 ist die Größe der Population zu Beginn des Studiums, N(t) ist die Größe zur Zeit t. In erster Näherung könnte man annehmen, dass die Wachstumsgeschwindigkeit (= Wachstumsrate) dN(t)/dt proportional ist zur augenblicklichen Größe N(t). Man könnte also mit dem folgenden Ansatz beginnen

$$dN(t)/dt = aN(t) \tag{15.3}$$

Hier ist a der Wachstumskoeffizient. Die Lösung dieser Differentialgleichung erster Ordnung ist die ständig wachsende Exponentialfunktion

$$N(t) = N_o \cdot e^{a(t-to)} \tag{15.4}$$

Zu Beginn des Wachstums trifft diese zu, jedoch wird nach einiger Zeit die Vergrößerung einer Population durch Umwelteinflüsse gebremst (für Details über Populationsmodelle siehe [24]).

Der belgische Mathematiker Pierre F. Verhulst führte 1837 einen Bremsterm in Gl. 15.3 ein, der tatsächlich zu einer Sättigung führt[1]. Dieses verbesserte Modell lautet:

$$dN(t)/dt = aN(t) - bN(t)^2 \tag{15.5}$$

b = Umwelttragfähigkeit (a und b sind beide positiv). Man kann dieses **logistische Wachstumsgesetz** exakt lösen und erhält:

$$N(t) = \frac{a}{b\left(1 + \frac{a-bN_0}{bN_0} e^{-at}\right)}$$

Unsere Absicht ist es jedoch, Gl. 15.5 numerisch mit dem *Euler*-Verfahren zu lösen. Man kann unser *Euler*-Programm leicht an die neue Situation anpassen, indem wir x durch t und y durch N(t) ersetzen, wie Abb. 15.5 zeigt.

Die Übereinstimmung zwischen numerischer (y-Euler) und analytischer Lösung ist befriedigend (vgl. Abb. 15.6). Die charakteristische S-Kurve (logistische Kurve) kommt deutlich zum Vorschein; sie strebt gegen den Wert a/b = 100.

Obgleich die *Euler*-Methode recht einfach ist und in vielen Fällen bei genügend kleiner Schrittweite gute Näherungen liefert, wird sie selten bei Anfangswert-Problemen benutzt, denn man kennt heute wesentlich exaktere Verfahren, die natürlich weitaus komplizierter sind als das Verfahren von *Euler*.

[1] In der Wirtschaft wird die Dynamik von Petroleumressourcen mit Modellen simuliert, die sich auf die *Verhulst*-Gleichung (Gl. 15.5) stützen.

(Allgemein)

```
Sub Euler2()
 Range("A10:D200").Clear
 x = Cells(1, 2).Value                    'x0
 y = Cells(2, 2).Value                    'y0
 h = Cells(3, 2).Value                    'Schrittweite
 imax = Cells(4, 2).Value                 'Anzahl der Schritte
 a = Cells(5, 2).Value                     'a und b: Parameter
                                          'vom Verhulst's Modell
 b = Cells(6, 2).Value
 y0 = y

 Cells(10, 1).Value = 0
 Cells(10, 2).Value = x
 Cells(10, 3).Value = y
 Cells(10, 4).Value = F0(a, b, x, y) 'analytisch

For i = 1 To imax Step 1
   y = y + h * F(a, b, y)
   x = x + h
   Cells(10 + i, 1).Value = i
   Cells(10 + i, 2).Value = x
   Cells(10 + i, 3).Value = y
   Cells(10 + i, 4).Value = F0(a, b, x, y0)
Next i

End Sub
Function F(a, b, y)
' Verhulst's Modell
 F = a * y - b * y ^ 2
End Function
Function F0(a, b, x, y0)          'analytisch
 F0 = a / (b * (1 + ((a - b * y0) / (b * y0)) * Exp(-a * x)))
End Function
```

Abb. 15.5 Angepasster *Euler*-Code [Arbeitsmappe: Wachstum.xlsm; Modul 1]

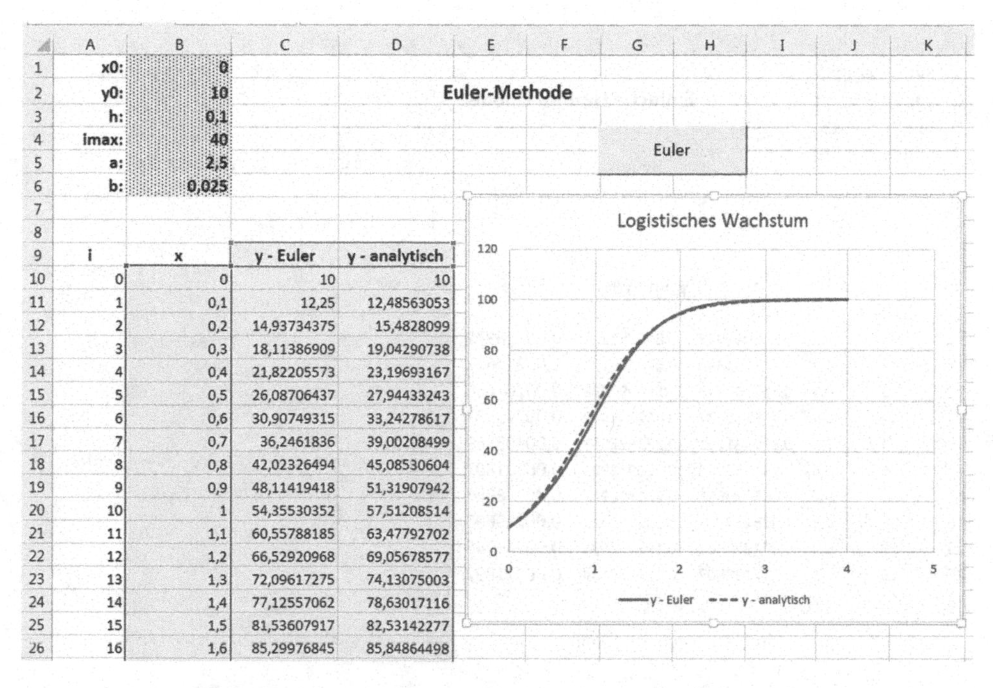

x0:	0
y0:	10
h:	0,1
imax:	40
a:	2,5
b:	0,025

i	x	y - Euler	y - analytisch
0	0	10	10
1	0,1	12,25	12,48563053
2	0,2	14,93734375	15,4828099
3	0,3	18,11386909	19,04290738
4	0,4	21,82205573	23,19693167
5	0,5	26,08706437	27,94433243
6	0,6	30,90749315	33,24278617
7	0,7	36,2461836	39,00208499
8	0,8	42,02326494	45,08530604
9	0,9	48,11419418	51,31907942
10	1	54,35530352	57,51208514
11	1,1	60,55788185	63,47792702
12	1,2	66,52920968	69,05678577
13	1,3	72,09617275	74,13075003
14	1,4	77,12557062	78,63017116
15	1,5	81,53607917	82,53142277
16	1,6	85,29976845	85,84864498

Abb. 15.6 Logistisches Wachstum [Arbeitsmappe: Wachstum.xlsm; Modul 1]

15.3 Verbesserte *Euler*-Verfahren (Methode von *Heun*)

Das *Euler*-Verfahren $\mathbf{y_{i+1} = y_i + h \cdot f(x_i, y_i)}$ benutzt immer die Steigung der Tangente an die Lösungskurve am Anfang des Intervalls $[x_i, x_{i+1}]$ und nimmt an, dass diese Steigung über dem ganzen Intervall konstant ist. Aber normalerweise sehen wir, dass sich die Tangentensteigung an die Lösungskurve in dem Intervall $[x_i, x_{i+1}]$ ändert. Man kann eine Verbesserung des Verfahrens erlangen, indem man die Tangentensteigung in der Intervallmitte oder sogar einen Mittelwert aus mehreren Steigungen in $[x_i, x_{i+1}]$ benutzt. So verwendet die nach K. Heun (1859–1929) benannte Methode das Mittel aus den Steigungen an den Intervallgrenzen. Im Übrigen werden aber dieselben Schritte ausgeführt, die uns zu den Formeln aus Abschn. 15.2 führten.

Wir kehren also wieder zu Gl. 15.2 zurück und ersetzen die Steigung $(f(x_i, y(x_i))$ durch das Mittel

$$m_i = (f(x_i, y(x_i)) + f(x_{i+1}, y(x_{i+1}))/2$$

Gleichung 15.2 lautet jetzt $y_{i+1} = y(x_i) + h\ (f(x_i, y(x_i)) + f(x_{i+1}, y(x_{i+1})))/2$ und ist eine Näherung für $y(x_{i+1})$. Wie vorher benutzen wir y_i als Näherung für $y(x_i)$.

Im Allgemeinen ist $y(x_{i+1})$ nicht bekannt, und wir werden es durch die Näherung $y(x_{i+1}) \approx y_{i+1} = y_i + h\ f(x_i, y_i)$ ersetzen.

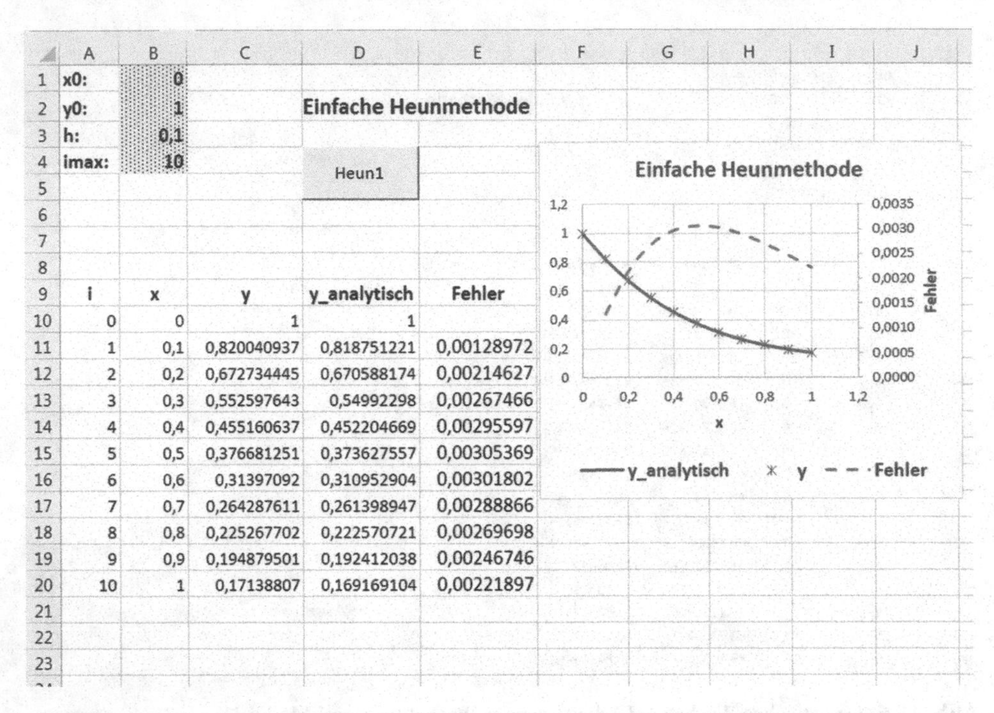

x0:	0
y0:	1
h:	0,1
imax:	10

Einfache Heunmethode

Heun1

i	x	y	y_analytisch	Fehler
0	0	1	1	
1	0,1	0,820040937	0,818751221	0,00128972
2	0,2	0,672734445	0,670588174	0,00214627
3	0,3	0,552597643	0,54992298	0,00267466
4	0,4	0,455160637	0,452204669	0,00295597
5	0,5	0,376681251	0,373627557	0,00305369
6	0,6	0,31397092	0,310952904	0,00301802
7	0,7	0,264287611	0,261398947	0,00288866
8	0,8	0,225267702	0,222570721	0,00269698
9	0,9	0,194879501	0,192412038	0,00246746
10	1	0,17138807	0,169169104	0,00221897

Abb. 15.7 Einfache *Heun*-Methode [Arbeitsmappe: Heun.xlsm; Blatt: Heun 1; Makro: Heun1]

Die Rekursionsformel der verbesserten *Euler*-Methode oder der Methode von *Heun* lautet schließlich

$$y_{i+1} = y_i + h/2\ (f(x_i,y_i) + f(x_{i+1}, y_i + h\ f(x_i,y_i)))$$

Für das praktische Rechnen ist die Einführung der folgenden Ausdrücke nützlich:

$$k_{1i} = f(x_i, y_i)$$
$$k_{2i} = f(x_i + h,\ y_i + hk_{1i})$$
$$y_{i+1} = y_i + h(k_{1i} + k_{2i})/2$$

Im Programm "Heun" wird dies ausgeführt.

▶ Die *Heun*-Methode hat einen globalen Rundungsfehler von der Größenordnung $O(h^2)$, und man kann feststellen, dass man durch Halbierung der Schrittweite h eine Fehlerreduzierung um den Faktor 1/4 erhält. Das Symbol $O(h^2)$ will besagen, dass die *Heun*-Methode mit einer Taylorentwicklung bis auf Terme der Ordnung h^2 übereinstimmt.

Nun wollen wir diese Methode benutzen, um folgende Differentialgleichung erster Ordnung zu lösen:

$\mathbf{y' = -2 + y \cdot x^3 \cdot e^{-2x}}$ mit der Anfangsbedingung $x_0 = 0$, $y_0 = 1$. Zum Vergleich, stellen wir die analytisch bekannte Lösung dar: $\mathbf{y = e^{-2x}\,(x^4 + 4)/4}$ (vgl. Abb. 15.7).

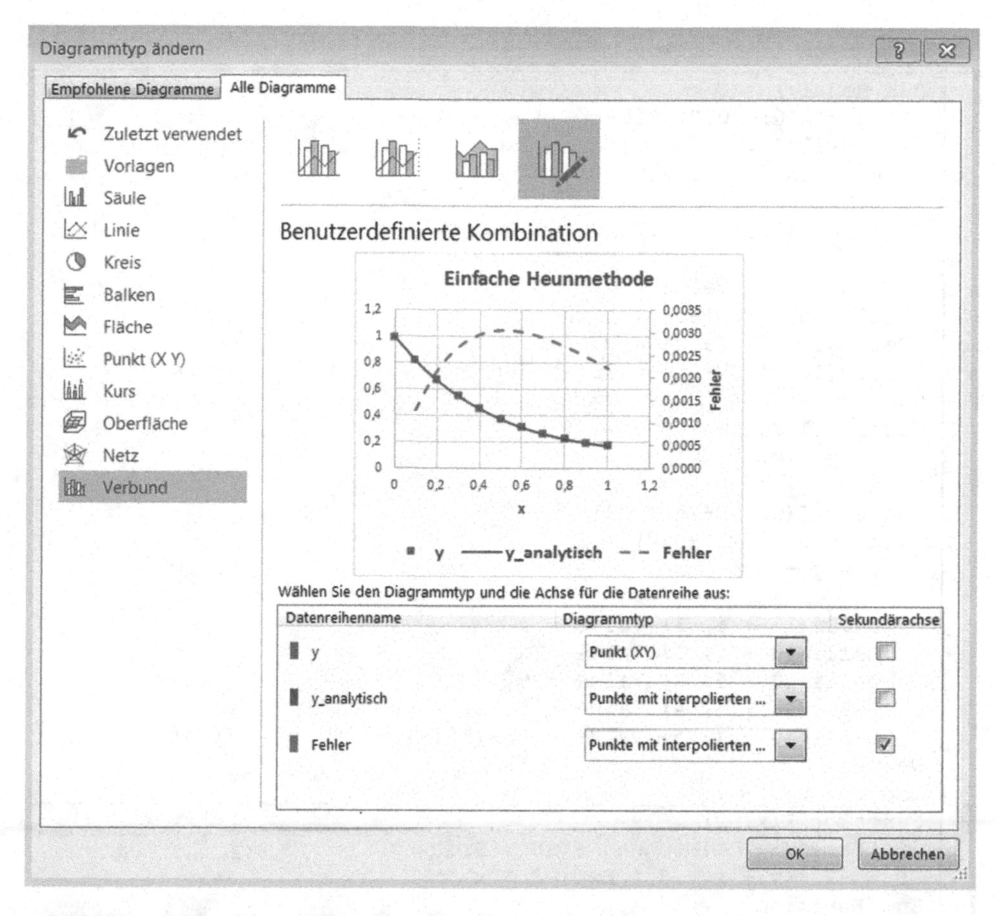

Abb. 15.8 Dialogfenster *Diagrammtyp ändern*

Die Unterschiede zwischen der mit der *Heun*-Methode errechneten Lösung und der analytischen Lösung sind grafisch kaum zu erkennen, deswegen haben wir ihre Differenz (Fehler) extra rechnen lassen und auf einer sekundären Achse eingetragen. Dafür den Bereich B9:E20 markieren und das *Punkt(XY)*-Diagramm wie gewöhnt erstellen. Anschließend rechtsklicken auf das Diagramm, *Diagrammtyp ändern...* wählen und im Dialogfenster (siehe Abb. 15.8) die gewünschten Änderungen vornehmen.

Die Ergebnisse dieses Arbeitsblattes wurden mit dem Programm aus Abb. 15.9 erzeugt.

Man kann die *Heun*-Methode sogar verbessern, wenn man in jedem Punkt x_i zunächst das Ergebnis durch "innere Iteration" verbessert, ehe zum nächsten Punkt x_{i+1} weitergegangen wird. Die *Heunsche* Methode mit "innerer Iteration" ist nochmals genauer, wie wir aus dem folgenden Arbeitsblatt "Heun2" ersehen können (vgl. Abb. 15.10). Das

(Allgemein)

```
Sub Heun1()
 Range("A10:D200").Clear
 x = Cells(1, 2).Value        'x0
 y = Cells(2, 2).Value        'y0
 h = Cells(3, 2).Value        'Schrittweite
 imax = Cells(4, 2).Value     'Anzahl der Schritte

 Cells(10, 1).Value = 0
 Cells(10, 2).Value = x
 Cells(10, 3).Value = y
 Cells(10, 4).Value = F0(x) 'analytisch

For i = 1 To imax Step 1
   k1 = F(x, y)
   x = x + h
   k2 = F(x, y + h * k1)
   dy = h * (k1 + k2) / 2
   y = y + dy

   Cells(10 + i, 1).Value = i
   Cells(10 + i, 2).Value = x
   Cells(10 + i, 3).Value = y
   Cells(10 + i, 4).Value = F0(x)                   'analytisch
   Cells(10 + i, 5).Value = Abs(F0(x) - y)          'Fehler
Next i
End Sub
Function F(x, y)
'Differenzial Gleichung erster Ordnung
 F = -2 * y + x ^ 3 * Exp(-2 * x)
End Function
Function F0(x) 'analytisch
 F0 = Exp(-2 * x) * (x ^ 4 + 4) / 4
End Function
```

Überwachungsausdrücke

Abb. 15.9 Code für die Methode von *Heun* [Arbeitsmappe: Heun.xlsm; Modul1; Makro: Heun1]

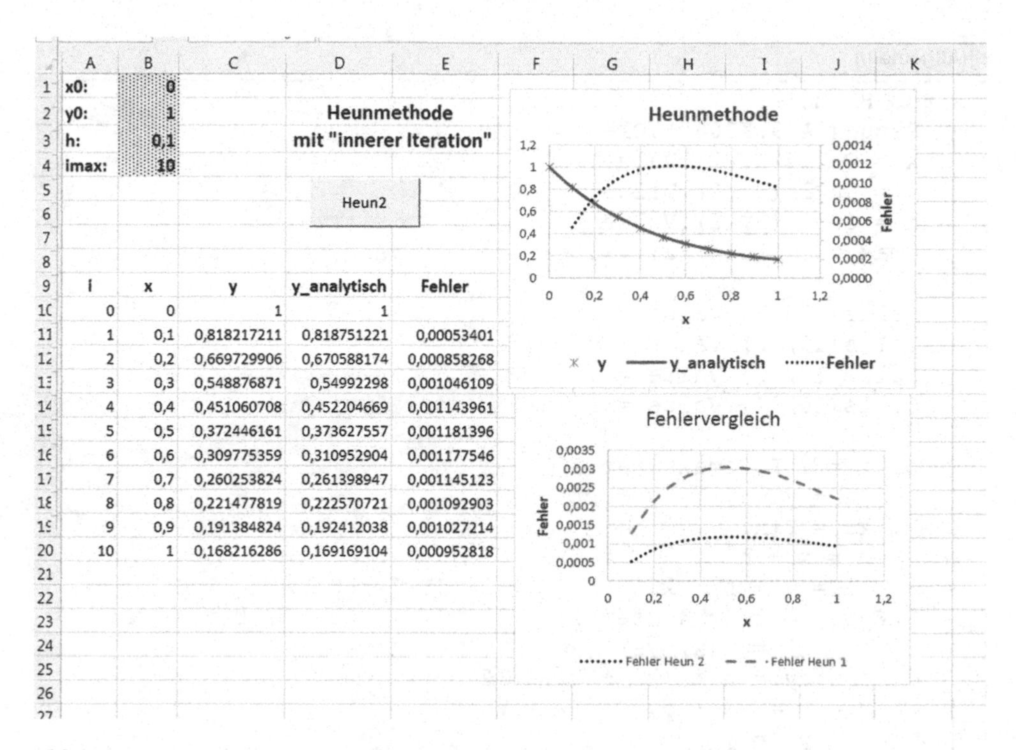

	A	B	C	D	E
1	x0:	0			
2	y0:	1		Heunmethode	
3	h:	0,1		mit "innerer Iteration"	
4	imax:	10			
9	i	x	y	y_analytisch	Fehler
10	0	0	1	1	
11	1	0,1	0,818217211	0,818751221	0,00053401
12	2	0,2	0,669729906	0,670588174	0,000858268
13	3	0,3	0,548876871	0,54992298	0,001046109
14	4	0,4	0,451060708	0,452204669	0,001143961
15	5	0,5	0,372446161	0,373627557	0,001181396
16	6	0,6	0,309775359	0,310952904	0,001177546
17	7	0,7	0,260253824	0,261398947	0,001145123
18	8	0,8	0,221477819	0,222570721	0,001092903
19	9	0,9	0,191384824	0,192412038	0,001027214
20	10	1	0,168216286	0,169169104	0,000952818

Abb. 15.10 *Heun*-Methode mit "innerer Iteration" [Arbeitsmappe: Heun.xlsm; Blatt: Heun 2; Modul2; Makro: Heun2]

Diagramm mit dem Fehlervergleich enthält Daten aus den zwei Arbeitsblättern "Heun 1" und
"Heun 2". Wir haben es folgendermaßen erstellt:

1. B8:B20 und E9:E20 aus dem Blatt "Heun 2" markieren und *Punkt(XY)*-Diagramm anfertigen.
2. Rechtsklicken auf das Diagramm und *Daten auswählen...* > *Hinzufügen* wählen. Im dann erscheinenden Dialogfenster die entsprechenden Daten für *Werte der Reihe X* und *Werte der Reihe Y* aus dem Blatt "Heun1" eintragen.

Die Abb. 15.11 zeigt den Programmcode für die verbesserte *Heun*-Methode.

```
(Allgemein)
Sub Heun2()
 Range("A10:E200").Clear
 x = Cells(1, 2).Value              'x0
 y = Cells(2, 2).Value              'y0
 h = Cells(3, 2).Value              'Schrittweite
 imax = Cells(4, 2).Value           'Anzahl der Schritte

 Cells(10, 1).Value = 0
 Cells(10, 2).Value = x
 Cells(10, 3).Value = y
 Cells(10, 4).Value = F0(x)        'analytisch

For i = 1 To imax Step 1
    ya = y 'alter y-Wert
    k1 = F(x, y)
    x = x + h
    ye = y + h * k1                 'Euler-Wert
   For j = 1 To 4 Step 1            '4 innere Iterationen
        k2 = F(x, ye)
        dy = h * (k1 + k2) / 2
        y = ya + dy
        ye = y
   Next j
   ya = y
   Cells(10 + i, 1).Value = i
   Cells(10 + i, 2).Value = x
   Cells(10 + i, 3).Value = y
   Cells(10 + i, 4).Value = F0(x)               'analytisch
   Cells(10 + i, 5).Value = Abs(F0(x) - y)     'Fehler
Next i
End Sub
```

Abb. 15.11 Programmcode für die Subroutine Heun2 [Arbeitsmappe: Heun.xlsm; Modul 2; Makro: Heun2]

15.4 *Runge-Kutta*-Verfahren

Selbst das verbesserte Verfahren von *Heun* kann nicht mit dem Verfahren von *Runge* und *Kutta* konkurrieren. Das *Runge-Kutta*-Verfahren zählt zu den beliebtesten Methoden bei der Lösung von Anfangswertproblemen. (C. Runge 1856–1927, W. Kutta 1867–1944). Im Gegensatz zur *Heunschen*-Methode wird beim ***RK***-Verfahren die Funktion f(x, y) nicht nur zweimal, sondern viermal berechnet (an vier Punkten des Intervalls $[x_i, x_{i+1}]$), und man reduziert damit den globalen Rundungsfehler auf $O(h^4)$.

▶ Das ***RK***-Verfahren, das wir benutzen werden, ist auch bekannt als ***RK*** vierter Ordnung. Die *Heun*-Methode war von zweiter und die von *Euler* von erster Ordnung.

Wir werden den ***RK***-Algorithmus so darstellen, als wäre er eine einfache Abwandlung des *Euler*-Verfahrens.

•

15.4.1 Algorithmus von *Runge-Kutta* vierter Ordnung für y′ = f(t, y)

Da wir in den Anwendungen meistens die Zeit als unabhängige Variable haben, benutzen wir t statt x und v statt y′. Das Symbol <v> bezeichnet den Mittelwert von vier Ableitungen (Geschwindigkeiten) des ***RK***-Verfahrens.

$$t_{n+1} = t_n + h$$
$$y_{n+1} = y_n + h <v>,$$

mit

$$<v> := (v_1 + 2v_2 + 2v_3 + v_4)/6 \tag{15.6}$$

Die vier Ableitungen berechnen wir nach dem folgenden Schema:

$$\begin{aligned} v_1 &:= f(t,y) \\ v_2 &:= f(t + h/2, y + v_1 \cdot h/2) \\ v_3 &:= f(t + h/2,\ y + v_2 \cdot h/2) \\ v_4 &:= f(t + h,\ y + v_3 \cdot h)p \end{aligned} \tag{15.7}$$

Wir benutzen als Beispiel folgende Differentialgleichung erster Ordnung:

$\mathbf{Y' = 2 \cdot (x^2 + y)}$ mit der Anfangsbedingung $x_0 = 0$, $y_0 = 1$. Zum Vergleich benutzen wir Funktion F0 mit der bekannten analytischen Lösung: $\mathbf{y = 1{,}5 \cdot e^{2x} - x^2 - x - 0{,}5}$.

Die VBA-Implementierung der Gl. 15.6 und Schema Gl. 15.7 ist einfach (vgl. Abb. 15.12). Wir haben x stehengelassen, um zu zeigen, dass das Programm sich aus dem *Euler*-Schema ergibt.

Die Ergebnisse zeigen, dass die Fehler nur von der Ordnung 10^{-6} sind (vgl. Abb. 15.13). Bei der *Euler*-Methode fanden wir Fehler der Größenordnung 10^{-2}. Die *Euler*-Methode hat aber einen großen didaktischen Wert und ist hilfreich beim Studium genauerer Verfahren.

```
(Allgemein)
Sub Runge_Kutta1()
'für eine Diff. Gl. erster Ordnung y'= f(t,y)
 Range("A10:E200").Clear
 x = Cells(1, 2).Value                'x0
 y = Cells(2, 2).Value                'y0
 h = Cells(3, 2).Value                'Schrittweite
 imax = Cells(4, 2).Value             'Anzahl der Schritte

 Cells(10, 1).Value = 0
 Cells(10, 2).Value = x      ' = t in den Anwendungen
 Cells(10, 3).Value = y
 Cells(10, 4).Value = F0(x) 'analytisch
For i = 1 To imax Step 1
   v1 = F(x, y)
   v2 = F(x + h / 2, y + v1 * h / 2)
   v3 = F(x + h / 2, y + v2 * h / 2)
   v4 = F(x + h, y + v3 * h)
   y = y + h * (v1 + 2 * v2 + 2 * v3 + v4) / 6
   x = x + h
   Cells(10 + i, 1).Value = i
   Cells(10 + i, 2).Value = x
   Cells(10 + i, 3).Value = y
   Cells(10 + i, 4).Value = F0(x)              'analytisch
   Cells(10 + i, 5).Value = Abs(F0(x) - y)    'Fehler
Next i
End Sub
Function F(x, y)
'Differenzial Gleichung erster Ordnung
 F = 2 * (x ^ 2 + y)
End Function
Function F0(x) 'analytisch
 F0 = 1.5 * Exp(2 * x) - x ^ 2 - x - 0.5
End Function
```

Abb. 15.12 – VBA-Code für *Runge-Kutta* vierter Ordnung für $y' = f(t, y)$ [Arbeitsmappe: Runke_Kutta.xlsm; Modul 1]

Abb. 15.13 *Runge-Kutta* vierter Ordnung für $y' = 2 \cdot (x^2 + y)$ [Arbeitsmappe: Runge_Kutta.xlsm]

	A	B	C	D	E
1	x0:	0			
2	y0:	1		Runge-Kutta y'(x,y)	
3	h:	0,1			
4	imax:	5		Runge_Kutta1	
5					
6					
7					
8					
9	i	x	y	y_analytisch	Fehler
10	0	0	1	1	
11	1	0,1	1,222101667	1,222104137	2,47057E-06
12	2	0,2	1,497730642	1,497737046	6,40413E-06
13	3	0,3	1,843165873	1,843178201	1,23274E-05
14	4	0,4	2,278290464	2,278311393	2,09285E-05
15	5	0,5	2,82738964	2,827422743	3,3103E-05
16					

15.4.2 Radioaktiver Zerfall

Der radioaktive Zerfall ist das Gegenstück zum exponentiellen Wachstum zweier gekoppelter Populationen. Eine radioaktive Substanz bestehe zum Zeitpunkt $t = 0$ aus einer Anzahl $A(0) := A_0$ radioaktiver Atome. Nach Ablauf der Zeit t sei von der Muttersubstanz A eine gewisse Anzahl von Atomen zerfallen, die ihrerseits eine Tochtersubstanz B bilden, die ebenfalls zerfällt und C erzeugt. Die Reaktionskinetik stellt diese **Folgereaktionen** durch folgende Symbolkette dar:

$$A - k_1 \rightarrow B - k_2 \rightarrow C$$

A, B, C sind die Konzentrationen der Reaktionspartner (Reaktanden), k_1 und k_2 sind die Zerfallsgeschwindigkeiten (*rate constants*). Beim radioaktiven Zerfall sagt man statt k_1, k_2 meist λ_A und λ_B. λ_A ist die Zerfallskonstante der Muttersubstanz. $A(t) =$ Anzahl der Atome der Muttersubstanz zur Zeit t. λ_B ist die Zerfallskonstante der Tochtersubstanz. $B(t) =$ Anzahl der Atome der Tochtersubstanz zur Zeit t.

Die Anzahl der in der Zeiteinheit zerfallenden Atome ist proportional zur jeweilig vorhandenen Gesamtzahl, d. h. es gilt:

$$\frac{dA(t)}{dt} = -\lambda_A A(t) \qquad (15.8)$$

Während B zerfällt, erhält sie fortwährend Teilchen, die von der Muttersubstanz A stammen. D. h. wir haben die Gleichung

$$\frac{dB(t)}{dt} = -\lambda_B B(t) + \lambda_A A(t) \qquad (15.9)$$

Die Differentialgleichungen Gl. 15.8 und 15.9 beschreiben den radioaktiven Zerfall von Mutter-und Tochtersubstanz, d. h. sie müssen **gemeinsam** gelöst werden.

Es handelt sich um ein **System** zweier gekoppelter Differentialgleichungen erster Ordnung. Wir werden das einfache *Euler*-Verfahren einsetzen, aber auch das *Runge-Kutta*-Verfahren derart modifizieren, dass es ebenfalls die Lösung eines Systems zweier

```
(Allgemein)
Sub Euler2()
 Range("A10:D200").Clear
 t = Cells(1, 2).Value       't0
 x = Cells(2, 2).Value       'x0
 y = Cells(3, 2).Value       'y0
 h = Cells(4, 2).Value       'Schrittweite
 imax = Cells(5, 2).Value    'Anzahl der Schritte

 Cells(10, 1).Value = t
 Cells(10, 2).Value = x
 Cells(10, 3).Value = y

For i = 1 To imax Step 1
   F1 = F(x)
   G1 = G(x, y)
   x = x + h * F1
   y = y + h * G1
   t = t + h
   Cells(10 + i, 1).Value = t
   Cells(10 + i, 2).Value = x
   Cells(10 + i, 3).Value = y

Next i
End Sub
Function F(x)
'erste Diff. Gl.
 F = -1 * x
End Function
Function G(x, y)
'zweite Diff. Gl.
 G = -0.5 * y + 1 * x
End Function
```

Abb. 15.14 Programm "Euler2" [Arbeitsmappe: Radioaktiver Zerfall.xlsm; Blatt: Euler2; Modul 1]

gekoppelter Differentialgleichungen erlaubt. Im folgenden Programm "Euler2" war es nur nötig, die Zeit t einzuführen und eine zweite Funktion G(x, t) für dB(t)/dt (vgl. Abb. 15.14).

Im Arbeitsblatt sehen wir den Zerfallsvorgang für die Konstanten $\lambda_A = 1$ und $\lambda_B = 0{,}5$ (vgl. Abb. 15.15). Die Anfangswerte stehen in B1:B3. Für $x_0 = A_0$ haben wir den Wert 100 gewählt, für $y_0 = B_0$ nehmen wir 0. (x: = A und y: = B).

Wir wissen schon, dass die *Eulersche*-Methode nicht sehr genau ist und dass es nötig ist, ein genaueres Verfahren zu wählen, etwa das von *Runge* und *Kutta.* Das folgende Arbeitsblatt zeigt uns, dass man mit dem ***RK***-Verfahren eine sehr gute Übereinstimmung von analytischer und numerischer Lösung erhält (siehe Abb. 15.16).

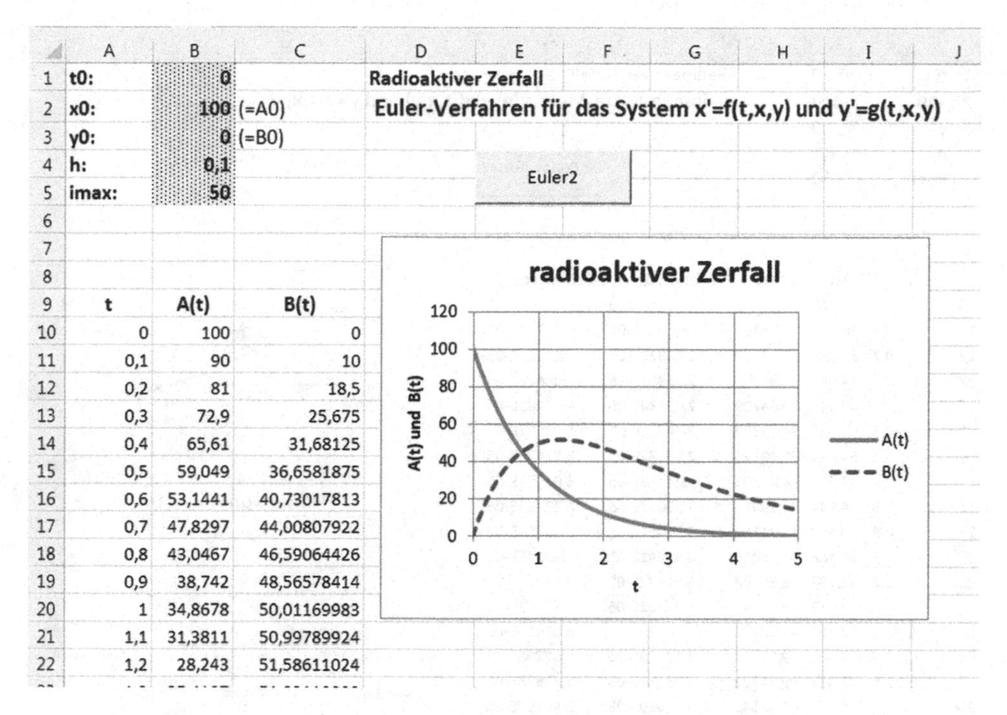

t	A(t)	B(t)
0	100	0
0,1	90	10
0,2	81	18,5
0,3	72,9	25,675
0,4	65,61	31,68125
0,5	59,049	36,6581875
0,6	53,1441	40,73017813
0,7	47,8297	44,00807922
0,8	43,0467	46,59064426
0,9	38,742	48,56578414
1	34,8678	50,01169983
1,1	31,3811	50,99789924
1,2	28,243	51,58611024

Abb. 15.15 Radioaktiver Zerfall mit *Euler* [Arbeitsmappe: Radioaktiver Zerfall.xlsm; Blatt: Euler2]

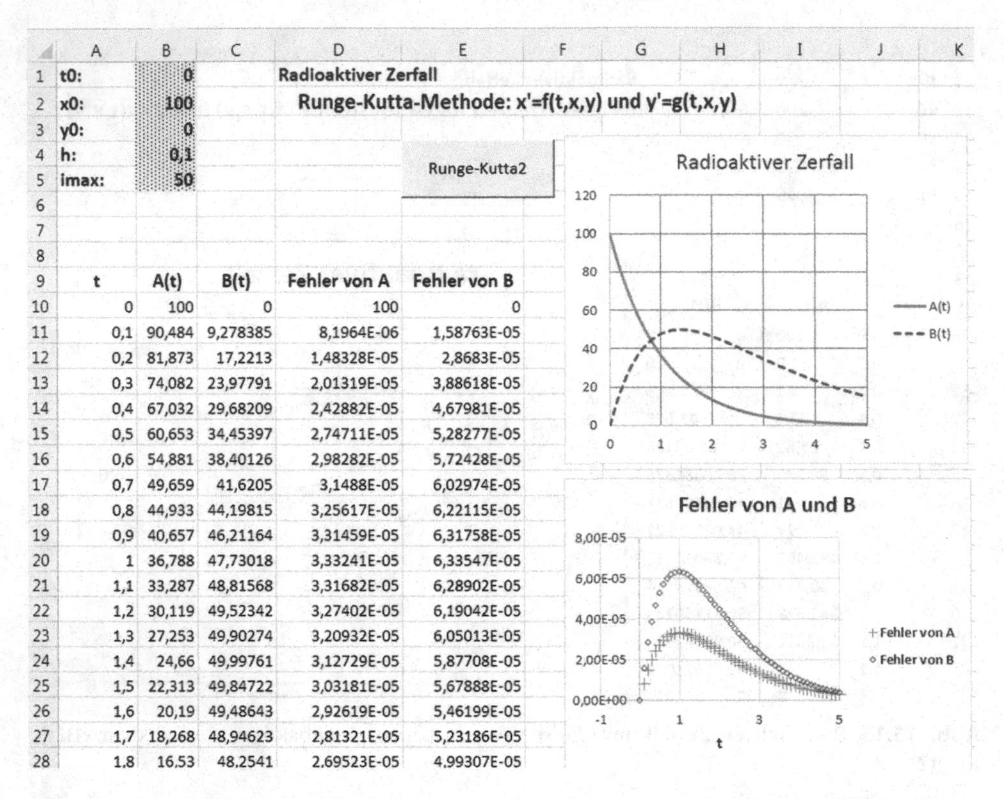

	A	B	C	D	E
1	t0:	0		Radioaktiver Zerfall	
2	x0:	100		Runge-Kutta-Methode: x'=f(t,x,y) und y'=g(t,x,y)	
3	y0:	0			
4	h:	0,1			
5	imax:	50			
6					
7					
8					
9	t	A(t)	B(t)	Fehler von A	Fehler von B
10	0	100	0	100	0
11	0,1	90,484	9,278385	8,1964E-06	1,58763E-05
12	0,2	81,873	17,2213	1,48328E-05	2,8683E-05
13	0,3	74,082	23,97791	2,01319E-05	3,88618E-05
14	0,4	67,032	29,68209	2,42882E-05	4,67981E-05
15	0,5	60,653	34,45397	2,74711E-05	5,28277E-05
16	0,6	54,881	38,40126	2,98282E-05	5,72428E-05
17	0,7	49,659	41,6205	3,1488E-05	6,02974E-05
18	0,8	44,933	44,19815	3,25617E-05	6,22115E-05
19	0,9	40,657	46,21164	3,31459E-05	6,31758E-05
20	1	36,788	47,73018	3,33241E-05	6,33547E-05
21	1,1	33,287	48,81568	3,31682E-05	6,28902E-05
22	1,2	30,119	49,52342	3,27402E-05	6,19042E-05
23	1,3	27,253	49,90274	3,20932E-05	6,05013E-05
24	1,4	24,66	49,99761	3,12729E-05	5,87708E-05
25	1,5	22,313	49,84722	3,03181E-05	5,67888E-05
26	1,6	20,19	49,48643	2,92619E-05	5,46199E-05
27	1,7	18,268	48,94623	2,81321E-05	5,23186E-05
28	1,8	16,53	48,2541	2,69523E-05	4,99307E-05

Abb. 15.16 Radioaktiver Zerfall mit *Runge-Kutta* [Arbeitsmappe: Radioaktiver Zerfall.xlsm; Blatt: R_K2]

```
(Allgemein)
Sub Runge_Kutta2()
 Range("A10:E200").Clear
 t = Cells(1, 2).Value        't0
 x = Cells(2, 2).Value        'x0
 y = Cells(3, 2).Value        'y0
 h = Cells(4, 2).Value        'Schrittweite
 imax = Cells(5, 2).Value     'Anzahl der Schritte

 Cells(10, 1).Value = t
 Cells(10, 2).Value = x
 Cells(10, 3).Value = y
 Cells(10, 4).Value = F0(t) 'x_analytisch
 Cells(10, 5).Value = G0(t) 'y_analytisch

For i = 1 To imax Step 1
   v1 = F(t, x, y)
   a1 = G(t, x, y)
   v2 = F(t + h / 2, x + v1 * h / 2, y + a1 * h / 2)
   a2 = G(t + h / 2, x + v1 * h / 2, y + a1 * h / 2)
   v3 = F(t + h / 2, x + v2 * h / 2, y + a2 * h / 2)
   a3 = G(t + h / 2, x + v2 * h / 2, y + a2 * h / 2)
   v4 = F(t + h, x + v3 * h, y + a3 * h)
   a4 = G(t + h, x + v3 * h, y + a3 * h)
   x = x + h * (v1 + 2 * v2 + 2 * v3 + v4) / 6
   y = y + h * (a1 + 2 * a2 + 2 * a3 + a4) / 6
   t = t + h
   Cells(10 + i, 1).Value = t
   Cells(10 + i, 2).Value = x
   Cells(10 + i, 3).Value = y
   Cells(10 + i, 4).Value = Abs(F0(t) - x) 'Fehler von x
   Cells(10 + i, 5).Value = Abs(G0(t) - y) 'Fehler von y

Next i
End Sub
```

Abb. 15.17 Programm Runge_Rutta2 [Arbeitsmappe: Radioaktiver Zerfall.xlsm; Modul 2]

Die analytischen Lösungen der Zerfallsgleichungen sind:

$$A(t) = A_0 e^{-\lambda_A t}$$

$$B(t) = \frac{A_0 \lambda_A}{\lambda_B - \lambda_A}(e^{-\lambda_A t} - e^{-\lambda_B t})$$

Das entsprechende Programm befindet sich in der Abb. 15.17. Bei diesem Programm war es nötig, den *Runge-Kutta*-Algorithmus von Abb. 15.12 zu modifizieren, um das System zweier Differentialgleichungen erster Ordnung $x' = f(t,x,y)$ und $y' = g(t,x,y)$ zu lösen.

Die Änderung besteht aber nur darin, eine zweite Gleichung, nämlich $g(t,x,y)$ einzuführen. Um das Programm aber auch bei anderen physikalischen Problemen anwenden zu können, haben wir die Symbole v (Geschwindigkeit) und a (Beschleunigung) anstelle von x' und y' benutzt.

Die Funktionen finden Sie in Abb. 15.18.

```
Function F(t, x, y)
'erste Diff. Gl.
 F = -1 * x
End Function
Function G(t, x, y)
'zweite Diff. Gl.
  G = -0.5 * y + 1 * x
End Function
Function F0(t) 'x_analytisch
 F0 = 100 * Exp(-1 * t)
End Function
Function G0(t) 'y_analytisch
 G0 = 100 * (Exp(-1 * t) - Exp(-0.5 * t)) / (0.5 - 1)
End Function
```

Abb. 15.18 Funktionen für den radioaktiven Zerfall [Arbeitsmappe: Radioaktiver Zerfall.xlsm; Modul 2]

15.4.3 Gleichungen von *Lotka* und *Volterra*

Der Kampf ums Dasein ("fressen oder gefressen werden") gestaltet sich mathematisch in Form eines gekoppelten, nichtlinearen Gleichungspaares

$$x' = ax - bxy \text{ und } y' = -cy + dxy, \quad (15.10)$$

das sich mithilfe einfacher Funktionen nicht lösen lässt.

Die klassische Anwendung ist das Zusammenleben von Hasen (*prey*, Beute) und Füchsen (*predator*, Räuber). Das mathematische Modell (Gl. 15.10) wird nach den Mathematikern V. Volterra (1860–1940) und A.J. Lotka (1880–1925) bezeichnet.

$y(t) =$ Anzahl der Füchse zur Zeit t, $x(t) =$ Zahl der Hasen zur Zeit t. Die Parameter a, b, c, d stellen die Intensität der Wechselwirkung zwischen den beiden Spezies dar.

Wir lösen das Problem der Gl. 15.10 mithilfe des Programms "Runge_Kutta2" (vgl. Abb. 15.17).

Die Funktionen lauten hier:

```
Function F(t, x, y)
F = 2 * x - 0.01 * x * y
End Function
-----------------------------------------------------------------------
Function G(t, x, y)
  G = -1 * y + 0.01 * x * y
End Function
```

Die Lösung steht in Abb. 15.19. Der "Orbit" beginnt mit 100 Hasen und 60 Füchsen und wird im mathematisch positiven Sinn durchlaufen. Die Zahl der "Akteure" nimmt zunächst zu, bis die Hasen sich auf etwa 310 vermehrt haben. Die Zahl der Füchse nimmt weiter zu,

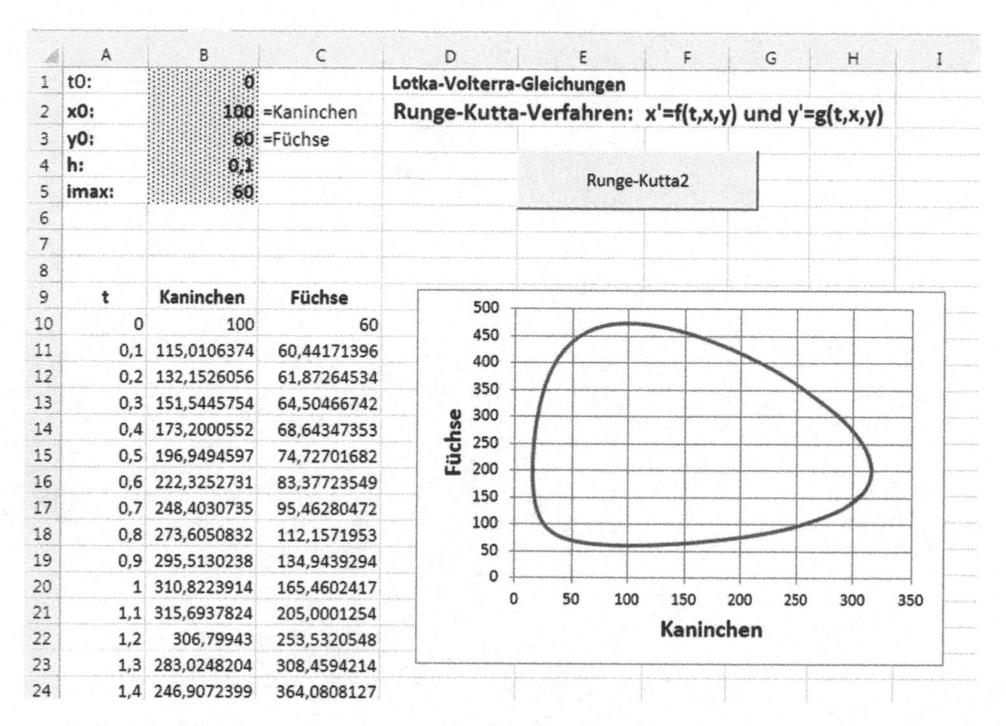

t	Kaninchen	Füchse
0	100	60
0,1	115,0106374	60,44171396
0,2	132,1526056	61,87264534
0,3	151,5445754	64,50466742
0,4	173,2000552	68,64347353
0,5	196,9494597	74,72701682
0,6	222,3252731	83,37723549
0,7	248,4030735	95,46280472
0,8	273,6050832	112,1571953
0,9	295,5130238	134,9439294
1	310,8223914	165,4602417
1,1	315,6937824	205,0001254
1,2	306,79943	253,5320548
1,3	283,0248204	308,4594214
1,4	246,9072399	364,0808127

Abb. 15.19 Lösung der *Lotka-Volterra*-Gleichungen [Arbeitsmappe: Lotka_Volterra.xlsm; Modul 1]

aber die der Hasen schrumpft. Die Füchse erreichen ein Maximum bei etwa 470 Tieren. Dann macht sich der Hasenmangel in einer drastischen Abnahme der Fuchspopulation bemerkbar.

Geht man von gleicher Anfangszahl der Hasen aus und erhöht die anfängliche Fuchszahl, so wird der Durchmesser des Orbits immer kleiner. Beginnt man mit 100 Hasen und 200 Füchsen, so besteht der Orbit aus nur einem Punkt. Ab diesem Punkt ist das Modell Gl. 15.10 mit $a = 2$, $b = 0{,}01$, $c = 1$ und $d = 0{,}01$ nicht mehr gültig. Wenn Sie mit größeren Tiermengen experimentieren möchten, müssen Sie andere Parameter wählen.

Lineare und nichtlineare Differenzialgleichungen zweiter Ordnung

16

Zusammenfassung

Die Verfahren, die wir im letzten Kapitel entwickelt haben, lassen sich ohne weiteres auf die Lösung von Differenzialgleichungen zweiter Ordnung oder auf Systeme gekoppelter Gleichungen dieser Art verallgemeinern. Wir illustrieren dies anhand von Problemen aus verschiedenen Gebieten der Mechanik, der Astronomie, der Elektrodynamik und der Atom- und Kernphysik.

16.1 Rückführung einer Differentialgleichung zweiter Ordnung auf zwei Gleichungen erster Ordnung

Im vorigen Kapitel haben wir Methoden zur numerischen Lösung von Differentialgleichungen erster Ordnung kennengelernt. Wir konnten diese Verfahren ausdehnen auf Systeme von Differentialgleichungen erster Ordnung. Nun kann man zeigen, dass diese Methoden auch auf Differentialgleichungen höherer Ordnung angewandt werden können, z. B. auf $x''(t) = \varphi(t, x(t), x'(t))$, denn diese Gleichung kann zurückgeführt werden auf ein System zweier Gleichungen erster Ordnung, nämlich auf

$$\begin{aligned} x' &= y \\ y' &= \varphi(t, x, y) \end{aligned} \tag{16.1}$$

16.1.1 Pendelbewegung mit beliebiger Amplitude

Wir können die dimensionslose Pendelgleichung $x'' = -\sin(x)$ auf $x' = y$ und $y' = x'' = -\sin(x)$ reduzieren. Für die Lösung dieses Systems benutzen wir das Programm

F. J. Mehr, M. T. Mehr, *Excel und VBA*, DOI 10.1007/978-3-658-08886-6_16

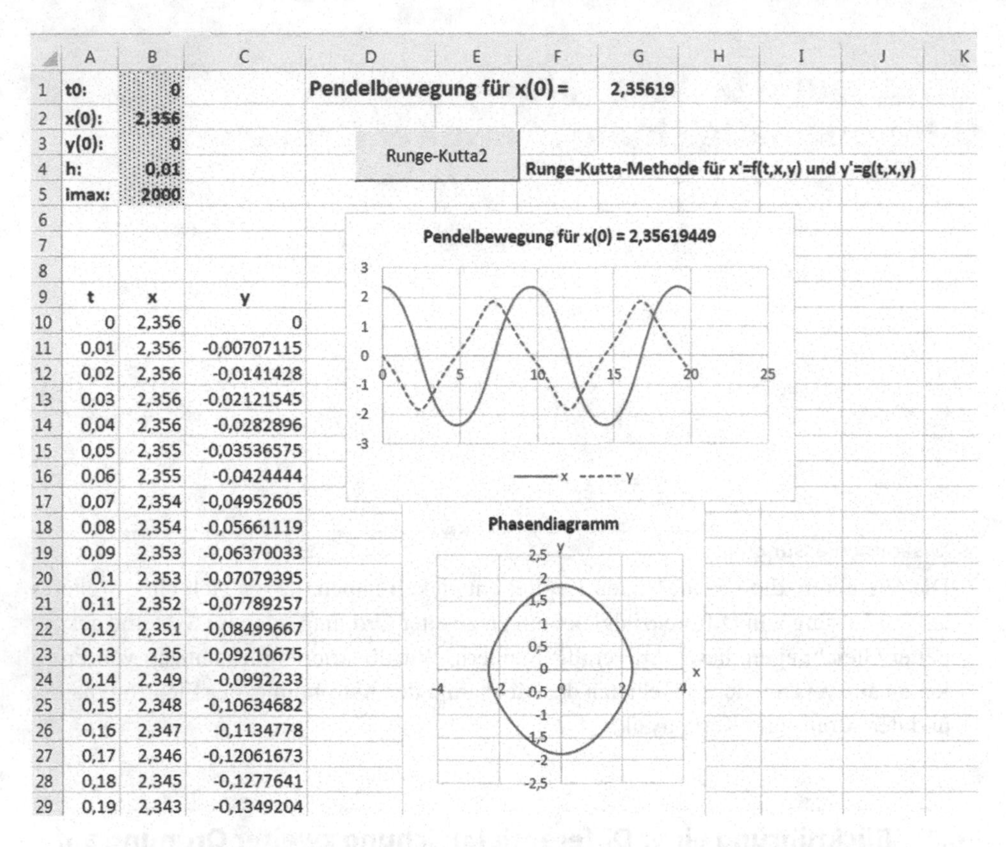

	A	B
1	t0:	0
2	x(0):	2,356
3	y(0):	0
4	h:	0,01
5	imax:	2000

	t	x	y
10	0	2,356	0
11	0,01	2,356	-0,00707115
12	0,02	2,356	-0,0141428
13	0,03	2,356	-0,02121545
14	0,04	2,356	-0,0282896
15	0,05	2,355	-0,03536575
16	0,06	2,355	-0,0424444
17	0,07	2,354	-0,04952605
18	0,08	2,354	-0,05661119
19	0,09	2,353	-0,06370033
20	0,1	2,353	-0,07079395
21	0,11	2,352	-0,07789257
22	0,12	2,351	-0,08499667
23	0,13	2,35	-0,09210675
24	0,14	2,349	-0,0992233
25	0,15	2,348	-0,10634682
26	0,16	2,347	-0,1134778
27	0,17	2,346	-0,12061673
28	0,18	2,345	-0,1277641
29	0,19	2,343	-0,1349204

Abb. 16.1 Pendelbewegung mit großer Amplitude [Arbeitsmappe: Pendelgleichung.xlsm]

"Runge_Kutta2", mit dem wir die Gleichungen von *Lotka* und *Volterra* im letzten Kapitel (vgl. Abschn. 15.4.3) gelöst haben.

Bei der **RK**-Methode ist f(t, x,y) = y(t) (y stellt die Ableitung dx/dt, d. h. die Geschwindigkeit dar) und g(t, x,y) = y′(t) = φ(t, x,y) (y′ ist die zweite Ableitung d^2x/dt^2, d. h. die Beschleunigung).

Die Funktionen dazu lauten:

```
Function F(t, x, y)
 F = y
End Function
```

```
Function G(t, x, y)
 G = -Sin(x)
End Function
```

Die Abb. 16.1 zeigt die numerische Lösung mit den Anfangsbedingungen x(0) = 3π/4, x′(0) = 0. Das obere Diagramm zeigt den zeitlichen Verlauf von Amplitude x und

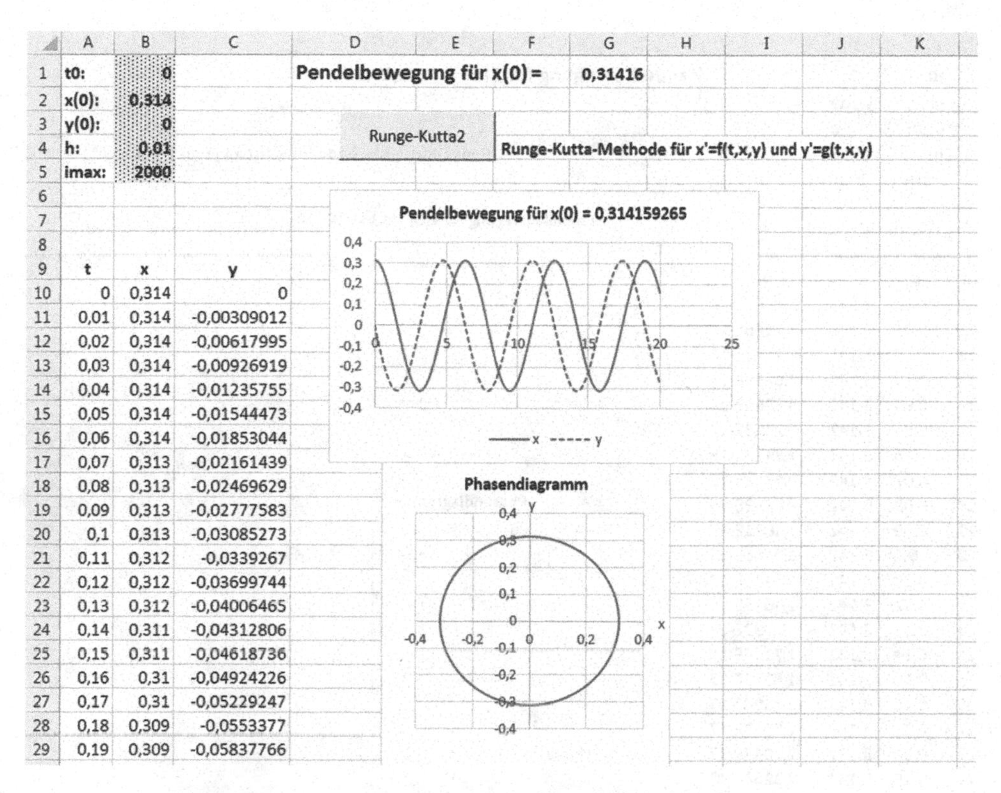

	A	B	C
1	t0:	0	
2	x(0):	0,314	
3	y(0):	0	
4	h:	0,01	
5	imax:	2000	
6			
7			
8			
9	t	x	y
10	0	0,314	0
11	0,01	0,314	-0,00309012
12	0,02	0,314	-0,00617995
13	0,03	0,314	-0,00926919
14	0,04	0,314	-0,01235755
15	0,05	0,314	-0,01544473
16	0,06	0,314	-0,01853044
17	0,07	0,313	-0,02161439
18	0,08	0,313	-0,02469629
19	0,09	0,313	-0,02777583
20	0,1	0,313	-0,03085273
21	0,11	0,312	-0,0339267
22	0,12	0,312	-0,03699744
23	0,13	0,312	-0,04006465
24	0,14	0,311	-0,04312806
25	0,15	0,311	-0,04618736
26	0,16	0,31	-0,04924226
27	0,17	0,31	-0,05229247
28	0,18	0,309	-0,0553377
29	0,19	0,309	-0,05837766

Abb. 16.2 Pendelbewegung mit kleiner Amplitude [Arbeitsmappe: Pendelgleichung.xlsm]

Geschwindigkeit $y = x'$. Sowohl Amplitude als auch Geschwindigkeit zeigen einen periodischen Verlauf. Das untere Diagramm zeigt den Zusammenhang zwischen Amplitude und Geschwindigkeit (**Phasendiagramm**). Dort, wo die Amplitude einen Extremwert annimmt, ist die Geschwindigkeit jeweils Null.

Verkleinert man die Anfangsamplitude x(0), z. B. $x(0) = \pi/10$, so ist die Pendelbewegung fast identisch mit der eines harmonischen Oszillators, d. h. das Phasendiagramm ist, wie erwartet, praktisch ein Kreis. Amplitude und Geschwindigkeit verlaufen kosinus- bzw. sinusförmig (vgl. Abb. 16.2).

Für den Spezialfall $x(0) = \pi$, steht das Pendel senkrecht und bewegt sich nicht (siehe Abb. 16.3).

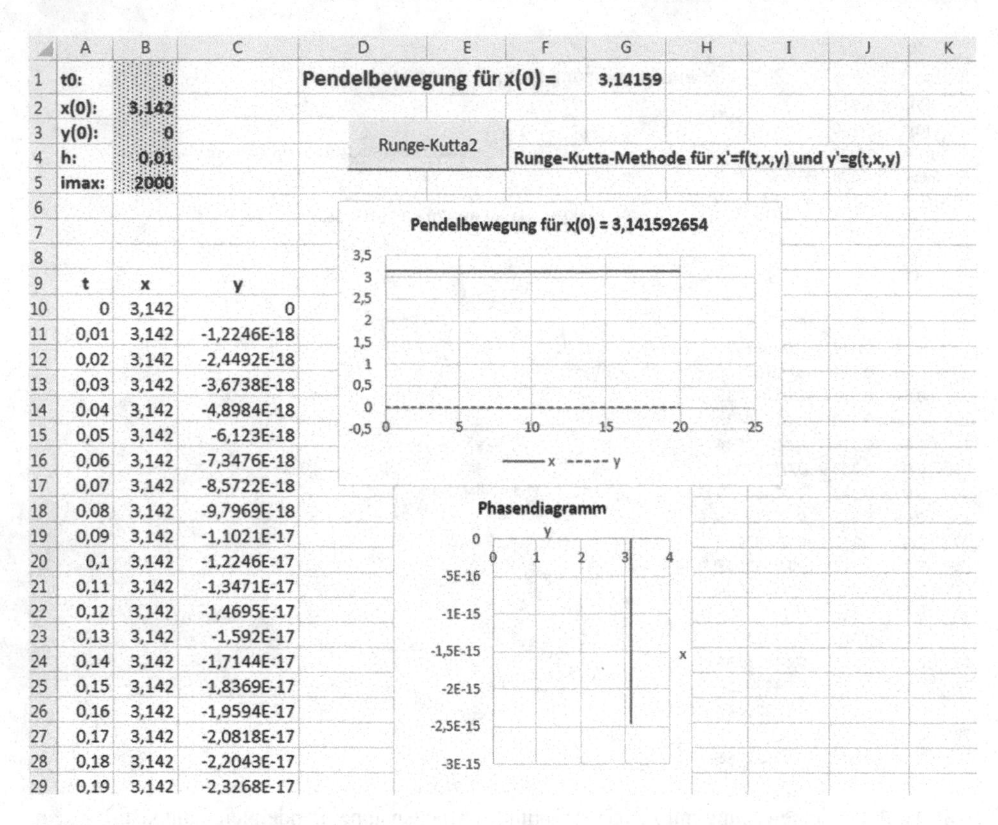

	A	B	C
1	t0:	0	
2	x(0):	3,142	
3	y(0):	0	
4	h:	0,01	
5	imax:	2000	
6			
7			
8			
9	t	x	y
10	0	3,142	0
11	0,01	3,142	-1,2246E-18
12	0,02	3,142	-2,4492E-18
13	0,03	3,142	-3,6738E-18
14	0,04	3,142	-4,8984E-18
15	0,05	3,142	-6,123E-18
16	0,06	3,142	-7,3476E-18
17	0,07	3,142	-8,5722E-18
18	0,08	3,142	-9,7969E-18
19	0,09	3,142	-1,1021E-17
20	0,1	3,142	-1,2246E-17
21	0,11	3,142	-1,3471E-17
22	0,12	3,142	-1,4695E-17
23	0,13	3,142	-1,592E-17
24	0,14	3,142	-1,7144E-17
25	0,15	3,142	-1,8369E-17
26	0,16	3,142	-1,9594E-17
27	0,17	3,142	-2,0818E-17
28	0,18	3,142	-2,2043E-17
29	0,19	3,142	-2,3268E-17

Abb. 16.3 Pendelbewegung mit $x(0) = \pi$ [Arbeitsmappe: Pendelgleichung.xlsm]

16.1.2 *Van der Pol*-Gleichung

Bei einer Untersuchung von Schwingkreisen in frühen kommerziellen Radios (1924) stieß Balthasar van der Pol (1889–1959) auf eine Gleichung der Form

$$x'' + m(x^2 - 1)\,x' + x = 0.$$

Um diese Differentialgleichung zweiter Ordnung zu lösen, benutzen wir die Zerlegung aus Gl. 16.1 und erhalten das System

$$y = x'$$

$$y' = -m(x^2 - 1)y - x$$

Für alle nicht-negativen Werte des Parameters m ist die Lösung dieses Systems mit $x(0) = 2$ und $y(0) = x'(0) = 0$ **periodisch** [25].

Wieder benutzen wir das Programm "Runge_Kutta2" mit den Funktionen:

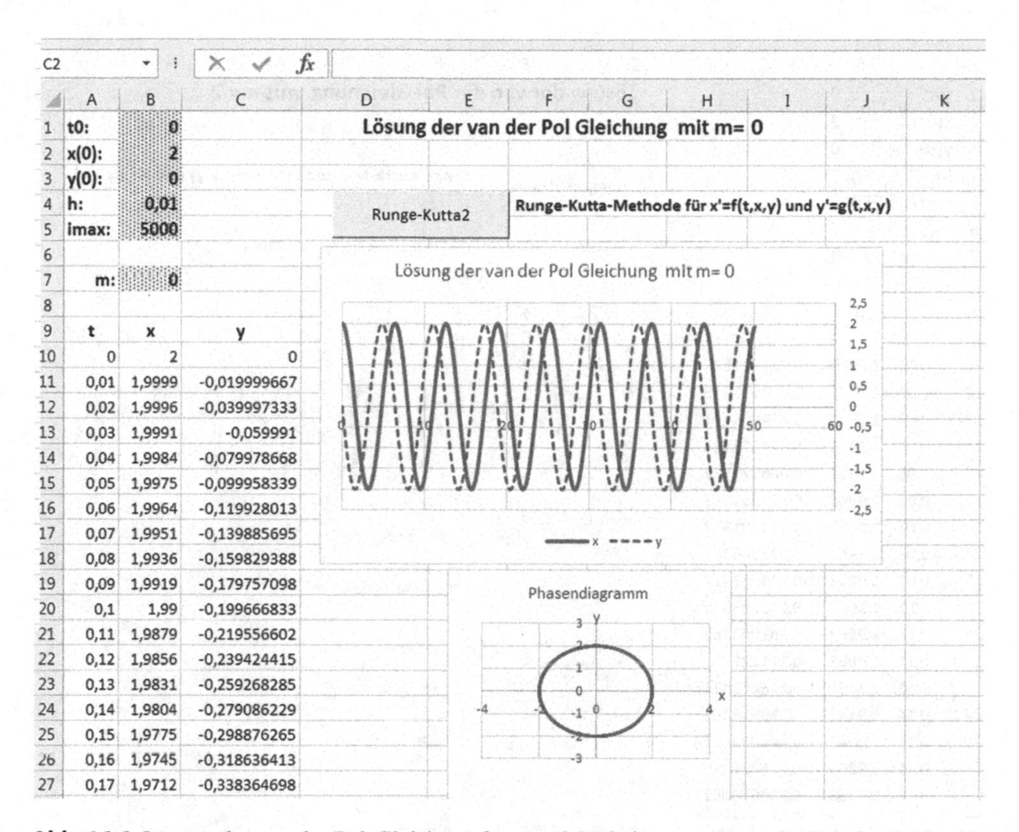

	A	B	C
1	t0:	0	
2	x(0):	2	
3	y(0):	0	
4	h:	0,01	
5	imax:	5000	
6			
7	m:	0	
8			
9	t	x	y
10	0	2	0
11	0,01	1,9999	-0,019999667
12	0,02	1,9996	-0,039997333
13	0,03	1,9991	-0,059991
14	0,04	1,9984	-0,079978668
15	0,05	1,9975	-0,099958339
16	0,06	1,9964	-0,119928013
17	0,07	1,9951	-0,139885695
18	0,08	1,9936	-0,159829388
19	0,09	1,9919	-0,179757098
20	0,1	1,99	-0,199666833
21	0,11	1,9879	-0,219556602
22	0,12	1,9856	-0,239424415
23	0,13	1,9831	-0,259268285
24	0,14	1,9804	-0,279086229
25	0,15	1,9775	-0,298876265
26	0,16	1,9745	-0,318636413
27	0,17	1,9712	-0,338364698

Abb. 16.4 Lösung der van der Pol-Gleichung für m = 0 [Arbeitsmappe: van der Pol.xlsm]

```
Function F(t, x, y)
F = y
End Function
```

```
Function G(t, x, y)
  m = Cells(7, 2).Value
  G = -m * (x ^ 2 - 1) * y - x
End Function
```

Um das Verhalten der Lösung bei verschiedenen Werten des Parameters m untersuchen zu können, haben wir die Zelle B7 der Excel-Tabelle für den m-Wert vorgesehen, der von `Function G(t,x,y)` gelesen wird.

Für m = 0, ist die Lösung eine harmonische Schwingung, und das Phasendiagramm ist ein Kreis mit Radius 2 (vgl. Abb. 16.4). Mit wachsendem m wird das System "steifer" und die Periode wächst, die Amplitude nimmt eine "Sägezahnform" an, die Geschwindigkeit verwandelt sich in eine Serie wachsender positiver und negativer Spitzen. Das Phasendiagramm verformt sich und besteht schließlich aus zwei parabelähnlichen, miteinander verbundenen Bögen. Die Abbildungen Abb. 16.5 und 16.6 zeigen dieses Verhalten.

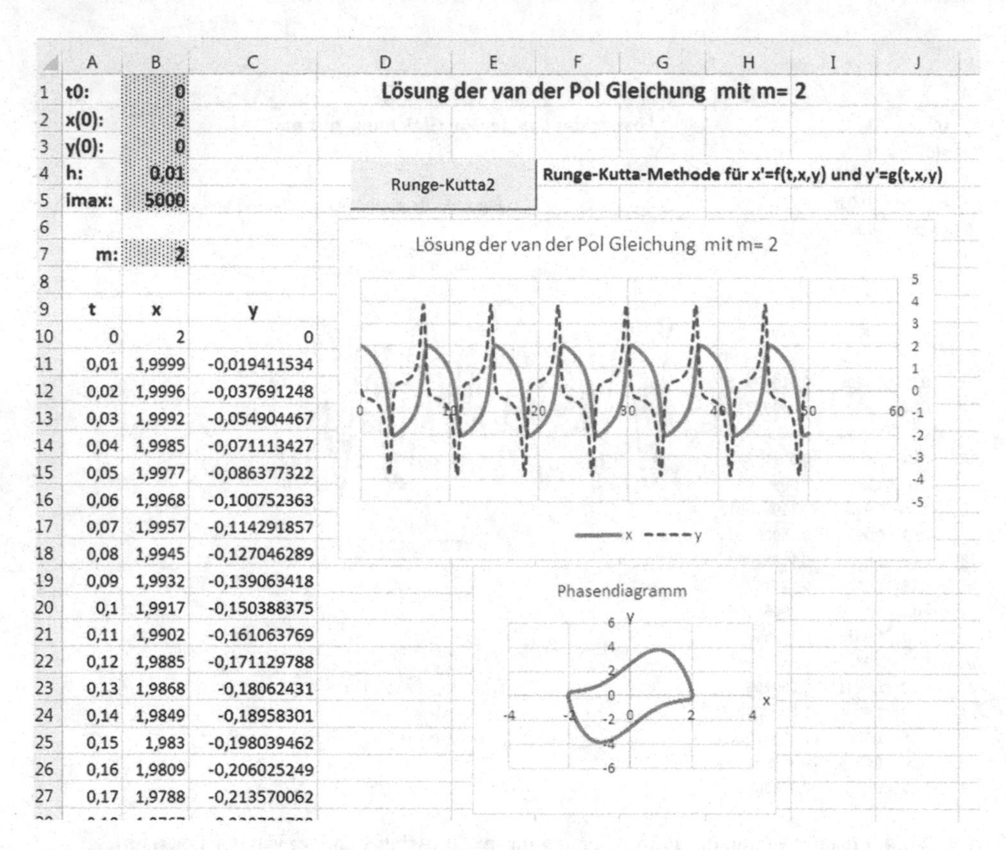

Abb. 16.5 Lösung der van der Pol-Gleichung für m = 2 [Arbeitsmappe: van der Pol.xlsm]

Auf eine eingehendere Diskussion der Grenzzyklen und anderer Charakteristiken von nichtlinearen Differentialgleichungen gehen wir hier nicht ein (siehe dafür z. B. [25] oder [26]).

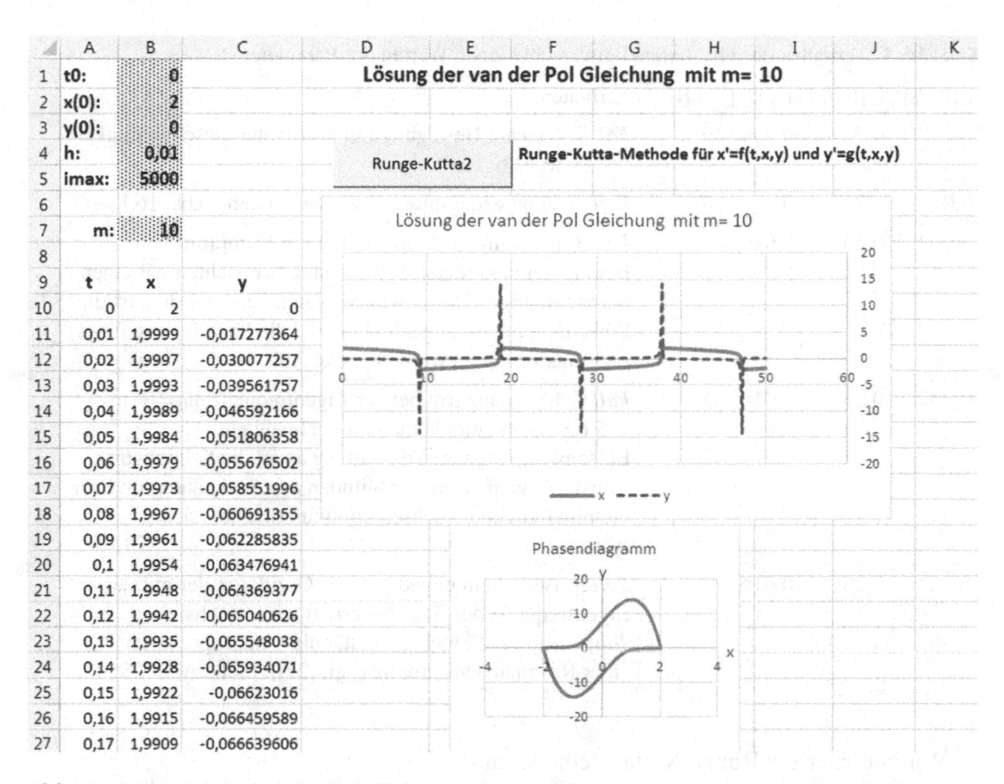

	A	B	C
1	t0:	0	
2	x(0):	2	
3	y(0):	0	
4	h:	0,01	
5	imax:	5000	
6			
7	m:	10	
8			
9	t	x	y
10	0	2	0
11	0,01	1,9999	-0,017277364
12	0,02	1,9997	-0,030077257
13	0,03	1,9993	-0,039561757
14	0,04	1,9989	-0,046592166
15	0,05	1,9984	-0,051806358
16	0,06	1,9979	-0,055676502
17	0,07	1,9973	-0,058551996
18	0,08	1,9967	-0,060691355
19	0,09	1,9961	-0,062285835
20	0,1	1,9954	-0,063476941
21	0,11	1,9948	-0,064369377
22	0,12	1,9942	-0,065040626
23	0,13	1,9935	-0,065548038
24	0,14	1,9928	-0,065934071
25	0,15	1,9922	-0,06623016
26	0,16	1,9915	-0,066459589
27	0,17	1,9909	-0,066639606

Abb. 16.6 Lösung der van der Pol-Gleichung für m = 10 [Arbeitsmappe: van der Pol.xlsm]

16.1.3 Erzwungene Sinusschwingungen

Die Gleichung von *Van der Pol* ist homogen, da die rechte Seite Null ist. Im diesem Beispiel betrachten wir eine lineare Gleichung zweiter Ordnung mit einer Erregerfunktion auf der rechten Seite.

Im folgenden Arbeitsblatt untersuchen wir ein schwingungsfähiges System, das von der periodischen Kraft $F_0\cos(\omega t)$ angeregt wird. Die Bewegungsgleichung des Systems lautet

$$mx''(t) + rx'(t) + kx(t) = F_0 \cos(wt) \tag{16.2}$$

x ist die Auslenkung, m die Masse, r die Dämpfungskonstante und k die Federkonstante. F_0 ist die Amplitude der erregenden Kraft und ω die Kraftfrequenz.

Wir wissen schon, dass sich diese Differentialgleichung zweiter Ordnung in ein System zweier Differentialgleichungen erster Ordnung, wie bei Gl. 16.1, transformieren lässt:
$x'(t) = y$ (y stellt die die Ableitung dx/dt, d. h. die Geschwindigkeit dar) und
$y'(t) = (-r.y(t) - kx(t) + F_0\cos(\omega t))/m$ (y' ist die zweite Ableitung d^2x/dt^2, d. h. die Beschleunigung).

Tab. 16.1 Verhalten des Oszillators bei verschiedenen Werten der Parameter

r [kg/s]	k [N/m]	F_0 [N]	ω [Hz]	Verhalten
0	0	0	0	*Fall 1:* Lineare Bewegung mit konstanter Geschwindigkeit y_0 (siehe Abb. 16.7)
0,002	0,25	0	0	*Fall 2:* Freie gedämpfte Schwingung (siehe Abb. 16.8)
0,002	0,25	0,016	3	*Fall 3.* Erzwungene Schwingung mit Dämpfung. Zu Beginn der angeregten Schwingung beobachten wir einen unregelmäßigen Einschwingvorgang. Nach ca. 30 s ist die Einschwingphase abgeklungen und die Schwingung fängt an, sinusförmig zu werden (siehe Abb. 16.9)
0,002	0,25	0,016	5	*Fall 4:* Resonanz tritt bei der Eigenfrequenz $\omega_0 = (k/m)^{1/2} = 5$ Hz ein: Es gibt keinen unregelmäßigen Einschwingvorgang. Von Anfang an ist die Schwingung sinusförmig, aber die Amplituden der Auslenkung und der Geschwindigkeit wachsen kontinuierlich an (siehe Abb. 16.10)
0	0,25	0,016	5	*Fall 5:* Bei einem ungedämpften Oszillator, der mit der Eigenfrequenz des Systems erregt wird, wächst die Amplitude der Schwingung ständig – man spricht von einer Resonanzkatastrophe (vgl. [27]). Siehe Abb. 16.11

Wir benutzen die Runge-Kutta-Methode mit

$$f(t, x, y) = y(t) \text{ und } g(t, x, y) = (-r.y(t) - kx(t) + F_0\cos(\omega t))/m$$

Angenommen wird m = 0,01 kg. Die Anfangsbedingungen sollen $t_0 = 0$; $x_0 = 0$; $y_0 = 1$ sein. Die Feder- und Reibungskonstanten sowie F_0 und ω kann man auf dem Arbeitsblatt vorgeben. Wir betrachten fünf verschieden Fälle. Die Ergebnisse sind in der Tab. 16.1 zusammengefasst.

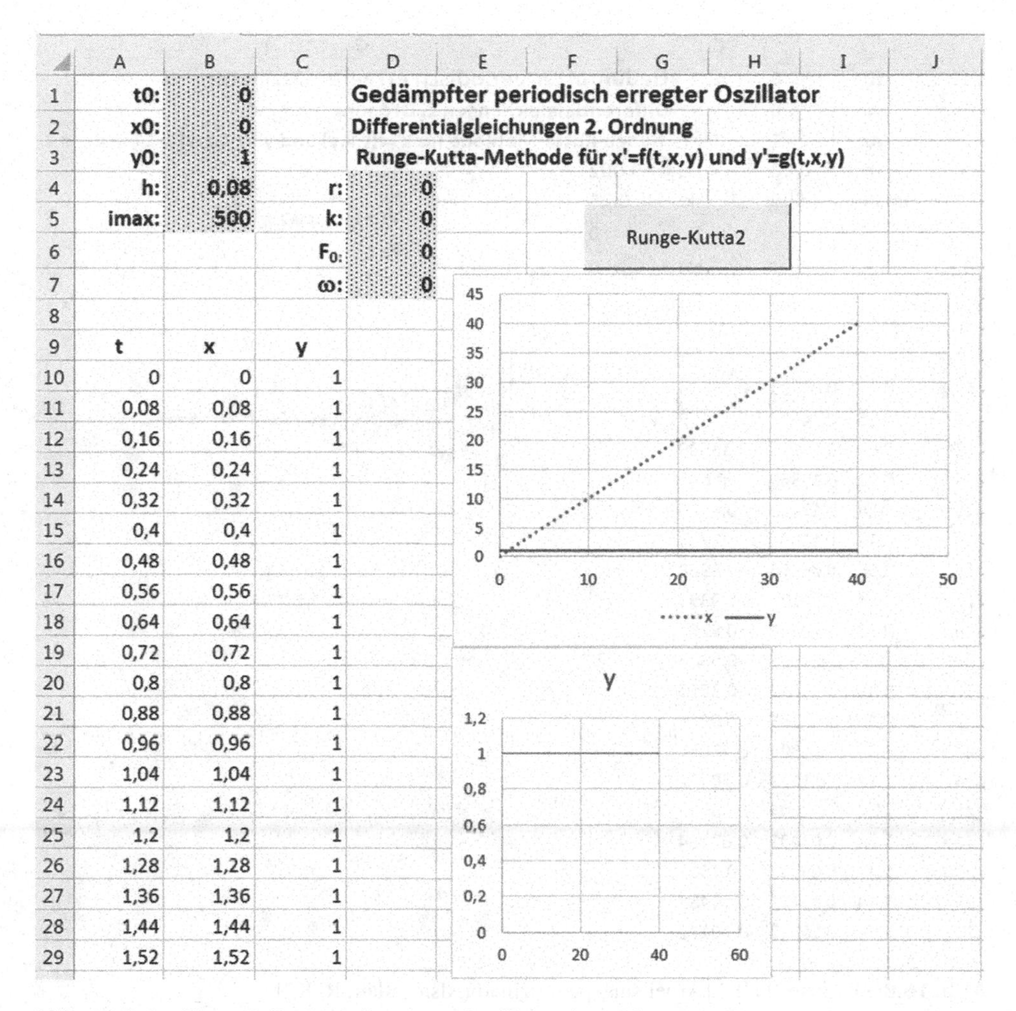

	A	B	C	D	E
1	t0:	0		Gedämpfter periodisch erregter Oszillator	
2	x0:	0		Differentialgleichungen 2. Ordnung	
3	y0:	1		Runge-Kutta-Methode für x'=f(t,x,y) und y'=g(t,x,y)	
4	h:	0,08	r:	0	
5	imax:	500	k:	0	
6			F_0:	0	
7			ω:	0	
8					
9	t	x	y		
10	0	0	1		
11	0,08	0,08	1		
12	0,16	0,16	1		
13	0,24	0,24	1		
14	0,32	0,32	1		
15	0,4	0,4	1		
16	0,48	0,48	1		
17	0,56	0,56	1		
18	0,64	0,64	1		
19	0,72	0,72	1		
20	0,8	0,8	1		
21	0,88	0,88	1		
22	0,96	0,96	1		
23	1,04	1,04	1		
24	1,12	1,12	1		
25	1,2	1,2	1		
26	1,28	1,28	1		
27	1,36	1,36	1		
28	1,44	1,44	1		
29	1,52	1,52	1		

Abb. 16.7 Oszillator Fall 1 [Arbeitsmappe: Oszillator.xlsm; Blatt: R_K2]

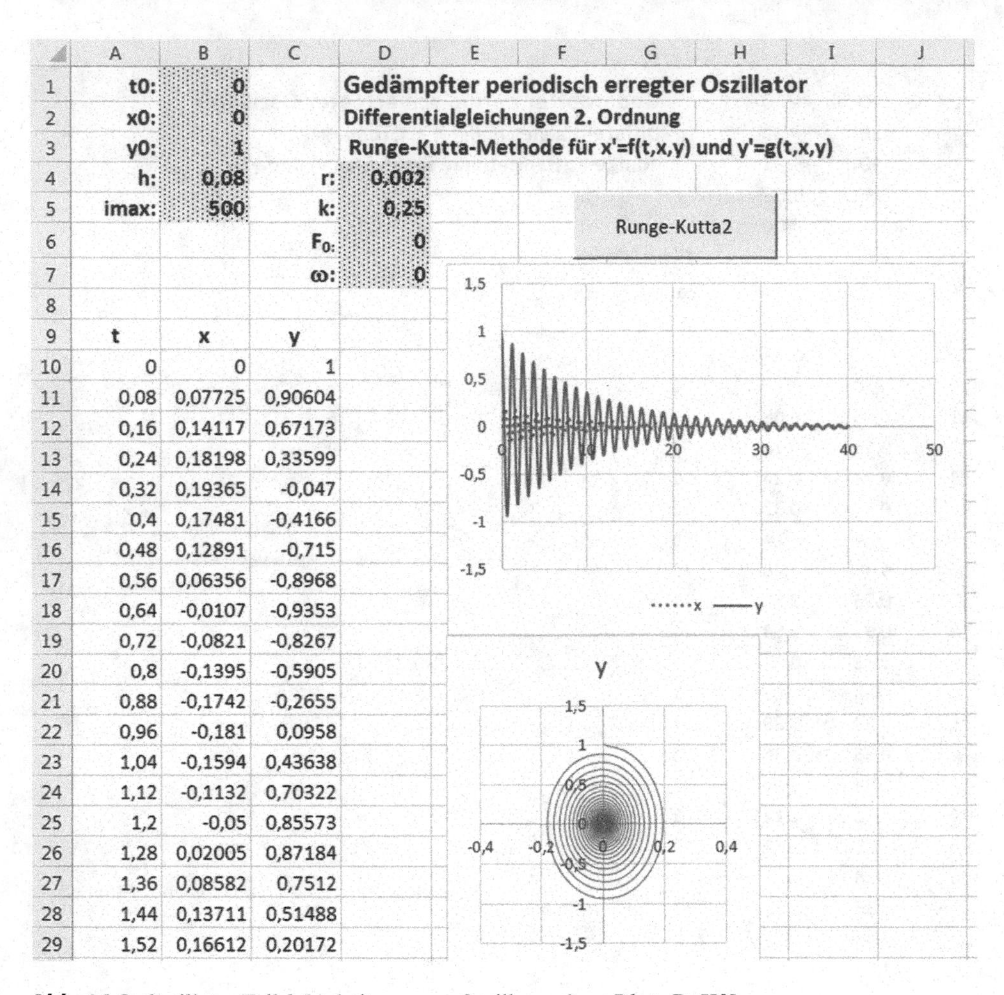

	A	B	C	D
1	t0:	0		Gedämpfter periodisch erregter Oszillator
2	x0:	0		Differentialgleichungen 2. Ordnung
3	y0:	1		Runge-Kutta-Methode für x'=f(t,x,y) und y'=g(t,x,y)
4	h:	0,08	r:	0,002
5	imax:	500	k:	0,25
6			F_0:	0
7			ω:	0
8				
9	t	x	y	
10	0	0	1	
11	0,08	0,07725	0,90604	
12	0,16	0,14117	0,67173	
13	0,24	0,18198	0,33599	
14	0,32	0,19365	-0,047	
15	0,4	0,17481	-0,4166	
16	0,48	0,12891	-0,715	
17	0,56	0,06356	-0,8968	
18	0,64	-0,0107	-0,9353	
19	0,72	-0,0821	-0,8267	
20	0,8	-0,1395	-0,5905	
21	0,88	-0,1742	-0,2655	
22	0,96	-0,181	0,0958	
23	1,04	-0,1594	0,43638	
24	1,12	-0,1132	0,70322	
25	1,2	-0,05	0,85573	
26	1,28	0,02005	0,87184	
27	1,36	0,08582	0,7512	
28	1,44	0,13711	0,51488	
29	1,52	0,16612	0,20172	

Abb. 16.8 Oszillator Fall 2 [Arbeitsmappe: Oszillator.xlsm; Blatt: R_K2]

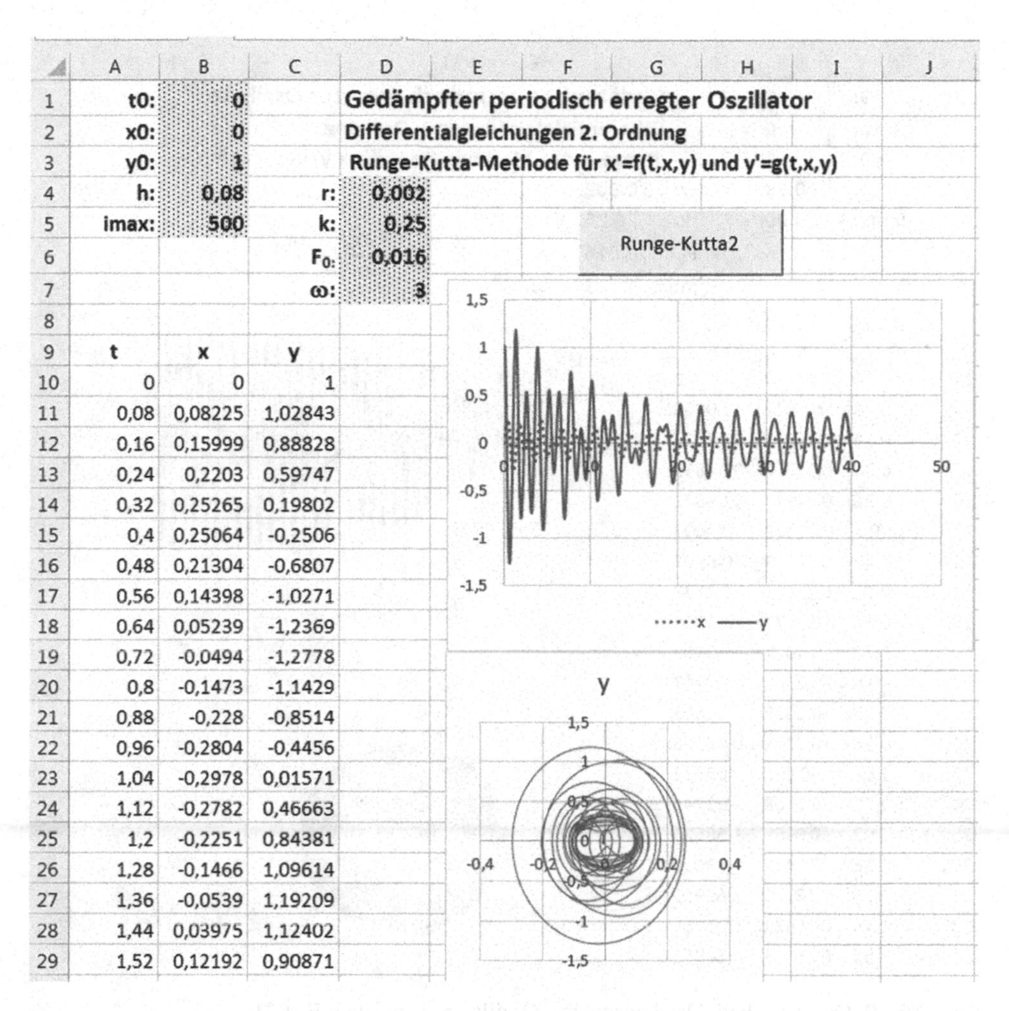

	A	B	C	D
1	t0:	0		Gedämpfter periodisch erregter Oszillator
2	x0:	0		Differentialgleichungen 2. Ordnung
3	y0:	1		Runge-Kutta-Methode für x'=f(t,x,y) und y'=g(t,x,y)
4	h:	0,08	r:	0,002
5	imax:	500	k:	0,25
6			F_0:	0,016
7			ω:	3
8				
9	t	x	y	
10	0	0	1	
11	0,08	0,08225	1,02843	
12	0,16	0,15999	0,88828	
13	0,24	0,2203	0,59747	
14	0,32	0,25265	0,19802	
15	0,4	0,25064	-0,2506	
16	0,48	0,21304	-0,6807	
17	0,56	0,14398	-1,0271	
18	0,64	0,05239	-1,2369	
19	0,72	-0,0494	-1,2778	
20	0,8	-0,1473	-1,1429	
21	0,88	-0,228	-0,8514	
22	0,96	-0,2804	-0,4456	
23	1,04	-0,2978	0,01571	
24	1,12	-0,2782	0,46663	
25	1,2	-0,2251	0,84381	
26	1,28	-0,1466	1,09614	
27	1,36	-0,0539	1,19209	
28	1,44	0,03975	1,12402	
29	1,52	0,12192	0,90871	

Abb. 16.9 Oszillator Fall 3 [Arbeitsmappe: Oszillator.xlsm; Blatt: R_K2]

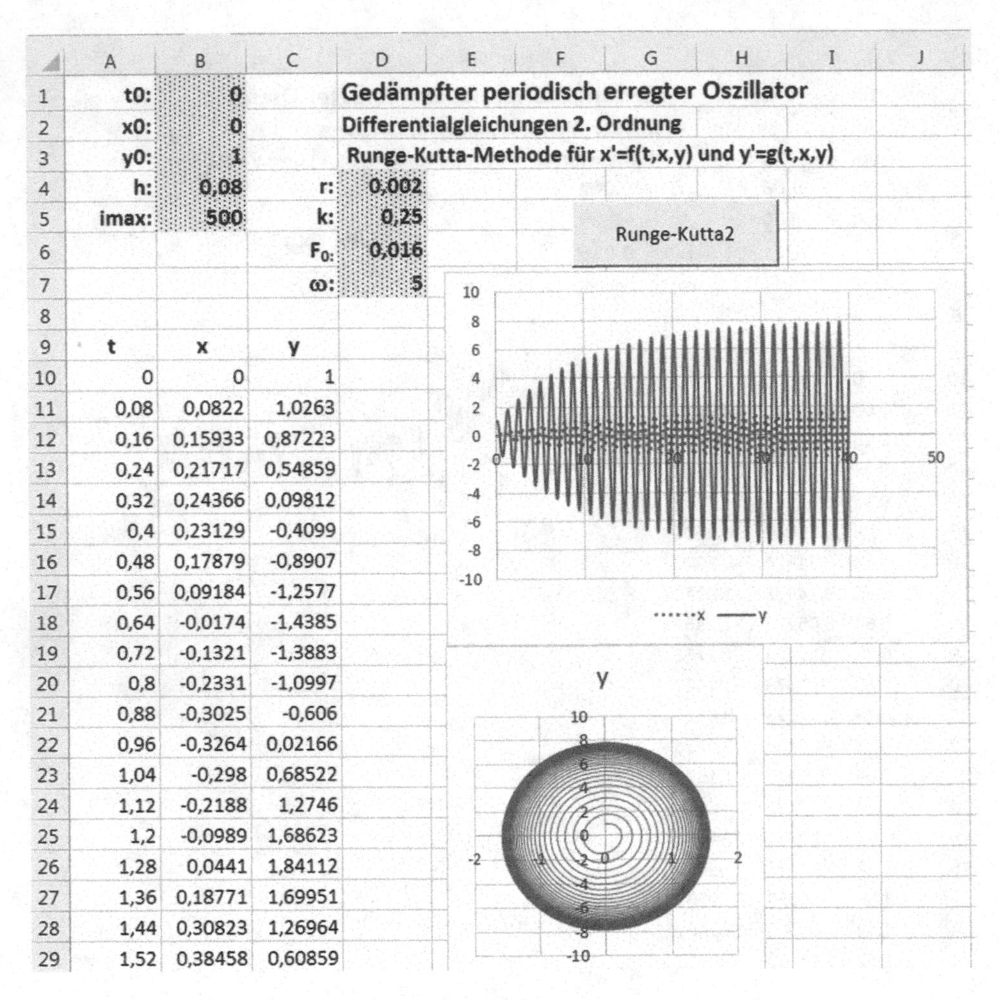

	A	B	C	D
1	t0:	0		Gedämpfter periodisch erregter Oszillator
2	x0:	0		Differentialgleichungen 2. Ordnung
3	y0:	1		Runge-Kutta-Methode für x'=f(t,x,y) und y'=g(t,x,y)
4	h:	0,08	r:	0,002
5	imax:	500	k:	0,25
6			F_0:	0,016
7			ω:	5
8				
9	t	x	y	
10	0	0	1	
11	0,08	0,0822	1,0263	
12	0,16	0,15933	0,87223	
13	0,24	0,21717	0,54859	
14	0,32	0,24366	0,09812	
15	0,4	0,23129	-0,4099	
16	0,48	0,17879	-0,8907	
17	0,56	0,09184	-1,2577	
18	0,64	-0,0174	-1,4385	
19	0,72	-0,1321	-1,3883	
20	0,8	-0,2331	-1,0997	
21	0,88	-0,3025	-0,606	
22	0,96	-0,3264	0,02166	
23	1,04	-0,298	0,68522	
24	1,12	-0,2188	1,2746	
25	1,2	-0,0989	1,68623	
26	1,28	0,0441	1,84112	
27	1,36	0,18771	1,69951	
28	1,44	0,30823	1,26964	
29	1,52	0,38458	0,60859	

Abb. 16.10 Oszillator Fall 4 [Arbeitsmappe: Oszillator.xlsm; Blatt: R_K2]

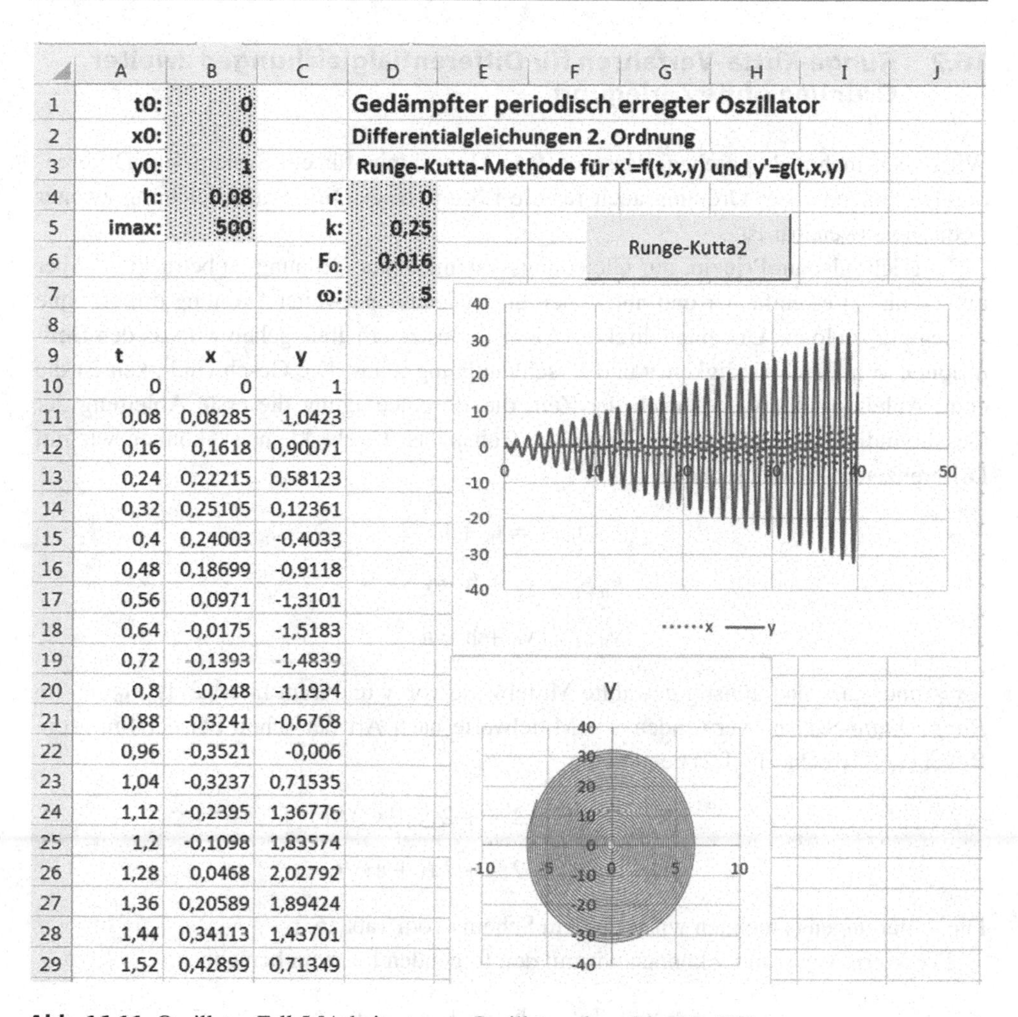

Gedämpfter periodisch erregter Oszillator

Differentialgleichungen 2. Ordnung

Runge-Kutta-Methode für x'=f(t,x,y) und y'=g(t,x,y)

	A	B	C	D
1	t0:	0		
2	x0:	0		
3	y0:	1		
4	h:	0,08	r:	0
5	imax:	500	k:	0,25
6			F_0:	0,016
7			ω:	5
8				
9	t	x	y	
10	0	0	1	
11	0,08	0,08285	1,0423	
12	0,16	0,1618	0,90071	
13	0,24	0,22215	0,58123	
14	0,32	0,25105	0,12361	
15	0,4	0,24003	-0,4033	
16	0,48	0,18699	-0,9118	
17	0,56	0,0971	-1,3101	
18	0,64	-0,0175	-1,5183	
19	0,72	-0,1393	-1,4839	
20	0,8	-0,248	-1,1934	
21	0,88	-0,3241	-0,6768	
22	0,96	-0,3521	-0,006	
23	1,04	-0,3237	0,71535	
24	1,12	-0,2395	1,36776	
25	1,2	-0,1098	1,83574	
26	1,28	0,0468	2,02792	
27	1,36	0,20589	1,89424	
28	1,44	0,34113	1,43701	
29	1,52	0,42859	0,71349	

Abb. 16.11 Oszillator Fall 5 [Arbeitsmappe: Oszillator.xlsm; Blatt: R_K2]

16.2 *Runge-Kutta*-Verfahren für Differentialgleichungen zweiter Ordnung ohne Zerlegung

Wir haben mehrmals gesehen, dass der ***RK***-Algorithmus für ein System von Differentialgleichungen erster Ordnung auch für die Lösung einer Differentialgleichung zweiter Ordnung anwendbar ist.

Es reicht also im Prinzip, nur Gleichungssysteme erster Ordnung zu betrachten. Aber manchmal ist es einfacher und nützlicher, eine Gleichung zweiter Ordnung direkt, ohne Zerlegung, zu lösen. Um einen direkten Algorithmus zu erhalten, gehen wir von den Definitionen von Geschwindigkeit **v** und Beschleunigung **a** aus. Die Geschwindigkeit ist die erste Ableitung des Weges nach der Zeit, die Beschleunigung die erste Ableitung der Geschwindigkeit nach der Zeit. Wenn die Zeitspanne h sehr klein ist, können wir mit Differenzenquotienten rechnen:

$$t_{n+1} = t_n + h$$

$$y_{n+1} = y_n + h <v>$$

$$v_{n+1} = v_n + h <a>$$

$<v>$ und $<a>$ sind günstig gewählte Mittelwerte von v und a im Intervall $[t_n, t_{n+1}]$. Im *Runge-Kutta*-Schema verwenden wir Mittelwerte nach Art der schon bei der Simpson-Regel (vgl. Abschn. 11.1.2) benutzten:

$$<v> := (v_1 + 2v_2 + 2v_3 + v_4)/6$$

$$<a> := (a_1 + 2a_2 + 2a_3 + a_4)/6$$

Die Ableitungen berechnen wir nach dem Schema vom Tab. 16.2.

Die Werte von y und v können wir mit den folgenden Formeln berechnen:

$$y = y + hv + h_2(a_1 + a_2 + a_3)/6$$

$$v = v + h(a_1 + 2a_2 + 2a_3 + a_4)/6$$

Tab. 16.2 Näherungen für die Ableitungen

$v_1 := v$	$a_1 := \varphi(t, y, v)$
$v_2 := v + a_1 h/2$	$a_2 := \varphi(t + h/2, y + v_1 h/2, v_2)$
$v_3 := v + a_2 h/2$	$a_3 := \varphi(t + h/2, y + v_2 h/2, v_3)$
$v_4 := v + a_3 h$	$a_4 := \varphi(t + h, y + v_3 h, v_4)$

```
(Allgemein)
Sub Runge_Kutta3()
'Runge-Kutta-Verfahren für Diff. Gln. 2. Ordnung ohne Zerlegung
  Range("A10:E2000").Clear
 t0 = Cells(1, 2).Value
 x0 = Cells(2, 2).Value
 y0 = Cells(3, 2).Value
 h = Cells(6, 2).Value
 imax = Cells(7, 2).Value
 t = t0: x = x0: u = u0: y = y0: v = v0

 Cells(10, 1).Value = t
 Cells(10, 2).Value = x
 Cells(10, 3).Value = y

For i = 1 To imax Step 1

   F1 = F(t, x, y) ' ax

   t = t0 + h / 2
   x = x0 + y * h / 2: y = y0 + F1 * h / 2:

   F2 = F(t, x, y)
   x = x0 + y * h / 2: y = y0 + F2 * h / 2:

   F3 = F(t, x, y):
   t = t0 + h
   x = x0 + y * h: y = y0+ F3 * h

   F4 = F(t, x, y)
   x = x0 + h * y0 + h * h * (F1 + F2 + F3) / 6

   y = y0 + h * (F1 + 2 * F2 + 2 * F3 + F4) / 6


   Cells(10 + i, 1).Value = t
   Cells(10 + i, 2).Value = x
   Cells(10 + i, 3).Value = y

   t0 = t: x0 = x: y0 = y: u0 = u: v0 = v
Next i
End Sub
```

Abb. 16.12 Programm "Runge_Kutta3" [Arbeitsmappe: Oszillator.xlsm; Blatt: R_K3; Makro: Runge_Kutta3]

Dieses Verfahren haben wir in dem Programm "Runge_Kutta3" implementiert (siehe Abb. 16.12).

Wir testen nun das Programm anhand des gedämpften, periodisch angeregten Oszillators aus Gl. 16.2. Die Funktion dafür lautet:

```
Function F(t, x, u)
  m = 0.01
  r = Cells(4, 4).Value
  k = Cells(5, 4).Value
  F0 = Cells(6, 4).Value
  w = Cells(7, 4).Value
  F = (-r * u - k * x + F0 * Cos(w * t)) / m
End Function
```

16.3 *Runge-Kutta*-Verfahren für Systeme zweier Differentialgleichungen zweiter Ordnung

Im Fall eines Systems zweier Differentialgleichungen 2. Ordnung, d. h.

$$x'' = f(t,x,x',y,y') \text{und } y'' = g(t,x,x',y,y'),$$

ist es nur nötig, das vorige Schema mit $u = x'$ und $v = y'$ zu schreiben, die Funktion f als f(t, x,u, y,v) zu erweitern und eine zweite Gleichung, nämlich g(t, x,u, y,v), einzuführen.

Das Programm "Runge_Kutta4", das wir für die Lösung der höchst interessanten Beispiele der folgenden Abschnitte benutzen werden, finden Sie in Abb. 16.13.

Die Funktionen F und G werden für jedes Beispiel direkt ins Programm geschrieben.

(Allgemein)

```
Sub Runge_Kutta4()
'für ein System mit x''=F(t,x,y,u,v) und y''=G(t,x,y,u,v)
 Range("A10:E2000").Clear
 t0 = Cells(1, 2).Value
 x0 = Cells(2, 2).Value
 y0 = Cells(3, 2).Value
 u0 = Cells(4, 2).Value
 v0 = Cells(5, 2).Value
 h = Cells(6, 2).Value
 imax = Cells(7, 2).Value
 t = t0: x = x0: u = u0: y = y0: v = v0
 Cells(10, 1).Value = t
 Cells(10, 2).Value = x
 Cells(10, 3).Value = y
 Cells(10, 4).Value = u 'vx
 Cells(10, 5).Value = v 'vy
 For i = 1 To imax Step 1
   F1 = F(t, x, y, u, v)' ax
   G1 = G(t, x, y, u, v) ' ay
   t = t0 + h / 2
   x = x0 + u * h / 2: u = u0 + F1 * h / 2:
   y = y0 + v * h / 2: v = v0 + G1 * h / 2
   F2 = F(t, x, y, u, v): G2 = G(t, x, y, u, v)
   x = x0 + u * h / 2: u = u0 + F2 * h / 2:
   y = y0 + v * h / 2: v = v0 + G2 * h / 2
   F3 = F(t, x, y, u, v): G3 = G(t, x, y, u, v)
   t = t0 + h
   x = x0 + u * h: u = u0 + F3 * h
   y = y0 + v * h: v = v0 + G3 * h
   F4 = F(t, x, y, u, v): G4 = G(t, x, y, u, v)
   x = x0 + h * u0 + h * h * (F1 + F2 + F3) / 6
   y = y0 + h * v0 + h * h * (G1 + G2 + G3) / 6
   u = u0 + h * (F1 + 2 * F2 + 2 * F3 + F4) / 6
   v = v0 + h * (G1 + 2 * G2 + 2 * G3 + G4) / 6
   Cells(10 + i, 1).Value = t
   Cells(10 + i, 2).Value = x
   Cells(10 + i, 3).Value = y
   Cells(10 + i, 4).Value = u
   Cells(10 + i, 5).Value = v
   t0 = t: x0 = x: y0 = y: u0 = u: v0 = v
Next i
End Sub
```

Abb. 16.13 Programm zur Lösung eines Systems zweier Differentialgleichungen zweiter Ordnung [Arbeitsmappe: Merkur.xlsm; Makro: Runge_Kutta4]

16.3.1 Bahn des Planeten Merkur

Systeme von Differentialgleichungen zweiter Ordnung treten in vielen physikalischen Problemen auf, z. B. bei der Beschreibung von Planetenbahnen. Bevor wir eines dieser Beispiele berechnen, müssen wir über die Reduzierung von realen Variablen auf **einheitenfreie** Variablen sprechen. Mit diesen **reduzierten Variablen** werden wir mit wesentlich einfacheren numerischen Beziehungen arbeiten können.

Wir berücksichtigen nur die Gravitationswechselwirkung des Merkur (Masse m) mit der Sonne (Masse M):

$$\vec{F} = -G\frac{mM}{r^2}\vec{r_0} = -G\frac{mM}{r^3}\vec{r} = -G\frac{mM}{r^3}(x\vec{i} + y\vec{j})$$

Dabei sind G die Gravitationskonstante und $\vec{r_0}$ der radiale Einheitsvektor.

Die kartesischen Koordinaten dieser Gravitationskraft sind

$$F_x = mx'' = -Cm\ x/r^3 \text{ und } F_y = my'' = -Cm\ y/r^3.$$

Für die Beschleunigungen in x- und y-Richtungen erhalten wir die Gleichungen:

$$x'' = -C\ x/r^3 \text{ und } y'' = -C\ y/r^3 \tag{16.3}$$

Darin bedeuten: $x'' = d^2x/dt^2$, $C := GM$ und $r = (x^2 + y^2)^{1/2}$.

Das System in Gl. 16.3 besteht aus zwei gekoppelten Differentialgleichungen.

Um die Schreibweise und die Rechnungen zu vereinfachen, führen wir für Zeit und Länge neue Einheiten ein, t_0 und x_0. Ihre Werte müssen wir noch festlegen.

Wir schreiben $x = X \cdot x_0$, $y = Y \cdot y_0$, $r = R \cdot x_0$ und $t = T \cdot t_0$. Die neuen Variablen X, Y, R und T haben keine Einheiten.

Die Geschwindigkeit dx/dt erhält die Form

$$dx/dt = x_0/t_0 \cdot dX/dT,$$

und die Beschleunigung ist

$$d^2x/dt^2 = x_0/{t_0}^2 \cdot d^2X/dT^2.$$

Die neue Gestalt der Gleichung $x'' = -C\ x/r^3$ ist nun

$$d^2x/dt^2 = x_0/{t_0}^2 \cdot d^2X/dT^2 = -C/{x_0}^2 \cdot X/R^3$$

oder

$$d^2X/dT^2 = -C\ {t_0}^2/{x_0}^3 \cdot X/R^3$$

Wir haben nur $C\ t_0^2/x_0^3 := 1$ zu setzen, um die Bewegungsgleichung ohne Konstanten zu erhalten

$$d^2X/dT^2 = -X/R^3$$

Mit den gleichen Umformungen gelangen wir zu der folgenden reduzierten Form für die zweite Gleichung aus Gl. 16.3:

$$d^2Y/dT^2 = -Y/R^3$$

Da wir die Merkurbahn zeichnen wollen, ist es sinnvoll, x_0 gleich dem Radius der Erdbahn zu setzen, den man als astronomische Einheit AE (oder AU astronomical unit) bezeichnet. Es gilt (ungefähr):

$$x_0 = 1{,}496 \cdot 10^{11}\mathrm{m}$$

Dann ergibt sich für unsere neue Zeiteinheit

$$t_0 = ({x_0}^3/C)^{1/2} = 5,027 \cdot 10^6\mathrm{s}$$

Die Merkurperiode (Dauer eines Merkurjahres) beträgt 88 Erdtage. Die Periheldaten sind $v_0 = 58{,}9$ km/s und $r_0 = 46{,}0 \cdot 10^6$ km. Wir nehmen an, dass sich der Planet zur Zeit $T = 0$ im Perihel befindet. Ein Zeitintervall von $\Delta T = 0{,}05$ bedeutet in Wirklichkeit $\Delta t = \Delta T \cdot t_0 = 0{,}05 \cdot t_0 = 0{,}05 \cdot 5{,}027 \cdot 10^6$ s $= 2{,}91$ Tage.

Die Anfangsbedingungen sind:

$$\begin{aligned} X(0) &= x(0)/x_0 = 46 \cdot 10^9\mathrm{m}/x_0 = 0{,}3075 \\ Y(0) &= 0, \\ dX(0)/dT &= 0, \\ dY(0)/dT &= v_0 \cdot t_0/x_0 = (58{,}9 \cdot 10^3\mathrm{m/s}) \cdot t_0/x_0 = 1{,}982 \end{aligned}$$

Wir benutzen das Programm aus Abb. 16.13. Der Einfachheit halber benutzen wir kleine Buchstaben für die Variablen x, y, u = dx/dt und v = dy/dt, meinen jedoch die reduzierten Variablen X, Y, V = dX/dT und U = dY/dT.

Die Funktionen F und G (= reduzierte Beschleunigungen), sehen dann so aus:

```
Function F(t, x, y, u, v)
 r = (x ^ 2 + y ^ 2) ^ 0.5
 F = -x / r ^ 3
End Function
```

```
Function G(t, x, y, u, v)
 r = (x ^ 2 + y ^ 2) ^ 0.5
 G = -y / r ^ 3
End Function
```

Das Arbeitsblatt der Abb. 16.14 zeigt die Merkurbahn um die Sonne. Im Gegensatz zur Erdbahn ist die Bahn des Merkurs stark elliptisch!

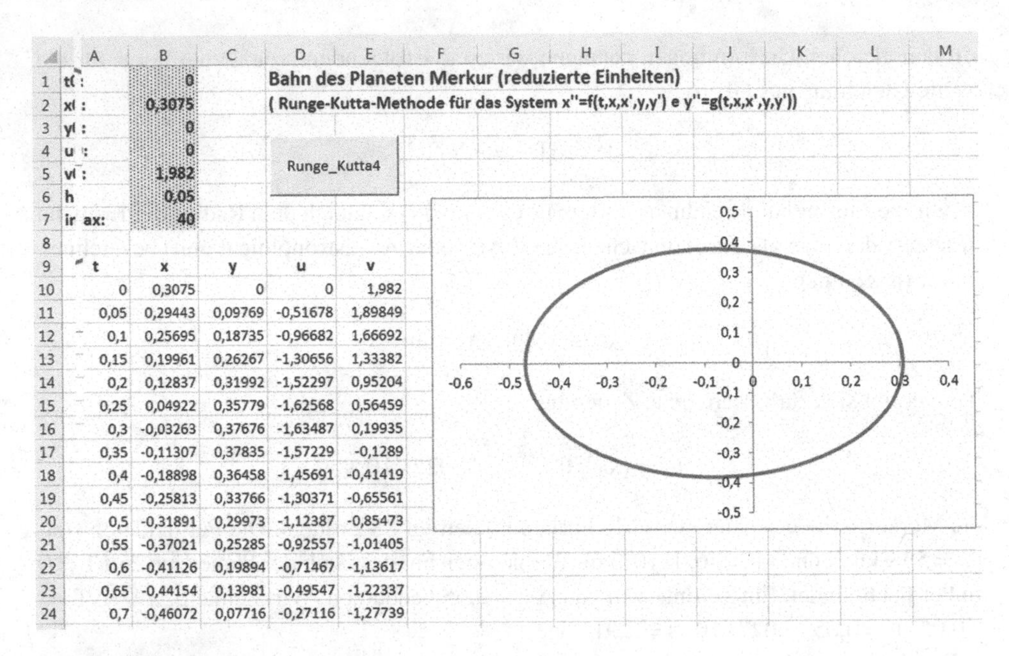

t	x	y	u	v
0	0,3075	0	0	1,982
0,05	0,29443	0,09769	-0,51678	1,89849
0,1	0,25695	0,18735	-0,96682	1,66692
0,15	0,19961	0,26267	-1,30656	1,33382
0,2	0,12837	0,31992	-1,52297	0,95204
0,25	0,04922	0,35779	-1,62568	0,56459
0,3	-0,03263	0,37676	-1,63487	0,19935
0,35	-0,11307	0,37835	-1,57229	-0,1289
0,4	-0,18898	0,36458	-1,45691	-0,41419
0,45	-0,25813	0,33766	-1,30371	-0,65561
0,5	-0,31891	0,29973	-1,12387	-0,85473
0,55	-0,37021	0,25285	-0,92557	-1,01405
0,6	-0,41126	0,19894	-0,71467	-1,13617
0,65	-0,44154	0,13981	-0,49547	-1,22337
0,7	-0,46072	0,07716	-0,27116	-1,27739

Abb. 16.14 Merkurbahn [Arbeitsmappe: Merkur.xlsm]

Der Orbit schließt sich nach ≈ 1,52 reduzierten Zeiteinheiten, d. h. nach ≈ 88 Erdtagen. Es ist interessant, unsere Ergebnisse mit Rechnungen zu vergleichen, die mit Algorithmen ausgeführt werden, die nachweislich noch besser sind als *Runge-Kutta*.

Alle Methoden, die wir bisher kennengelernt haben, sind sogenannte "Einzelschritt"-Verfahren (*single-step-methods*). Das soll heißen: Wenn man die Lösung x(t) für einen bestimmten Zeitpunkt kennt, so kann man sie anschließend für x(t + h) berechnen, ohne dass man Werte berücksichtigt, die vor t liegen. Bei den "Mehrschritt"-Verfahren (*multi-step-methods*) werden auch Werte benutzt, die zu früheren Zeiten gehören, also zu x(t − h), x(t − 2h), ... Derartige Methoden benötigen, zu Beginn ein Einzelschrittverfahren. Die bekanntesten Mehrschrittverfahren tragen die Namen *Adams-Bashford, Milne* und *Hammig*.

Die Rekursionsformel von *Adams* für $x'(t) = f(x(t))$ sieht folgendermaßen aus:

$$x(t + h) = x(t) + h/24 \cdot (55f(x(t)) - f(x(t - h)) + 37f(x(t - 2h)) - 9f(x(t - 3h)))$$

Ehe man mit dieser Formel arbeiten kann, benutzt man zur Berechnung der nötigen Startwerte das *Runge-Kutta*-Verfahren.

Die folgenden Werte (vgl. Abb. 16.15) haben wir mit MuPAD berechnet. Man erkennt bereits Abweichungen von den vorigen ***RK***-Rechnungen in der dritten Dezimalstelle. Wenn wir die Schrittweite verkleinern, z. B. von h = 0,05 auf h = 0,02, stimmen die

```
T, X, Y
0, 0.3075, 0.0
0.2, 0.12838, 0.31995
0.4, -0.18895, 0.3647
0.6, -0.41127, 0.1992
0.8, -0.46533, -0.051887
1.0, -0.34053, -0.2822
1.2, -0.065048, -0.37944
1.4, 0.23615, -0.2194
1.6, 0.27459, 0.15302
1.8, 0.000073557, 0.37143
2.0, -0.29572, 0.31621
```

Abb. 16.15 Merkurbahn mit MuPAD berechnet

$\boldsymbol{RK}$-Werte besser mit den MUPAD-Ergebnissen überein. Es ist daher zu vermuten, dass MUPAD mit einem Mehrschrittverfahren arbeitet.

Das MuPAD-Programm zur Berechnung der Merkurbahn befindet sich in der Abb. 16.16. Wie Abb. 16.17 zeigt, kann man mit MuPAD leicht eine Animation produzieren.

```
• reset()://Bahn des Merkur
  DIGITS:=5:
  x0:=0.3075:y0:=0://Anfangsposition
  vx0:=0:// x-Koord. von v0
  vy0:=1.982://y-Koord. von v0
  r3(t):=(x(t)^2+y(t)^2)^(3/2):

  //Diff.Gl.-System mit Anafangsbed.

  IVP:={x''(t)=-x(t)/r3(t),y''(t)=-
  y(t)/r3(t),
  x(0)=x0,x'(0)=vx0,y(0)=y0,y'(0)=vy0}:
  fields:=[x(t),y(t),x'(t),y'(t)]:
  ivp:=numeric::ode2vectorfield(IVP, fields):
  Y := numeric::odesolve2(ivp):

  //Tabelle reduzierter Koordinaten:
  print(Unquoted,"T","X","Y");
  for i from 0 to 2 step 0.2 do
  print(i,Y(i)[1],Y(i)[2]):
  end_for;
```

Abb. 16.16 MuPAD-Programm zur Berechnung der Merkurbahn

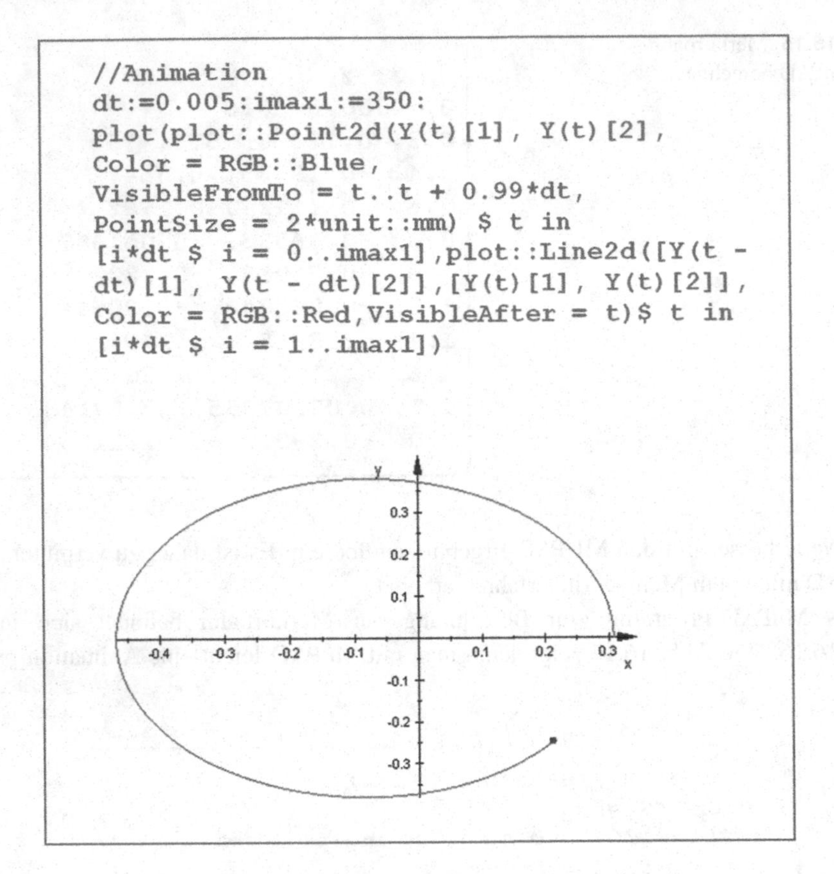

Abb. 16.17 Screenshot einer MuPad-Animation für die Bahn des Merkurs

16.3.2 Streuung von Alphateilchen

Wir begeben uns jetzt in den Mikrokosmos und berechnen die Bahn eines Mikroteilchens. Denn wir können mit unserem *Runge-Kutta*-Programm auch die hyperbolische Trajektorie eines Alphateilchens infolge der Abstoßung durch den Kern eines Goldatoms (Rutherford 1911) untersuchen. Die (abstoßende) *Coulomb*-Kraft auf das Alphateilchen beträgt

$$\vec{F} = \frac{1}{4\pi\varepsilon_0}\frac{Q_1 Q_2}{r^2}\vec{r_0}$$

Wir führen eine Konstante C ein

$$C = \frac{Q_1 Q_2}{4\pi\varepsilon_0 m} = 5{,}486\frac{m^3}{s^2}$$

m = 6,65 · 10 kg ist die Masse eines Alphateilchens mit der Ladung $Q_1 = 2e$. Der Goldkern hat die Ladung $Q_2 = 79e$.

Die Bewegungsgleichungen in kartesischen Koordinaten sind $x'' = C \cdot xr^{-3}$ und $y'' = C \cdot yr^{-3}$. Bis auf das Vorzeichen sind sie identisch mit den Bewegungsgleichungen des

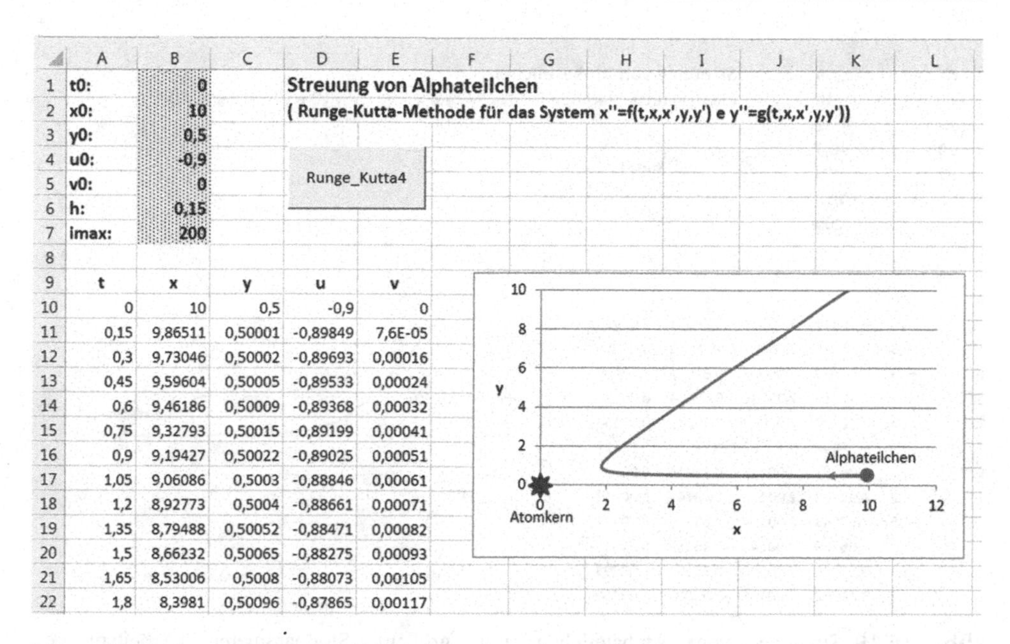

t0:	0	Streuung von Alphateilchen
x0:	10	(Runge-Kutta-Methode für das System x''=f(t,x,x',y,y') e y''=g(t,x,x',y,y'))
y0:	0,5	
u0:	-0,9	Runge_Kutta4
v0:	0	
h:	0,15	
imax:	200	

t	x	y	u	v
0	10	0,5	-0,9	0
0,15	9,86511	0,50001	-0,89849	7,6E-05
0,3	9,73046	0,50002	-0,89693	0,00016
0,45	9,59604	0,50005	-0,89533	0,00024
0,6	9,46186	0,50009	-0,89368	0,00032
0,75	9,32793	0,50015	-0,89199	0,00041
0,9	9,19427	0,50022	-0,89025	0,00051
1,05	9,06086	0,5003	-0,88846	0,00061
1,2	8,92773	0,5004	-0,88661	0,00071
1,35	8,79488	0,50052	-0,88471	0,00082
1,5	8,66232	0,50065	-0,88275	0,00093
1,65	8,53006	0,5008	-0,88073	0,00105
1,8	8,3981	0,50096	-0,87865	0,00117

Abb. 16.18 Streuung von Alphateilchen mit kleinem Stoßparameter [Arbeitsmappe: Alphateilchen.xlsm]

Merkurs (Gl. 16.3). Wie schon in Abschn. 16.3.1 führen wir reduzierte Variablen ein und erhalten mit C $t_0^2/x_0^3 := 1$ die dimensionslosen Bewegungsgleichungen $d^2X/dT^2 = X/R^3$ und $d^2Y/dT^2 = Y/R^3$.

Um vernünftig mit kleinen Zahlen rechnen zu können, brauchen wir erst einmal eine Vorstellung von den Größenordnungen, mit denen wir es zu tun haben. Der Durchmesser des Kerns beträgt rund $10\,F = 10^{-14}$ m. ($1\,F = 1$ Fermi wird in der Kernphysik benutzt und ist definiert durch $1\,F = 1 \cdot 10^{-15}$ m). Es macht also Sinn, $x_0 = 10$ F zu nehmen. Damit ist $t_0 = 1{,}8 \cdot 10^{-22}$ s.

Wenn wir die Bahn des Alphateilchens über 400 F verfolgen wollen, brauchen wir $2 \cdot 10^{-20}$ s, wenn wir eine Geschwindigkeit von $x'(0) = x_0' = 5 \cdot 10^7$ m/s annehmen. Das α-Teilchen könnte starten in $x_0 = 50\,F = 5 \cdot 10^{-14}$ m. Für den "Stoßparameter" $b := y_0$ (y-Wert in großer Entfernung vom Kern) können wir einen Wert zwischen 5 und 50 F wählen. Wir wählen $b = 5\,F = 10^{-14}$ m.

Die reduzierten Anfangsbedingungen nehmen also in diesem Beispiel die folgenden Werte an:

$$X_0 = 10; \quad Y_0 = 0{,}5; \quad U_0 = X'_0 = -0{,}9; \quad V_0 = 0$$

Die Abb. 16.18 zeigt die Bahn des Alphateilchens für diese Anfangswerte, berechnet mit dem Programm Runge_Kutta4 mit den Funktionen

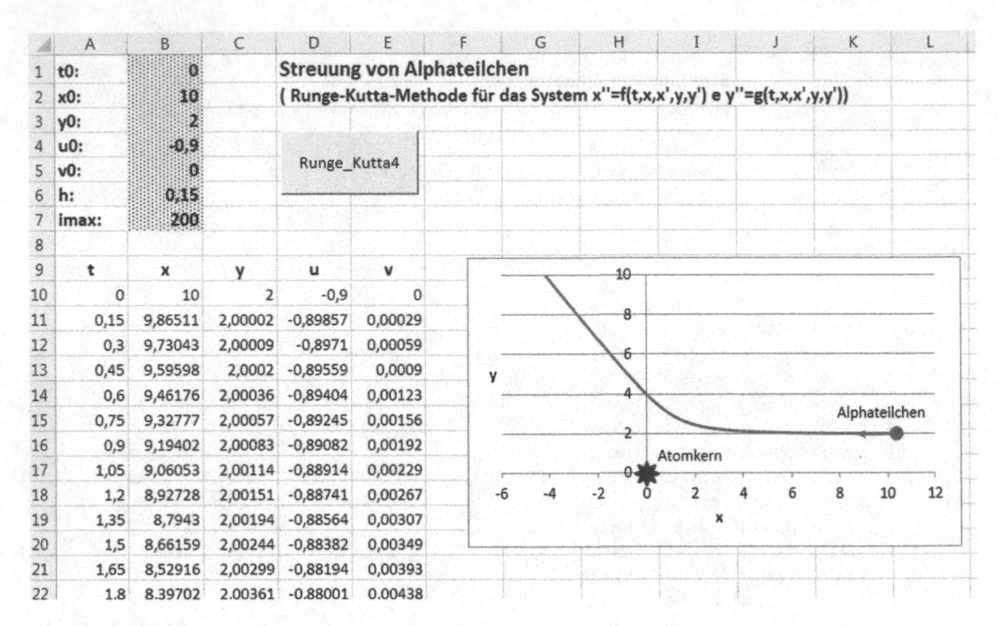

	A	B	C	D	E
1	t0:	0		Streuung von Alphateilchen	
2	x0:	10		(Runge-Kutta-Methode für das System x''=f(t,x,x',y,y') e y''=g(t,x,x',y,y'))	
3	y0:	2			
4	u0:	-0,9			
5	v0:	0			
6	h:	0,15			
7	imax:	200			
8					
9	t	x	y	u	v
10	0	10	2	-0,9	0
11	0,15	9,86511	2,00002	-0,89857	0,00029
12	0,3	9,73043	2,00009	-0,8971	0,00059
13	0,45	9,59598	2,0002	-0,89559	0,0009
14	0,6	9,46176	2,00036	-0,89404	0,00123
15	0,75	9,32777	2,00057	-0,89245	0,00156
16	0,9	9,19402	2,00083	-0,89082	0,00192
17	1,05	9,06053	2,00114	-0,88914	0,00229
18	1,2	8,92728	2,00151	-0,88741	0,00267
19	1,35	8,7943	2,00194	-0,88564	0,00307
20	1,5	8,66159	2,00244	-0,88382	0,00349
21	1,65	8,52916	2,00299	-0,88194	0,00393
22	1.8	8.39702	2.00361	-0.88001	0.00438

Abb. 16.19 Streuung von Alphateilchen mit großem Stoßparameter [Arbeitsmappe: Alphateilchen.xlsm]

```
Function F(t, x, y, u, v)
 r = (x ^ 2 + y ^ 2) ^ 0.5
 F = x / r ^ 3
End Function
```

```
Function G(t, x, y, u, v)
 r = (x ^ 2 + y ^ 2) ^ 0.5
 G = y / r ^ 3
End Function
```

Zur Erinnerung: Die reduzierten Variablen im Programm werden klein geschrieben.

Wenn wir den Stoßparameter auf $b = y_0 = 20\,F$ erhöhen ($Y_0 = 2$), wird das α-Teilchen nur abgelenkt, nicht zurückgeworfen (Abb. 16.19).

16.3.3 Bewegung in einem r^{-1}-Feld

Bis jetzt haben wir zentrale Kraftfelder betrachtet, die umgekehrt proportional zum Quadrat der Entfernung waren. Die Natur sorgt dafür, dass der Exponent genau 2 ist. Im Labor können wir aber leicht Felder herstellen, bei denen die Abstandsabhängigkeit fast beliebig ist, z. B auch mit einem Exponent 1, etwa in einem elektrostatischen Geschwindigkeitsfilter für geladene Teilchen, z. B. für Elektronen.

In diesem Abschnitt benutzen wir erneut das Runge_Kutta4-Programm, dieses Mal aber mit einem Kraftgesetz der Form $F(r) = k \cdot r^{-1}$.

Schießt man ein Elektron senkrecht in ein elektrisches Feld, das sich um einen sehr langen Draht bildet, der gleichförmig mit q Coulomb pro Meter geladen ist, so kann das Elektron die verschiedensten Bahnen um den Draht herum beschreiben. Ein Spezialfall ist eine Kreisbahn.

Aus Symmetriegründen sind die Feldlinien radial und bei positiven q vom Draht weggerichtet. Mithilfe des *Gaußschen* Gesetzes können wir zeigen, dass gilt:

$$E(r) = q/(2\pi\varepsilon_0) \cdot r^{-1}$$

Die elektrische Feldkonstante ε_0 (auch Permittivität des Vakuums genannt) hat in SI-Einheiten den Wert $8{,}854 \cdot 10^{-12}\ C^2 N^{-1} m^{-2}$.

Die Kraft auf das Elektron ist gegeben durch

$$F(r) = -qe/(2\pi\varepsilon_0) \cdot r^{-1}$$

Die kartesischen Koordinaten der Beschleunigung lauten

$$x'' = -C \cdot x\, r^{-2} \quad \text{und} \quad y'' = -C \cdot y\, r^{-2}$$

mit $C = qe/(2\pi\varepsilon_0\, m_e)$ und $r = (x^2 + y^2)^{1/2}$

(Vergleiche mit $x'' = C \cdot xr^{-3}$; $y'' = C \cdot yr^{-3}$ des vorigen Abschn. 16.3.2)

$$\begin{aligned} e &= \text{Ladung des Elektrons: } 1{,}602177 \cdot 10^{-19}\text{C} \\ m_e &= \text{Masse des Elektrons: } 9{,}10939 \cdot 10^{-31}\text{kg} \\ e/m_e &= 1{,}7588 \cdot 10^{11}\ \text{C/kg} \end{aligned}$$

Damit das Elektron eine *Kreisbahn* beschreibt, muss gelten $F(r) = -mv^2/r$.

Daraus ergibt sich für die Geschwindigkeit v

$$v = \sqrt{\frac{qe}{2\pi\varepsilon_0 m_e}} = \sqrt{C}$$

D. h.: Elektronen, die sich auf einer kreisförmigen Bahn bewegen, haben dieselbe Geschwindigkeit, unabhängig vom Radius.

Zunächst werden wir reduzierte Variablen benutzen ($Ct_0^2/x_0^2 := 1$), später gehen wir auf SI-Einheiten über. Als neue Einheiten nehmen wir $x_0 = 10^{-2}$ m und $t_0 = 10^{-6}$ s. Eine natürliche Einheit für die Geschwindigkeit wäre $v_0 = 10^4$ m/s. Diese Wahl hat als Konsequenz, dass $C = 10^8\ m^2/s^2$. Damit C diesen Wert hat, müssen wir die Ladung des Drahtes mit $q = 3{,}163 \cdot 10^{-14}$ C/m vorgeben.

Also bedeutet $y_0 = 5$ eine Länge von 5 cm. Die Geschwindigkeit $u_0 = 1$ bedeutet eine reale Geschwindigkeit von 10^4 m/s. Die Schrittweite $h = 0{,}5$ entspricht einer Zeit von $5 \cdot 10^{-7}$ s.

Die Funktionen für das Runge_Kutta4-Programm lauten:

```
Function F(t, x, y, u, v)
 r = (x ^ 2 + y ^ 2): K = 1
 F = -K * x / r
End Function
```

```
Function G(t, x, y, u, v)
 r = (x ^ 2 + y ^ 2): K = 1
 G = -K * y / r
End Function
```

Die Ergebnisse sind in der Abb. 16.20 zu sehen.

Wenn man andere Radien einsetzt, also andere Werte für y_0, z. B. $y_0 = 1$, erhält man immer wieder eine Kreisbahn.

Wenn man aber die Geschwindigkeit ändert, z. B. statt $u_0 = 1$ nur $u_0 = 0{,}5$ (= 5000 m/s), erhält man eine sich nicht schließende Rosettenbahn (vgl. Abb. 16.21).

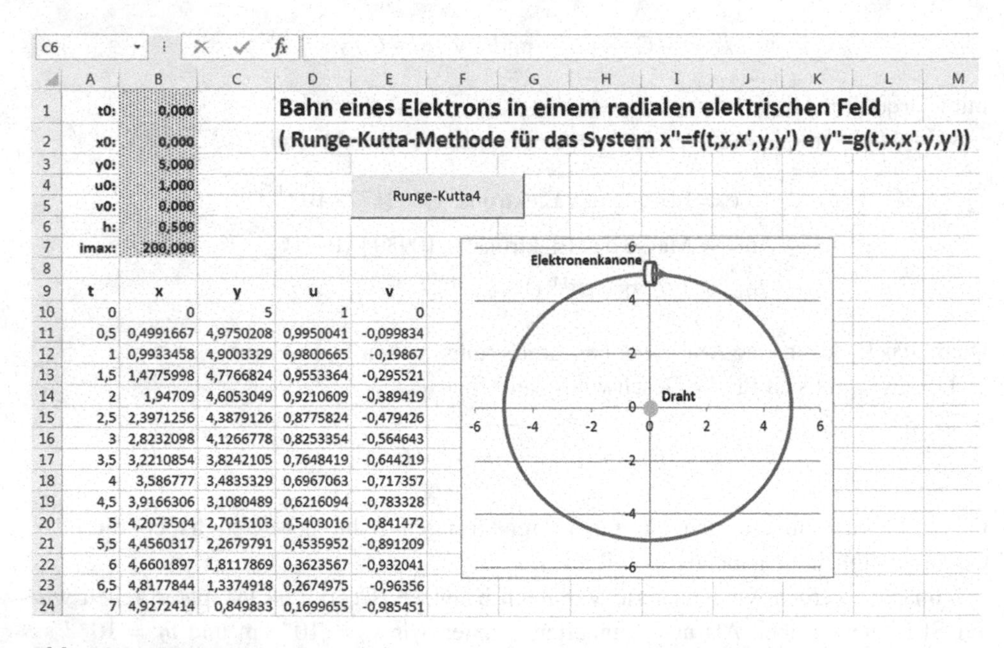

Bahn eines Elektrons in einem radialen elektrischen Feld
(Runge-Kutta-Methode für das System x"=f(t,x,x',y,y') e y"=g(t,x,x',y,y'))

t0:	0,000
x0:	0,000
y0:	5,000
u0:	1,000
v0:	0,000
h:	0,500
imax:	200,000

t	x	y	u	v
0	0	5	1	0
0,5	0,4991667	4,9750208	0,9950041	-0,099834
1	0,9933458	4,9003329	0,9800665	-0,19867
1,5	1,4775998	4,7766824	0,9553364	-0,295521
2	1,94709	4,6053049	0,9210609	-0,389419
2,5	2,3971256	4,3879126	0,8775824	-0,479426
3	2,8232098	4,1266778	0,8253354	-0,564643
3,5	3,2210854	3,8242105	0,7648419	-0,644219
4	3,586777	3,4835329	0,6967063	-0,717357
4,5	3,9166306	3,1080489	0,6216094	-0,783328
5	4,2073504	2,7015103	0,5403016	-0,841472
5,5	4,4560317	2,2679791	0,4535952	-0,891209
6	4,6601897	1,8117869	0,3623567	-0,932041
6,5	4,8177844	1,3374918	0,2674975	-0,96356
7	4,9272414	0,849833	0,1699655	-0,985451

Abb. 16.20 Kreisförmige Elektronenbahn [Arbeitsmappe: Elektron_radial.xlsm]

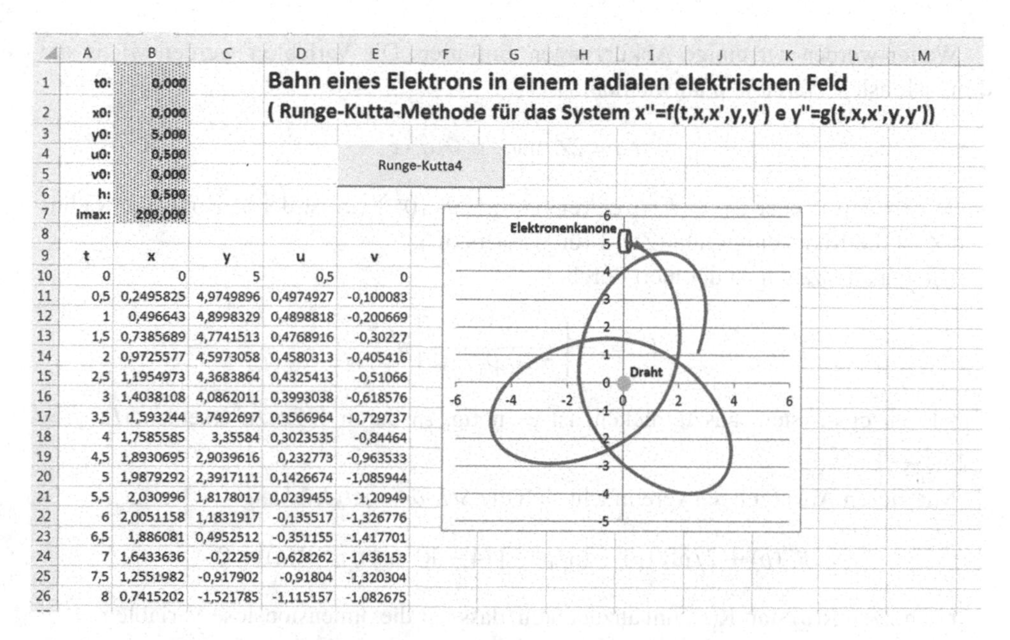

t0:	0,000
x0:	0,000
y0:	5,000
u0:	0,500
v0:	0,000
h:	0,500
imax:	200,000

t	x	y	u	v
0	0	5	0,5	0
0,5	0,2495825	4,9749896	0,4974927	-0,100083
1	0,496643	4,8998329	0,4898818	-0,200669
1,5	0,7385689	4,7741513	0,4768916	-0,30227
2	0,9725577	4,5973058	0,4580313	-0,405416
2,5	1,1954973	4,3683864	0,4325413	-0,51066
3	1,4038108	4,0862011	0,3993038	-0,618576
3,5	1,593244	3,7492697	0,3566964	-0,729737
4	1,7585585	3,35584	0,3023535	-0,84464
4,5	1,8930695	2,9039616	0,232773	-0,963533
5	1,9879292	2,3917111	0,1426674	-1,085944
5,5	2,030996	1,8178017	0,0239455	-1,20949
6	2,0051158	1,1831917	-0,135517	-1,326776
6,5	1,886081	0,4952512	-0,351155	-1,417701
7	1,6433636	-0,22259	-0,628262	-1,436153
7,5	1,2551982	-0,917902	-0,91804	-1,320304
8	0,7415202	-1,521785	-1,115157	-1,082675

Abb. 16.21 Elektronenbahn mit geänderten Anfangsbedingungen [Arbeitsmappe: Elektron_radial.xlsm]

16.3.4 Wasserstoffatom

Ein Wasserstoffatom besteht aus einem Proton und einem Elektron. Wegen seiner Einfachheit spielte das H-Atom eine große Rolle in der Frühzeit der Quantenmechanik. Obgleich dieses Atom so einfach aufgebaut ist, fiel es *Schrödinger* nicht leicht, die später nach ihm benannte Gleichung zu lösen. Denn es handelt sich um ein dreidimensionales Problem, bei dem die Funktion U von der radialen Koordinate r abhängt.

Für die große Mehrzahl der in der Natur vorliegenden Probleme können die auftauchenden Schrödingergleichungen nicht exakt gelöst werden – das Wasserstoffatom (zusammen mit isoelektronischen Ionen wie He^{+}, Li^{++} usw.) ist eine exakt lösbare Ausnahme.

Hier folgt nun die radiale Gleichung für das Wasserstoffatom von Erwin Schrödinger (1887–1961):

$$\frac{1}{r^2}\frac{d}{dr}\left(r^2\frac{dR}{dr}\right) + \frac{2\mu}{\hbar^2}[E - U(r)]R = l(l+1)\frac{R}{r^2} \tag{16.4}$$

Wir werden sie numerisch lösen, aber vorher müssen wir eine kleine Schwierigkeit aus dem Weg räumen: Gl. 16.4 hat zwei Terme mit Singularitäten (Division durch Null), nämlich eine in 1/r, die andere in $1/r^2$. Wir werden im Programm nicht mit $r = 0$ beginnen, sondern mit $r = d$, wobei d eine sehr kleine von Null verschiedene positive Zahl ist. Wir werden $d = 1E - 8$ wählen.

Weiter werden wir einige Abkürzungen einführen. Die Variable r werden wir in die dimensionslose Variable ρ umwandeln:

$$\rho := 2Z/na_0 \cdot r: = \alpha \cdot r$$

$a_0 = \varepsilon_0 h^2/\pi\mu e^2$ oder $a_0 = \hbar^2/\mu e^2$ (cgs) $\approx 0{,}529 \cdot 10^{-8}$ cm ist der 1. Bohrsche Radius und Z ist die Kernladungszahl (Z = 1 für Wasserstoff).

Die Quantenzahl n ist definiert durch

$$E := -\left[\frac{\mu e^4 Z^2}{2\hbar^2(4\pi\varepsilon_0)^2}\right] n^{-2}$$

Um E im cgs-System auszudrücken, ist es nötig, ε_0 durch $1/4\pi$ zu ersetzen: $E_{cgs} = -\left[\frac{\mu e^4 Z^2}{2\hbar^2}\right] n^{-2}$.

Mit diesen Abkürzungen vereinfacht sich die *Schrödingergleichung*:

$$R''(\rho) + 2/\rho R'(\rho) + (n/\rho - 1/4 - l(l+1)/\rho^2)R(\rho) = 0$$

Wir benutzen R(ρ) statt R(r), um anzudeuten, dass wir die dimensionslose Variable $\rho = \alpha r$ mit $\alpha = 2Z/(na_0)$ benutzen.

Das folgende Programm benutzt die Runge-Kutta3-Methode (vgl. Abschn. 16.2) mit den Randbedingungen $R(0) = 0$ und $R'(0) = 0{,}2041$. In der Nähe von $\rho = 0$ verwenden wir eine lineare Näherung: $f = x + u \cdot t$.

Wir betrachten den Fall mit $n = 3$ und $l = 0$. Um die Variable ρ benutzen zu können, müssen wir r/a_0 durch $3\rho/2$ ersetzen. Dies bedeutet, dass $e^{-r/3ao} = e^{-\rho/2}$.

Das Programm berechnet die radiale "Wahrscheinlichkeitsdichte" $[R(r) \cdot r]^2$. Diese Funktion gibt uns die Wahrscheinlichkeit, mit der sich das Elektron des H-Atoms in einem bestimmten Abstand r vom Proton (Atomkern) befindet.

$$(n = 3, l = 0): \quad R(r) = 2(1/3a_0)^{3/2}(1 - 2/3\, r/a_0 + 2/27\, (r/a_0)^2)\, e^{-r/3a0}$$

oder $R(\rho) = ao^{-3/2}/9\sqrt{3}(6 - 6\rho + \rho^2)e^{-\rho/2}$

Im folgenden Arbeitsblatt (siehe Abb. 16.22) vergleichen wir die numerischen Resultate mit den analytischen (xtheor).

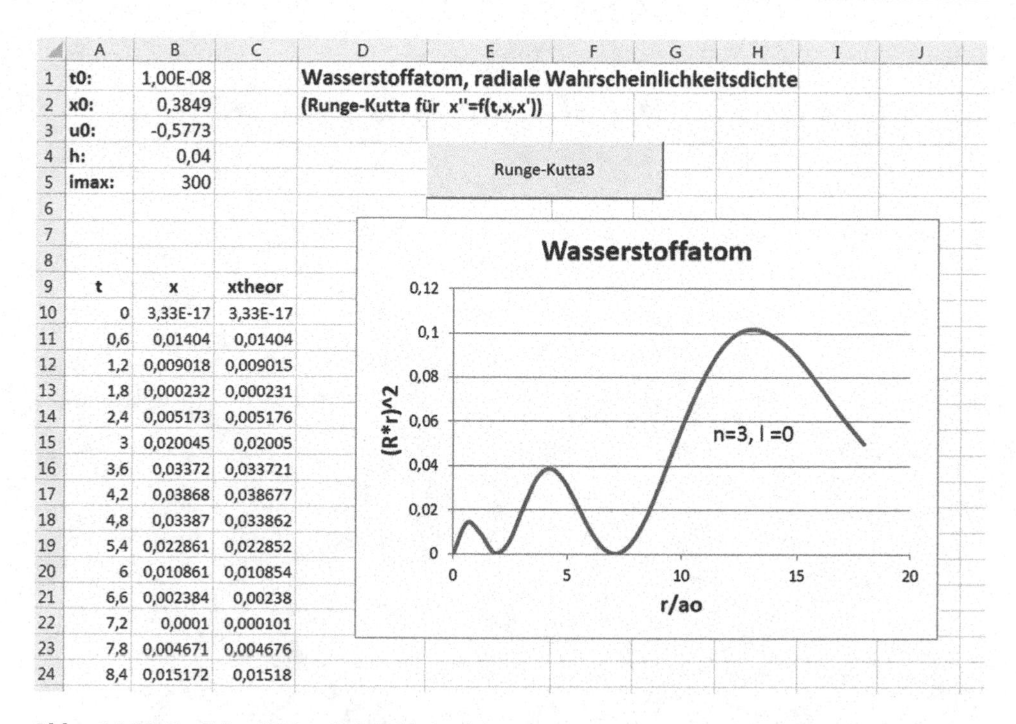

	A	B	C
1	t0:	1,00E-08	
2	x0:	0,3849	
3	u0:	-0,5773	
4	h:	0,04	
5	imax:	300	
6			
7			
8			
9	t	x	xtheor
10	0	3,33E-17	3,33E-17
11	0,6	0,01404	0,01404
12	1,2	0,009018	0,009015
13	1,8	0,000232	0,000231
14	2,4	0,005173	0,005176
15	3	0,020045	0,02005
16	3,6	0,03372	0,033721
17	4,2	0,03868	0,038677
18	4,8	0,03387	0,033862
19	5,4	0,022861	0,022852
20	6	0,010861	0,010854
21	6,6	0,002384	0,00238
22	7,2	0,0001	0,000101
23	7,8	0,004671	0,004676
24	8,4	0,015172	0,01518

Abb. 16.22 Radiale Wahrscheinlichkeitsdichte des Elektrons im H-Atom [Arbeitsmappe: Wasserstoffatom.xlsm]

Im Programm benutzen wir `F = -2*u/t+(1/4+l*(l+1)/t^2-n/t)*x` erst, wenn `t > 0,00001`:

```
Function F(t, x, u)
    n = 3: l = 0
    If t > 0 And t <= 0.00001 Then F = x + u * t Else
    If t > 0.00001 Then
    F = -2 * u / t + (1 / 4 + l * (l + 1) / t ^ 2 - n / t) * x
    End If
End Function
```

```
Function F0(t) ' analytisch
   F0 = 1 / (9 * 3 ^ 0.5) * (6 - 6 * t + t ^ 2) * Exp(-t / 2)
End Function
```

Der Graph des Zustandes (3/0) hat drei Maxima. Der wahrscheinlichste Wert liegt in $r \approx 13{,}5 \cdot a_0 \approx 13{,}5 \cdot 0{,}529 \cdot 10^{-8}$ cm $= 7{,}14 \cdot 10^{-8}$ cm. Die Theorie ergibt für die Entfernung den Erwartungswert

$$< r_{nl} > = \frac{n^2 a_0}{Z}\left[1 + \frac{1}{2}\left(1 - \frac{l(l+1)}{n^2}\right)\right]$$

Mit dieser Formel erhalten wir ebenfalls $< r_{30} > = 9a_0(1 + 0{,}5) = 13{,}5a_0$.

Zur numerischen Lösung der Schrödinger-Gleichung vergleiche [28].

Arbeiten mit dem Solver 17

Zusammenfassung

Wir zeigen den Einsatz des *Solvers*, eines Excel-Werkzeuges für Optimierungsaufgaben, das die Entscheidungsfindung bei Problemen mit vielen Alternativen unterstützt. Wir behandeln typische Probleme aus der Wirtschaft, z. B. das Minimieren von Kosten bei der Herstellung von Mixturen oder das Maximieren des Gewinnes bei Investitionsentscheidungen. Ebenfalls zeigen wir, wie der Solver sich an die Lösung linearer und nichtlinearer Gleichungssysteme schrittweise nähert.

17.1 Nullstellen einer Funktion

Im ersten Kapitel (siehe Abschn. 1.5), haben wir von Excel-*Add-Ins* gesprochen, die man über *Datei > Optionen* laden muss. Wir haben die drei Add-Ins: *Analyse-Funktionen*, *Analyse-Funktionen-VBA* und *Solver* geladen. Wenn auch Sie das getan haben, werden Sie unter *DATEN* den Menüpunkt *Analyse* mit *Datenanalyse* und *Solver* finden. Mit der *Datenanalyse* haben wir uns schon in den Kapiteln über Statistik beschäftigt (vgl. Abschn. 13.1.1, 13.4.6, 13.4.7).

Jetzt wollen wir zeigen, dass man mit dem *Solver* unter anderem solche Probleme lösen kann, die für die schon besprochene *Zielwertsuche* (Goal Seek) zu kompliziert sind (siehe Abschn. 8.1). Zunächst öffnen wir den *Solver*. Zum Einstieg wollen wir erneut die Nullstellen der nichtlinearen Gleichung $e^{-x} + \frac{x}{5} - 1 = 0$ finden.

Zunächst erscheint das Dialogfenster *Solver-Parameter*, in dem wir bei *Ziel festlegen:* C5 wählen, dann *Wert*: 0 setzen, und bei *Durch Ändern von Variablenzellen*: C4 wählen (vgl. Abb. 17.1). Da wir eine nichtlineare Gleichung haben, müssen wir als Lösungsmethode *GRG-Nichtlinear* wählen.

F. J. Mehr, M. T. Mehr, *Excel und VBA*, DOI 10.1007/978-3-658-08886-6_17

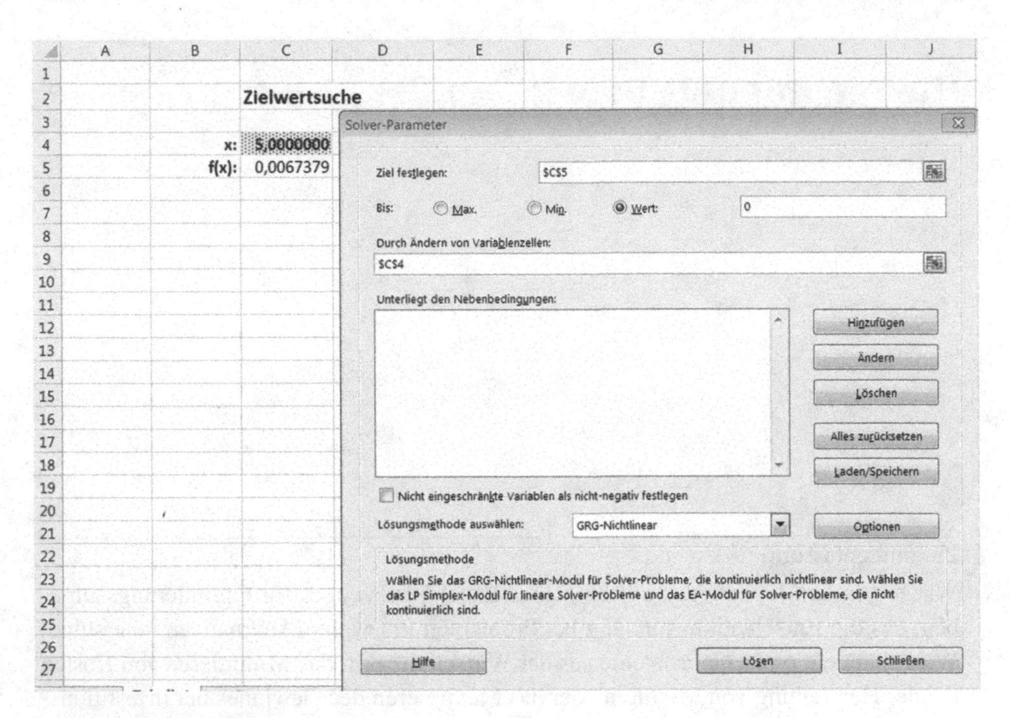

Abb. 17.1 Dialogfenster *Solver-Parameter*

Nachdem wir *Lösen* angeklickt haben, erfahren wir, dass der *Solver* ein Ergebnis gefunden (Nullstelle bei x = 4,9651142315) und in die vorhin definierte Zielzelle $C$4 eingetragen hat. Auch der Wert der Funktion an dieser Stelle (f(x) = – 4,29E – 11) wurde in $C$5 registriert (vgl. Abb. 17.2).

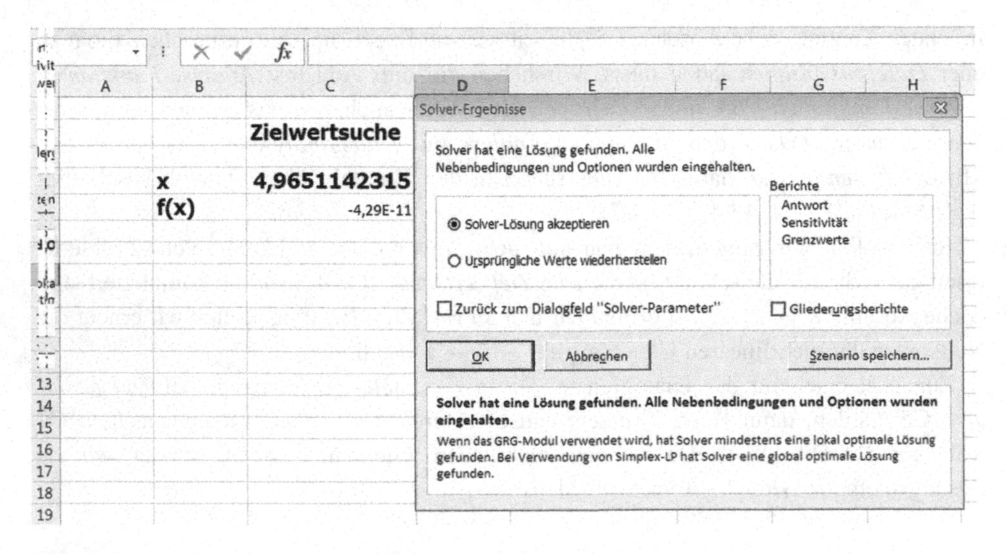

Abb. 17.2 *Solver* hat eine Lösung gefunden

17.2 Optimierung

Der *Solver* kann auch bei der Suche einer optimalen Problemlösung eingesetzt werden, beispielsweise beim Auffinden des **Extremwertes** einer Größe, die von mehreren Variablen abhängt.

In der Regel sind dabei gewisse Einschränkungen, **Nebenbedingungen**, zu erfüllen, die in Form von Gleichungen bzw. Ungleichungen vorliegen[1].

Solvers ermöglichen also, unter vielen Alternativen für die Lösung eines Problems, die "optimale" herauszusuchen. Somit wird der Prozess der Entscheidungsfindung unterstützt und transparenter gemacht.

Bei der linearen Optimierung (LO) ist der Wert einer **linearen** Zielfunktion $z(x_1, \ldots, x_n) = a_1x_1 + \ldots + a_nx_n$ zu minimieren oder zu maximieren. In diesem Fall sind auch die Nebenbedingungen linear:

$$a_{11}x_1 + a_{12}x_2 + \ldots + a_{1n}x_n <= / >= b_1 \text{ usw.}$$

Für LO-Aufgaben arbeitet der *Solver* nach dem **Simplexverfahren** (*Simplex-LP*). Wenn die Zielfunktion oder eine Nebenbedingung **nichtlinear** sind, bietet der Solver die Methode des generalisierten reduzierten Gradienten (*GRG-Methode*) an. Die dahinterliegenden Algorithmen arbeiten sich iterativ an die optimale Lösung heran.

Typische Optimierungsaufgaben mit Einschränkungen sind:

- Minimieren von Kosten (z. B. bei der Herstellung von Mixturen)
- Maximieren von Gewinnen (z. B. bei Investitionsentscheidungen wie das Budgetieren von Projekten)
- Minimieren von nichtbenutztem Raum (z. B. beim Laden von Lastwagen)
- Maximieren der Zeit bei der Anlagennutzung

Es folgen zwei Beispiele zu den beiden ersten Problemstellungen.

17.2.1 Herstellung von Mixturen

In einem konkreten Beispiel (aus dem Buch "Excel 5 à la carte", siehe [29]) sollen Tagesrationen für eine Expedition aus Hülsenfrüchten und Büchsenfleisch hergestellt werden, die wenigstens 150 g Fett, 200 g Eiweiß, 250 g Kohlehydrate und einen Brennwert von 6800 kJ enthalten müssen. Außerdem sollen sie möglichst preiswert sein.

Eine Zusammenstellung der genannten Daten finden Sie in Tab. 17.1.

[1] Der Excel-*Solver* wurde von **Frontline Systems Inc.** entwickelt. Es gibt auf dem Softwaremarkt andere "Solvers", z. B. der kostenlose **lpSolve** von der Open Source community SourceForge.

Tab. 17.1 Werte für die Optimierung einer Tagesration

	Hülsenfrüchte	Büchsenfleisch	Mindestbedarf
Fett (g)	100	500	150
Eiweiß (g)	500	100	200
Kohlenhydrate (g)	400	400	250
Wärmewert (kJ)	8400	17.000	6800
Preis/kg	3,50	5,20	Minimal

Es sind $x = $ Menge in kg an Hülsenfrüchten pro Ration und $y = $ Menge in kg an Büchsenfleisch pro Ration.

Für die Einschränkungen (Nebenbedingungen) gelten die folgenden Relationen:

```
Fett:          100 x + 500 y >= 150
Eiweiß:        500 x + 100 y >= 200
K.hydr.:       400 x + 400 y >= 250
Wärmewert:     8400 x + 1700 y >= 6800
```

Die zu minimierende Zielfunktion lautet: $z = 3{,}5\,x + 5{,}2\,y$ (= Preis / Ration)

Einträge im Arbeitsblatt

1. Trage die Werte der Tab. 17.1 ein. Der Solver braucht zwei Zellen, z. B. F5 und F6 (variable Zellen), um die beiden Lösungen x und y abzulegen.
2. Die Nebenbedingungen tragen wir in B12:B15 ein.
   B12: `=F$5*B5+F$6*C5`, bis B15 kopieren.
3. F8 enthält die Zielfunktion `=F5*B9+F6*C9`
4. Starte den *Solver*.
5. *Ziel festlegen*: auf F8 klicken, danach *Min* auswählen. Die variablen Zellen sind F5:F6, einfach markieren.
6. Das Dialogfenster *Nebenbedingungen hinzufügen* erscheint (vgl. Abb. 17.3). Mit dem Cursor in *Zellbezug,* klicken wir zuerst B12 an. Dann <=in>= umwandeln. Wir bringen den Cursor in *Nebenbedingung* und klicken auf D5, anschließend *Hinzufügen* anklicken, um die Ungleichung in die Liste der Nebenbedingungen aufzunehmen. Beim letzten Eintrag mit B15 und D8 ist *OK* anzuklicken (vgl. Abb. 17.4).

Weiter im *Solver-Parameter* Fenster das Feld *Nicht eingeschränkte Variablen als nichtnegativ festlegen* anhaken und *Simplex-LP* als Lösungsmethode wählen. Nachdem wir *Lösen* angeklickt haben, sehen wir in F5 die Information, dass pro Ration $x = 406$ g Hülsenfrüchte zu nehmen sind. F6 sagt, dass man $y = 219$ g Büchsenfleisch hinzufügen muss. In F8 finden wir den optimierten Preis $z = 2{,}56$ € pro Ration (*Zielfunktion*). Im Dialogfenster *Solver-Ergebnisse* die Option *Solver-Lösung akzeptieren* wählen, um die Ergebnisse im Arbeitsblatt zu speichern. Diese sehen Sie in Abb. 17.5.

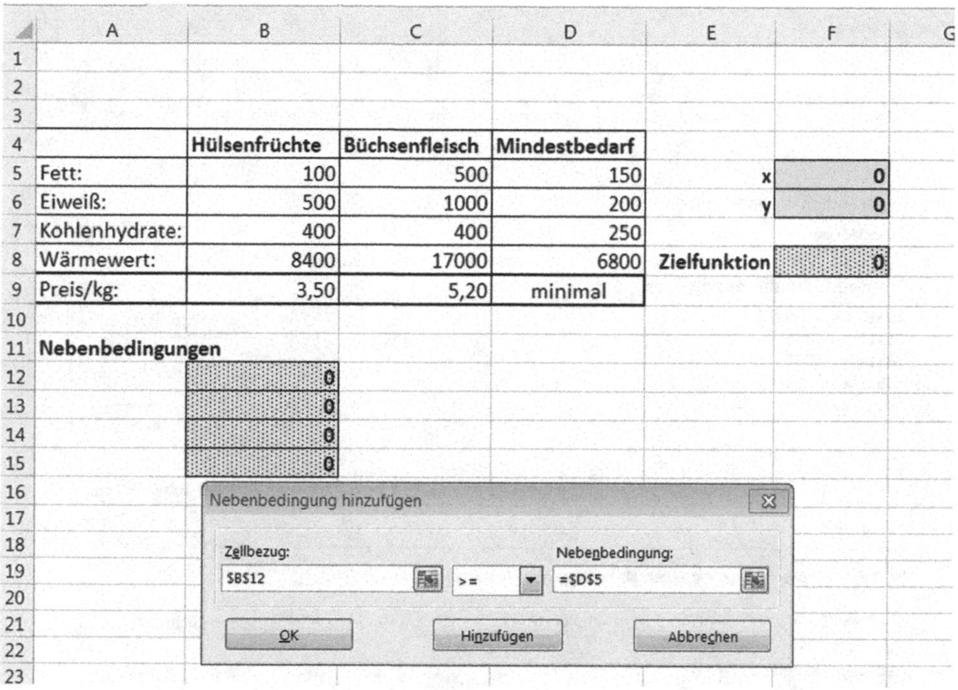

	A	B	C	D	E	F
1						
2						
3						
4		**Hülsenfrüchte**	**Büchsenfleisch**	**Mindestbedarf**		
5	Fett:	100	500	150	x	**0**
6	Eiweiß:	500	1000	200	y	**0**
7	Kohlenhydrate:	400	400	250		
8	Wärmewert:	8400	17000	6800	**Zielfunktion**	**0**
9	Preis/kg:	3,50	5,20	minimal		
10						
11	**Nebenbedingungen**					
12		**0**				
13		**0**				
14		**0**				
15		**0**				

Nebenbedingung hinzufügen

Zellbezug: $B$12 >= Nebenbedingung: =$D$5

OK Hinzufügen Abbrechen

Abb. 17.3 Dialogfenster *Nebenbedingungen hinzufügen* [Arbeitsmappe: Optimierung.xlsx; Blatt: Mixtur]

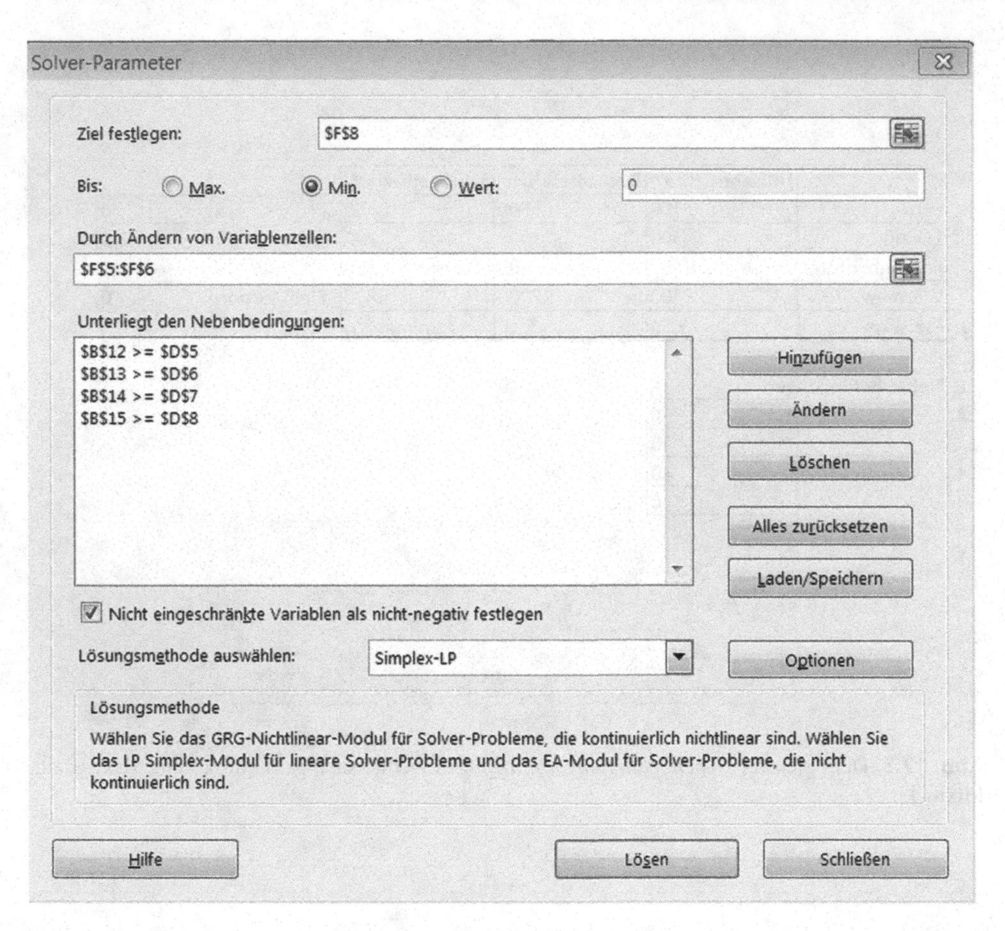

Abb. 17.4 Der *Solver* hat alle Informationen

	A	B	C	D	E	F	G
1							
2							
3							
4		**Hülsenfrüchte**	**Büchsenfleisch**	**Mindest Bedarf**			
5	Fett:	100	500	150	x	**0,40625**	
6	Eiweiß:	500	1000	200	y	**0,21875**	
7	K.hydr.:	400	400	250			
8	Wärmewert:	8400	17000	6800	**Zielfunktion**	**2,559375**	
9	Preis/kg:	3,50	5,20	minimal			
10							
11	**Nebenbedingungen**						
12		**150**					
13		**421,875**					
14		**250**					
15		**7131,25**					
16							
17							

Abb. 17.5 Optimale Tagesration [Arbeitsmappe: Optimierung.xlsx]

17.2.2 Investitionsentscheidung bei Projekten

Projektarbeit ist eine unumgängliche strategische Tätigkeit in fast allen Organisationen. Da es nicht immer Kapital genug gibt, um alle möglichen Projekte durchzuführen, müssen Verantwortliche aus der Leitung entscheiden, welche der diversen Alternativen die interessantesten sind.

Bei der Projektplanung werden die nötigen Ressourcen definiert und der erwartete **Kapitalwert** oder **Nettobarwert** (*net present value*, NPV) errechnet[2]. Die Organisation definiert, welche Mittel sie für Projekte jährlich bereitstellen will. Welche Projekte sollten durgeführt werden, damit der Kapitalwert maximiert und das Projektbudget nicht überschritten wird?

Dies ist wieder eine LO-Aufgabe, wie die im letzten Beispiel.

Der Geschäftsleitung eines Unternehmens wurden fünf sehr interessante Projektvorschläge aus der Forschung präsentiert. Für jedes Projekt wurden die diskontierten Barwerte für die folgenden fünf Jahre geschätzt (vgl. Tab. 17.2).

[2] Der **Nettobarwert** einer Investition ist die die Summe der **Barwerte** aller durch die Investition diskontierten **Ein- und Auszahlungen** (*present value incoming and outgoing cash flows*) während einer Periode (siehe z. B. [29, 30]).

Tab. 17.2 Daten für die Kosten-Nutzen-Analyse

Projekt	Netto-barwert [10^3 €]	Geschätzte diskontierte Barwerte [10^3€]				
		2015	2016	2017	2018	2019
P1	145	75	25	20	15	10
P2	155	90	35	0	0	30
P3	120	60	15	15	15	15
P4	70	30	20	10	5	5
P5	185	100	25	20	20	20
P6	150	50	20	10	30	40

Entscheidungsfindung über Projektdurchführung

Projekt	Netto-barwert	geschätzte Barwerte (Cash Flow)					Projekt wählen? 0=nein; 1=ja	
		2015	2016	2017	2018	2019		
P1	145	75	25	20	15	10	1	
P2	155	90	35	0	0	30	1	
P3	120	60	15	15	15	15	1	(variable
P4	70	30	20	10	5	5	1	Zellen)
P5	185	100	25	20	20	20	1	
P6	150	50	20	10	30	40	1	
verfügbares Kapital:		250	150	50	50	50		
notwendiges Kapital:		405	140	75	85	120	(Nebenbedingungen)	
Gesamt-Nettobarwert	825	(Zielfunktion)						

Abb. 17.6 Daten für das Arbeiten mit dem Solver [Arbeitsmappe: Optimierung.xlsx; Blatt: Projekt-Entscheidung]

Das Unternehmen plant Projektinvestitionen von 250.000,00 € in 2015, 75.000,00 € in 2016 und je 50.000,00 € für die Jahre 2017, 2018 und 2019. Welche Projekte sollen abgewickelt werden, um den Gesamt-Nettobarwert zu optimieren? Das dafür notwendige Arbeitsblatt befindet sich in der Abb. 17.6.

Einträge im Arbeitsblatt

1. In C6:H11 befinden sich die Daten aus der Tab. 17.2.
2. In D12:H12 wurde das verfügbare Investitionskapital eingetragen.
3. I6:I11: Binäre Entscheidungsvariablen (0 = Projekt nicht wählen; 1 = Projekt wählen). Diese sind die variablen Zellen für den Solver und werden z. B. alle den Anfangswert 1 haben.

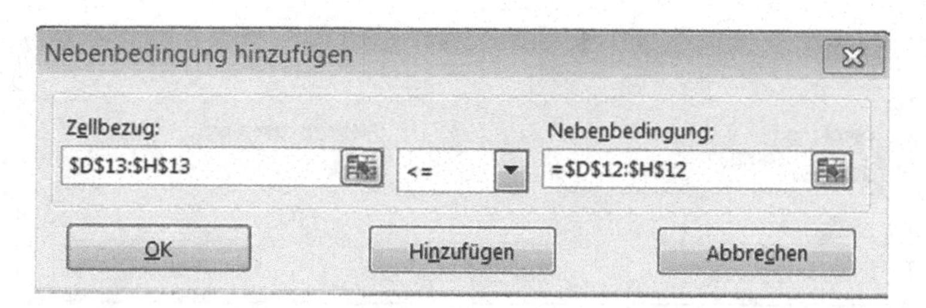

Abb. 17.7 Nebenbedingungen: Notwendiges Kapital <= verfügbares Kapital

4. D13: `=SUMMENPRODUKT($I6:$I11;D6:D11)`, bis H13 kopieren. Notwendiges Kapital = Nebenbedingungen für den *Solver*.
5. C15: `=SUMMENPRODUKT(I6:I11;C6:C11)`. Gesamt-Nettobarwert =Zielfunktion.

An dieser Stelle arbeiten wir zum ersten Mal mit der Excel-Funktion `SUMMENPRODUKT`, die die Elemente zweier Vektoren miteinander multipliziert und die Ergebnisse addiert (= Skalarprodukt der Vektoren).

Der *Solver* wird gestartet, und in dem *Solver-Parameter* Fenster wird C15 als Ziel festgelegt und *Max.* gewählt. In *Durch Änderung der Variablenzellen:* wird I6:I11 eingegeben.

Beim Klicken von *Hinzufügen* werden die Nebenbedingungen eingegeben (siehe Abb. 17.7).

Wir haben es aber hier mit einem Problem **binärer Variablen** zu tun, die ganzzahlig und positiv sein müssen. Diese Bedingungen werden auch dem Solver als Nebenbedingungen gegeben (vgl. Abb. 17.8). Dafür werden diese im Dialogfenster *Nebenbedingungen hinzufügen* nacheinander eingegeben:

Zellbezug: I6:I11 wählen, <= in *bin* (als *Nebenbedingung* erscheint das Wort "binär") umwandeln und *Hinzufügen* klicken.

Zellbezug: I6:I11 wählen, <= in *int* (als *Nebenbedingung* erscheint das Wort "Ganzzahlig") umwandeln und *Hinzufügen* klicken.

Zellbezug: I6:I11 wählen, <= in >= 0 umwandeln und *OK* klicken.

Weiter im *Solver-Parameter* Fenster das Feld *Nicht eingeschränkte Variablen als nicht-negativ festlegen* anhaken und *Simplex-LP* als Lösungsmethode wählen. Das fertige *Solver-Parameter* Fenster befindet sich in der Abb. 17.9. *Lösen* drücken, und der Solver findet eine Lösung (vgl. Abb. 17.10).

Diese Lösung empfiehlt nur Projekte P1, P4 und P5 durchzuführen. Damit erhält man 400.000,00 € als Gesamt-Nettobarwert unter Einhaltung des Investitionsbudgets. Es werden 150.000,00 € übrigbleiben... aber damit kann man keines der nicht gewählten Projekte durch die fünf Jahre hindurch finanzieren. (Da werden sich die Mitarbeiter aus der Forschung bestimmt etwas einfallen lassen!)

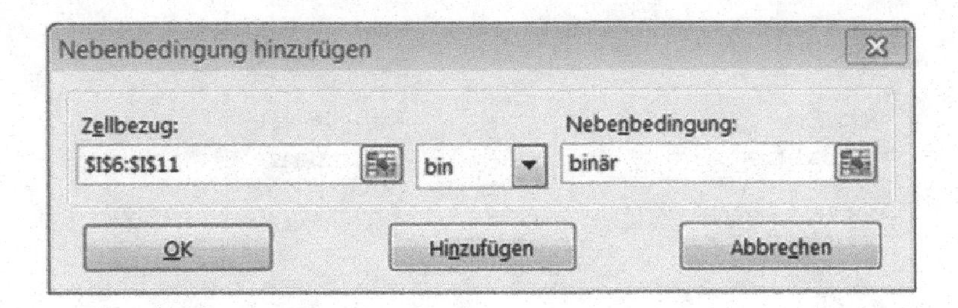

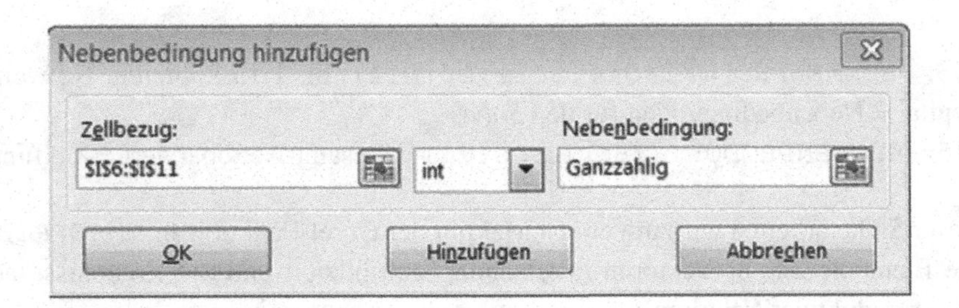

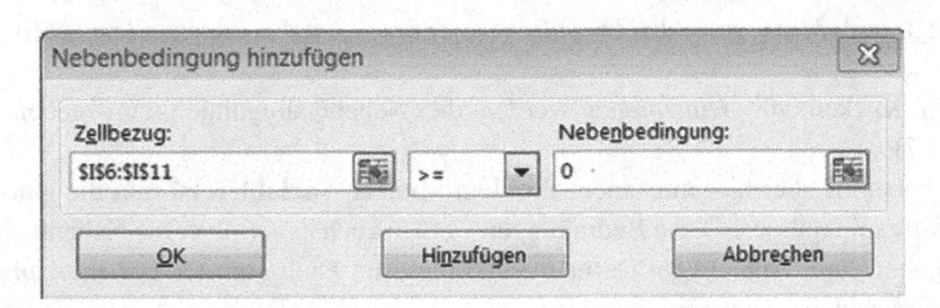

Abb. 17.8 Nebenbedingungen für die binären Variablen

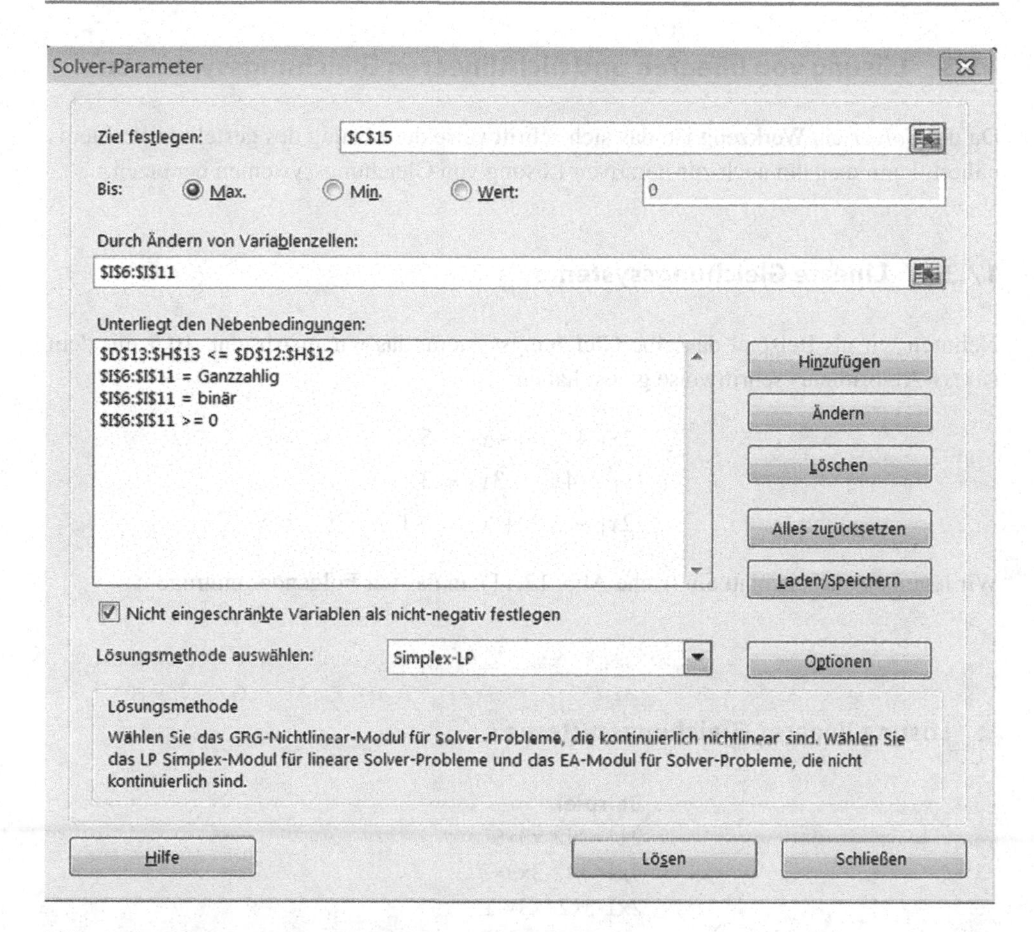

Abb. 17.9 *Solver-Parameter* Fenster mit allen Eingaben

Entscheidung über Prokektdurführung

Projekt	Netto-barwert	geschätzte Barwerte (Cash Flow) 2015	2016	2017	2018	2019	Projekt wählen? 0=nein; 1=ja	
P1	145	75	25	20	15	10	1	
P2	155	90	35	0	0	30	0	
P3	120	60	15	15	15	15	0	(variable
P4	70	30	20	10	5	5	1	Zellen)
P5	185	100	25	20	20	20	1	
P6	150	50	20	10	30	40	0	
verfügbares Kapital:		250	150	50	50	50		
notwendiges Kapital:		205	70	50	40	35	(Nebenbedingungen)	
Gesamt-Nettobarwert	400	(Zielfunktion)						

Abb. 17.10 Entscheidungen für einen maximierten Gesamt-Nettobarwert [Arbeitsmappe: Optimierung.xlsx; Blatt: Projekt-Entscheidung]

17.3 Lösung von linearen und nichtlinearen Gleichungssystemen

Da der *Solver* ein Werkzeug ist, das sich schrittweise der Lösung des gestellten Problems nähert, kann man ihn auch zur iterativen Lösung von Gleichungssystemen benutzen.

17.3.1 Lineare Gleichungssysteme

Nehmen wir als Beispiel dasselbe Gleichungssystem, das wir in Abschn. 10.5 mit dem *Gauss*-Algorithmus schrittweise gelöst haben:

$$2x_1 + 3x_2 - x_3 = 5$$
$$4x_1 + 4x_2 - 3x_3 = 3$$
$$2x_1 - 3x_2 + x_3 = -1$$

Wir legen ein Arbeitsblatt ein (siehe Abb. 17.11), in das wir Folgendes eintragen:

	A	B	C	D	E	F	G	H
1	**Lösung linearer Gleichungssysteme**							
2								
3			**Beispiel:**					
4			2x1+3x2-x3=5					
5			4x1+4x2-3x3=3					
6			2x1-3x2+x3=-1					
7								
8								
9		x1	x2	x3				
10	**variable Zellen**	**0,00**	**0,00**	**0,00**				**rechte**
11	**(Anfangswerte)**						**Gln.**	**Zeite**
12								
13	Koeffizienten-	2	3	-1		**Ziel**	**0**	5
14	matrix	4	4	-3			0	3
15		2	-3	1			0	-1
16								
17								

Abb. 17.11 Lineares Gleichungssystem [Arbeitsmappe: Solver Gleichungssysteme.xlsx; Blatt: lineares GLS]

B13:D15 Matrix der Koeffizienten

H3:H15 rechte Seite

B10:D10 variable Zellen, in die der Solver die Lösung einträgt. Wir geben dort Anfangswerte ein, z. B. alle 0

G13: `=B13*B$10+C13*C$10+D13*D$10`, bis G15 kopieren. Hier stehen die Formeln der linken Seiten der Gleichungen. Die erste geben wir im *Solver* als Ziel ein, die anderen als Nebenbedingungen.

Der *Solver* wird aufgerufen und die *Solver-Parameter* wie in der Abb. 17.12 eingegeben. Nachdem *Lösen* gedrückt wird, findet der Solver die Lösung (vgl. Abb. 17.13).

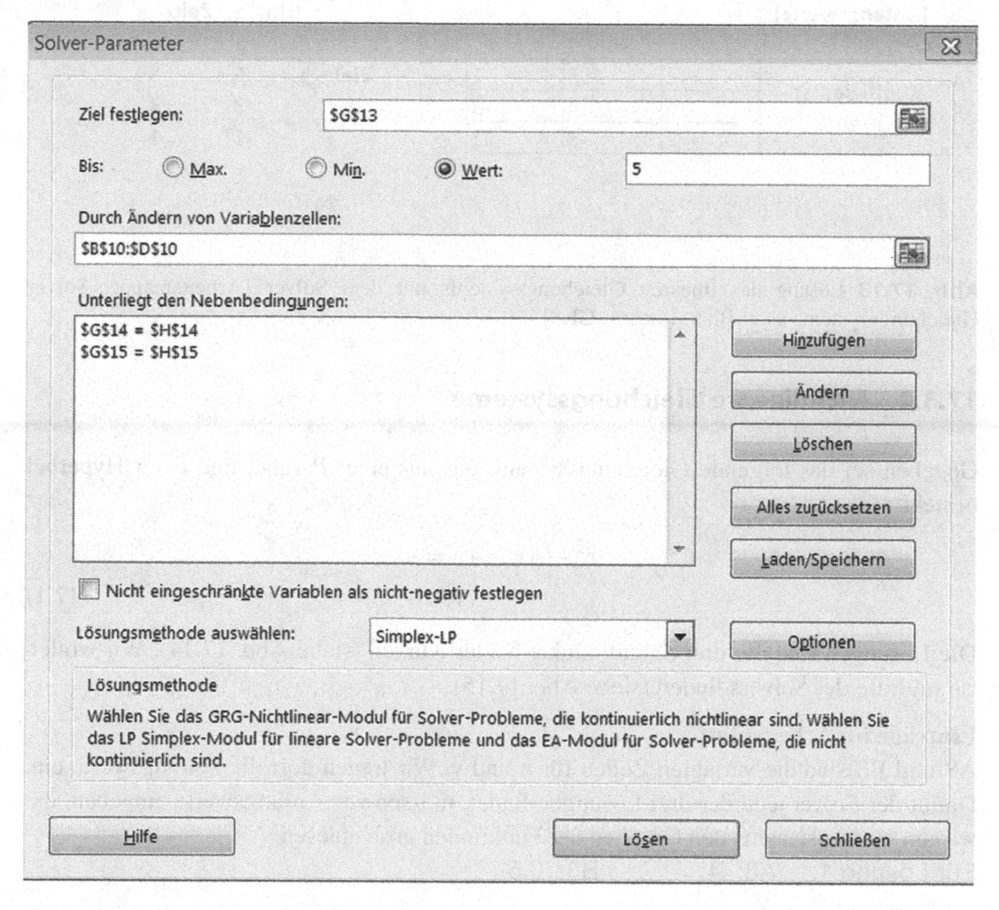

Abb. 17.12 Dialogfenster *Solver-Parameter*

	A	B	C	D	E	F	G	H	I
1	**Lösung linearer Gleichungssysteme**								
2									
3			**Beispiel:**						
4			2x1+3x2-x3=5						
5			4x1+4x2-3x3=3						
6			2x1-3x2+x3=-1						
7									
8									
9		x1	x2	x3					
10	**variable Zellen**	1,00	2,00	3,00				**rechte**	
11	**(Anfangswerte)**						**Gln.**	**Zeite**	
12									
13	Koeffizienten-matrix	2	3	-1		**Ziel**	5	5	
14		4	4	-3			3	3	
15		2	-3	1			-1	-1	
16									
17									
18									

Abb. 17.13 Lösung des linearen Gleichungssystems mit dem Solver [Arbeitsmappe: Solver Gleichungssysteme.xlsx; Blatt: lineares GLS]

17.3.2 Nichtlineare Gleichungssysteme

Gegeben sei das folgende Gleichungssystem, das aus einer Parabel und einer Hyperbel besteht:

$$\begin{aligned} x^2 - 4x + 4y &= 4 \\ xy &= 1 \end{aligned} \tag{17.1}$$

Die Lösungen sind die drei Schnittpunkte beider Kurven (siehe Abb. 17.14). Wir wollen sie mithilfe des Solvers finden (siehe Abb. 17.15).

Einträge im Arbeitsblatt
A8 und B8 sind die variablen Zellen für x und y. Wir tragen dort die Anfangswerte ein. Damit der Solver jede der drei Lösungen findet, müssen wir Anfangswerte eingeben, die wir am einfachsten aus den Graphen der Funktionen grob ablesen:

Für Lösung 1: A8: 4; B8: 0,5

Für Lösung 2: A8: 1; B8: 1

Für Lösung 3: A8: -1; B8: -1

Jeweils eines dieser Paare eintragen, Solver aufrufen und Parameter sowie Nebenbedingung wie in Abb. 17.16 eingeben.

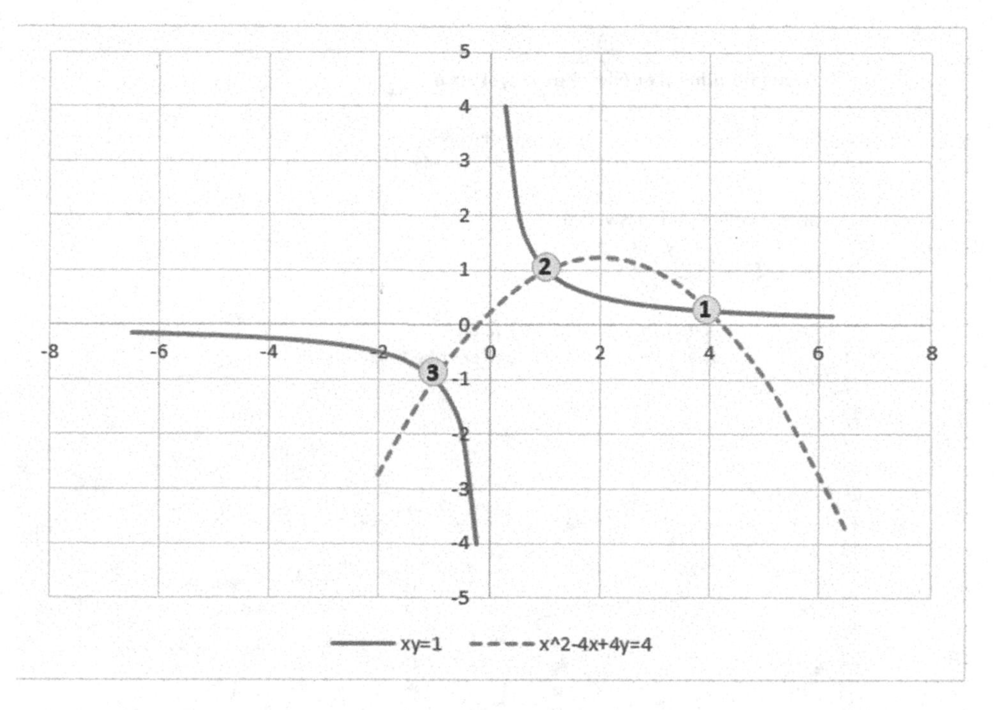

Abb. 17.14 Schnittpunkte von Parabel und Hyperbel aus Gl. 17.1

Nachdem jedes Mal *Lösen* gedrückt wurde, findet der Solver die folgenden Lösungen:

Lösung1:	x = 4,67;	y = 0,21
Lösung2:	x = 0,65;	y = 1,54
Lösung3:	x = −1,32;	y = −0,76

Jedes Mal werden das Ziel (= 4) für die erste Gleichung und die Nebenbedingung (= 1) für die zweite Gleichung sehr gut "getroffen".

Eine gute allgemeine Einleitung für das Arbeiten mit dem Solver, speziell über die Wahl zusätzlicher Optionen und über die Bedeutung der verschiedenen Berichte, die der Solver erstellt, finden Sie in einer kurzen Abhandlung des Hochschulrechenzentrums der Universität Gießen [31]. Auf der Internetseite des Solver-Herstellers befindet sich ein "Optimization Tutorial" [32].

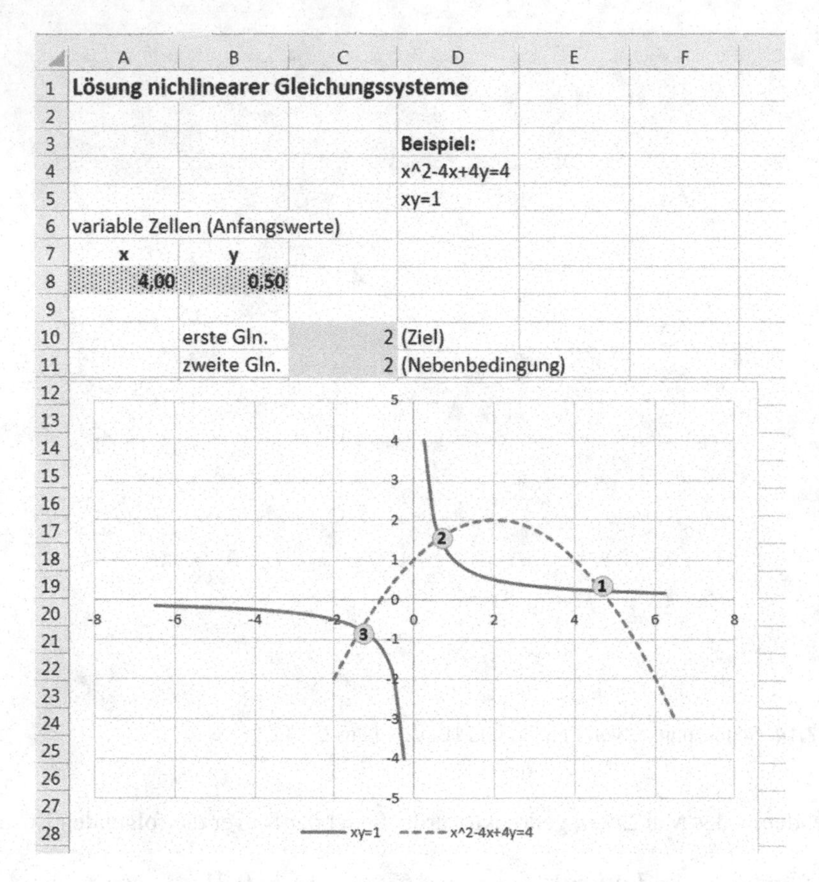

Abb. 17.15 Nichtlineares Gleichungssystem [Arbeitsmappe: Solver Gleichungssysteme; Blatt: nichtlineares GLS]

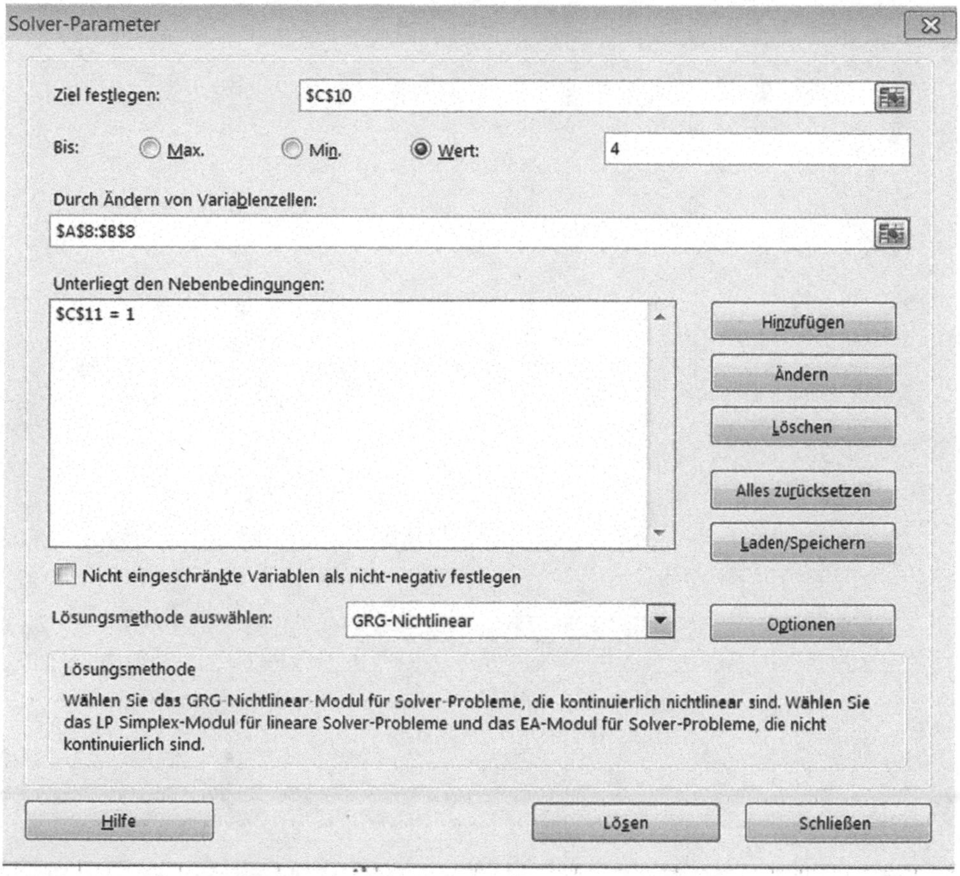

Solver-Parameter

Ziel festlegen: $C$10

Bis: Max. Min. Wert: 4

Durch Ändern von Variablenzellen:

$A$8:$B$8

Unterliegt den Nebenbedingungen:

$C$11 = 1

Hinzufügen

Ändern

Löschen

Alles zurücksetzen

Laden/Speichern

Nicht eingeschränkte Variablen als nicht-negativ festlegen

Lösungsmethode auswählen: GRG-Nichtlinear

Optionen

Lösungsmethode

Wählen Sie das GRG-Nichtlinear-Modul für Solver-Probleme, die kontinuierlich nichtlinear sind. Wählen Sie das LP Simplex-Modul für lineare Solver-Probleme und das EA-Modul für Solver-Probleme, die nicht kontinuierlich sind.

Hilfe

Lösen

Schließen

Abb. 17.16 Dialogfenster *Solver-Parameter*

Ausgewählte Beispiele 18

Zusammenfassung

Mit diesem Kapitel verabschieden wir uns mit einem Potpourri von Anwendungen der gelernten Methoden und Techniken. Wir simulieren das Fallen von Regentropfen, wir versuchen (vergeblich) eine Rakete vom Mond zur Erde zurückzubringen, wir studieren das Entstehen eines Schusses in einem Gewehr und die Verteilung von Alphateilchen aus einem radioaktiven Kern. Wir untersuchen, wie Bakterien in ihrem eigenen Abfall ersticken, und verfolgen die unkontrollierten Wege nüchterner Moleküle.

18.1 Modell für fallende Regentropfen

Fallende Regentropfen modellieren wir durch den Fall einer Kugel aus der Höhe $x = 0$. Die Kugel hat die Masse m und den Radius R. Ihre Anfangsgeschwindigkeit ist Null. Wie Abb. 18.1 zeigt, bewegt sie sich unter dem Einfluss von drei Kräften: F_a (archimedische Auftriebskraft), F_r (Reibungskraft) und F_g (Gravitationskraft).

Wir möchten nun die Zeit berechnen, die die Kugel braucht, um eine Höhe H zu durchfallen.

Die Fallhöhe wird in n Intervalle geteilt, jedes der Länge $h = H/n$. Für jedes Intervall berechnen wir die Durchschnittsgeschwindigkeit mithilfe von $(v_i + v_j)/2$.

Während eines jeden Intervalls betrachten wir die Beschleunigung als konstant. Die Beschleunigung in dem Intervall Nummer j (= Intervall j) ist gegeben durch

$$a_j := (v_j - v_i) / (t_j - t_i) = g\left[u - \left((v_i + v_j) / (2v_1)\right)^2\right] \quad (18.1)$$

Die Konstante v_1 ist definiert durch $v_1^2 := 8Rg\rho_c/(3C\rho)$, ρ Flüssigkeitsdichte (= 1000 kg/m^3 für Wasser), ρ_c = Dichte der Kugel (7800 kg/m^3), R = Radius (4 mm), C = 0,4 und $g = 9{,}81\ \text{m/s}^2$.

F. J. Mehr, M. T. Mehr, *Excel und VBA*, DOI 10.1007/978-3-658-08886-6_18

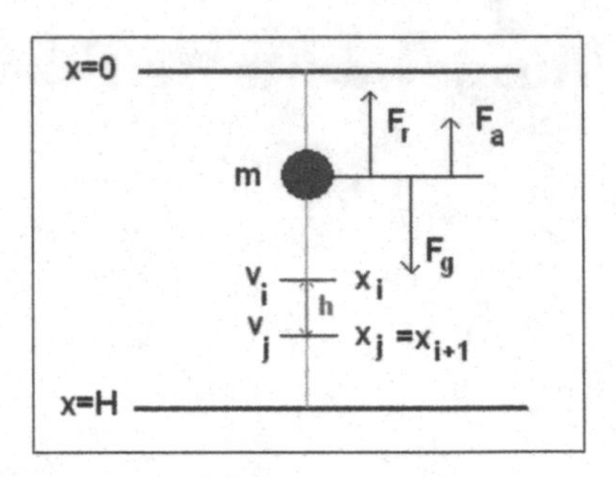

Abb. 18.1 Fall einer Kugel in einer Flüssigkeit

Die Fallzeit durch das Intervall j ist

$$t_j - t_i = (2h) / (v_i + v_j) \tag{18.2}$$

Diesen Ausdruck setzen wir in Gl. 18.1 ein. Zusammen mit der Abkürzung

$$b := g \cdot h/(2v_1)^2.$$

So kommen wir zu der folgenden **Iterationsformel**:

$$v_{i+1} = [(v_i{}^2 + 4buv_1{}^2 (1+b))^{1/2} - bv_i]/(1+b)$$

Anstelle von v_j haben wir v_{i+1} geschrieben, darüber hinaus haben wir $u := 1 - \rho/\rho_c$. Um die Fallzeit zu bestimmen, müssen wir die Teilzeiten t_j addieren, die in den n Intervallen anfielen, siehe Gl. 18.2. Diese Zeit berechnen wir wie folgt:

$$T = n \sum_{j=1}^{n} t_j = \frac{2H}{n} \sum_{i=0}^{n-1} \frac{1}{v_i + v_{i+1}}$$

Für hinreichend kleines Δt kann die Iterationsmethode Ergebnisse für T liefern, die bis auf drei Dezimalstellen genau sind. Das entsprechende VBA-Programm befindet sich in Abb. 18.2.

Die Abb. 18.3 zeigt den Verlauf der Geschwindigkeit bis H = 20 cm und vergleicht ihn mit dem des freien Falls. Man sieht, dass die Geschwindigkeit am Anfang ähnlich wie beim freien Fall verläuft und sich dann aber asymptotisch einem konstanten Wert (ca. 1,23 m/s) nähert. In diesem Fall beträgt die Fallzeit T = 0,25 s.

Eine ausführliche Betrachtung dieses und des nächsten Problems (Abschn. 18.2) befindet sich in [33].

```
Sub kugel() 'Fall einer Kugel in einer Flüssigkeit
  Range("A8:B1000").Clear
  H = Cells(2, 2).Value
  rc = 7800: rfl = 1000
  R = 0.004: C = 0.4: g = 9.8: 'H = 0.2
  v0 = 0: t0 = 0
  n = 100: s = 0

  u = 1 - rfl / rc
  v1 = Sqr(8 * R * g * rc / (3 * rfl * C))
  b = g * H / (2 * n * v1 ^ 2)
  d = 4 * b * u * v1 ^ 2 * (1 + b)


  For i = 0 To n - 1 Step 1

    v = ((v0 ^ 2 + d) ^ 0.5 - b * v0) / (1 + b)
    s = s + 1 / (v0 + v) ' Summenberechnung
    t = 2 * H * s / n
    v0 = v
    Cells(i + 8, 1).Value = t
    Cells(i + 8, 2).Value = v

  Next

     Cells(4, 2).Value = 2 * H * s / n 'T
     Cells(4, 7).Value = Sqr(2 * H / g) 'T0
     Cells(5, 7).Value = Sqr(2 * g * H) 'v0max

End Sub
```

Abb. 18.2 VBA-Programm zur Berechnung der Fallzeit [Arbeitsmappe: Kugel_in_Flüssigkeit.xlsm; Makro: kugel]

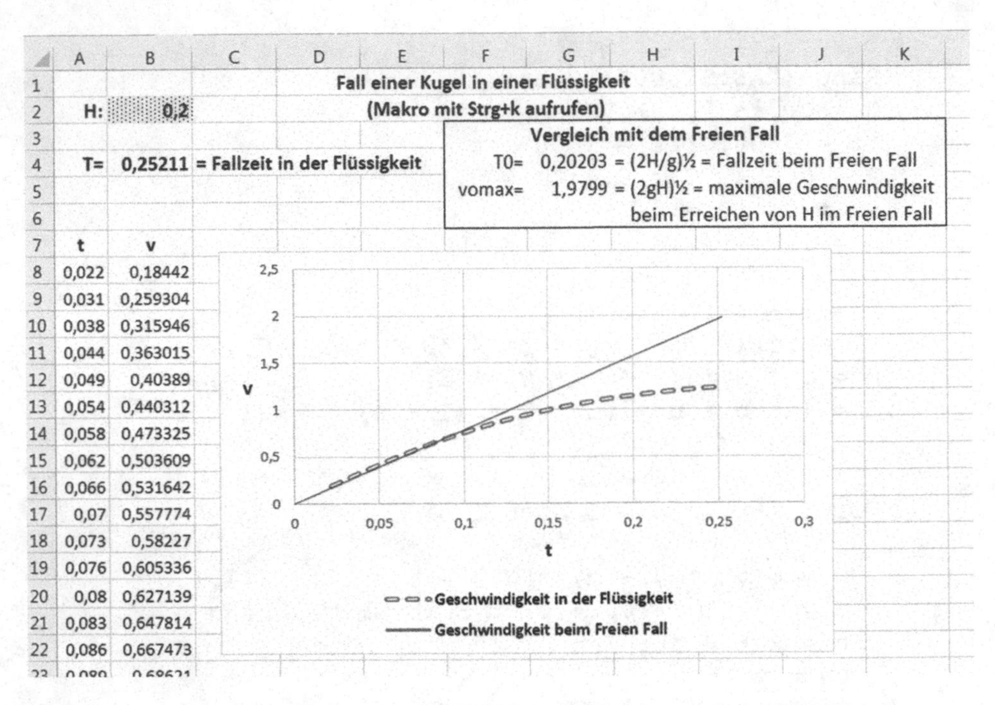

	A	B	C	D	E	F	G	H	I	J	K
1					Fall einer Kugel in einer Flüssigkeit						
2	H:	0,2			(Makro mit Strg+k aufrufen)						
3							Vergleich mit dem Freien Fall				
4	T=	0,25211	= Fallzeit in der Flüssigkeit			T0=	0,20203	= (2H/g)½ = Fallzeit beim Freien Fall			
5						vomax=	1,9799	= (2gH)½ = maximale Geschwindigkeit			
6								beim Erreichen von H im Freien Fall			
7	t	v									
8	0,022	0,18442									
9	0,031	0,259304									
10	0,038	0,315946									
11	0,044	0,363015									
12	0,049	0,40389									
13	0,054	0,440312									
14	0,058	0,473325									
15	0,062	0,503609									
16	0,066	0,531642									
17	0,07	0,557774									
18	0,073	0,58227									
19	0,076	0,605336									
20	0,08	0,627139									
21	0,083	0,647814									
22	0,086	0,667473									

Abb. 18.3 Geschwindigkeitsverlauf und Fallzeit im Vergleich zum freien Fall [Arbeitsmappe: Kugel_in_Flüssigkeit.xlsm]

18.2 Pendel mit beliebiger Amplitude

Die Bewegungsgleichung für das Pendel lautet

$$x''(t) = -\sin x(t) \text{ mit den Anfangswerten } x(0) \text{ und } x'(0).$$

Niemand wird in der Lage sein, diese Gleichung in "geschlossener" Form zu lösen. Eine Näherungslösung erhält man nur mit numerischen Mitteln. Wir haben sie schon im Abschn. 16.1.1 als Anfangswertproblem mit der *Runge-Kutta*-Methode gelöst und die Ergebnisse diskutiert. In diesem Abschnitt benutzen wir eine einfache Erweiterung der im vorigen Abschnitt entwickelten Methode (siehe Abschn. 18.1), denn wir haben hier das Problem eines durch Bindung (Faden) beeinflussten Fallens (vgl. Abb. 18.4).

Zunächst unterteilen wir die Amplitude φ_0 in n gleich große Teile $\Delta\varphi = \varphi_0/n$.

Das Pendel braucht Δt Sekunden, um den Winkel $\Delta\varphi = \Delta s/L$ zu überstreichen. Die Summe aller Elemente Δt ergibt die Periode $T := T_0 \cdot K_0$, worin K_0 ein Korrekturfaktor ist, der abhängig ist vom Winkel φ_0. $T_0 = 2\pi(L/g)^{1/2}$ ist die Periode des einfachen Pendels. Wir nehmen an, dass die tangentiale Beschleunigung in der Zeit Δt konstant ist. Wir haben

$$a_t = (v_{i+1} - v_i)/\Delta t = g \cdot \sin\varphi$$

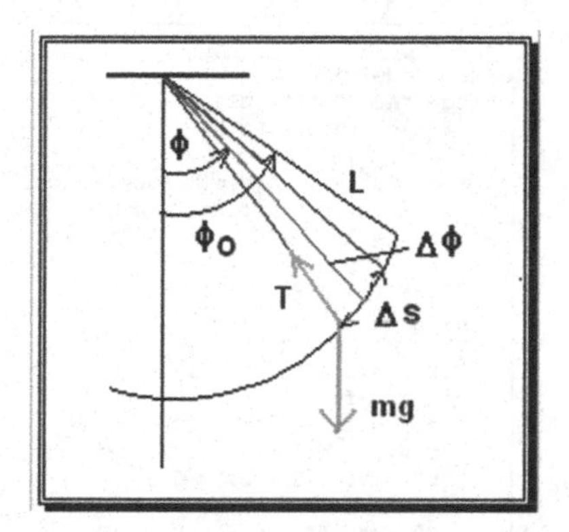

Abb. 18.4 Pendel mit beliebiger Amplitude

Die Durchschnittsgeschwindigkeit im Intervall Δt ist $(v_i + v_{i+1})/2$, und der Bogen, der vom Pendel in Δt Sekunden überstrichen wird, ist $\Delta s = (v_i + v_{i+1}) \cdot \Delta t/2 = L \cdot \Delta \varphi$. So erhalten wir

$$v_{i+1} = v_i + g\,\Delta t \sin\varphi$$
$$\Delta t = 2L\,\Delta\varphi/(v_i + v_{i+1})$$

Wenn wir Δt der ersten Gleichung durch Δt der zweiten ersetzen, erhalten wir die folgende Iterationsformel für die Geschwindigkeit

$$v_{i+1} = (v_i{}^2 + 2L\,\Delta\varphi\, g \sin\varphi)^{1/2}$$

Die Summe aller Δt zwischen $\varphi = \varphi_0$ und $\varphi = 0$ ergibt die Zeit T/4, und die volle Periode ist

$$T = \frac{8L\phi_0}{n} \sum_{\phi_0}^{0} \frac{1}{v_i + v_{i+1}}$$

Der Korrekturfaktor ist gegeben durch

$$K_0 = \frac{T}{T_0} = \frac{4\phi_0}{n\pi}\sqrt{gL} \sum_{\phi_0}^{0} \frac{1}{v_i + v_{i+1}}$$

Um die Abhängigkeit von g und L zu eliminieren, führen wir die dimensionslose Größe $u := v(gL)^{-1/2}$ ein, und erhalten $u_{i+1} := (u_i^2 + 2\Delta\varphi \sin\varphi)^{1/2}$. Schließlich ergibt sich

$$K_0 = \frac{T}{T_0} = \frac{4\phi_0}{n\pi} \sum_{\phi_0}^{0} \frac{1}{u_i + u_{i+1}}$$

Wir wollen nun die Abhängigkeit von K_0 von der Winkelamplitude Φ_0 untersuchen. Das VBA-Programm dazu befindet sich in Abb. 18.5.

Das Ergebnis (siehe Abb. 18.6) zeigt, wie erwartet, dass bei kleinen Amplituden $T \approx T_0$. Bei größeren Amplituden macht sich der Unterschied zum einfachen Pendel immer stärker bemerkbar.

(Allgemein) pendel

```
Sub pendel()
Range("A8:B1000").Clear
Pi = Application.Pi()

Z = 0 'Zähler, um die Werte von Winkelamplitude
    'und Korrekturfaktor in die Arbeitsmappe zu schreiben
For fi1 = 1 To 179 ' Winkel in Grad. Die Methode ist für fi1=0° und fi1=180° nicht geeignet.

  fi0 = fi1 * Pi / 180
  n = 500
  v0 = 0: T0 = 0
  For i = 1 To n Step 1
    dfi = fi0 / n
    fi2 = fi0 - dfi / 2
    b = 2 * dfi * Sin(fi2 - (i - 1) * dfi)
    v = (v0 ^ 2 + b) ^ 0.5
    t = T0 + 1 / (v0 + v)
    T0 = t: v0 = v
  Next

  Z = Z + 1
  K0 = 4 * fi0 / (n * Pi) * t
  Cells(Z + 2, 1).Value = fi1
  Cells(Z + 2, 2).Value = K0
Next

End Sub
```

Abb. 18.5 VBA-Programm zur Berechnung von K_0

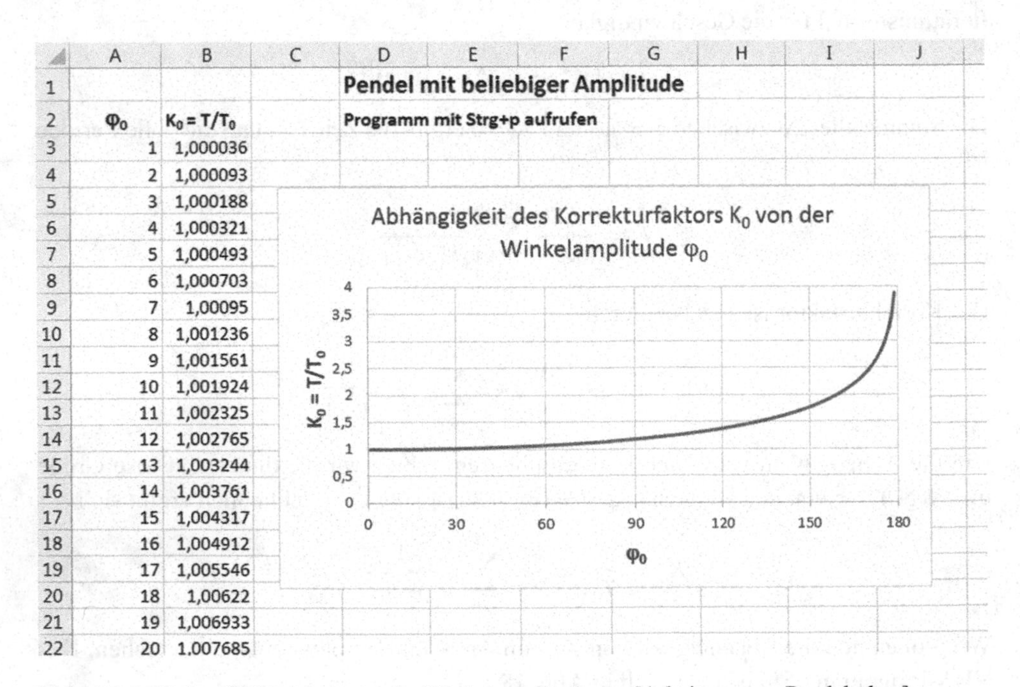

	A	B
1		
2	φ_0	$K_0 = T/T_0$
3	1	1,000036
4	2	1,000093
5	3	1,000188
6	4	1,000321
7	5	1,000493
8	6	1,000703
9	7	1,00095
10	8	1,001236
11	9	1,001561
12	10	1,001924
13	11	1,002325
14	12	1,002765
15	13	1,003244
16	14	1,003761
17	15	1,004317
18	16	1,004912
19	17	1,005546
20	18	1,00622
21	19	1,006933
22	20	1,007685

Abb. 18.6 K_0 in Abhängigkeit von der Winkelamplitude Φ_0 [Arbeitsmappe: Pendel.xlsm]

18.3 Bahn einer Rakete vom Mond zur Erde

Beim sogenannten **eingeschränkten Problem dreier Körper** bewegen sich zwei schwere Körper um ihren Schwerpunkt S, während sich ein dritter leichter Körper in derselben Ebene bewegt. Wir können uns eine Raumsonde mit der Masse m_3 vorstellen, die sich im Gravitationsfeld von Erde (m_1) und Mond (m_2) bewegt. Der Einfluss der Sonne wird nicht berücksichtigt.

In der Abb. 18.7 sehen wir die Erde und den Mond auf der x-Achse eines Koordinatensystems, das mit konstanter Winkelgeschwindigkeit ω rotiert.

Die beiden schweren Körper beschreiben komplanare Kreise um ihren Schwerpunkt (der Einfluss von m_3 ist vernachlässigbar).

Die Erde hat von S den Abstand $b_1 = m \cdot d$ mit $m := m_2/(m_1 + m_2)$. Der Abstand zwischen Schwerpunkt und Mond ist $b_2 = m' \cdot d$ mit $m' = 1 - m$. Die Winkelgeschwindigkeit hat die Richtung der z-Achse, und ihr Wert ist durch den Ausdruck $\omega^2 = G(m_1 + m_2)/d^3$ gegeben.

In einem Inertialsystem wäre Newtons zweites Gesetz $m_3 \cdot \mathbf{a} = \mathbf{F}_1 + \mathbf{F}_2$, worin $\mathbf{F}_1$ und $\mathbf{F}_2$ die Kräfte aufgrund von m_1 und m_2 sind. In unserem nicht inertialen System müssen wir zwei "Trägheits"-Kräfte einführen. Es sind die Zentrifugalkraft: $\mathbf{F}_c = -m_3\,\boldsymbol{\omega} \times (\boldsymbol{\omega} \times \mathbf{r})$ und die *Coriolis*-Kraft $\mathbf{F}_{cor} = -2\,m_3\,\boldsymbol{\omega} \times \mathbf{v}_{rel}$.

Die Bewegungsgleichungen für die beiden Koordinaten von m_3 sind

$$\frac{d^2x}{dt^2} = x + 2\frac{dy}{dt} - \frac{m'(x+m)}{d_1^3} - \frac{m(x-m')}{d_2^3}$$

$$\frac{d^2y}{dt^2} = y - 2\frac{dx}{dt} - \frac{m'y}{d_1^3} - \frac{my}{d_2^3}$$

Die Zeiteinheit wurde so gewählt, dass $\omega = 1$, d. h. so, dass die Zeit für eine Drehung des Koordinatensystems $T = 2\pi$ ist. Die Abstände d_1 und d_2 sind:

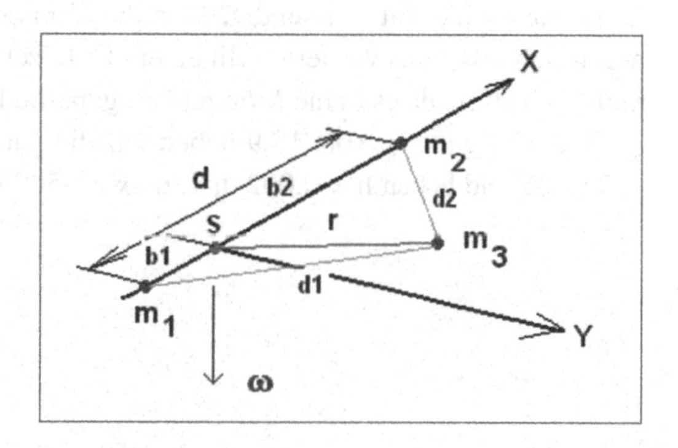

Abb. 18.7 Eingeschränktes Dreikörper-Problem

$$d_1{}^2 = (b_1 + x)^2 + y^2 = (m \cdot d + x)^2 + y^2$$

$$d_2{}^2 = (b_2 + x)^2 + y^2 = (m \cdot d + x)^2 + y^2$$

Wenn wir $d = 1$ wählen, ist die Masse $m = 0{,}012277471$, die Koordinaten der Erde sind: $(-0{,}01228, 0)$ und die des Mondes: $(0{,}9887, 0)$.

Für das "Runge-Kutta4"-Programm aus Abschn. 16.3 benötigen wir die folgenden Funktionen:

```
Function F(t, x, y, u, v)
m = 0.012277471: mu = 1 - m
r1 = ((x + m) ^ 2 + y * y) ^ (3 / 2)
r2 = ((x - mu) ^ 2 + y * y) ^ (3 / 2)
  F = x + 2 * v - mu * (x + m) / r1 - m * (x - mu) / r2
End Function
```

```
Function G(t, x, y, u, v)
m = 0.012277471: mu = 1 - m
r1 = ((x + m) ^ 2 + y * y) ^ (3 / 2)
r2 = ((x - mu) ^ 2 + y * y) ^ (3 / 2)
  G = y - 2 * u - mu * y / r1 - m * y / r2
End Function
```

Hier sind x und y die Koordinaten der Rakete, u und v die Geschwindigkeiten dx/dt und dy/dt.

In der Figur des folgenden Arbeitsblattes (siehe Abb. 18.8) beobachten wir eine Rakete (m_3), die von der Mondoberfläche abgeschossen wurde, um zur Erde zurückzukehren. Sie traf die Erde leider nicht und ist gerade dabei, den Mond wieder aufzusuchen.

Die Anfangsbedingungen sind $x_0 = 0{,}994$ (d. h. die Rakete wird "rechts" vom Mond abgeschossen), $y_0 = 0$, $dx(0)/dt := v_x(0) = 0$ und $dy(0)/dt := v_y(0) = -2{,}1138987966945$. Wir haben $h = 0{,}002$ und $imax = 2500$ genommen.

Die große Anzahl von Dezimalstellen bei $v_y(0)$ ist notwendig, da die Berechnungen sehr empfindlich sind in Bezug auf Variationen von ihnen. In den frühen Tagen der Raumfahrt war es absolut notwendig, dass die "Einspritzgeschwindigkeit" von 10840 m/s um nicht mehr als 1 m/s variierte. Mit einem Unterschied größer als 1 m/s hätte man den Mond nicht getroffen, da es keine Möglichkeit gab, die Bahn während des Fluges zu korrigieren.

In der folgenden Abb. 18.9 haben wir die Anfangsbedingungen etwas geändert: $v_0 = -2{,}0325$ und haben $h = 0{,}002$ und $imax = 5500$ genommen.

Drei- Körper-Problem (Erde-Mond-Rakete)

(Runge-Kutta-Methode für x''=f(t,x,x',y,y') und y''=g(t,x,x',y,y'))

Runge-Kutta4

1	t0:	0			
2	x0:	0,994			
3	y0:	0			
4	u0:	0			
5	v0:	-2,1138987966945			
6	h:	0,002			
7	imax:	2500			
8					
9	t	x	y	u	v
10	0	0,994	0	0	-2,114
11	0,002	0,99341439	-0,004	-0,549	-1,937
12	0,004	0,991999753	-0,008	-0,823	-1,634
13	0,006	0,990236434	-0,011	-0,922	-1,393
14	0,008	0,988357665	-0,013	-0,95	-1,223
15	0,01	0,986451874	-0,016	-0,953	-1,101
16	0,012	0,984552	-0,018	-0,946	-1,011
17	0,014	0,982670116	-0,02	-0,936	-0,942
18	0,016	0,980810043	-0,021	-0,924	-0,886
19	0,018	0,978972209	-0,023	-0,913	-0,841
20	0,02	0,977155646	-0,025	-0,903	-0,804
21	0,022	0,975358852	-0,026	-0,894	-0,772
22	0,024	0,973580176	-0,028	-0,885	-0,744
23	0,026	0,971817992	-0,029	-0,877	-0,72
24	0,028	0,97007077	-0,031	-0,87	-0,698

Abb. 18.8 Raketenbahn [Arbeitsmappe: Dreikörper.xlsm]

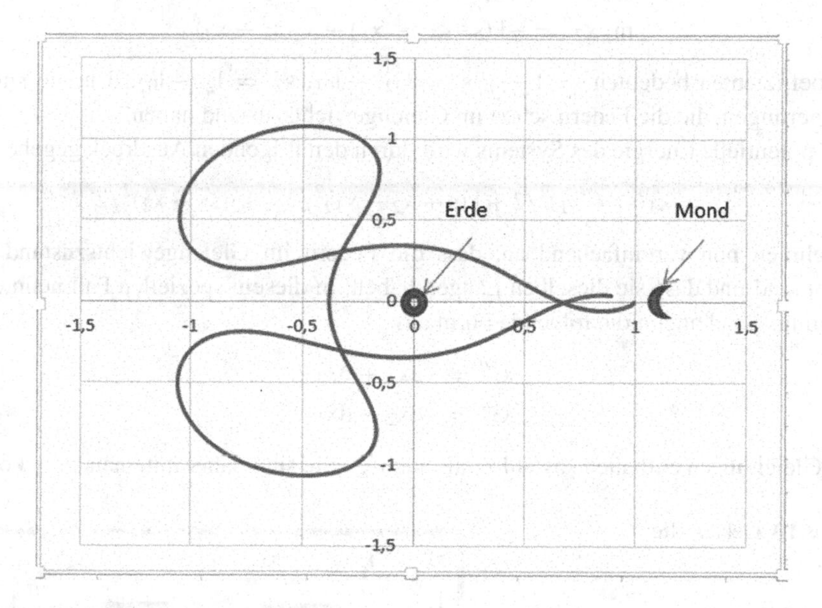

Abb. 18.9 Raketenbahn mit veränderten Anfangsbedingungen [Arbeitsmappe: Dreikörper.xlsm]

18.4 Gekoppelte Oszillatoren

Nun wollen wir uns den Fall von zwei gekoppelten Oszillatoren ansehen, die Energie unter sich austauschen.

Wir betrachten das in der Abb. 18.10 dargestellte Modell.

Zwei Körper mit den Massen m_1 und m_2 sind durch Federn miteinander und mit zwei festen Wänden verbunden. Im entspannten Zustand haben die Federn die Längen l_{01}, l_0 und l_{02}.

In der Gleichgewichtslage haben sie die Längen l_1 und l_2 (in diesem Zustand können die Federn gespannt sein, d. h. l_1 ist nicht unbedingt gleich l_{01}, usw.).

An der Masse m_1 greifen vier Kräfte an: $m_1\,\mathbf{g}$, $\mathbf{N}_1$, $\mathbf{T}_1$ und $\mathbf{T}_1'$, entsprechend bei m_2.

Das zweite Gesetz von Newton für m_1 und m_2 lautet:

$$m_1\,\mathbf{g} + \mathbf{N}_1 + \mathbf{T}_1 + \mathbf{T}_1' = \mathbf{m}_1\,\mathbf{a}_1$$
$$m_2\,\mathbf{g} + \mathbf{N}_2 + \mathbf{T}_2 + \mathbf{T}_2' = \mathbf{m}_2\,\mathbf{a}_2$$

Für die Verschiebungen (wir nehmen an, dass $x_2 > x_1$) können wir schreiben

$$m_1\,x_1'' = -k_1(s_1 + x_1) + k(s + x_2 - x_1)$$
$$m_2\,x_2'' = -k(s + x_2 - x_1) + k_2(s_2 - x_2)$$

Die Koeffizienten bedeuten $s = l - l_0$, $s_1 = l_1 - l_{01}$, $s_2 = l_2 - l_{02}$, d. h. sie sind die Verlängerungen, die die Federn schon im Gleichgewichtszustand haben.

Die potentielle Energie des Systems wird durch den folgenden Ausdruck gegeben

$$E_p = k_1(s_1 + x_1)^2/2 + k(s + x_2 - x_1)^2/2 + k_2(s_2 - x_2)^2/2$$

Wir nehmen nun vereinfachend an, dass die Federn im Gleichgewichtszustand nicht gedehnt sind und dass sie dieselben Längen haben. In diesem speziellen Fall nehmen die Bewegungsgleichungen die folgende Form an

$$x_1'' = -ax_1 + bx_2$$
$$x_2'' = -cx_2 + dx_1 \tag{18.3}$$

Beide Gleichungen enthalten sowohl x_1 als auch x_2. Sie sind daher miteinander gekoppelt.

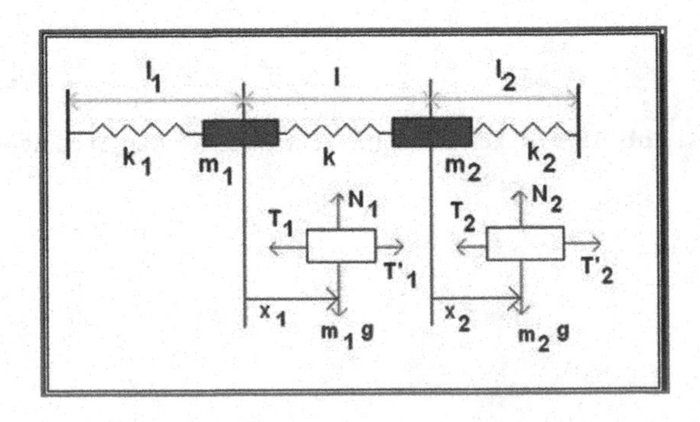

Abb. 18.10 Gekoppelte Oszillatoren

Die Konstanten sind wie folgt definiert:

$$a: = (k + k1)/m_1$$
$$b: = k/m_1$$
$$c: = (k + k_2)/m_2$$
$$d: = k/m_2$$

Wir werden das System Gl. 18.3 numerisch lösen. Wir beschränken uns auf den besonderen Fall von zwei gleichen Massen und nehmen $k_1 = k_2 := k_0$ und $a = c = (k + k_0)/m$ und $b = d = k/m$.

Wir verwenden das "Runge-Kutta4"-Programm mit den folgenden Funktionen:

```
Function F(t, x, y, u, v)
a = 1.25: b = 0.25: c = a: d = b
  F = -a * x + b * y
End Function
```

```
Function G(t, x, y, u, v)
a = 1.25: b = 0.25: c = a: d = b
  G = -c * y + d * x
End Function
```

Dabei sind x und y die Koordinaten der Oszillatoren, die wir im Text x_1 und x_2 genannt haben. u und v sind die entsprechenden Geschwindigkeiten.

Die Ergebnisse sehen wir in Abb. 18.11.

Am Anfang wird die Masse m_2 um $x_2(0) = 1$ verschoben und dann freigelassen, während sich m_1 in $x_1(0) = 0$ befindet (wir haben $m_1 = m_2$). Sobald wir den zweiten Oszillator freigeben, beobachten wir, wie seine Schwingungen auf den ersten übertragen werden und dass die Phase der Verschiebung des Oszillators m_1 immer um 90° in Bezug auf den zweiten Oszillator hinterherhängt. (Man muss den Graphen von m_1 um 90° nach links verschieben, um gleiche Phasen zu erhalten.) Aufgrund der Phasenverschiebung zwischen den beiden Oszillatoren, gibt es einen Energieaustausch zwischen ihnen.

Unter diesen Anfangsbedingungen führen beide Massen eine pulsierende Bewegung (**Schwebung**) aus, d. h. die Amplituden der Oszillatoren schwanken. Dieses Phänomen tritt auf, wenn zwei einfache harmonische Bewegungen, die die gleiche Richtung und unterschiedliche Frequenzen haben, sich überlagern (interferieren). Der Abb. 18.11 können wir entnehmen, dass die Zeit zwischen zwei Minima (oder Maxima) der Amplitude (Schwebungsdauer) 28 s beträgt. Die Periodendauer der reinen Schwingung beträgt etwa 5,5 s.

Das obere Diagramm zeigt die Verschiebungen der Massen m_1 und m_2 in der gleichen Grafik überlagert. ($x_1(0) = 0$, $x_2(0) = 1$).

Das untere Diagramm zeigt nur den Oszillator 1 (damit man die Details der Bewegung klarer sehen kann). Vergleiche mit "Interferenzen" im Abschn. 4.2.

Mithilfe des Programms können wir eine gründliche Untersuchung der Schwingungen mit verschiedensten Anfangsbedingungen durchführen. Dabei erkennen wir, dass es

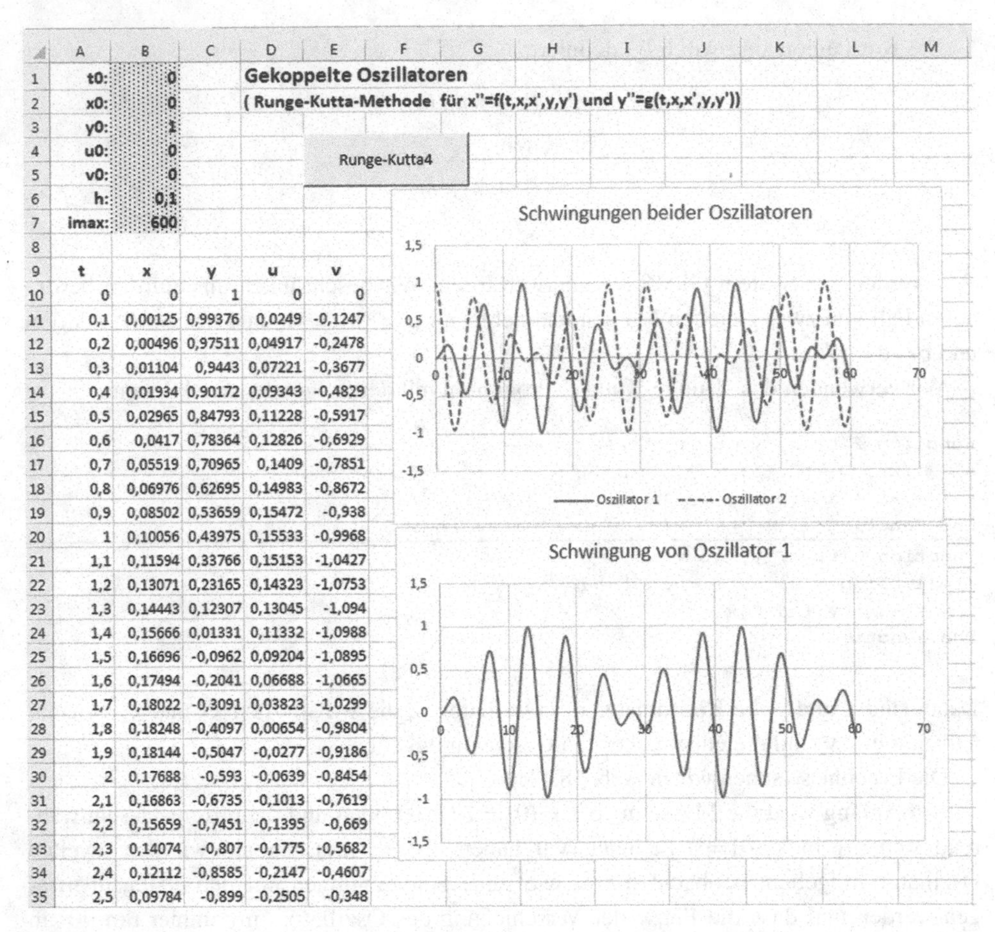

t	x	y	u	v
0	0	1	0	0
0,1	0,00125	0,99376	0,0249	-0,1247
0,2	0,00496	0,97511	0,04917	-0,2478
0,3	0,01104	0,9443	0,07221	-0,3677
0,4	0,01934	0,90172	0,09343	-0,4829
0,5	0,02965	0,84793	0,11228	-0,5917
0,6	0,0417	0,78364	0,12826	-0,6929
0,7	0,05519	0,70965	0,1409	-0,7851
0,8	0,06976	0,62695	0,14983	-0,8672
0,9	0,08502	0,53659	0,15472	-0,938
1	0,10056	0,43975	0,15533	-0,9968
1,1	0,11594	0,33766	0,15153	-1,0427
1,2	0,13071	0,23165	0,14323	-1,0753
1,3	0,14443	0,12307	0,13045	-1,094
1,4	0,15666	0,01331	0,11332	-1,0988
1,5	0,16696	-0,0962	0,09204	-1,0895
1,6	0,17494	-0,2041	0,06688	-1,0665
1,7	0,18022	-0,3091	0,03823	-1,0299
1,8	0,18248	-0,4097	0,00654	-0,9804
1,9	0,18144	-0,5047	-0,0277	-0,9186
2	0,17688	-0,593	-0,0639	-0,8454
2,1	0,16863	-0,6735	-0,1013	-0,7619
2,2	0,15659	-0,7451	-0,1395	-0,669
2,3	0,14074	-0,807	-0,1775	-0,5682
2,4	0,12112	-0,8585	-0,2147	-0,4607
2,5	0,09784	-0,899	-0,2505	-0,348

Abb. 18.11 Schwebende Bewegung der gekoppelten Oszillatoren [Arbeitsmappe: Oszillatoren.xlsm]

zwei Schwingungsmoden gibt, die Rede ist von **Normal-** oder **Grundmoden**, für die die Phasenverschiebung 0° oder 180° beträgt und bei denen es keine Energieübertragung gibt.

Die erste Normalmode liegt vor, wenn $x_1(0) = x_2(0) := A$ (wir nehmen $A = 1$). Die beiden Oszillatoren bewegen sich in Phase. Die Feder in der Mitte erleidet keine Verformung und übt daher keine Kräfte auf die Massen aus. Diese bewegen sich so, als ob sie ungebunden wären. Beide Massen schwingen mit der gleichen Frequenz $\omega_0 = (k_0/m)^{1/2}$ (Abb. 18.12).

In der zweiten Normalmode bewegen sich beide Oszillatoren in Gegenphase (wir haben eine Phasendifferenz von π) mit $x_1(0) = -A$ und $x_2(0) = A$ $(= 1)$. Die Frequenz ist jetzt

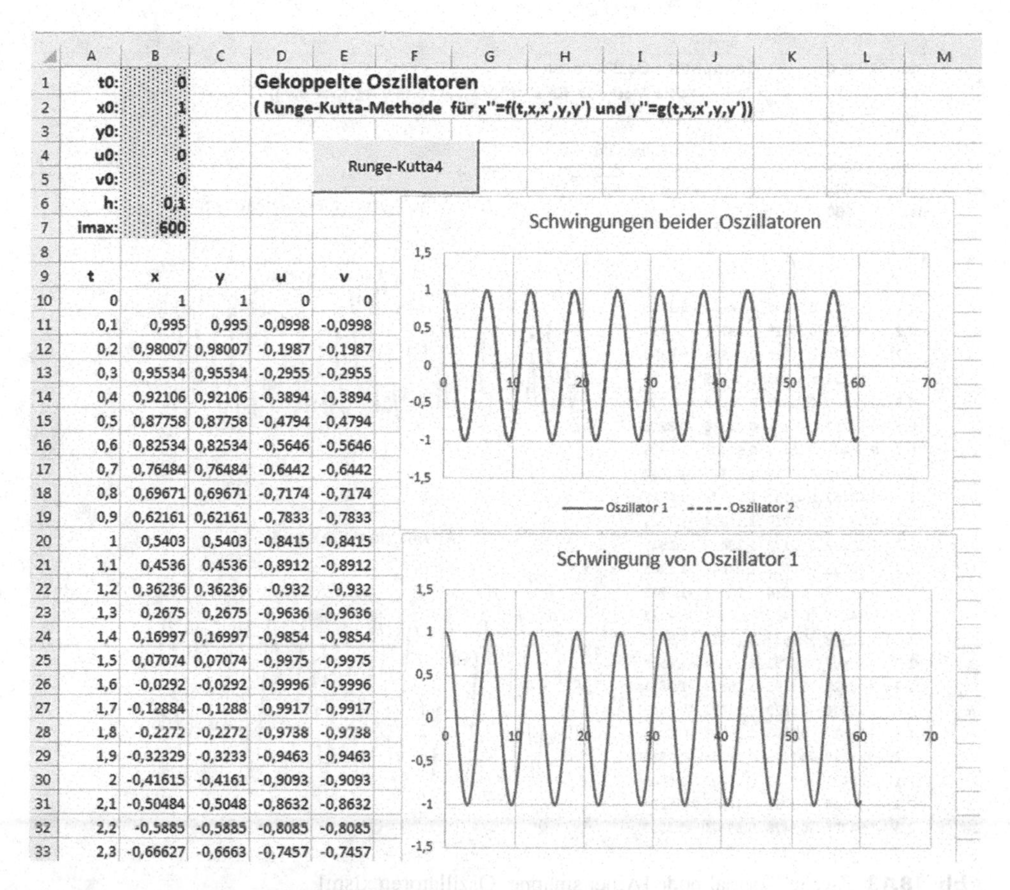

t0:	0			
x0:	1			
y0:	1			
u0:	0			
v0:	0			
h:	0,1			
imax:	600			

t	x	y	u	v
0	1	1	0	0
0,1	0,995	0,995	-0,0998	-0,0998
0,2	0,98007	0,98007	-0,1987	-0,1987
0,3	0,95534	0,95534	-0,2955	-0,2955
0,4	0,92106	0,92106	-0,3894	-0,3894
0,5	0,87758	0,87758	-0,4794	-0,4794
0,6	0,82534	0,82534	-0,5646	-0,5646
0,7	0,76484	0,76484	-0,6442	-0,6442
0,8	0,69671	0,69671	-0,7174	-0,7174
0,9	0,62161	0,62161	-0,7833	-0,7833
1	0,5403	0,5403	-0,8415	-0,8415
1,1	0,4536	0,4536	-0,8912	-0,8912
1,2	0,36236	0,36236	-0,932	-0,932
1,3	0,2675	0,2675	-0,9636	-0,9636
1,4	0,16997	0,16997	-0,9854	-0,9854
1,5	0,07074	0,07074	-0,9975	-0,9975
1,6	-0,0292	-0,0292	-0,9996	-0,9996
1,7	-0,12884	-0,1288	-0,9917	-0,9917
1,8	-0,2272	-0,2272	-0,9738	-0,9738
1,9	-0,32329	-0,3233	-0,9463	-0,9463
2	-0,41615	-0,4161	-0,9093	-0,9093
2,1	-0,50484	-0,5048	-0,8632	-0,8632
2,2	-0,5885	-0,5885	-0,8085	-0,8085
2,3	-0,66627	-0,6663	-0,7457	-0,7457

Abb. 18.12 Erste Normalmode [Arbeitsmappe: Oszillatoren.xlsm]

größer als die Frequenz ohne Kopplung $\omega = (\omega_0^2 + 2k/m)^{1/2}$, da in diesem Fall das Zentrum der Kopplungsfeder immer in Ruhe ist, ist es, als ob die Länge der Zentralfeder auf die Hälfte der ursprünglichen Länge gekürzt worden wäre, oder, was das gleiche ist, als ob ihre Federkonstante nun 2k wäre. (Wir können die Grundmoden **rein** nennen und die anderen **gemischt**.) (Abb. 18.13).

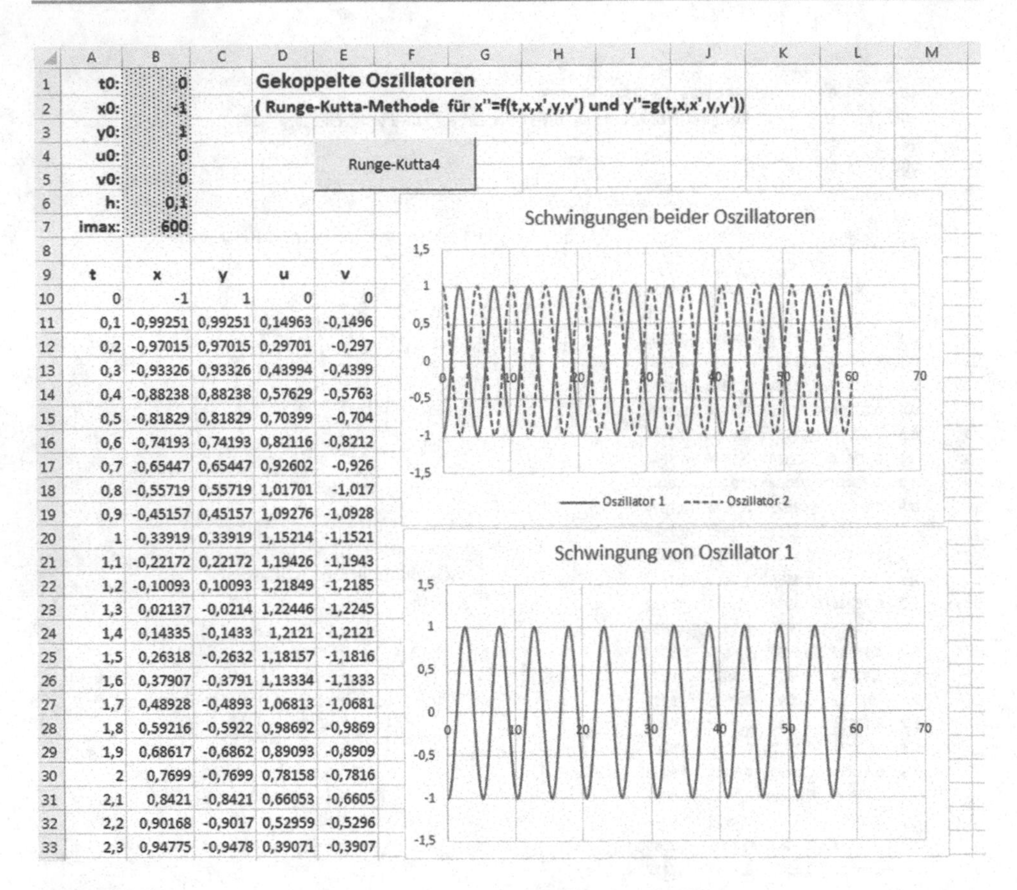

t0:	0
x0:	-1
y0:	1
u0:	0
v0:	0
h:	0,1
imax:	600

Gekoppelte Oszillatoren
(Runge-Kutta-Methode für x''=f(t,x,x',y,y') und y''=g(t,x,x',y,y'))

t	x	y	u	v
0	-1	1	0	0
0,1	-0,99251	0,99251	0,14963	-0,1496
0,2	-0,97015	0,97015	0,29701	-0,297
0,3	-0,93326	0,93326	0,43994	-0,4399
0,4	-0,88238	0,88238	0,57629	-0,5763
0,5	-0,81829	0,81829	0,70399	-0,704
0,6	-0,74193	0,74193	0,82116	-0,8212
0,7	-0,65447	0,65447	0,92602	-0,926
0,8	-0,55719	0,55719	1,01701	-1,017
0,9	-0,45157	0,45157	1,09276	-1,0928
1	-0,33919	0,33919	1,15214	-1,1521
1,1	-0,22172	0,22172	1,19426	-1,1943
1,2	-0,10093	0,10093	1,21849	-1,2185
1,3	0,02137	-0,0214	1,22446	-1,2245
1,4	0,14335	-0,1433	1,2121	-1,2121
1,5	0,26318	-0,2632	1,18157	-1,1816
1,6	0,37907	-0,3791	1,13334	-1,1333
1,7	0,48928	-0,4893	1,06813	-1,0681
1,8	0,59216	-0,5922	0,98692	-0,9869
1,9	0,68617	-0,6862	0,89093	-0,8909
2	0,7699	-0,7699	0,78158	-0,7816
2,1	0,8421	-0,8421	0,66053	-0,6605
2,2	0,90168	-0,9017	0,52959	-0,5296
2,3	0,94775	-0,9478	0,39071	-0,3907

Abb. 18.13 Zweite Normalmode [Arbeitsmappe: Oszillatoren.xlsm]

18.5 Geschwindigkeit einer Kugel im Lauf eines Gewehrs

Wir wollen in diesem Beispiel die Geschwindigkeit einer Kugel im Lauf eines Gewehrs untersuchen. Insbesondere wollen wir wissen, welche Geschwindigkeit das Geschoss besitzt, wenn es den Lauf verlässt.

Der Lauf eines Gewehrs ist 45 cm lang, der einer Kanone 3,60 m. Das sind Daten, die offensichtlich mit dem Produzenten und mit der Zeit variieren. Um die gestellten Fragen zu beantworten, wenden wir zunächst ein einfaches Modell an. Dann werden wir experimentelle Werte benutzen.

Einfaches Modell für die Beschleunigung: Wir werden zunächst das folgende lineare Modell verwenden:

$$a(t) = b - ct \text{ für } 0 < t < 0{,}05\,\text{s}; a(t) = 0 \text{ sonst} \tag{18.4}$$

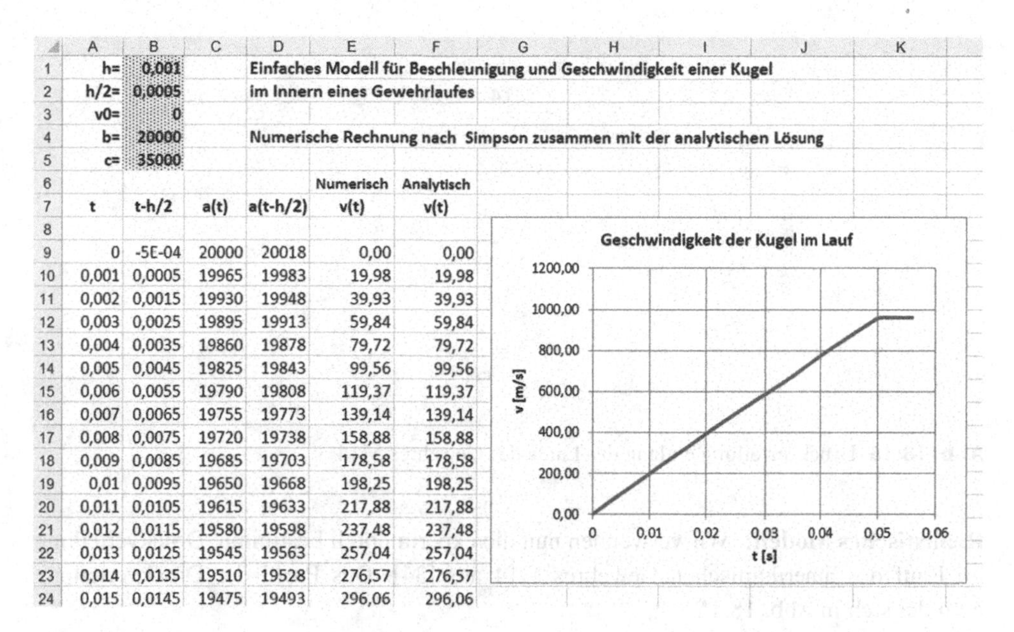

	A	B	C	D	E	F
1	h=	0,001		Einfaches Modell für Beschleunigung und Geschwindigkeit einer Kugel		
2	h/2=	0,0005		im Innern eines Gewehrlaufes		
3	v0=	0				
4	b=	20000		Numerische Rechnung nach Simpson zusammen mit der analytischen Lösung		
5	c=	35000				
6					Numerisch	Analytisch
7	t	t-h/2	a(t)	a(t-h/2)	v(t)	v(t)
8						
9	0	-5E-04	20000	20018	0,00	0,00
10	0,001	0,0005	19965	19983	19,98	19,98
11	0,002	0,0015	19930	19948	39,93	39,93
12	0,003	0,0025	19895	19913	59,84	59,84
13	0,004	0,0035	19860	19878	79,72	79,72
14	0,005	0,0045	19825	19843	99,56	99,56
15	0,006	0,0055	19790	19808	119,37	119,37
16	0,007	0,0065	19755	19773	139,14	139,14
17	0,008	0,0075	19720	19738	158,88	158,88
18	0,009	0,0085	19685	19703	178,58	178,58
19	0,01	0,0095	19650	19668	198,25	198,25
20	0,011	0,0105	19615	19633	217,88	217,88
21	0,012	0,0115	19580	19598	237,48	237,48
22	0,013	0,0125	19545	19563	257,04	257,04
23	0,014	0,0135	19510	19528	276,57	276,57
24	0,015	0,0145	19475	19493	296,06	296,06

Abb. 18.14 Kugel in einem Gewehr – einfaches Modell [Arbeitsmappe: Gewehr.xlsx; Blatt: Einfaches Modell]

Wir können die Konstanten b und c an die bekannte Endgeschwindigkeit anpassen. (Es ist bekannt, dass eine Kugel, die von einem Gewehr abgefeuert wird, das Rohr mit einer Geschwindigkeit von ≈ 900 m/s verlässt.) Das folgende Arbeitsblatt (vgl. Abb. 18.14) benutzt die *Simpsonsche* Regel (vgl. Abschn. 11.1.2), um die Beschleunigung aus Gl. 18.4 zu integrieren. Wir haben $b = 20.000\,m/s^2$ und $c = 35.000\,m/s^3$ gewählt.

Die Geschwindigkeit steigt fast linear, und die Kugel verlässt das Rohr nach 0,049 s mit einer Geschwindigkeit von ≈ 938 m/s.

Für das gewählte Modell ist die Geschwindigkeit $v(t) = bt - ct^2/2 + v_0$ (analytische Lösung).

Einträge im Arbeitsblatt

A9: 0 ; A10: `=A9+B$1`; kopieren bis A65.

B9: `= A9` ; B10: `=A10-B$2`; kopieren bis B65.

C9: `=WENN(A9<=1/20;B$4-B$5*A9;0)`; bis C65 kopieren.

D9: `=WENN(B9<=1/20;B$4-B$5*B9;0)`; E9: `=B3`. Kopiere D9 bis D65.

E10: `=B$1*(C9+4*D10+C10)/6+E9` (*Simpson*-Integration für die Geschwindigkeit); kopieren bis E65.

F9: `=B$4*A9-B$5*A9^2/2+B$3` (analytische Lösung)

Wegen der Linearität des Modells, stimmen hier numerische und analytische Lösung überein.

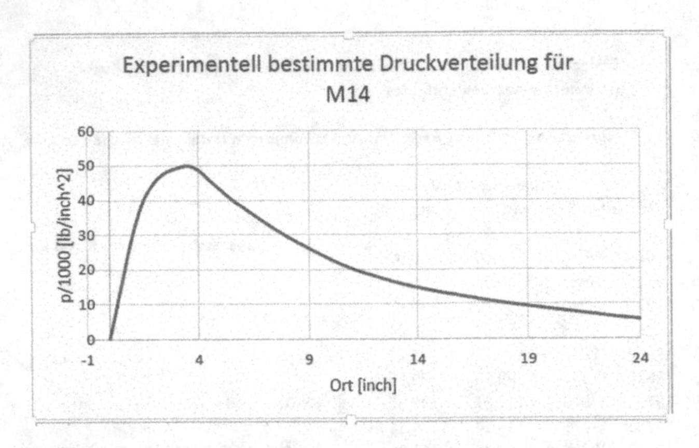

Abb. 18.15 Druckverteilung entlang des Laufs des Gewehres M14

Realistisches Modell: Wir verwenden nun die experimentell bestimmte Druckverteilung im Lauf des amerikanischen Gewehres M14 aus [34]. Das Profil der Druckverteilung befindet sich in Abb. 18.15.

Daten: Lauflänge = 24 inch (= 60.96 cm), m = 0,0215 lb (= 9,75 g), Querschnitt des Rohres: A = 0,07069 inch^2 (= 0,456 cm^2).

Aus dem Gesetz von der Erhaltung der Energie im Intervall [xi,x_{i+1}] erhalten wir für die Geschwindigkeit

$$\dot{x}_{i+1} = \sqrt{\dot{x}_i^2 + \frac{2A}{m} \int_{x_i}^{x_{i+1}} p(x)dx},$$

worin p(x) der Druck ist.

Für die Zeit ergibt sich eine Rekursionsformel:

$$t_{i+1} = t_i + \int_{x_i}^{x_{i+1}} \frac{1}{\dot{x}} dx$$

Die Integrale werden diesmal angenähert über das arithmetische Mittel berechnet.

Einträge im Arbeitsblatt

A5 bis A35 sowie B5 bis B35: Werte für den Druck in Abhängigkeit des Ortes aus [34]. Beachten Sie, dass von A5 bis A17 der Druck je 0,5 inch gemessen wurde, ab A18 wird er in Abständen von 1 inch gemessen.

C5: 0 ; C6: `=WURZEL(C5^2+C$2*(B5+B6)*1000*0,25)` bis C17

C18: `=WURZEL(C172*(^2+C$B17+B18)*1000*0,5)` bis C35

E5: 0 ; E6: `=3*A6/C6` (= Startwert für t)

E7: `=E6+((1/C6 +1/C7)*0.25)*1000` bis E17

E18: `=E17+((1/C17+1/C18)*0,5)*1000` bis E35

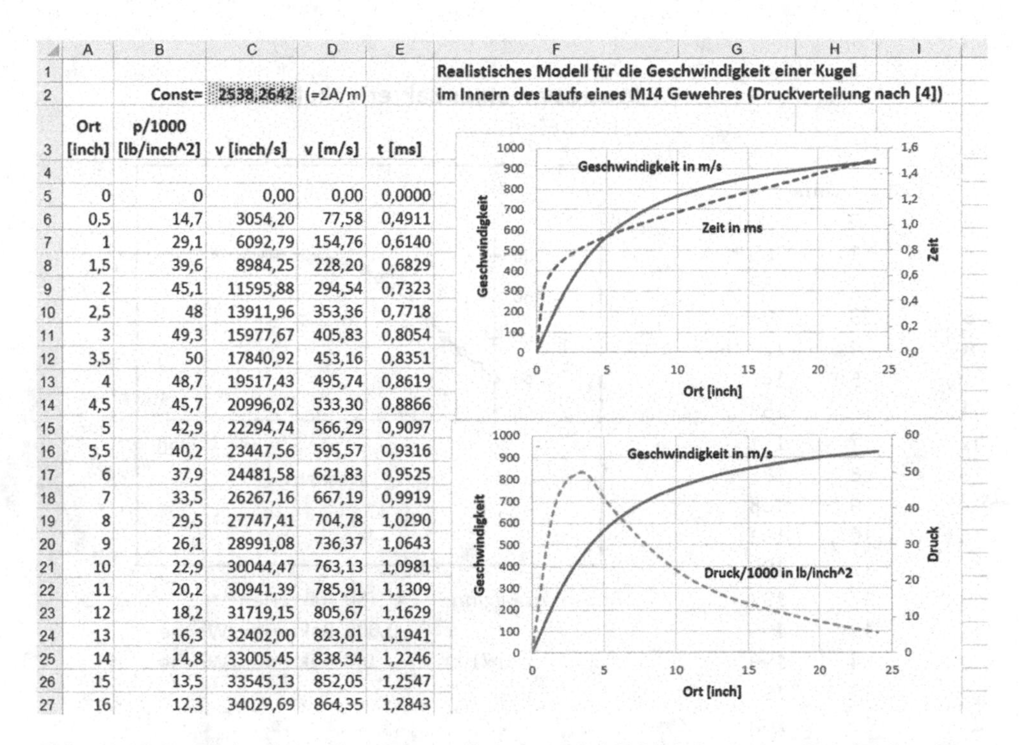

	A	B	C	D	E
1					
2		Const=	2538,2642	(=2A/m)	
3	Ort [inch]	p/1000 [lb/inch^2]	v [inch/s]	v [m/s]	t [ms]
4					
5	0	0	0,00	0,00	0,0000
6	0,5	14,7	3054,20	77,58	0,4911
7	1	29,1	6092,79	154,76	0,6140
8	1,5	39,6	8984,25	228,20	0,6829
9	2	45,1	11595,88	294,54	0,7323
10	2,5	48	13911,96	353,36	0,7718
11	3	49,3	15977,67	405,83	0,8054
12	3,5	50	17840,92	453,16	0,8351
13	4	48,7	19517,43	495,74	0,8619
14	4,5	45,7	20996,02	533,30	0,8866
15	5	42,9	22294,74	566,29	0,9097
16	5,5	40,2	23447,56	595,57	0,9316
17	6	37,9	24481,58	621,83	0,9525
18	7	33,5	26267,16	667,19	0,9919
19	8	29,5	27747,41	704,78	1,0290
20	9	26,1	28991,08	736,37	1,0643
21	10	22,9	30044,47	763,13	1,0981
22	11	20,2	30941,39	785,91	1,1309
23	12	18,2	31719,15	805,67	1,1629
24	13	16,3	32402,00	823,01	1,1941
25	14	14,8	33005,45	838,34	1,2246
26	15	13,5	33545,13	852,05	1,2547
27	16	12,3	34029,69	864,35	1,2843

Abb. 18.16 Kugel in einem Gewehr – realistisches Modell [Arbeitsmappe: Gewehr.xlsx; Blatt: Realistisches Modell]

Das Ergebnis befindet sich in Abb. 18.16. Nach $\approx 1{,}5$ ms verlässt das Geschoss den Lauf mit einer Geschwindigkeit von ≈ 927 m/s.

18.6 Das harte Leben der Bakterien

Wir haben schon im Abschn. 15.2.1 das Wachstum von Populationen mittels der *Euler*-Methode erörtert. Im folgenden Beispiel untersuchen wir das Wachstum einer Bakterienkultur, diesmal aber aus einem anderen Blickwinkel. Wir betrachten zwei Fälle.

Fall 1

Im ersten Fall wird davon ausgegangen, dass die Bakterien aufgrund des begrenzten Raumes sterben. In diesem Fall wird die Sterblichkeitsrate proportional sein zu der Anzahl von Bakterien, die bereits vorhanden sind.

Die Gleichung des logistischen Wachstums (Gl. 15.5) kann wie folgt umgeschrieben werden:

$$y_x = \left(1 + \frac{p}{100}\right) y_{x-1} - r y_{x-1}^2$$

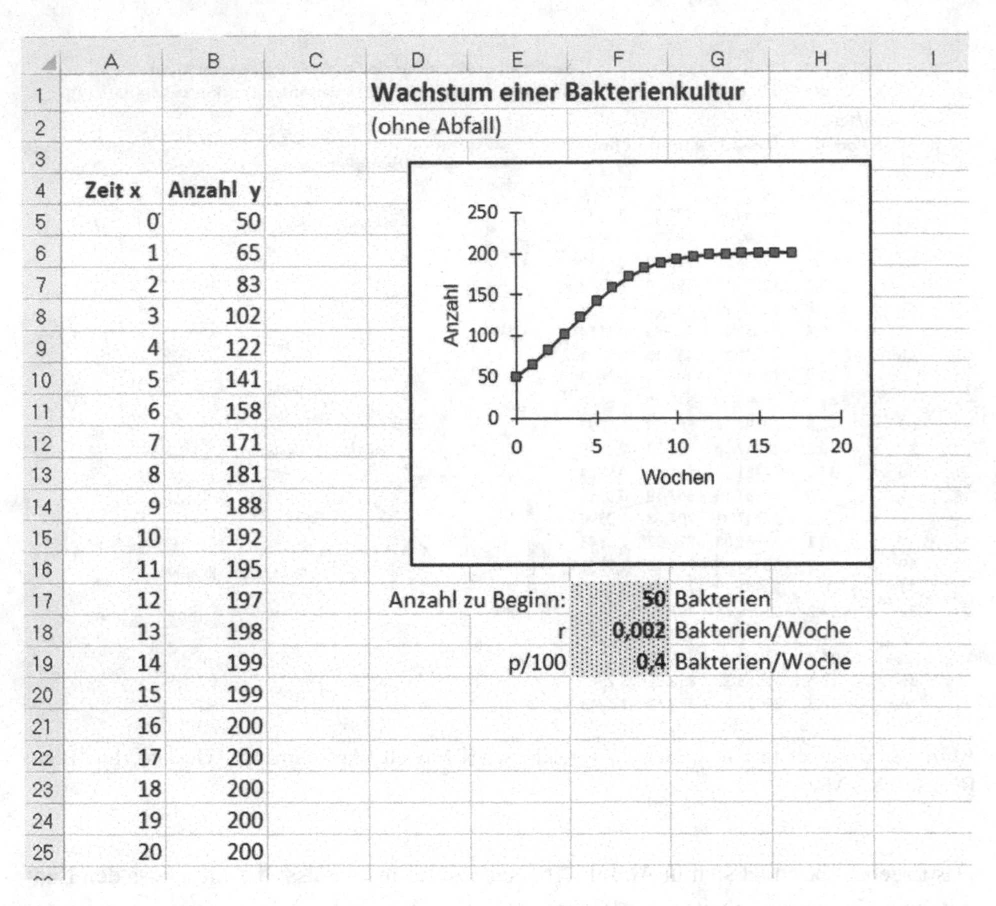

Wachstum einer Bakterienkultur
(ohne Abfall)

Zeit x	Anzahl y
0	50
1	65
2	83
3	102
4	122
5	141
6	158
7	171
8	181
9	188
10	192
11	195
12	197
13	198
14	199
15	199
16	200
17	200
18	200
19	200
20	200

Anzahl zu Beginn:	50	Bakterien
r	0,002	Bakterien/Woche
p/100	0,4	Bakterien/Woche

Abb. 18.17 Wachstum einer Bakterienkultur (Fall 1: Ohne Abfall) [Arbeitsblatt: Bakterien.xlsx; Blatt: Fall 1]

y_x ist die Anzahl der Bakterien am Ende der x-ten Woche, p der wöchentliche Wachstumsfaktor und r der Faktor der Mortalität pro Woche.

Das folgende Arbeitsblatt (siehe Abb. 18.17) berechnet die Anzahl der Bakterien mit einer Anfangspopulation von 50 Bakterien, p/100 = 0,4 Bakterien/Woche und r = 0,002 Bakterien/Woche. Das Modell zeigt, dass die Kultur einem Grenzwert von 200 Bakterien zustrebt.

Einträge im Arbeitsblatt

B5: `=F17` (Anfangspopulation)

B6: `=(1 + $F$19)*B5-$F$18*B5^2`; bis B25 kopieren

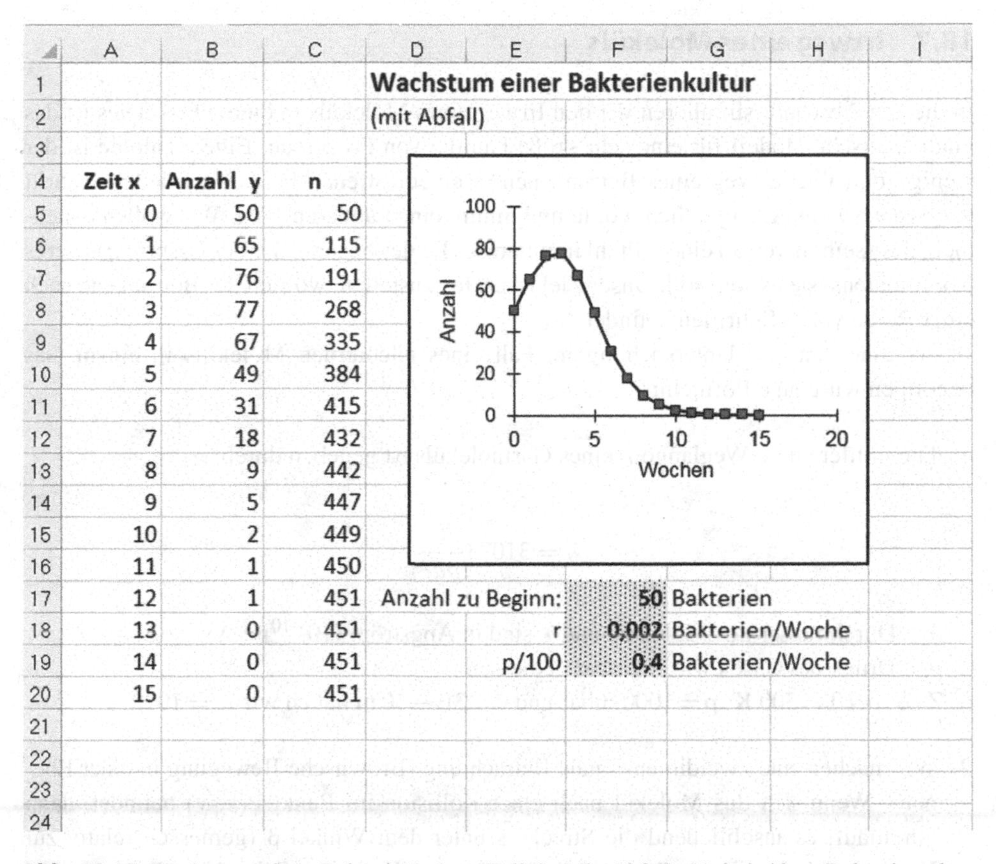

Wachstum einer Bakterienkultur
(mit Abfall)

Zeit x	Anzahl y	n
0	50	50
1	65	115
2	76	191
3	77	268
4	67	335
5	49	384
6	31	415
7	18	432
8	9	442
9	5	447
10	2	449
11	1	450
12	1	451
13	0	451
14	0	451
15	0	451

Anzahl zu Beginn:	50	Bakterien
r	0,002	Bakterien/Woche
p/100	0,4	Bakterien/Woche

Abb. 18.18 Wachstum einer Bakterienkultur (Fall 2: Mit Abfall) [Arbeitsblatt: Bakterien.xlsx; Blatt: Fall 2]

Fall 2

Ganz anders ist die Situation, wenn wir die **Abfälle** berücksichtigen, die die Bakterien produzieren und in der Kultur hinterlassen. Die Anzahl der Bakterien am Ende der x-ten Woche wird von der folgenden Gleichung $y_x = \left(1 + \frac{p}{100}\right) y_{x-1} - r n_{x-1} y_{x-1}$ gegeben, wobei n die Gesamtzahl der Bakterien ist, die in der Kultur am Anfang der x-ten Woche lebten. Das Ergebnis für dieses Modell wird in Abb. 18.18 gezeigt: Die Bakterien ersticken in ihrem eigenen Abfall!

Einträge im Arbeitsblatt

B5: `=F17`

B6: `=(1+$F$19)*B6-$F$18*B6*C6`; bis B20 kopieren

C5: `=B5`; C6: `=B6+B5`; bis C20 kopieren

18.7 Irrweg eines Moleküls

In diesem Abschnitt simulieren wir den Irrweg eines Moleküls in einem Gas. Dies ist das mathematische Modell für eine sehr große Familie von Prozessen. Eine Analogie ist der wenig kontrollierte Weg eines Betrunkenen in einem offenen Feld. Nach jedem Schritt vergisst er, wohin er eigentlich wollte und nimmt einen anderen Weg. Wir wollen annehmen, dass sein Irrweg an einem Pfahl inmitten des Feldes begann, der der Ursprung unseres Koordinatensystems sein soll. Unser Ziel ist es, festzustellen, wo sich der Betrunkene nach einer Reihe von N Schritten befindet.

Für eine ähnliche Untersuchung im Fall eines nüchternen Moleküls in einem Gas benötigen wir einige Formeln:

1. Die mittlere freie Weglänge λ eines Gasmoleküls ist gegeben durch

$$\lambda = 31073 \frac{T}{pd^2}$$

   d = Durchmesser des Moleküls und λ sind in Angström (10^{-10}m; Å)
   p = Druck des Gases wird in mbar gemessen
   Z. B, bei T = 300 K, p = 1000 mbar und d = 3E − 10 m haben wir λ = 1022 Å.

2. Wir machen eine zweidimensionale Betrachtung (Brownsche Bewegung in einer Ebenen): Wenn sich das Molekül nach einer Kollision im Punkt P(x, y) befindet, dann durchläuft es anschließend die Strecke s unter dem Winkel β (gemessen relativ zur X-Achse) bis zum Punkt $P' = (x', y')$ der nächsten Kollision. Seine Koordinaten sind

$$x' = x + s\cos(\beta)$$
$$y' = y + s\sin(\beta)$$

wobei $s = -\lambda \ln R1$ und $\beta = 2\pi R2$. R1 und R2 sind Zufallszahlen, die Excel mit =**ZUFALLSZAHL**() ermittelt.

Nach N Teilstrecken befindet sich das Molekül im Abstand L_N vom Ursprung. Man kann zeigen, dass L_N/N eine gute Abschätzung von λ ist (hierfür und für alle anderen theoretischen Grundlagen unseres Themas siehe [35]).

Einträge im Arbeitsblatt

1. In Zeile 10 befinden sich die Anfangswerte aller Daten:

   B10: 0 (= R1); C10: 0 (= R2); D10: 0; E10: = 0; F10: H10: = 0

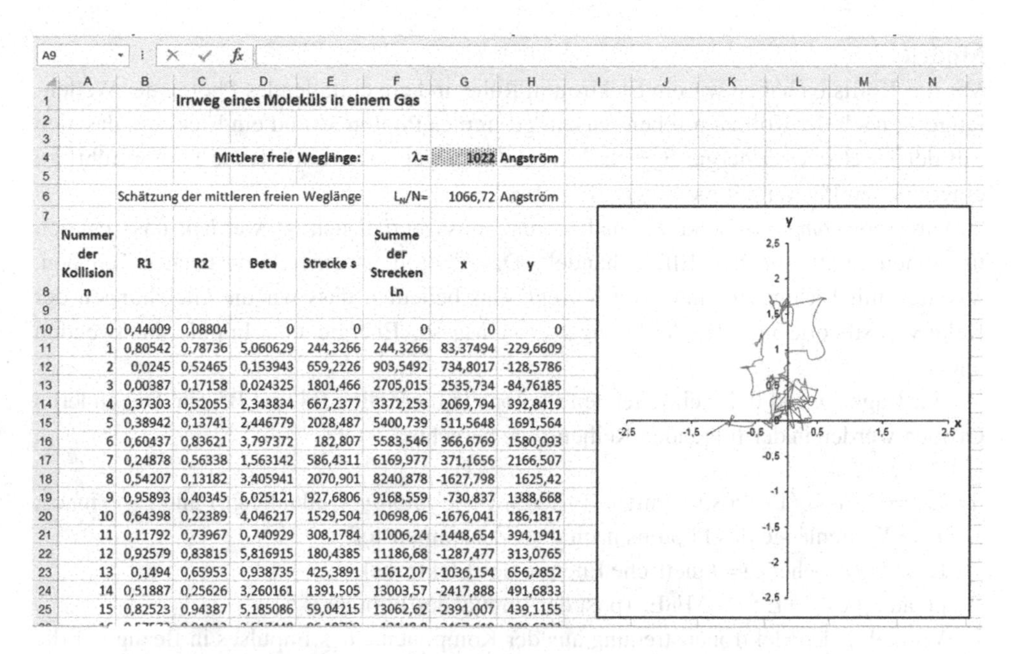

Irrweg eines Moleküls in einem Gas

Mittlere freie Weglänge: λ= 1022 Angström

Schätzung der mittleren freien Weglänge L_N/N= 1066,72 Angström

Nummer der Kollision n	R1	R2	Beta	Strecke s	Summe der Strecken Ln	x	y
0	0,44009	0,08804	0	0	0	0	0
1	0,80542	0,78736	5,060629	244,3266	244,3266	83,37494	-229,6609
2	0,0245	0,52465	0,153943	659,2226	903,5492	734,8017	-128,5786
3	0,00387	0,17158	0,024325	1801,466	2705,015	2535,734	-84,76185
4	0,37303	0,52055	2,343834	667,2377	3372,253	2069,794	392,8419
5	0,38942	0,13741	2,446779	2028,487	5400,739	511,5648	1691,564
6	0,60437	0,83621	3,797372	182,807	5583,546	366,6769	1580,093
7	0,24878	0,56338	1,563142	586,4311	6169,977	371,1656	2166,507
8	0,54207	0,13182	3,405941	2070,901	8240,878	-1627,798	1625,42
9	0,95893	0,40345	6,025121	927,6806	9168,559	-730,837	1388,668
10	0,64398	0,22389	4,046217	1529,504	10698,06	-1676,041	186,1817
11	0,11792	0,73967	0,740929	308,1784	11006,24	-1448,654	394,1941
12	0,92579	0,83815	5,816915	180,4385	11186,68	-1287,477	313,0765
13	0,1494	0,65953	0,938735	425,3891	11612,07	-1036,154	656,2852
14	0,51887	0,25626	3,260161	1391,505	13003,57	-2417,888	491,6833
15	0,82523	0,94387	5,185086	59,04215	13062,62	-2391,007	439,1155

Abb. 18.19 Irrweg eines Moleküls in einem Gas [Arbeitsmappe: Irrweg.xlsx]

2. In Zeile 11 sind die Formeln, die wir bis Zeile 210 kopieren.

```
B11:    =ZUFALLSZAHL() (= R1)
C11:    =ZUFALLSZAHL() (= R2)
D11:    =2*PI ()*B11;     E11:   =-G$4*LN (C11);    F11: =E11+F10
G11:    =G10+E11*COS(D11);
H11:    =H10+E11*SIN(D11)
```

3. Die mittlere freie Weglänge (= λ) des Moleküls im Gas befindet sich in G4.
4. F6 enthält die Schätzung L_N/N für die mittlere freie Weglänge, d. h. `=F210/A210`

Für die Grafik (vgl. Abb. 18.19) wählen wir den Bereich G10:H210. Jedes Mal, wenn wir *F9* drücken, erhalten wir eine neue Simulation (manuelle Berechnung).

Das Molekül beginnt die Tour in (0,0) und macht N = 200 Zusammenstöße.

18.8 *Compton*-Effekt

A. H. Compton (1892–1962) führte im Jahre 1923 Experimente durch, in denen Röntgenstrahlen an einem Graphit-Target gestreut wurden. Die Wellenlänge der unter einem gegebenen Winkel θ, gemessen in Bezug auf die Einfallsrichtung, gestreuten Strahlen wurde unter Verwendung der Bragg-Beugung bestimmt. Compton zeigte, dass die Streustrahlung eine niedrigere Frequenz hatte als die einfallende Strahlung.

Modell

Vor der Kollision haben wir ein Elektron in Ruhe und ein einfallendes Photon der Wellenlänge λ, nach der Kollision sehen wir ein gestreutes Photon λ' und ein Elektron, das sich mit der kinetischen Energie $E_c = hc/\lambda - hc/\lambda'$ bewegt. Das einfallende Photon führt zu einem neuen Photon mit niedrigerer Energie.

Um den *Compton*-Effekt zu analysieren, muss berücksichtigt werden, dass es sich um einen relativistischen Effekt handelt. Das Photon ist ein relativistisches Teilchen, das sich mit Lichtgeschwindigkeit bewegt. Das bedeutet, dass wir die Gleichungen der Relativitätstheorie auf die Änderungen von Masse, Energie und Impuls anzuwenden haben.

Wir tragen λ und θ des einfallenden Photons in die Zellen B4 und B5 ein. Die anderen Größen werden in der folgenden Reihenfolge berechnet:

1. $\lambda' = \lambda + \lambda_c(1 - \cos(\theta))$ mit $\lambda_c = hc/E_0$ (= *Compton*-Wellenlänge) und $E_0 = m_0c^2$; λ' = Wellenlänge des Photons nach dem Zusammenstoß
2. $E_c = hc/\lambda - hc/\lambda'$(= kinetische Energie des Elektrons)
3. pc aus $(pc)^2 = E_c^2 + 2\,E_0E_c$ (p ist der Impuls des Photons)
4. Winkel φ der Elektronenstreuung aus der Komponente des Impulses in Bezug auf die y-Richtung: $-pc\sin(\varphi) + hc\sin(\theta)/\lambda' = 0$

Die Gleichung $pc\cos(\varphi) + hc\cos(\theta)/\lambda' = hc/\lambda$ (die Impulskomponente in der x-Richtung) kann zur Kontrolle verwendet werden.

Die Abb. 18.20 zeigt die Streuwinkel von Elektron und Photon (oberes Kreisdiagramm) und ihre Energien (unteres Säulendiagramm).

Der *Compton*-Effekt findet eine Anwendung in den sogenannten *Compton*-Teleskopen oder *Compton*-Kameras. Man misst in ihnen Energie und Richtung des gestreuten Photons und des Elektrons, um Energie und Ursprungsrichtung des einfallenden Photons zu bestimmen (siehe [36]).

Einträge im Arbeitsblatt

In B36: B41 befinden sich die Konstanten e, m_0, c, h, hc, E_0.

```
B8:  =B5*PI()/180;            B9:  =B4+B40*(1-COS(B8))/B41
B11: =B40*(1/B4-1/B9);        B12: =B11/B36
B14: =B40/B9;   B15: =B14/B36
B17: =B40/B4;   B18: =B17/B36
B20: =WURZEL(B11*(2*B41+B11))
B21: =ARCSIN(B$40*SIN(B$8)/(B9*B20));   B22: =B21*180/PI()
```

Die Zellen B25:B27 haben wir mit dem benutzerdenierten Formattyp *0 "°"* versehen, und die Zellen B30:B32 mit *0 "keV"* (*Zellen formatieren> Zahlen > Benutzerdefiniert > Typ:*).

In B25:B32 haben wir die Daten für die Diagramme aus der Berechnungen kopiert.

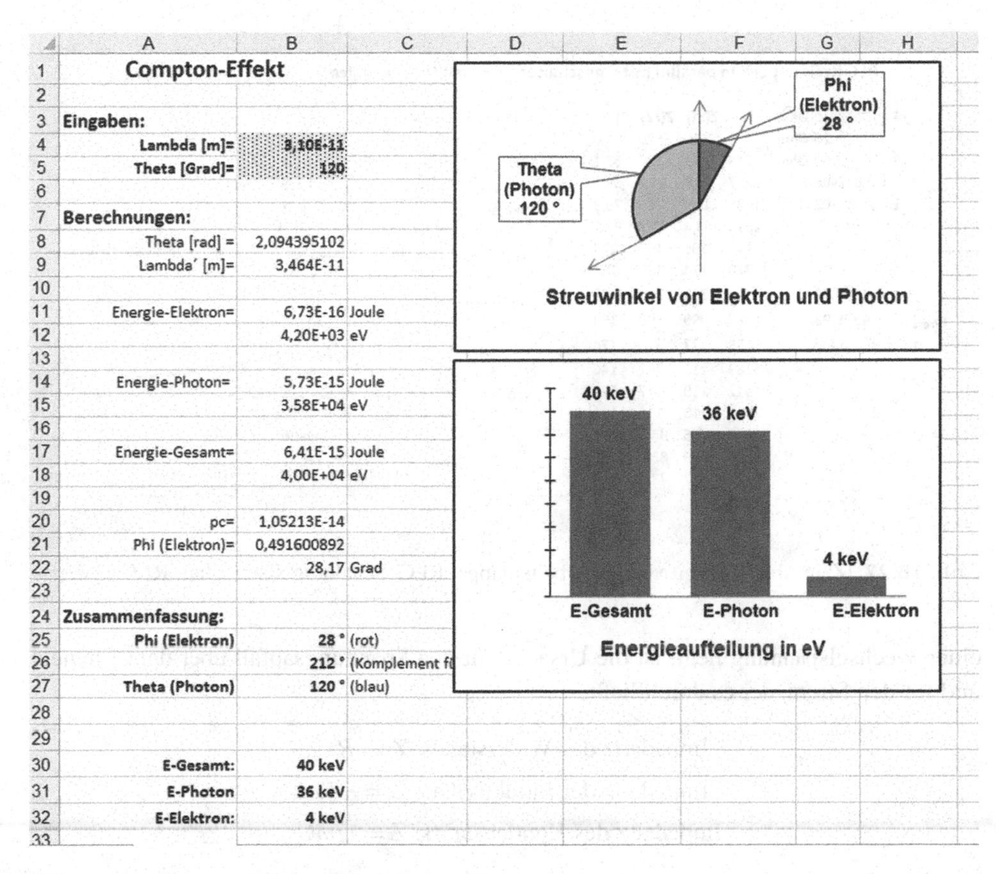

Abb. 18.20 *Compton*-Effekt [Arbeitsmappe: Compton.xlsx]

18.9 RLC-Schaltung mit AC-Quelle

Wir untersuchen zwei verschiedene Wechselstromschaltungen.

Schaltung 1

Die Abb. 18.21 zeigt eine parallele RLC-Schaltung, die von einem Wechselstromgenerator mit der Kreisfrequenz ω gespeist wird. Die Impedanz Z eines Schaltungselements, das an

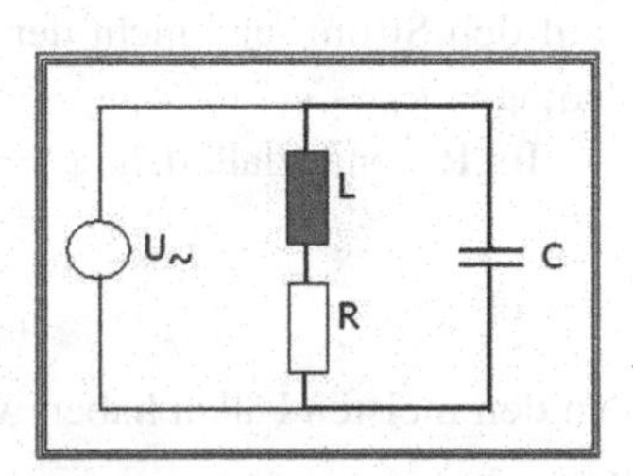

Abb. 18.21 RLC-Schaltung mit L + R parallel zu C

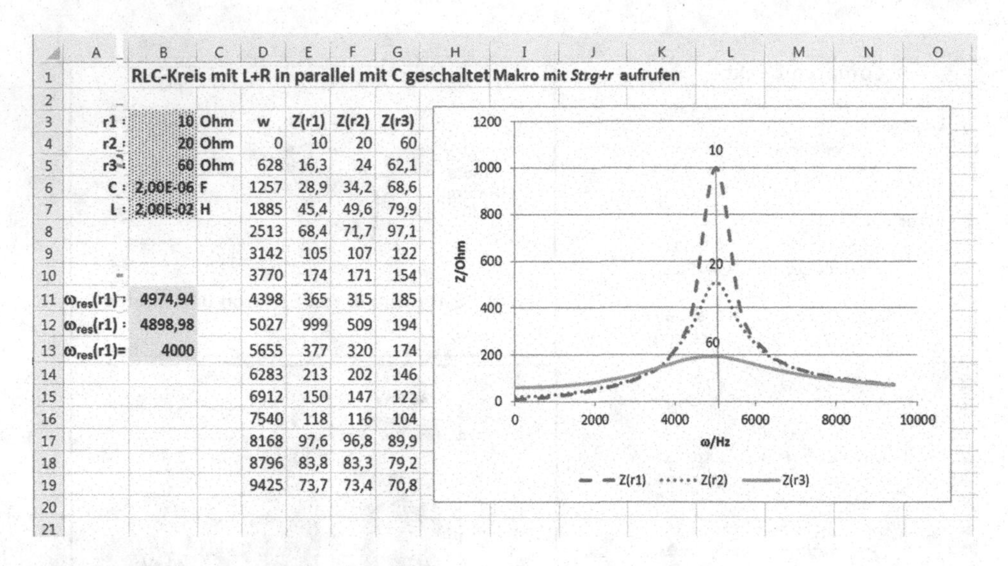

RLC-Kreis mit L+R in parallel mit C geschaltet Makro mit *Strg+r* aufrufen

			w	Z(r1)	Z(r2)	Z(r3)
r1 :	10	Ohm	0	10	20	60
r2 :	20	Ohm	628	16,3	24	62,1
r3 :	60	Ohm	1257	28,9	34,2	68,6
C :	2,00E-06	F	1885	45,4	49,6	79,9
L :	2,00E-02	H	2513	68,4	71,7	97,1
			3142	105	107	122
			3770	174	171	154
ω_{res}(r1)=	4974,94		4398	365	315	185
ω_{res}(r1) :	4898,98		5027	999	509	194
ω_{res}(r1)=	4000		5655	377	320	174
			6283	213	202	146
			6912	150	147	122
			7540	118	116	104
			8168	97,6	96,8	89,9
			8796	83,8	83,3	79,2
			9425	73,7	73,4	70,8

Abb. 18.22 |Z| in Abhängigkeit von ω [Arbeitsmappe: RLC_Schaltung.xlsm; Blatt: RLC 1]

einer Wechselspannung liegt, ist die Ursache für den Spannungsabfall über dem Element und für den Strom, der es durchfließt.

$$\text{Impedanz des Widerstands: } Z = R$$
$$\text{Impedanz der Induktivität: } Z = -i\omega L$$
$$\text{Impedanz des Kondensators: } Z = i/\omega C$$

Für den Absolutwert der Impedanz der gezeigten Schaltung erhalten wir

$$|Z| = \frac{1}{\omega c}\sqrt{\frac{R^2 + (\omega L)^2}{R^2 + \left(\omega L - \frac{1}{\omega C}\right)^2}}$$

Die Phasenverschiebung φ zwischen der Spannung U und dem Strom I wird durch die folgende Beziehung gegeben

$$\tan\varphi = \frac{\omega L}{R}(1 - \omega^2 LC) - \omega RC$$

(tanφ ist definiert durch Im(Z)/Re(Z), und φ ist der Phasenwinkel der Spannung in Bezug auf den Strom -und nicht der Phasenwinkel des Stroms gegen die Spannung. Wir haben so: $\varphi = \varphi_u - \varphi_i$)

Im Resonanzfall, d. h. $\varphi = 0$, ergibt sich

$$\omega_{res}^2 = \frac{1}{LC} - \frac{R^2}{L^2}$$

In den meisten Fällen haben wir $R^2C/L << 1$ und $\omega_{res} \approx (1/LC)^{1/2}$.

```
(Allgemein)
Sub parallel_RLC()

rl = Cells(3, 2): r2 = Cells(4, 2): r3 = Cells(5, 2)
C = Cells(6, 2)
L = Cells(7, 2)
Pi = Application.Pi()
eps = 0.000001 ' vermeidet Division durch 0 in 1/(wC) für w=0

R = Array(r1, r2, r3)
 For i = 0 To 2
   n = 3
   For f = 0 To 1500 Step 100
     W = 2 * Pi * f
     Z1 = W * L
     Z2 = 1 / ((W + eps) * C)
     Z = Z2 * Sqr((R(i) ^ 2 + Z1 ^ 2) / (R(i) ^ 2 + (Z1 - Z2) ^ 2))
     n = n + 1
     If i = 0 Then Cells(n, 4) = W:     Cells(n, 5) = Z
     If i = 1 Then Cells(n, 6) = Z
     If i = 2 Then Cells(n, 7) = Z

    Next f
    omega_res = Sqr((1 / (L * C) - R(i) ^ 2 / L ^ 2))
    Cells(i + 11, 2) = omega_res

   Next i
End Sub
```

Abb. 18.23 VBA Programm zur Berechnung von |Z| in Abhängigkeit von ω [Arbeitsmappe: RLC_Schaltung.xlsm; Makro: parallel_RLC]

Die Teilströme I_L und I_C in den beiden Zweigen der Schaltung können viel größer sein als der Gesamtstrom. Es ist die Rede von **Stromresonanz**.

In der Abb. 18.22 untersuchen wir die Resonanz der Impedanz |Z| für drei verschiedene Werte von R.

Das entsprechende Programm befindet sich in Abb. 18.23.

Schaltung 2

Für die Schaltung der Abb. 18.24 wollen wir eine Tabelle anlegen, in der alle Rechnungen im Detail ausgeführt werden. Das Arbeitsblatt der Abb. 18.25 berechnet Gesamt- und Teilimpedanzen, Zweigströme und Gesamtstrom, Spannungen über allen Elementen, Gesamtleistung und Phasenwinkel zwischen Spannung und Strom.

Die komplexen Formen der Impedanzen sind:

R_1, L_1: $Z_1 = R_1 + \omega L_1 \cdot i$; $R_1 = R$

R_2, L_2: $Z_2 = R_2 + \omega L_2 \cdot i$; $R_2 = 0$

R_3, C: $Z_3 = R_3 - 1/(\omega C) \cdot i$; $R_3 = 0$

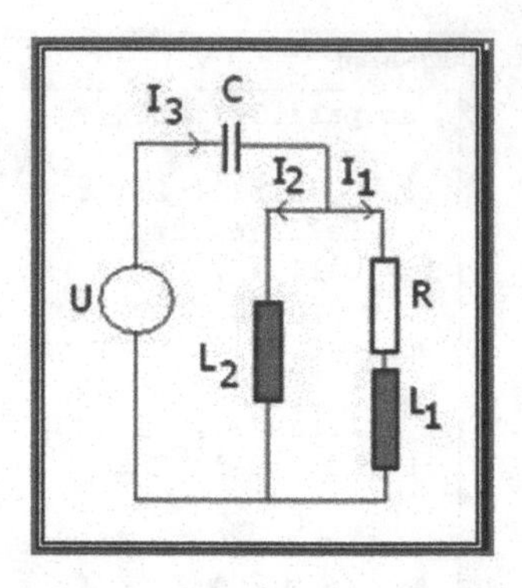

Abb. 18.24 RLC-Schaltung 2

Wir berechnen die Impedanz der Parallelschaltung mit $Z_p = Z_1 Z_2/(Z_1 + Z_2)$.

Einträge im Arbeitsblatt

B10: `=2*PI()*B6`; C10: `=D6`; D10: `=B10*F6`; E10: `=E6`

F10: `=B10*G6`; G10: `=C10*E10-D10*F10`; H10: `=C10*F10+D10*E10`

B14: `=C10+E10`; C14: `=D10+F10`; D14: `=B14^2+C14^2`
E14: `=(G10*B14+H10*C14)/D14`; F14: `=(H10*B14-G10*C14)/D14`

G14: `=E14`; H14: `=F14-1/(B10*H6)`; I14: `=WURZEL(G14^2+H14^2)`

B18: `=C6/I14`; C18: `=B18*WURZEL(E14^2+F14^2)`; D18: `=B18/(B10*H6)`

E18: `=C18/WURZEL(C10^2+D10^2)`; F18: `=C18/WURZEL(E10^2+F10^2)`

G18: `=C6*B18*COS(H18*PI()/180)` (= Gesamtleistung in Watt)

H18: `=ARCTAN(H14/G14)*180/PI()` (=Phasenwinkel φ in Grad)

I18: `=E18*B10*F6` (= Spannung an L1); I20: `=E18*D6`

	A	B	C	D	E	F	G	H	I	J
1		RLC- Schaltung: C in Serie mit ((R+L) und L) parallel								
2										
3	a									
4	4									
5		f	U	R1	R2	L1	L2	C		
6	Daten	50,00	220,00	50,00	0	1,00	2,00	2,00E-05		
7	d									
8	Zwisch7nwerte		Z1		Z2		Z1*Z2=N			
9		w	real	imag	real	imag	real	imag		
10		314,16	50,00	314,16	0,00	628,32	-197392,09	3,14E+04		
11										
12			Z1+Z2=D	c^2+d^2	Zp=N/D		Zges		|Ztot|	
13		real	imag		real	imag	real	imag		
14		5,00E+01	942,48	8,91E+05	22,16	210,62	22,16	51,46	56,03	
15										
16										
17	Endwerte	Iges=I3	Upar	UC	I1	I2	Pges in W	Phi in Grad	UL1	UR1
18		3,93	831,56	624,93	2,61	1,32	341,66	66,70	821,22	130,70
19										
20										

Abb. 18.25 Ergebnisse für RLC-Schaltung 2 [Arbeitsmappe: RLC_Schaltung.xlsm; Blatt: RLC 2]

Anregung
Entwerfen Sie einen "RLC-Taschenrechner", der mittels eines *UserForms* (Benutzerformular), die vorigen Daten aufnimmt und die Ergebnisse berechnet (siehe Abschn. 3.3.1).

18.10 Verteilung der von ^{210}Po emittierten Alphateilchen

Seltene Ereignisse folgen oft einer *Poisson*-Verteilung. Sie wird häufig für die Modellierung von Zählraten benutzt, um beispielsweise die Anzahl der von ^{210}Polonium in einem bestimmten Zeitintervall emittierten Alphateilchen zu beschreiben.

Im Jahr 1910, registrierten E. Rutherford und H. Geiger 2608-mal die Anzahl der Alphas, die während eines Zeitintervalls von 7,5 s emittiert wurden [37].

Wir wollen wissen, ob die von ihnen beobachteten Frequenzen $f_{o,i}$ (= Häufigkeit mit der i = 0, 1, 2 usw. Alphateilchen beim Experiment auftraten) annähernd *Poisson*-verteilt sind. Da nur selten 11 oder mehr Teilchen pro Messung beobachtet wurden, werden nur n = 12 Häufigkeiten in Betracht gezogen ($f_{o,0}$, $f_{o,1}$, $f_{o,2}$ … $f_{o,i \geq 11}$).

Die Abb. 18.26 zeigt die beobachteten Ergebnisse und deren Analyse.

Um die Arbeitsmappe aus Abb. 18.26 zu erstellen, benötigen wir folgende Betrachtungen aus der Statistik:

1. Wenn $f_{e,i}$ die erwarteten Frequenzen aus einer *Poisson*-Verteilung stammen, dann ist die Größe $\chi_o^2 = \sum_{i=0}^{n} \frac{(f_{o,i} - f_{e,i})^2}{f_{e,i}}$ schätzungsweise χ^2- verteilt $\left(\chi^2 = Chi^2\right)$ mit n − 2 Freiheitsgraden (vgl. Abschn. 13.4.8).
2. Die Wahrscheinlichkeitsdichtefunktion der *Poisson*-Verteilung ist:

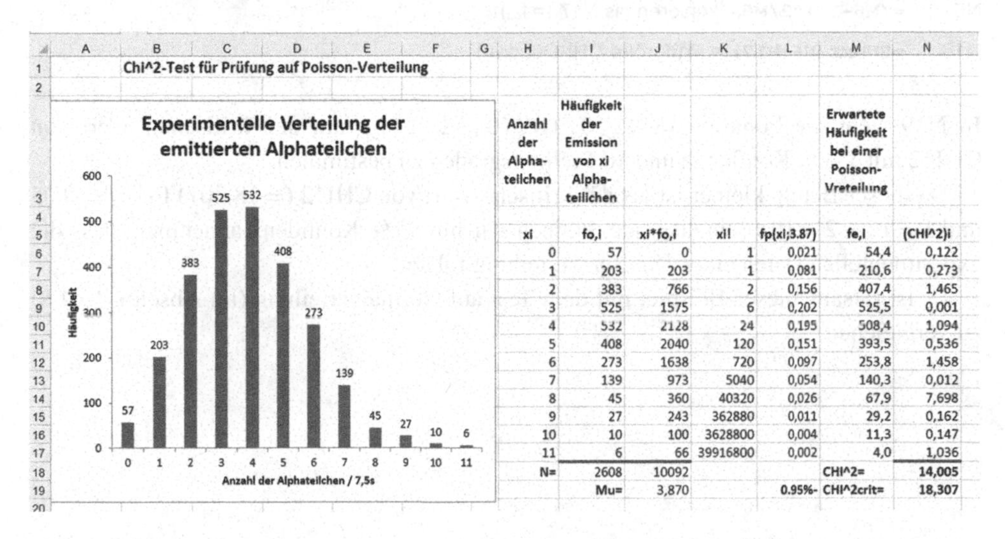

H	I	J	K	L	M	N
Anzahl der Alpha-teilchen	Häufigkeit der Emission von xi Alpha-teilichen				Erwartete Häufigkeit bei einer Poisson-Vreteilung	
xi	fo,i	xi*fo,i	xi!	fp(xi;3.87)	fe,i	(CHI^2)i
0	57	0	1	0,021	54,4	0,122
1	203	203	1	0,081	210,6	0,273
2	383	766	2	0,156	407,4	1,465
3	525	1575	6	0,202	525,5	0,001
4	532	2128	24	0,195	508,4	1,094
5	408	2040	120	0,151	393,5	0,536
6	273	1638	720	0,097	253,8	1,458
7	139	973	5040	0,054	140,3	0,012
8	45	360	40320	0,026	67,9	7,698
9	27	243	362880	0,011	29,2	0,162
10	10	100	3628800	0,004	11,3	0,147
11	6	66	39916800	0,002	4,0	1,036
N=	2608	10092			CHI^2=	14,005
	Mu=	3,870		0.95%-	CHI^2crit=	18,307

Abb. 18.26 *Rutherford-Geiger* Experiment [Arbeitsmappe: Alphateilchen.xlsx]

$$f_P(x,\mu) = \mu^x e^{-\mu}/x!$$

Die erwarteten Frequenzen f berechnen wir mit $f_{e,i} = N \cdot f_p(x_i,\mu)$. $N = \Sigma x_i = 2608$.

3. Die mittlere Anzahl der beobachteten Teilchen pro Zeitintervall liefert einen guten Schätzwert für μ:

$$\mu \approx \frac{\sum_{i=1}^{n} x_i f_{o,i}}{\sum_{i=1}^{n} f_{o,i}} = \frac{\sum_{i=1}^{n} x_i f_{o,i}}{N}$$

4. Chi^2-Test : Wenn χ_o^2 kleiner als der kritische Wert $Chi^2_{crit} = Chi^2\,(1 - \alpha, n - 2))$ ist, dann sind die experimentell bestimmten Frequenzen *Poisson*-verteilt mit einer Konfidenz von 1 – α.

Einträge im Arbeitsblatt

In den Spalten H und I sind die experimentellen Werte

J6: `=H6*I6;` bis J17 kopieren (= $x_i \cdot f_{o,i}$)

K6: 1; K7: `=K6*H7;` kopieren bis K17 (= Fakultät)

I18: `=SUMME(I6:I17` ; J18: `=SUMME(J6:J17)` ; J19: `=J18/I18` (= μ)

L6: `=J$19^H6*EXP(-J$19)/K6;` kopieren bis L17

M6: `=L6*I$18;` kopieren bis M17

N6: `=(M6-I6)^2/M6;` kopieren bis N17 (= $f_{e,i}$)

N18: `=SUMME(N6:N17)` (= Prüfgröße CHI-Quadrat)

In N19 steht die Funktion `=CHIQU.INV(0,95;10)`, um den kritischen Wert von CHI^2 mit 1 – α Konfidenz und 10 Freiheitsgraden zu bestimmen.

Da dieser Betrag kleiner ist als der kritische Wert von CHI^2 (= 18.307) für α = 0,05 und f = 12 – 2 = 10 Freiheitsgrade, können wir mit 95 % Konfidenz annehmen, dass die experimentellen Daten einer *Poisson*-Verteilung folgen.

Es ist ratsam, dieses Beispiel mit dem Test auf Normalverteilung (im Abschn. 13.4.8) zu vergleichen.

Literatur

1. Mehr FJ (2007) Mechanik mit MuPAD. http://www.instructioneducation.info/Mechdtsch/kap3_6.pdf. Zugegriffen: 6. Feb. 2015
2. Microsoft Excel (2013) Matrix-Funktionen. http://www.staff.uni-giessen.de/g021/PDF/xl2013_funktionen_matrix.pdf. Zugegriffen: 6. Feb. 2015
3. Microsoft Excel (2013) Benutzerdefinierte Funktionen. http://www.staff.uni-giessen.de/g021/PDF/xl2013_funktionen_benutzerdefiniert.pdf. Zugegriffen: 6. Feb. 2015
4. Kalender-Computus http://www.computus.de/grundlagen/indiktion_scaliger.html. Zugegriffen: 6. Feb. 2015
5. Knuth DE (1997) The art of computer programming. Addison-Wesley, Reading, S 155
6. Jacobi W (o. J.) Kalenderberechnungen. http://wolfgang-jakobi.com/default.html?ostern03.html. Zugegriffen: 6. Feb. 2015
7. (o. V.) (o. J.) Microsoft Excel function translations http://dolf.trieschnigg.nl/excel/index.php Zugegriffen: 6. Feb. 2015
8. Strubecker K (1966) Einführung in die höhere Mathematik. Band 1: Grundlagen. R. Oldenburg, München, S 164–179
9. Burden RL, Faires JD, Reynolds AC (1981) Numerical analysis, 2 Aufl. Prindle, Weber & Schmidt, Boston
10. Mehr FJ (1982) Berechnung elektrischer Potentiale mit programmierbaren Taschenrechnern. PraxNaturwissenschaften 4:110–116
11. Bailey DH, Borwein JM, Borwein PB, Plouffe S (1966) The Quest for Pi. http://www.davidhbailey.com/dhbpapers/pi-quest.pdf. Zugegriffen: 6. Feb. 2015
12. Pfeifer R (o. J.) ArsTechnica: Interpolation nach Newton http://www.arstechnica.de/index.html?name=http://www.arstechnica.de/computer/msoffice/vba/vba0094.html. Zugegriffen: 6. Feb. 2015
13. Billo EJ (2007) Excel for scientists and engineers: numerical methods. Wiley-Interscience, Hoboken, S 83–95
14. (o. V.) (o. J.) The MacTutor History of Mathematics archive The brachistochrone problem. http://www-history.mcs.st-and.ac.uk/HistTopics/Brachistochrone.html. Zugegriffen: 6. Feb. 2015
15. Mehr FJ (2007) Mechanik mit MuPad. http://www.instructioneducation.info/Mechdtsch/kap3_3.pdf. Zugegriffen: 6. Feb. 2015
16. (o. V.) (o. J) The NIST Reference on Constants, Units, and Uncertainty http://physics.nist.gov/cgi-bin/cuu/Value?esme. Zugegriffen: 6. Feb. 2015
17. Hines WW, Montgomery DC (1990) Probability and statistics in engineering and management science. Wiley, New York
18. Meschede D (2010) Gerthsen Physik, 24. Überarbeitete Aufl. Springer, Berlin Heidelberg, S 254.

F. J. Mehr, M. T. Mehr, *Excel und VBA*, DOI 10.1007/978-3-658-08886-6

19. Sachs L (1974) Angewandte Statistik: Planung und Auswertung, Methoden und Modelle, 4. Aufl. Springer, Berlin, S 90–115, 194–216, 251–256
20. Montgomery DC, Runger GC, Hubele NF (1998) Engineering statistics. Wiley, New York, S 131–274
21. Petersen H, de Mehr MT (1993) Einsatz statistischer Methoden bei der Qualitätssicherung in der chemischen Industrie, Bd. 4. Ecomed, Landsberg, S 9–12
22. Washbourn R (1936) Metabolic rates of trout fry from swift and slow-running waters. J Exp Biol 13:145–147
23. Hartung J et al (1989) Statistik: Lehr- und Handbuch der angewandten Statistik. Oldenburg-Verlag, München
24. Braun M (1991) Differentialgleichungen und ihre Anwendungen, 2. Aufl. Springer, Heidelberg, S 33–37
25. Edwards CH, Penney DE (2000) Differential equations and boundary value problems: computing and modeling. Prentice-Hall, Upper Saddle River, S 431–432
26. Boyce WE, DiPrima RC (2001) Elementary differential equations and boundary value problems, 7 Aufl. Wiley, New York, S 247–293
27. Dreizler RM, Lüdde CS (2008) Theoretische Physik 1: Theoretische Mechanik, 2. Aufl. Springer, Heidelberg, S 175–177
28. Mehr MT, Mehr FJ (1978) Numerische Lösung der Schrödinger-Gleichung. MNU 31:385–394
29. Mehr FJ (1994) Excel 5 à la carte. Vieweg, Wiesbaden, S 146–147
30. (o.V.) (o. J.) Kapitalwert http://de.wikipedia.org/wiki/Kapitalwert#cite_note-1. Zugegriffen: 6. Feb. 2015
31. Microsoft Excel 2010 Solver. https://www.staff.uni-giessen.de/~g021/PDF/xl2010_solver.pdf. Zugegriffen: 23. Jan. 2015
32. (o. V.) (o. J.) FrontlineSolvers http://www.solver.com/optimization-tutorial Zugegriffen: 6. Feb. 2015
33. Mehr FJ (2005) Mechanik mit MuPad. http://www.instructioneducation.info/Mechdtsch/kap2_4.pdf. Zugegriffen: 6. Feb. 2015
34. James ML et al (1967) Applied numerical methods for digital computation with Fortran. International Textbook Co., Scranton
35. Mehr FJ (1983) Simulation von stochastischen Trajektorien. Prax Naturwissenschaften Phys 11:329–338
36. (o. V.) (o. J.) Compton-Effekt http://de.wikipedia.org/wiki/Compton-Effekt. Zugegriffen: 6. Feb. 2015
37. Rutherford R, Geiger H (1910) The probability variations in the distribution of alpha particles. Philos Mag 20:698–704

Sachverzeichnis

F. J. Mehr, M. T. Mehr, *Excel und VBA*, DOI 10.1007/978-3-658-08886-6

Printed in the United States
By Bookmasters